全译本

梦的解析

（奥）弗洛伊德 /著
白竹 /译

中国华侨出版社
北 京

图书在版编目（CIP）数据

梦的解析：全译本 /（奥）弗洛伊德著；白竹译．
—北京：中国华侨出版社，2018.3
ISBN 978-7-5113-7372-4

Ⅰ．①梦… Ⅱ．①弗… ②白… Ⅲ．①梦—精神分析
Ⅳ．①B845.1

中国版本图书馆 CIP 数据核字（2018）第 015461 号

梦的解析：全译本

著　　者：（奥）弗洛伊德
译　　者：白　竹
出 版 人：刘凤珍
责任编辑：待　宵
封面设计：王明贵
文字编辑：宋　媛
美术编辑：杨玉萍
经　　销：新华书店
开　　本：889mm × 1194mm　1/32　印张：20　字数：465 千字
印　　刷：北京市松源印刷有限公司
版　　次：2018 年 4 月第 1 版　2018 年 4 月第 1 次印刷
书　　号：ISBN 978-7-5113-7372-4
定　　价：39.80 元

中国华侨出版社　北京市朝阳区静安里 26 号通成达大厦 3 层　邮编：100028
法律顾问：陈鹰律师事务所
发 行 部：（010）58815874　传真：（010）58815857
网　　址：www.oveaschin.com
E-mail：oveaschin@sina.com

前言

《梦的解析》出版于1900年，作者是奥地利著名心理学家弗洛伊德，这是他对心理学最重要的贡献，被誉为是改变人类历史的书，是精神分析理论体系形成的一个重要标志。该书在作者生前就再版了8次，先后被翻译成多种文字，一直经久不衰。与达尔文的《物种起源》、哥白尼的《天体运行论》并称为导致人类三大思想革命的经典之作。

弗洛伊德在写此书以前，不仅有了充分的思想准备，而且已搜集了大量资料。1896年和1897年，他已经在维也纳犹太学术厅做了有关梦的演讲。1896年10月，父亲的去世，让他感觉十分悲痛，于是他在先前的理论研究和医疗实践的基础上，于1897年开始进行自我分析。弗洛伊德这样说："我一直高度地尊敬和热爱他。他的聪明才智与明晰的想象力已经深深地影响到我的生活。他的死终结了他的一生，但却在我的内心深处唤起我的全部早年感受。现在我感到自己已经被连根拔起来。"所以，他写了《梦的解析》这本书。

在这本极具独创性的著作中，弗洛伊德主要分析了梦的压缩、移置、表现手段和继发性整合，解析了梦的材料和来源，得出“梦是遂愿”这一结论，提出了“潜意识”“自我”“本我”“超我”“俄狄浦斯情结”“原欲”等概念。《梦的解析》第一次告诉曾经无知和充满疑惑的人们：梦是一个人与自己内心的真实对话，是自己向自己学习的过程，是另外一次与自己息息相关的人生。在隐秘的梦境所看见、所感觉到的一切，呼吸、眼泪、痛苦以及欢乐，都并不是没有意义的。它从一个其他人从没探索过的领域对人们的心理、梦境进行了分析，并形成了一个相对完备的系统。书中包含许多对文学、教育等领域有启示性的观点，并引导了整个20世纪的人类文明。

新事物的发展都不是一帆风顺的，此处也毫无例外。由于弗洛伊德精神分析学说实在是惊世骇俗，一提出就在欧美引起了强烈的轰动。《梦的解析》在一开始发行的时候并不顺利。仅仅600本的德文初版，却用了8年的时间才卖出去。在一年多的时间里，没有得到任何一家学术期刊的认同，甚至被认为是毫无价值的，其对梦境的解释被认为是一种迷信，是伪科学。一直到十年之后，此书才得到了公正的对待，继而被誉为“最伟大的著作，大大推进了精神分析”。1929年的时候，保罗·柯民斯贝格为其作者塑了半身像，于是，西方文化进入了“弗洛伊德时代”，弗洛伊德的声望和事业也到达了顶峰。

《梦的解析》揭示了许多埋藏于人们心理深层的内容。虽然这些本性有的时候并不被世俗的道德所认同，但是弗洛伊德却始终是在心理层面去讲述，从没有使用过贬义的字眼，他把这些只看作是客观存在的东西，这种尊重事实的客观的研究态度值得我们尊敬。

除了医学方面的精神分析领域，此书中的学说也被广泛应用于哲学、文学、艺术、社会学、伦理学、宗教学、美学、语言学、人类学、法学、政治学、教育学等领域。特别对文学艺术领域贡献巨大，许多文艺理论和文学作品中分析和创作的灵感都来源于此。中国的著名文学大师郭沫若、罗迪、仲云、鲁迅、郁达夫、曹禺、施蛰存等也把它作为分析和创作的灵感来源。正如弗洛伊德所预言的那样，从写作《梦的解析》的时候开始，精神分析已不再是一门纯医学的学科了。

因此，作为世界上第一部以科学方法来分析研究“梦”的著作，《梦的解析》是非读不可的最有价值的心理学著作。而要真正地了解心理学的发展，也不能不研究弗洛伊德，要了解弗洛伊德，就不能不关注《梦的解析》。

目录

第一章

有关梦的科学研究

以下我将讨论以心理学的技巧来解析梦的可能性。使用这种技巧可以知道，每一个梦都有其特殊意义，这种特殊意义与做梦人清醒时的心理活动有特殊联系。我还要进一步说明梦中那些扑朔迷离的、奇怪的情境是怎样产生的，并且从中推导出是怎样的精神力量让人做了这些梦。这些精神力量彼此冲突或是相互吻合，因此才产生了梦。

首先，我打算把前人的、有关梦的理论概括性地介绍一下，同时也会谈到当今的科学界对梦的研究，这是因为我在正文中基本上不会再回到这些题目上来了。几千年来，人们谈论和梦有关的事，但几乎从来没有什么科学的理解——这一点是众所周知的，在文献中也被普遍承认。前人的著作中包含了大量的、有趣的观察，提供了许多材料，但却很少甚至根本没有触及梦的本质，也没有提供任何有用的分析梦的方法。当然，仅仅受过一般教育的普通读者在这方面知道的就更少了。

人们也许会问，史前时代原始部落的人类是怎么看待梦的，在他们形成关于世界还有灵魂等观念的过程中，梦又起了怎样的作用？这是个很有趣的题目，但我并不打算讨论它。我乐意向读者推荐约翰·卢伯克爵士、赫伯特·斯宾塞和爱德华·伯内特·泰勒等人的著作，并补充一句：在我们真正完成梦的解析的研究之前，我们还没办法了解到他们的诸多推测到底有多重要。

古代人对梦所抱有的态度，必然反映了有关梦的史前的观点。他们一致认为：梦与他们所信奉的神灵的世界有密切的联系；梦是神灵的启示，这一点毋庸置疑。而且，梦对做梦的人而言，当然极为重要：梦是对未来的暗示。梦的内容是十分复杂的，给人留下的印象也千变万化，所以人们很难对梦形成统一的看法，因此，有必要对梦进行分类，例如，根据梦的价值，或是可信度。古代的一些哲学家对梦所采取的态度，在一定程度上，也就是分为吉或凶而已。

在亚里士多德的两本著作中，梦已经是心理学的研究对象了。著作中说：梦不是来自神灵，也没有神圣的性质。梦是“人神各半”的。这是因为梦的本性是半人半神的，而不是“神授”。也就是说，梦不是超自然的，它仍然要服从于人类的精神规律，虽然，人类的精神与神意并不是完全没有关系。梦可以被定义为做梦的人在睡眠时所产生的心理活动。

亚里士多德已经意识到了梦的内容的一些特征。例如，他知道，睡眠时，梦可以把一些微弱的刺激放大为强烈的刺激，“人们梦见自己蹈火而行，灼热难当，可其实不过是在身体的某个部位有轻微的热度而已”。他因此得出以下结论，梦可以告知做梦的人清醒时他没能察觉的某些身体变化，做梦的人就可以把这个作为病兆告知医生。

我们知道，在亚里士多德之前，古代人并不把梦当作自己的心理活动，而是认为梦来自神灵的预示。所以，我们可以发现两种明显对立的思潮，它们在每一个历史阶段都有一定的影响力。一种认为梦是真实的、有价值的，它对做梦的人提出警告，或是预示未来；一种认为梦是空洞的、无价值的，它会把做梦的人引入歧途，甚至导致毁灭。

格鲁佩根据马克罗比乌斯和阿尔特米多鲁斯做了分类，以下是原文:“梦分为两大种类。一类是受过去或现在的影响，对未来没有意义；这一类包括失眠症在内，它直接再现了一个特定观念或它的对立面——如饥饿或饱足；还包括梦魇，它使特定观念增添了扩大的幻想成分——如噩梦或梦魇。另一类梦则正相反，它预示着未来；这一类梦包括以下三种：一、直接得到了预言的梦；二、预见了未来事件的情景的梦；三、需要解释的象征式的梦。这种理论流行了几个世纪。”

根据梦的价值来划分梦的类型，这就跟“梦的解析”有关了。一般而言，人们都希望梦能够预示某种重要的结果，但并不是所有的梦都能立刻得到解释，而且，如果有一个梦特别晦涩，难以解释，人们也不可能知道这个梦是不是预示着某种重要的事。因此人们就需要找到一种方法，用来把那些晦涩、难懂的梦的内容替换成可以理解的、具有重要意义的内容。古代，达尔狄斯的阿尔特米多鲁斯是有关梦的解析的权威，他的著作《详梦》内容详尽，很好地弥补了类似著作缺失的遗憾。

古代人对梦的看法与他们对宇宙的认识是一致的。他们习惯于把梦中的事物当成现实，而不仅只是自己的心理活动。此外，他们对梦的看法仅包括早晨清醒后自己记忆中的印象，就好像梦是来自另外一个世界，而不是来源于自己的内心。可就算是在当代，如果我们认为“梦是超自然的”这一观点已经没有市场，那就大错特错了。我们可以看到，一部分极为虔诚的人们，只要还有什么领域没被科学完全占领——那些领域曾经都是超自然学说的地盘——他们就绝不肯改变自己的观念。而除了这一部分人之外，我们还能看到另外一些人，他们头脑清醒，却只是因为没办法解释做梦的现象，就去寻求超自然事物的存在或是宗教的支持。还有一些哲学学派，也把梦看作是神圣的；很明显，这正是古代人将梦敬若神明的观点。关于梦的预兆性、梦预示未来的力量的讨论，从来也没有结束过。尽管有些思想家持科学观点，想要破除这种对梦的迷信，对所有搜集来的有关梦的全部材料都做出心理学的解释，却是心有余而力不足。

要撰写有关梦的科学研究史是特别困难的，因为不管这种努力在某些方面具备怎样的价值，但实际上并没有脉络或线索可循，也没有做进一步研究的可靠基础。这几乎是一项崭新的工作，每一个新作者都必须从头做起。如果我想要作一份编年史，把有关梦的所有作者的著作按次序梳理、评论，那我就没办法对有关梦的知识的现状进行综合性的描述了。所以，我只得根据题目——而不是根据作者——进行分类，在我提出各种关于梦的问题时，我将尽量利用手头的文献资料来进行解析。

然而，有关梦的文献资料是如此分散，并与其他许多学科交织，我不可能做到毫无遗漏，只有希望读者们不要太过挑剔，毕竟我已尽力顾及相关的基本事实和重要观点了。

第二章

梦的解析方法

一个梦的分析

本书的标题已经说明关于梦的问题我受到了哪一种传统方法的影响。我的目标是，令人们理解“梦是能够被解释的”。如果说在上一章中讨论的那些内容已经对解决有关梦的问题有所贡献，那不过是在我达成目标的过程中自然产生的副产品而已。我认为“梦是能够被解释的”，我的这个结论与梦的流行理论——事实上是，除了舍纳[①]的学说之外的几乎所有相关理论——是相对立的。这是因为，“解释”一个梦，就等于赋予一个梦以“意义”；也就是说，用某种确实存在的、有效的、有价值的事物，去代替梦本身的意义。正如我们所见，有关梦的科学理论并不能解释梦的内容，因为那些理论认为，梦根本不是一种心理活动，而是一种肉体的反应，只是作用于感官的一种符号。而外行人的看法则相反，同时也毫无逻辑，他们一方面承认梦是无法理解的，是荒诞的，却又认为梦并不是没有意义的。基于直觉，我们似乎可以说，无论如何，梦总是有一定意义的——哪怕是某种隐含的意义。梦取代了某种其他思想，我们只有正确地找到这种思想，才能发现梦隐含的意义。

自古以来，世俗世界采用了两种完全不同的方法去试图解

①舍纳，德文即，Scherner。——译者注

释梦。

第一种方法是，将梦的内容视为一个整体，并寻找与它类似的东西，用后者替代前者。当然，这个“类似的东西”是人们可以理解的，这就是“象征性”的梦的解析。只是，这种方法在遇到那种既难以理解又十分混乱的梦时，就没法自圆其说了。例如，在《圣经》中，约瑟[①]曾向埃及法老解释他的梦，梦中有七头瘦牛追逐七头肥牛，并把肥牛吃掉——这象征着埃及将在七个丰年后出现七个荒年，荒年将耗尽丰年的盈余。大多数富于想象力的作家构思出来的梦都属于这一类，这种象征性的梦其实是为作家自身的思想而服务的，而且，一般人的梦也有类似的特征[②]。

那些认为“梦是对未来的预言”的人，就是用这种象征法来解释梦的。他们用梦来臆测未来，这正是古代人对梦的观念的残余。我没法说明怎样才能用这种象征法来解释梦，因为这种解释取决于解梦者的想法是否巧妙，直觉是否敏锐——正是因为这个原因，梦的解析才被世俗视为需要超凡的天赋，是某些“佼佼者”的专利[③]。

---

①约瑟，即，Joseph，《圣经》人物。雅各与拉结之子，后为埃及宰相，以色列十二列祖之一。——译者注

②我在威廉·詹森写的《格拉狄克》这个故事中偶然发现，有些梦的结构编造得完全正确，解析起来好像并不是虚构的，而是真正的梦。作者在回答我的询问时承认，他并不了解我的有关梦的理论。我认为，我对梦的研究与这位作者的创作能够不谋而合，恰好证明了我的理论是正确的。

③亚里士多德曾谈到这一点，他认为最出色的释梦者是最善于捕捉相似性的人，因为梦的内容就像是水面的倒影，稍一触动就会歪曲变形，而最成功的释梦者可以从这种变幻的景象中察觉出隐含的意义。

第二种方法则完全摒弃了以上的观念。或许可以将这种方法称为“解码法”，因为这种方法将梦当成了一种密码，梦中出现的每一个符号，都可以依照密码本进行破译，并转换为我们已经知道的事物。例如，我梦到了一封信和一次葬礼，于是我去查阅所谓的“《解梦之书》”，那上面说“信”被转换成“麻烦”，“葬礼”被转换成“订婚”。接下来，我要做的就是把这些转换过来的关键字排列组合，得出的结果就是梦预示的未来。在达尔狄斯的阿尔特米多鲁斯[①]的有关著作中，也提到了类似这种“解码法”的方法，只不过，他还做了些颇有意思的改变，从而使这种方法变得更加生动。他不仅考虑了梦的内容，还注重做梦人的性格，乃至社会地位等具体情况。因此，同一个梦对于富人、已婚的人或者演说家是一种意义，对于穷

①达尔狄斯的阿尔特米多鲁斯约生于公元2世纪初叶，他为我们留下了许多有关梦的解析的著作，这些著作精细而且完备，在希腊罗马时代曾被沿用。提奥多·甘珀茨也曾指出，对梦的解析应该注重观察与经验，他还斥责了当时忽略这一原则的解析梦的方法，认为那是荒唐无稽的。甘珀茨认为，他解析梦的首要原则就是联想。他主张，根据梦的内容，释梦者心中可以联想到各种各样的事物，并由此解析出梦的隐含意义；然而，即使对同一个梦而言，不同的释梦者所能联想到的事物也一定是不同的，所以根本无法得到统一的意见，因而无法避免任意性和不可确定性。我在本书中阐述的梦的解析的技术，与这一类古代的方法相比有本质上的不同。我的方法将解析梦的工作交给做梦的人，所考虑的不是释梦者的联想，而是做梦的人自己的联想。然而，传教士芬克狄基在1913年的报告中表明，现代的东方的释梦者也注重与做梦的人合作。他曾提到了释梦者，他说：“为了对梦做出正确的解释，最高明的释梦者要分析做梦的人的大量具体情况，再从中找到他认为最重要的情况，然后才开始梦的解析……总之，这些释梦者绝不肯让做梦的人对自己有一丝一毫的隐瞒，只有在掌握了所有他想要知道的情况后，才会做出解释。”在释梦者提出的问题中往往包括与做梦人的亲人——父母、妻子和子女——相关的问题，甚至包括另一类典型问题，如：“你在做梦前后是否与你妻子性交过？”

人、单身汉或者商人又是另一种意义。总而言之，“解码法”的特点就在于把梦看作是一大堆不同的片段的组合，每个片段都有不同的意义，需要独立鉴定；而并不针对梦的整体。可以肯定，这种方法之所以被发明出来，是因为受到了那些不连贯的、纷乱的梦的启发①。

很明显，以上介绍的两种流行的释梦方法都不可靠，也不科学。象征法在应用上有局限，不能适应所有的梦；而解码法则取决于“密码本”是不是正确，我们对此实在难以保证。因此，人们不得不同意一般的哲学家与精神病医生的观点，认为对梦的解析是纯粹的幻想②。

然而我对此却不能苟同。我曾经不止一次地认识到：在

---

①阿尔弗雷德·罗比泽克博士曾向我指出，（我们效仿得很蹩脚的）东方的释梦方法对读音和字与字之间的相似性有很强的依赖性。而这些联系一旦被翻译，则必定会消失，这也说明了我们流行的“释梦书”为什么会如此晦涩难解。雨果·温克勒的著作就曾提到过双关语在东方古代文化中占有非常重要的地位。而流传下来的最好的一个有关梦的解析的例子就是以双关语为依据的。阿尔特米多鲁斯这样写道：“我还认为，阿里斯坦德尔为马其顿的亚历山大大帝的梦所做的解析有着积极的意义。当时，亚历山大大帝包围了特洛伊城，久攻不下，不禁心烦意乱。一天晚上，他梦见半人半羊的森林之神撒泰儿（Satyr）在他的盾牌上跳舞。随军出征的阿里斯坦德尔当时侍候在侧，对这个梦做了解析。他把 Satyr 的希腊文分割成两部分，经过拼凑得出了‘特洛伊城是属于你的’（Tyre is thine）这一意义。于是亚历山大大帝加强了攻势，终于成了特洛伊城的主人。”——确实，梦与语言有着密不可分的联系。所以费伦齐也曾说过：“每一种语言都有自己的梦中呓语。”一般说来，解析梦的著作很难被翻译成外语。我认为，我现在的这本书也是如此。（然而，纽约的 A.A. 布里尔以及后继几人，居然将我的这本《梦的解析》成功地翻译成了英文。）

②在我完成了本书的原稿后，我发现了斯顿夫的一本著作，书中所持观点与我相同，即，梦是有意义的，而且也可以设法解释。但他是运用一种比喻式的象征法来进行梦的解析的，所以他的方法不能保证其普遍有效性。

一些常见的梦例中，古代那些冥顽的通俗看法似乎比现代科学的观点更加接近真理。因此，我坚持认为，梦确实具有某种意义，而且，以科学的方法释梦也是完全可能的。

我是通过以下途径认识到这种方法的。数年来，我一直致力于阐明某些精神病态——如癔症性恐惧症、强迫观念等——的病理结构，从而达到治疗它们的目的。我之所以这样做，事实上是受约瑟夫·布洛伊尔①的影响，他曾说过，把这些被视作精神病态的病理结构解开，精神病态的症状就会消失。也就是说，如果在病人以往的精神生活中找到致病的根源，病人就会痊愈。考虑到我们在其他医疗方法上的失败，以及这些精神病态的复杂性、神秘性，我觉得，布洛伊尔指出的这条道路是很有吸引力的。虽然可以想见其困难，我也决心在这条道路上走下去，并开拓出一番新天地。关于这种方法的技巧、形式以及我所获得的成果，我将另作报道。而就在研究这些精神病态的病理结构的过程中，我接触到了有关“梦的解析”的问题。我要求病人告诉我与某个特殊主题相关的一切，他的所思所想，当然也包括了他的梦。因此我联想到，在某些精神病态下进行回忆，则必然引起一系列精神事件，梦在其中也有一定的意义。所以，我们需要把梦本身作为一种症状对待，并且把对梦的解析作为解除这种症状的方法。当然，这仅仅只是开始。

采取这种方法，病人需要有一定的心理准备。我们必须

①约瑟夫·布洛伊尔，即，Josef Breuer，1842—1925年，奥地利心理学医生。在1880年与弗洛伊德紧密合作，并企图以催眠来减轻病人的神经症症状，后因与弗洛伊德意见不合而离开了癔症领域。——译者注

让病人做到以下两点：第一，加强他对自己的精神感受的注意力；第二，减少他平时对自己的精神感受的习惯性的批评。为了达成目标，病人最好轻松地躺下，保持平静，闭上双眼，并且严格地要求他自始至终对自己心中浮现的任何感受都不加评判。要告诉病人，精神分析成功与否完全取决于他是不是注意到了自己脑中浮现的一切，以及他是不是将其和盘托出。而且，他绝对不可以抑制某些想法，哪怕那在他看来是无关紧要或者没有意义的。对于脑中所思所想，他必须抛开所有偏见。而且，他之所以患有某种精神病态的症状，不能得到理想的解决，正是由于他的固有观念作祟。

在我的精神分析工作中，我注意到，一个人在“反省”时的心理状态，和他在观察自己精神感受时的心理状态是截然不同的。与“自我观察”相比，“反省”所需的精神活动更多。当一个人在反省时，往往面容紧张，皱起眉头，而自我观察者的表情则安详得多，这就是一种证明。反省和自我观察都需要集中注意力，但正在反省的人同时也在进行批判，也就是说，他在排斥那些一旦浮现到意识中就会令他感到不安的某些观念，从而阻止这些观念继续在自己的意识中进行。

另外，还有一些类似的观念，在到达他的意识层面之前，甚至是在被他感知到之前，就已经被压抑下去了。相反，自我观察者却仅有一项工作，那就是抑制自身的批判力。如果他成功地做到了这一点，就会有无数观念自然浮现到他的意识之中，而这些观念往往是他一旦加以批判就根本无法捕捉到的。

利用从自我观察者那里获得的这些资料，我们就可以分析他的精神病态的病理结构了，同样地，也可以以此来解释他的梦。我在这里所说的自我观察，显然就是建立一种精神状态。这种精神状态，就精神的能量（注意力）的分布而言，多少与我们入睡前的精神状态相似——毫无疑问，也类似于催眠状态。当我们入睡时，由于思维活动（当然还有批判活动）的松懈，那些会令我们感到不安的观念就会涌上心头——我们将这种观念称为“非任意观念”。在清醒时，我们也允许这种松懈出现（通常我们把这种松懈归咎于“疲倦”）。总之，这些观念出现后，往往变化为视觉和听觉上的意象。而在分析梦和病理结构的状态中，病人要设法摒弃这种变化，因此会节余精神能量。病人利用节余下来的精神能量（或只是利用一部分），用于专注追溯那些观念。这样一来，“非任意观念”就转变为“任意观念”了。

然而，大多数人都发现：要使自己的心灵对“自由浮现的观念”采取以上的态度是十分困难的，对“批判”的扬弃同样难以做到。令我们感到不安的观念（即“非任意观念”）往往会很自然地表现出强烈的抗拒，极力使自身不浮现到意识层。不过，在另外的领域，如果参照伟大的诗人和哲学家弗里德里希·席勒[①]所说的话，我们就会发现，文学的创作也需要类似

①弗里德里希·席勒，即，Johann Christoph Friedrich von Schiller，1759—1805年，德国著名诗人、哲学家、历史学家和剧作家，德国启蒙文学的代表人物之一。代表作有《华伦斯坦》《欢乐颂》《玛丽亚·斯图亚特》等。——译者注

的态度。在与科默[①]的通信中——感谢奥托·兰克[②]的发现和整理——席勒觉察到他的朋友在发牢骚，认为自己缺乏创造力，于是席勒写道："我认为，你之所以会这样抱怨，完全归咎于你的理性限制了你的想象。让我来举例说明我的看法：如果放任理性严格地审查那些源源不绝地涌到你家门的意念，那可不是一件好事，而且会扼杀你的心灵。也许，单就一个意念而言，它可能是微不足道和荒谬透顶的，但是随它而来的另一个意念却有可能令它变得有价值；如果再跟其他一些类似的意念结合起来，它或许就会成为一个最有意义的环节。理性并不能批评任何意念，除非理性可以将所有涌现心头的意念都长久地保留起来，统筹比较后再进行批判。另一方面，一个充满着创造力的心灵，就应该令理性放开警戒，放任所有意念自由地蜂拥而入，而后再对它们进行整体的审视和检查。可是，你的理性的批评力——或者随便你把它叫作什么——却不敢放任这种短暂的心灵的纷乱，甚至为此感到羞耻，这扼杀了你的创造力。其实这种对心灵的放任是每个人都会遭遇到的，只是时间的长短有所不同，而这也正是艺术家和一般的做梦的人的区别。你抱怨自己缺乏创造力，正是由于你对自己的意念的批判实在太

①科默，即 Komer。——译者注

②奥托·兰克，即，Otto Rank，1884—1939 年，奥地利心理学家，精神分析学派最早和最有影响的信徒之一。其代表作为 1924 年出版的《出生创伤》一书，这本书引起的争论导致他被开除出精神分析学界；当年，他离开维也纳，在巴黎和纽约继续他的临床实践和著作，以及教学工作。后因肾脏感染在纽约去世。——译者注

快，也太严格了。”①

席勒在信中所说的令理性放开对大门的警戒、进行无批判的自我观察的态度，其实不难做到。我的大多数病人在接受了我的第一次指导后，基本上都能做到。我自己也尝试过类似的事，把涌上心头的意念一一记录下来，同样并不困难。用在理性的批判上的精神能量越少，用来自我观察的精神能量就越多，当然，这也是因人而异、因事而异的。

在应用这种方法的最初步骤时，我们可以知道，一个人无法关注整个梦，他只能把注意力放在梦的各个片段上。如果我询问一个毫无经验的病人："你能想到什么跟这个梦有关的事情吗？"他很有可能什么也答不出。但是，如果我把梦分析一番，提出梦的各个片段，逐一询问，病人就会告诉我跟每一个片段有关的一系列联想。由此可以看出，我所采用的分析梦的方法与通俗的、古代的、传统的"象征法"不同，而与前文所述的第二种方法、即"解码法"相似。跟"解码法"一样，我所分析的也是梦的片段，而不是梦的整体，我从一开始就把梦看作是复合的，是一大堆心理元素的堆砌物。

在我对神经症患者进行精神分析的过程中，我分析过上千个梦例，但我在此介绍梦的解析的技术和理论时，并不打算使用这些材料。因为人们可能会认为这些梦例来自病人，所以我从这些梦例里得出的技术与理论并不能适用于正常人。此外，我还有另一个理由不使用这些梦例，即这些梦例不可避免

①写于1788年12月1日。

地涉及了我的这些病人的病史，要使用它们，就必须附加很长的说明，还要对神经症的性质、病因等进行探讨——这些问题本身都非常新鲜和难以理解，自然会分散读者对梦的问题的注意力。这与我的目的背道而驰。对我来说，梦的分析只是第一步，我要运用这个手段去解决更困难的神经症的心理学问题。然而，如果放弃了这些神经症患者的梦，我手头的材料就不多了，只剩下一些我认识的朋友在闲谈中偶尔提到的梦，再就是各种有关的文献资料所涉及的梦而已。遗憾的是，我没法去分析这些梦，因为我的释梦法不像世俗流行的那种“解码法”那么方便，只要用固定的关键字对照“密码本”就行了。与它相反，我想要证明的是，对于不同的人或不同的背景，同样的一个梦的片段可以隐藏着不同的意义。所以我只好解析自己的梦了，这些梦例很丰富，也很方便，可以说是来自一个正常人，并且与日常生活息息相关。当然，有人会认为我的这种“自我分析”根本就不可靠，还有人会认为我可以根据这些梦例任意做出结论。但我认为，事实上自我分析比分析他人要有利得多。无论如何，我们可以进行试验，看一看我的自我分析对梦的解析到底能起到多大的作用。但是，就我自己而言，我还得克服一些别的困难。这种自我分析理所当然地会暴露我大量的内心的隐私，这令我犹豫不决；同时，也肯定会有人对我的解析有所误解。但我认为这些困难都是可以战胜的。德尔贝夫曾说过：“每一个心理学家都有责任承认自己的弱点，只要他认为那会有助于解决某个难题。”而且我相信，读者们也许起初会对我的轻率言行感兴趣，但这种兴趣很快就会转移到由它们来阐明的心理学的问题上去[①]。

因此，我将在这里举出一个我自己的梦，来说明我的解析方法。任何一个类似的梦都需要一个“前言”，所以我现在请求读者们暂时追随我的兴趣，将精神集中在我的身上，和我一起去分析我生活上的一些细节。这对我们专心致志地探究梦的隐含意义是十分重要的。

前言

1895 年夏天，我一直在为一位年轻的女性进行精神分析治疗，她与我和我全家素有交情。人们很容易理解，这种复杂的关系会使医生——尤其是精神治疗医生——感到非常棘手。这是因为，医生对病人和病情越感兴趣，他的权威性就越小，而一旦治疗失败，就可能导致整个家庭与病人原来的友谊破裂。这次治疗只成功了一部分：病人的癔症性焦虑得以痊愈，但她生理上的一些症状却未能好转。当时，我对癔症性焦虑的治疗标准还不是很清楚，因此向病人提出了一项更彻底的治疗方案，而她似乎不太愿意接受这个方案。由于意见分歧，治疗在暑假时就中断了。有一天，我的一位年轻同事——他叫奥托，也是我的老朋友——拜访了我的这位病人爱玛和她的家。之后，奥托与我谈起这件事，我向他询问爱玛的近况，他答道：

---

①然而，我必须补充说明，由于上述原因，我从来没有提供过对我自己的梦例的全部解析。我并没有过分信任读者们的判断力，这也许是明智的做法。

“她好些了，但还不能算很好。”我意识到奥托可能对我有所不满，他的语气里也许有谴责的意思，这让我很烦恼。我猜测，或许是我对病人的许诺太过分了，而且爱玛的家属从一开始就不太赞成她找我治疗，他们可能对奥托说了一些我的坏话。当时我并没有表现得对此很在意，但在当晚，我将爱玛的病史详细整理出来，打算把它寄给 M 医生（M 医生是我们这一门的权威，也是我的朋友）。我想以此来证明我的治疗方案是正确的。而就在当天晚上（也可能是次日的凌晨）我就做了下文中的那个梦，醒后我把它记了下来。

1895 年 7 月 23 日—24 日的梦

在一间大厅里，宾客云集，爱玛也在其中。我走近她，好像是在答复她的来信似的，责备她为什么还不采用我的“办法”进行治疗。我对她说：“如果你仍然感觉痛苦，那纯属咎由自取。”她答道：“你知道吗？我的嗓子、胃和肚子都疼得要命，疼得我透不过气来！”我吃了一惊，这才仔细观察她。我发现她脸色苍白，而且还有浮肿；我担心自己以前是不是有所疏忽，没注意到她的某些器质性疾病。于是我把她领到窗口旁，检查她的嗓子。她起先拒绝了我——就像那些镶了假牙的女士一样，我想，她倒是不需要检查的。后来她还是张开了嘴。我看到她的嗓子右边有一块很大的白斑，还有一些小的灰白色的斑点附着在鼻甲骨上。我立刻叫来了 M 医生，请他重新检查了一遍。M 医生的检查结果与我相同……他今天看起来跟往常不大一样，脸色苍白，走起路来摇摇晃晃，下巴的胡子刮得一干二净……我的朋友奥托也在爱玛旁边站着，另一位医生——他叫利奥波特——隔着衣服对爱玛进行叩诊，说："她的左胸下部有浊音。"同时他还指出，爱玛左肩的皮肤上有一块渗透性的病灶（虽然隔着衣服，我也跟他一样注意到了这一点）。M医生说："这肯定是感染，但并不要紧；得了痢疾后，毒素会通过腹泻排出。"我们都知道爱玛感染的原因。不久前，她觉得不舒服，于是奥托就给她打了一针丙基制剂，丙基……丙酸……三甲胺（这种物质的化学结构式清楚地呈现在我的眼前，以粗印刷体出现）。不该这么轻率地打那种针，而且当时注射器也可能不干净。

和其他的梦相比，这个梦有一个优点，它很明显与当天白天发生的一些事情有关。我在"前言"里讲得很清楚：奥托告诉了我爱玛的消息，我一直到深夜都在写她的病史——在我入睡后，这些事依然在我的脑中活动。但是，如果仅仅只是读了我写的"前言"和知道了我的梦的内容，而不对此加以解析，就不能真正明白我的梦的意义。连我自己也是一样。在梦中，爱玛告诉我的那些症状令我大吃一惊，因为在现实中我治疗她时，她并没有那些症状。同样，我也不知道为什么会出现注射丙基制剂的事，还有M医生的安慰的话等。这个梦结束得很快，叫我无从捉摸。为了发现其中的实际意义，我作了以下的详尽分析[①]。

①这是我进行详细解析的第一个梦。

分析

1.“一间大厅里，宾客云集”。那年夏天，我们住在卡伦堡[①]附近的贝尔维尤，度假消夏。贝尔维尤是一座山丘上的小楼，原本作为招待场所使用，所以客厅特别高大宽敞，就像一间大厅。我做这个梦时，再过几天就是我妻子的生日。就在我做这个梦的前一天，我的妻子告诉我，她想要在她生日那天请些朋友来参加生日宴会，爱玛也在受邀宾客的名单上。因此，我的梦中就预示了这个情况：我妻子生日的那一天，在贝尔维尤的大厅里，我们接待了包括爱玛在内的许多客人。

2.“我责备爱玛为什么还不采用我的‘办法’进行治疗，我对她说：‘如果你仍然感觉痛苦，那纯属咎由自取。’”在我清醒的时候我也有可能这样责备她，而且很可能我确实曾经对她这么说过。当时，我的看法是这样的（后来我认识到我的这个看法是错误的）：在病人的症状背后还隐藏着别的东西，那是导致她得病的真正原因；我的工作就是，把这个“真正原因”弄明白，并告知病人；至于病人是不是采纳我的治疗方案，那是病人的事，而不是我的责任。正是因为我抱有这样的看法（幸好我现在已经改正了），所以有一段时间我过得很轻松。在梦中，我对爱玛说了那些话，无非就是想要表白：如果她现在还没有痊愈，跟我可没有关系。也就是说，这是爱玛自己的过错，而不是我的过错。很有可能这就是我这个梦的主要目的。

3.“爱玛抱怨道，她的嗓子、胃和肚子都疼得要命，疼得

①卡伦堡，德文即，Callenberg，地名。德国萨克森州的一个市镇。——译者注

她透不过气来”。胃疼是爱玛就诊时就有的症状，但当时并不严重，最多就是犯恶心、想要呕吐而已。至于嗓子、肚子的疼痛则是她从未有过的症状。我很奇怪为什么在我的梦里她会这么说，迄今为止，我也没想明白其中原因何在。

4.“我发现她脸色苍白，而且还有浮肿”。事实上，爱玛总是脸色红润，所以我怀疑在我的梦中她是被另一个人取代了。

5.“我吃了一惊……担心自己没注意到她的某些器质性疾病”。读者应该知道，一个精神科医生总是有这样的担心。他总是害怕自己把一些在其他科医生看来属于器质性疾病的症状习惯性地当成了癔症。另一方面，我怀疑我并不是真的吃惊——这有一点难以启齿——因为如果爱玛的症状确实是一种器质性疾病的症状的话，那我就不必为没治好她的病而负责了，毕竟我只是个专治癔症的精神科医生而已。事实上，在我的潜意识里，我反倒希望我就是诊断错误了，因为要是那样，我就不必为没治好爱玛的病而自责了。

6.“我把她领到窗口旁，检查她的嗓子。她起先拒绝了我——就像那些镶了假牙的女士一样，我想，她倒是不需要检查的”。现实中，我从未检查过爱玛的口腔。梦中的这幅情景让我想起，不久前我曾为一位政府的女职员进行检查：她看上去年轻美貌，但当我让她张开嘴时，她却千方百计地掩饰她的假牙。这又让我想起其他的一些医学上的检查措施，在检查时，没有什么秘密能隐藏起来，往往弄得双方都很扫兴。“我想，她倒是不需要检查的”，这么看来，这无疑是对爱玛的称赞了。但是我怀疑还有另外一层意思。在梦中，爱玛站在窗口的情景让我想起了另一件事：爱玛有一位很要好的女性朋友，我对她的印象也很好，有一天，我去拜访她，当时她就站在窗口边——像我梦中的爱玛那样——正接受M医生的检查，M医生说她喉头有一块白喉般的膜。M医生的形象、白喉般的膜，这些情景都在我的梦中再现了。现在，我能够想起来，最近几个月来，我一直怀疑爱玛的这位女性朋友也是一个癔症患者——这是爱玛告诉我的。那么，我是不是了解她的病况呢？至少我可以确认一点，那就是她像我梦中的爱玛一样，都有癔症的窒息的症状。因此，我在自己的梦中把她与爱玛对换了。现在我能够确认，我曾经以为她会来请我为她医治——但实际上这是不可能的，因为她的个性十分保守。所以她会拒绝我的治疗，就像在我梦中爱玛拒绝我那样。另外，有关我梦中"我想，她倒是不需要检查的"，还有一种解释，那就是现实中爱玛的这位女性朋友的身体很结实，并不需要外来的帮助。最后，还剩下几个关键词：苍白、浮肿、假牙，这些特征在爱玛和她的朋友身上都找不到，而有关假牙我在前文中已经说过，那会让我想起那位政府的女职员。在爱玛、爱玛的女性朋友、政府的女职员之外，我还想到了另一个女人，"苍白"和"浮肿"也许指的就是她。她不是我的病人，我也不希望她成为我的病人，因为她和我关系不好，所以我认为她不会是一个顺从的病人。她平时脸色苍白，有一次身体不好，全身浮肿[①]。那么，到底是什么原因让我在梦中用以上的

①梦中有关"肚子痛"的抱怨一直没有解释，这与我刚刚提到的这位女性有

几位女性取代了爱玛呢？也许是因为我就是喜欢这么做，也许是因为在我看来爱玛太蠢，不肯接受我的治疗方案，而其他几位女性则比她聪明一些。换句话说，那几位女性会比较容易接受，会“张开嘴巴”让我检查[①]。

7.“我看到她的嗓子右边有一块很大的白斑，还有一些小的灰白色的斑点附着在鼻甲骨上”。白斑让我想起了爱玛那位女性朋友的白喉，同时也让我想起了大约两年前我的大女儿的重病，以及在那些日子里的焦急、恐怖的心情。那些附着在鼻甲骨上的小白斑让我想起了自己的健康状况。当时，我正在服用可卡因，以减轻鼻子的肿痛。几天前，我听说我的一个女病人学我服用可卡因，结果引起了鼻黏膜的大面积坏死。我从 1885 年开始向大众介绍可卡因的用途，这引起了一连串的批评。而可卡因的误用曾导致了我的一位好友的死亡。这是 1895 年之前的事。

8.“我立刻叫来了 M 医生，请他重新检查了一遍”。这只是反映出了 M 医生在我们中间的权威地位。但是，关于“立刻”却需要特别说明一下。它使我想起了我的行医生涯中的一件惨事。有一次，我为一位女病人治疗，让她过多地服用了索弗那（二乙眠砜）——当时公认那种药物是没有副作用的，结果引

关。毫无疑问，她就是我的妻子。我不得不承认在这个梦中我对待爱玛和我妻子的态度都不怎么和善，但我必须为自己辩护，因为我是在以一个优秀而且顺从的病人的标准衡量她们的。

①我认为这一部分的解析并不足以揭示出其全部意义。但如果我继续分析比较这三个人，就会离题太远。每一个梦都应该有至少一个中心，这个中心深不可测，仿佛连接着某种未知事物。

起了严重的药物中毒，于是我立刻向年长的同事求助。当时还有一个细节，可以证明我确实将这个悲剧铭记在心。那个中毒而死的女病人与我的大女儿同名，都叫马蒂尔达。但之前我却没能发现这一点。现在想来，这简直像是命运对我的报复。在我的梦中，像这样一个人被另一个人所代替，似乎还隐含着更深层次的意义；也就是说，一个马蒂尔达代替了另一个马蒂尔达，以眼还眼，以牙还牙。由此看来，在我的潜意识里，我似乎一直在搜寻材料，好用来谴责自己缺乏医德。

9."M医生脸色苍白，走起路来摇摇晃晃，下巴的胡子刮得一干二净"。这确实是事实。M医生一向脸色苍白，常因此令人担心。但是，关于胡子和走路摇晃的细节却只能用在其他人身上——我想起了我的大哥。我的大哥侨居国外，他总是把胡子刮得很干净。要是我的记忆没错的话，我梦中的M医生跟他也很相似。几天前，他来信说他得了关节炎，走路有些跛。我想，在梦中我把他和M医生混为一人，一定是有原因的。我左思右想，得出结论：对我来说，他们有一个共同点，那就是都在最近拒绝了我向他们提出的某个建议。

10."我的朋友奥托也在爱玛旁边站着，另一位医生——他叫利奥波特——隔着衣服对爱玛进行叩诊，说：'她的左胸下部有浊音。'"利奥波特是奥托的亲戚，两人又是同行，所以一直在竞争，互不相让。当我仍在一家儿童医院主持神经科门诊的时候，他们两人都在我手下担任助手，我梦中的这幅景象在那时是很常见的。有时候，我和奥托在一旁讨论病案，利奥波特则会再次检查儿童的病情，并对我们的讨论做出意外的贡献。他们两人的性格截然不同，就像地主管家布拉西格和管家的朋友卡尔那样。奥托为人敏捷、迅速，利奥波特则沉稳而可靠。在我的梦中，由利奥波特为爱玛诊断，这无疑表明了我对他的肯定。与此类似，因为爱玛拒绝了我的治疗方案，而我认为她的朋友会比较聪明地接受，所以，在我的梦中，我选择了爱玛的朋友，而不是她本人。现在，我终于发现了梦中我的思路是怎样运行的：从女病人马蒂尔达到我的大女儿马蒂尔达（生病的儿童），再到儿童医院，再到奥托与利奥波特的比较。梦中，利奥波特发现了胸部左下方的浊音，这使我想起一个特殊的病例，具体的细节与梦中的情景完全相同——那时，利奥波特也发现了浊音。那件事使我对他的细心留下了很深的印象。我还有一种想法，那就是：也许在潜意识中我很希望爱玛就是那位病人。因为那位病人后来被确诊为结核病，而爱玛的病症却没那么简单。

11.“爱玛左肩的皮肤上有一块渗透性的病灶”。我一下子就想到了这是在指我自己左肩的风湿病。每当我夜半醒来时，它就会发作。接下来的梦的内容是：“我也跟利奥波特一样注意到了这一点”，实际上这种表现有些含混不清，我所注意到的是我自己的患处；而且，所谓的“渗透性的病灶”很少用来指代皮肤上的毛病，它通常指的是肺部。也就是说，我在梦中再次提到了结核病。

12.“虽然隔着衣服”。无论如何，这只是一个插句。在儿童医院，我们通常会叫病人脱掉衣服，但对成年女性病人进行检查时，这是行不通的。据说有一位名医在为成年女性病人检查时从未叫病人脱过衣服，并因此受到欢迎。除此之外，我再也想不出什么别的意思了。说实话，我也不想对此再做更多分析。

13.“M 医生说：‘这肯定是感染，但并不要紧；得了痢疾后，毒素会通过腹泻排出。’”一开始我觉得这很可笑，但与我的梦的其他部分一样，必须仔细分析。而进一步推敲，其中似乎也大有文章。梦中，我发现病人患的是局部性白喉，在我女儿病重时，我曾研究过局部性白喉和白喉，白喉是全身感染，是由局部性白喉引起的。而梦中利奥波特指出，病人胸部左下方有浊音，有浊音的部位会引起全身感染，因此可以被看作是一种转移性的病灶。然而，我又想到：类似的转移实际上并不会发生在白喉这种病症上，应该是脓血症才对。

“不要紧”。这是一句安慰的话。就梦的内容而言，似乎也很适合。在这个梦的上半部，我的病人的痛苦来自白喉，这是一种严重的器质性病症。精神治疗是不可能治愈长期的白喉的。因此，我怀疑我之所以做了这样的梦，仅仅是因为在潜意识里想要转移自己没能治愈爱玛的内疚。但是，当梦发展到这里，我又感到良心不安——为了给自己开脱，我竟然想出了这么严重的疾病，把它强加到了爱玛身上，这也太残酷了。所以，我必须得保证最后一切都会平安无事。于是我就借 M 医生之口说出了这句安慰的话。但是，由此可以看出，我对梦采取的是一种超越的态度，这是需要进一步解释的。同时，这句安慰的话其实是十分荒唐的，这又是因为什么呢？

“痢疾”。有一种传统观念认为，致病物质可以从粪便中排出。我怀疑，梦中M医生提到腹泻，是潜意识中我想要取笑他的缘故。因为他常常会提出一些传统的观点。另外，我还想起一件跟痢疾有关的事。几个月前，我为一个青年病人诊疗，他有很明显的肠道病的症状，其他医生的诊断结论是“营养不良贫血症”，我却断定他得的就是癔症。我不想用精神治疗法给他治疗，于是就劝他出门，去海外旅行，从而缓解癔症的症状。没想到，几天前，他从海外给我寄来一封信，信的内容令人沮丧。信中说，他在海外又发了一次病，当地的医生诊断为痢疾。我怀疑这是当地医生的误诊，那个青年得的明明就是癔症。但是，我也有些自责，也许我不该让他去海外旅行，在那种环境下很容易感染痢疾；也许，他是在由癔症引起的肠道病症状发作时，又感染了新的器质性疾病。另外，德文中“痢疾”与“白喉”的发音十分相似，在梦中，这种发音近似的单词相互取代的情形是很常见的。

是的，我相信梦中M医生说出“这肯定是感染……会通过腹泻排出”这种话，是因为我想要取笑他。几年前，他曾亲自告诉我一件类似的事。那件事发生在另一个医生身上。M医生被那位医生请去会诊，当时病人生命垂危，那位医生却很乐观。于是M医生不得不指出：病人的尿液中出现了大量的白蛋白。那位医生不以为意，虽然没有明说“不要紧”，但却说了“白蛋白很快就会被排泄掉的”。所以，我认为梦的这一部分很明显就是在嘲笑我的那些同行，因为他们连癔症的症状都看不出来。而且，在梦中，我还有一个念头，那就是：“爱玛的那位朋友的症状是癔症和结核病共同具有的，这一点M医生看出来了吗？他是不是误诊成结核病了？”

那么，我为什么在梦中这么刻薄地对待M医生呢？我的动机是什么？很简单，就是因为M医生和爱玛一样，都拒绝过我。所以，我在自己的梦中报复他们。报复的方法是：对爱玛说她的痛苦是咎由自取，并让M医生说出那些十分荒唐的安慰之词。

14.“我们都知道爱玛感染的原因”。这很不合理。因为感染的原因是利奥波特发现的，在此之前，我根本一无所知。

15.“不久前，她觉得不舒服，于是奥托就给她打了一针”。梦中出现这幅情景的原因是：奥托曾告诉过我，他去拜访爱玛一家时，附近的一家旅店里有人患急症，请他去打了一针。而“打针”的事又让我想起我那位因可卡因中毒而死的朋友，我建议他在戒除吗啡的时候口服可卡因，可他却不肯口服，直接给自己打了一针可卡因。

16.“丙基制剂，丙基……丙酸……”。我左思右想，也想不出这到底是什么药。不过，在我连夜写出爱玛病史和做梦的那天晚上，我的妻子打开了一瓶利口酒，酒是奥托送来的礼物，上面写着“安娜纳丝[①]”的字样。奥托总是一有机会就送人礼品，我希望有一天他能找个好妻子，让他改掉这个习惯。总

①我必须补充说明一点：“安娜纳丝”的发音与我的病人“爱玛”的姓很相近。

之，那瓶酒散发出一种强烈的杂醇油味，我根本就不想喝。我的妻子建议把酒给仆人，出于谨慎，我表示反对，并责怪我的妻子说："可不应该让他们中毒。"利口酒散发出的杂醇油味（amyl……戊基）无疑让我想起了所谓"丙基（propyl）"、"甲基（methyl）"这类药物，所以我才会梦到它们。我闻到了戊基，然后梦到了丙基，这种替换在梦中是常见的，在有机化学里可能也是容许的。

17."三甲胺（Trimethylamin）"。在梦中，我清楚地看到了这种物质的化学结构式，这证明我可能花了很大的工夫去记忆它。而且，它的化学结构式是以粗印刷体出现的，这似乎表明它很重要。那么，对我来说，三甲胺到底意味着什么呢？它让我想起我的另一位老朋友，我们相交多年，彼此了解，他曾告诉过我一些有关性的化学研究的结论，他认为三甲胺就是性的新陈代谢的产物之一。也就是说，三甲胺让我联想到了性。而在我眼中，性正是我所要研究的精神病学上的最重要的因素。我的病人爱玛很年轻，又是个寡妇，如果我硬要为自己未能治愈她的病症而找个借口的话，那么这就是了。她的病症很可能是因为不能获得性满足。当然，她的朋友肯定不会喜欢这种说法。可奇怪的是，为什么我在梦中用来代替爱玛的另一个女人恰巧也是个年轻的寡妇呢？这应该是有原因的。

我继续思考为什么三甲胺的化学结构式在梦中特别突出，它与很多重要的问题都有关系。我知道，三甲胺不仅只是暗示着性——这当然是个强有力的因素——它还暗示着总是赞同我的观点的一个人。这个人对我是如此重要，以至于每当我的意见被人攻击或拒绝，我就会想起他来。这个人是一位医学界的前辈，他是鼻腔和鼻窦疾病的专家，并提出了鼻甲骨与女性性器官之间具有某种显著关系的观点，引起人们的注意。我曾经让爱玛去他那里做检查，看她的胃痛是否与鼻腔的状况有关。但当时我的这位老朋友正患着化脓性鼻炎，这让我很担心。毫无疑问，三甲胺与此也有联系，是在暗指脓血症。这属于梦中转移或代替的情况，出现在我的潜意识中。

18.“不该这么轻率地打那种针”。梦的这一部分的意义很直接，就是指责奥托，说他很“轻率”。这是因为：当天下午奥托告诉我爱玛的事时，表情和语气都像是在责备我；而我却觉得奥托根本不该责备我，他分明是受了爱玛的亲戚的影响，他太急于下结论了。——除此之外，梦的这一部分使我再次想起我那位因为注射可卡因而死的朋友。我在前文已经说过，我从不支持注射可卡因。同时，我在梦中谴责奥托用药太轻率，也让我再次联想到我那不幸的女儿马蒂尔达，这其实也是在责备我自己。很显然，在这个梦中，我一方面搜集种种例子想要推卸自己的责任，并逐一报复那些拒绝我、指责我的人；另一方面，我却始终也不能摆脱良心的谴责。

19.“而且当时注射器也可能不干净”。这还是对奥托的指责，但是起因有所不同。我曾有过一个 82 岁的老年女性病人，每天要为她打两针吗啡。昨天，我偶然遇到了她的儿子，他告诉我，她现在住在乡下，患了静脉炎。我立刻想到，这很有可能是因为注射器不干净，引起感染所致。同时我也感到自豪，因为两年来我从未出过类似问题。我从不怕麻烦，总是使注射器保持干净。总之，我是有医德的。至于静脉炎，则让我再一次回忆起我的妻子，她在一次妊娠中患了血栓。由此可知，我的妻子、爱玛以及死去的马蒂尔达这三个人存在相似、相通之处，所以我才会在梦中把她们三人互相替换。

以上就是我对这个梦的解析[①]。在解析的过程中，我比较了梦的内容和隐藏在这内容背后的潜意识。这存在一定的困难，因为这种比较本身逐渐把梦变成了一个整体；同时，我也受到了的梦的“意义”的影响。我认为，有一个意向贯穿了这个梦，而这个意向必定就是我做这个梦的动机。这个梦满足了我的某些欲望，而这些欲望正是前一晚发生的事——奥托告诉我爱玛的消息，我连夜写下爱玛的病史——所引起的。梦的结论是：尽管爱玛病痛缠身，但责任并不在我，而在奥托。事实上，正是因为奥托告诉我爱玛尚未痊愈的消息而使我感到恼火，所以我才会在梦中把责任归咎于奥托。这个梦实现了我对奥托的报复。另外，这个梦还表明：有一大堆理由可以证明我是无辜的，不必对爱玛的病情负责。在这个梦里还出现了一些事，那都是我心里希望的。因此可知：梦的内容是某种欲望的满足，梦的动机是某种欲望。

到此为止，对这个梦我已经讲得够清楚了。但是，梦中许

①读者们一定看得出，我并没有把我梦中发生的全部细节都写下来。

多细节的意义必须从满足欲望的角度出发，才能看得清楚。我之所以报复奥托，说他太过轻率，不仅是因为他责怪我没把爱玛的病治好，而且还因为他送给我一瓶散发着杂醇油味的劣酒。在梦中，我找到了一种将以上两种谴责合而为一的报复方法，即“注射丙基制剂”。但我还是心有不甘，于是又找到了另一种报复的方法，即把奥托和他的竞争对手放在一起加以比较，就好像是在当面对他说：“我觉得他比你强。”而且，奥托不是唯一惹火了我的人。在梦中，我对不服从我的病人也施加了报复，用比她更聪明、肯听我的话的病人代替了她。曾经拒绝过我的M医生也是受害者，在梦中，我暗示他是个无知的医生——让他说了些类似“得了痢疾后……”的胡扯；我还想把他换成一个更倾向于我、更有知识的人（告诉我三甲胺的那位朋友）。这就像把奥托换成利奥波特一样。我似乎是这么想的：“让这些人走开！然后让我自己来选三个人代替他们！这样我就不会再受到那些不应有的谴责了！”整个梦以巧妙的方式证明：对我的所有谴责都是毫无依据的。我不应该为爱玛的病痛负责，因为她不肯接受我的治疗方法，她是咎由自取。我跟爱玛的病痛无关，因为她的病痛是器质性的，根本不能用精神治疗的方法治好。爱玛的病痛是因为她独身寡居导致的（参见三甲胺），对此我当然无能为力。爱玛的病痛是因为奥托轻率地给她注射了不适当的药剂而引起的——换成是我，可绝不会那么做。爱玛的病痛是因为用不干净的注射器进行注射的结果，就像那位老妇人的静脉炎一样，当然，我的注射从来也没出过事。我注意到，梦中对于爱玛的病痛的种种解释（全都是为了开脱我的罪责），其实彼此并不一致，甚至有自相矛盾的情况。但是，所有这些解释——除此之外，这个梦并没有其他意义——让我想到了一个寓言。寓言中，有个人借用邻居的水壶，归还时水壶已坏。这个人为自己辩护时，先说他还的水壶根本就没坏，又说他借的水壶本来就是坏的，最后干脆说他从来没向邻居借过水壶，等等。只要所有这些辩护理由中有一条行得通，他就是无罪的。

梦中还有其他一些细节，似乎与爱玛的病痛没有显著联系，也没在为我辩护。这些细节是：我女儿的病，与我女儿同名的女病人的病，可卡因的害处，那位在海外旅行的病人的病，我对我妻子、兄弟以及M医生等人的健康状况的关注，我自己的病，我对没出现在我梦中的那位患化脓性鼻炎的朋友的关注，等等。从这些纷乱的梦的片段中，可以提炼出一个共同的意义，即："对我自己和其他人的健康的关注——职业良心"。我记得，当奥托告诉我爱玛的病情时，我多少有些不愉快。在梦中，这种不愉快发挥了作用，就好像奥托当面对我说："你没有尽到你作为医生的职责，你没有医德，你没有实现自己的承诺。"而以上这些纷乱的梦的片段，就是我在竭尽全力地想要证明我有良好的医德，我深深地关注着我的亲戚、朋友和病人的健康。值得注意的是，这些片段包括了一些痛苦的回忆，它们支持奥托的指责，而不是为我推卸责任。也许有人会说这些片段是中性的，既不偏向奥托，也不偏向我，但是，这些较为纷乱的梦的片段与我的梦的主题——我希望自己不必为爱玛的病痛负责——之间，显然是有联系的。

我并不奢望自己已经揭示了这个梦的全部意义，也不敢说我的解析做到了尽善尽美。就这个梦而言，我还可以花更多的时间，从中取得更多的信息，并讨论由此产生的新问题。我知道可以从什么地方开始着手，寻找新的线索。但是，我不打算继续解析下去了，因为我不想把自己的梦的所有情况都公之于众。如果有人为此指责我，说我应该解析得更淋漓尽致一些，我希望他自己去做这种试验，大可做得比我更加坦白。就现在而言，我对自己的发现感到满意：梦确实是有意义的，而不是像某些权威人士所断言的那样，仅是大脑的不完整的活动的产物而已。相反，一旦释梦的工作得以完成，我们就会知道：梦是欲望的满足。

第三章

梦是欲望的满足

当我们长途跋涉、历经坎坷，终于来到一片视界辽阔的旷野，这里道路四通八达，美景尽收眼底，此时，最好歇息片刻，确认下一步的方向。我们目前的处境正是如此。因为我们已经攀上了有关梦的解析的第一个高峰。这就像曙光乍现，令我们耳目一新——原来梦并不是某种外力在琴键上胡乱打击出来的、毫无节奏的噪音，它们不是无意义的，不是荒诞的；它们也不是一部分意识昏昏欲睡而另一部分意识刚刚醒来时的那种懵懂。相反，它们完全是一种有意义的精神现象——是欲望的满足。它们与一系列我们理解的、清醒时的心理活动并无区别，可以插入其中。它们是错综复杂的心理活动的产物。

但是，正当我们为这一发现而欢欣鼓舞时，许多崭新的问题又呈现在眼前。如果按照以上的理论，梦是欲望的满足，那么，我们的欲望的满足为什么会以“梦”这种既特殊又奇异的方式出现呢？梦的来源是什么？我们醒来时会记得梦的内容，但梦在形成那些内容之前，有过怎样的变化呢？这种变化又是怎么发生的？是哪些材料构成了梦？这些材料从何而来？梦有许多特征，比如它的内容有可能自相矛盾，这又是为什么？梦能指引我们发现一些新的心理活动的内容吗？梦的内容能不能修正我们清醒时的种种观点？

我建议暂时搁置以上所有问题，只专注一条路径。我们已经知道，梦是欲望的满足。首先应该弄清的问题是，这是所有的梦的普遍特性吗？会不会有可能只是一个特殊的梦（爱玛打针的梦）独有的特性？因为，即使我们得出“每一个梦都有其意义或精神价值”的结论，也不能保证每一个梦的意义都相同。例如，我们的第一个梦是欲望的满足，第二个梦则有可能是恐惧的表现，第三个梦的内容或许只是沉思，第四个梦又可以纯粹地沉浸于回忆。是不是除了欲望的满足之外，还有其他的梦呢？或者，再也没有其他的梦了？

梦代表的往往是不加掩饰的“欲望的满足”，要证明这一点并不困难——长期以来梦的语言都不被人理解，这才是令人惊讶的事。例如，有这样一种梦，只要我乐意，我就能做，与做实验没什么两样。如果我在晚上吃了鱼、橄榄，或是别的很咸的东西，夜间就会因为口渴而醒来；但在醒来之前，我往往会做一个内容基本一致的梦——梦中，我在喝水。我会梦见我在大口大口地喝水，而水的滋味就像甘美的清泉一样，滋润我几乎要干裂的嗓子。然后我就会醒来，觉得自己真的需要喝水。这个内容简单的梦，就是我醒来后感到口渴而引起的。口渴引起喝水的欲望，而梦满足了我的这个欲望。很显然，这就是梦的功能。我向来睡得很沉，不容易因为身体的需要而醒来。如果我可以梦到我在喝水解渴，那么，我就用不着真的醒来，再去喝水。因此这个梦是一个“方便的梦”，梦取代了生活中的实际的行动。遗憾的是，与我想要报复奥托和 M 医生的欲望相比，我的喝水解渴的欲望仅靠做梦是满足不了的。但这两个梦的意义并无不同。不久前，我又做了一个喝水的梦，内容稍有改变。那天我在睡前觉得口渴，就把放在我床头旁桌子上的一杯水喝光了。睡了几小时后，我又觉得口渴，但是，要喝水的话，我就必须起身，去拿靠近我妻子那边的床头旁桌子上的玻璃杯。所以我做的就不是那种方便的梦了。我梦见，我的妻子用一个瓶子给我喝水——这个瓶子其实是一个伊特鲁斯坎骨灰罐，是我在意大利旅行时买的，早就送给别人了——可是，瓶子里的水很咸（显然是因为里面放了骨灰），以至于我一下子就惊醒过来。我们可以发现，在这个梦中，一切都安排得很妥帖。因为梦的唯一目的就是满足欲望，所以它完全以“我”为中心，内容是纯粹的利己主义。事实上，如果贪图安逸与方便，就很难为他人着想。梦中的骨灰罐可能满足了我的另一个欲望。我想要那个骨灰罐，可惜它已经不属于我了——就像我妻子床头桌上那杯水一样，都不是伸手可及的。另外，梦中骨灰罐里的水的咸味与现实中我的口渴也是契合的，目的是促使我惊醒。

在我年轻时，这种方便的梦时常发生。我记得，那时我经常工作到深夜，早晨就不愿起床。因此我常梦见自己已经起床，而且正在洗脸架旁梳洗。这样一来，我就不再因为自己还没起床而焦虑了，从而继续酣睡。我的一个年轻同事也很贪睡，他曾经给我讲过一个类似的梦，比我的梦更有趣。他住在医院附近的一间公寓里，并拜托女房东每天早晨按时喊他起床，但女房东很快就发现这件差事并不容易。一天早晨，我的同事似乎睡得格外香甜，这时，女房东进门喊道："佩皮，起床吧，该去医院上班了！"听到叫声后，他做了一个梦，梦见自己正躺在医院病房的一张床上，床头挂着一张卡片，写着："佩皮·H，医科学生，22岁。"他在梦里对自己说："我已经在医院里了，所以用不着再去医院了。"然后他翻了个身，又睡了过去。事后，他承认自己做梦的动机无非就是贪睡而已。

还有一个梦例，也可以用来证明实际睡眠中受到的刺激会影响梦的内容。我有一位女性病人，她的下颚做过一次外科手术，手术不算成功，医生要她在下颚的一侧戴上冷敷器，晚上也不能摘。但她一旦睡着了，往往就会把冷敷器抛到一边去。有一天，她又把冷敷器扔到了地板上，于是我就责备了她几句。她却答道："这次我真的不是故意的。这是因为我做了个梦，梦见我坐在剧院的包厢里，很高兴地欣赏表演，这时我突然想到，卡尔·梅耶尔先生正躺在疗养院里，很痛苦地抱怨他的下颚的疼痛。所以，我觉得既然感到下颚疼痛的那个人不是我，那这个冷敷器就没用了——于是我就把它给扔了！"这位不幸的女病人所做的梦使我想到，当我们感到不愉快的时候，经常会这样随口说道："好吧，让我想想那些高兴的事。"这个梦例就是如此，它表现出了能够让做梦的人更高兴的事。做梦的人在梦中把自己的痛苦转嫁给了卡尔·梅耶尔先生——这位先生只是她偶然想起来的一位朋友，毫无特殊之处。

我还搜集了一些正常人的梦例，从中也能看出梦是欲望的满足。我有一位朋友，他了解我的理论，并且把它告诉了自己的妻子。有一天，他对我说：“我的妻子让我转告你，她昨晚梦见来了月经，你觉得这是什么意思？”我当然知道这是怎么一回事。一位年轻的已婚妇女梦见自己来了月经，就是意味着月经已经停止。我相信，她其实是希望自己在成为母亲之前，还能再过一段自由自在的日子。而这个梦则巧妙地告诉了她：她已经怀孕了。我的另一位朋友写信告诉我，不久前，他的妻子梦见自己的汗衫前襟上沾了一些奶渍。这同样是怀孕的前兆，但不是第一胎。这个梦表明，这位年轻的母亲希望即将降生的第二胎能比第一胎有更多的乳汁吃。

一位年轻女性因为要照料患了传染病的孩子，连续几个星期没能参加社交活动。她做了一个梦，梦见孩子痊愈了，她参加一个舞会，在那里遇到了阿尔封斯·都德[①]、保罗·布尔热[②]、马尔塞·普雷沃斯特等著名作家；他们风趣而且友善。这些作家的面貌都酷似他们的画像，只有普雷伏例外——这位女性从未见过普雷伏的画像——他长得很像前天到病房做消毒工作的防疫官，这位防疫官也是连日来第一个拜访她的人。因此，这

①阿尔封斯·都德，即，Alphonse Daudet，1840—1897年，法国19世纪下半叶现实主义作家。出身于破落的有产者家庭，15岁起在小学里担任自修课辅导员。1857年到巴黎，开始文艺创作。其作品都加进了自己的经历，我们可以从中看到他的欢乐、忧郁、愤怒和眼泪。他对当时法国资本主义腐朽没落的世态人情，作了幽默的嘲讽和温和的批判，作品的基本倾向是进步的，主要以其富于幽默感和描绘法国南方风土人情而为人难忘。代表作有《月耀日故事集》《萨福》《富豪》《最后一课》等。——译者注

②保罗·布尔热，即，Paul Bourget，1852—1935年，法国小说家、评论家。其作品提倡传统的写实主义，起到了普及心理分析小说的作用。代表作有《残酷的谜》《门徒》等。——译者注

个梦可以解释为:“现在应该结束枯燥的照料孩子的工作，到了搞些娱乐的时候了！”

这些梦例足以证明梦只能被解释为欲望的满足。而且，在大多数情况下，梦的具体意义十分明显、清晰，并没有任何掩饰。它们大都相对简短，这与那些纷乱的、繁复的梦形成了鲜明的对比。梦的研究者们主要注意的是后一种梦。但我们首先应该讨论的是这些相对简短的梦。我认为，在儿童身上可以发现梦的最简单的形式，因为与成人相比，儿童的精神活动肯定简单得多。就像我们研究低等动物的结构和发展有助于理解高等动物的结构和发展一样，研究儿童心理学，也一定会促进对成人心理学的了解。然而很遗憾，迄今为止还很少有人积极利用儿童心理学去实现这一目的。

幼儿的梦往往是纯粹的欲望的满足，因此要比成人的梦枯燥得多。它们不会提出什么重大的问题，但是，它们却提供了价值无可估量的确证——证明梦的本质即是欲望的满足。我从自己的孩子那里搜集到了一些这样的梦例。

1896 年夏天，我们全家从奥西湖到乡下哈尔斯塔特旅游，那时，我八岁半的女儿和五岁三个月的儿子各做了一个梦。我得感谢这两个梦。我需要说明，那年的整个夏天，我们都住在奥西湖附近的山中，天气晴朗时，我们可以看到达赫斯坦山的优美景色，从望远镜里，还能很清晰地看到西蒙尼小屋。孩子们经常拿着望远镜看——但我并不知道他们是否也看到了西蒙尼小屋。在我们出发前，我告诉孩子们哈尔斯塔特就在达赫斯坦山的山脚下。对此，他们十分期待。我们从哈尔斯塔特爬上埃契恩塔尔，一路上景色不断变化，孩子们也被吸引住了，表现得非常高兴。但是，我的五岁三个月的儿子开始有点不耐烦了，每当他看见一座新的山峰，他就问那是不是达赫斯坦山，而我则一次次告诉他："不是，那只不过是达赫斯坦山底下的小山丘。"他问了好几次后，变得沉默起来，我想带他爬上陡坡去看瀑布，他也不肯去。我猜他是累了。没想到，第二天早晨，他神采飞扬地对我说："昨晚我梦见我们都走到了西蒙尼小屋。"这时，我才明白他的想法。一开始我提到达赫斯坦山的时候，他曾很想在这次旅游中爬上山去，并亲眼去看看自己经常在望远镜里看到的西蒙尼小屋。但是他发现我总是用山丘、瀑布之类的话来搪塞他，就觉得很失望，所以显得无精打采。而这个梦给了他补偿。我想知道这个梦的细节，但内容却很空洞。他只是说："你得走六个小时的山路。"——这句话是他从别人那儿听来的。

在这次旅行中，我的八岁半的女儿也有一些愿望，而这些愿望也只能在梦中得到满足。我们这次旅行还带上了邻居的一个 12 岁的男孩，他叫埃米尔。埃米尔是个风度翩翩的小绅士，看上去已经博得了我女儿的好感。第二天早晨，她对我说："真有趣！我梦见埃米尔成了我们家里的一员，也喊你们'爸爸'、'妈妈'；而且，他跟家里的男孩子们一样，和我们一起都睡在大房间里；然后妈妈走进来，把一大堆蓝色、绿色纸包着的巧克力棒棒糖丢在我们的床底下。"她的兄弟们没能遗传到我的释梦的才能，就像那些所谓的专家似的，说她的梦太荒唐了，一点道理都没有。但我的女儿多多少少地为自己的梦辩护了几句。如果以神经症的理论来看，就可以知道她是在为梦的哪一部分而辩护。她说："埃米尔成为我们的家人这一点当然不对，但是巧克力棒棒糖那一部分不能算是胡说。"对她的话我感到费解，这时她的母亲为我作了解释。原来，从车站回家的途中，孩子们在一台自动售货机前停住脚步——他们早就学会了怎么使用这种机器，也习惯了从机器里购买那种包着亮闪闪的锡纸的巧克力棒棒糖——这一次，他们也想买一些。但他们的母亲说，这一天他们玩得已经够尽兴够开心了，就把这个愿望带到梦里去满足吧！我没看到这件事，不过，我女儿自己觉得没道理的那一部分梦，我却立刻就想到了是怎么一回事。我曾听到那个举止端庄的小绅士在路上招呼孩子们，当时他说，要等"爸爸"、"妈妈"跟上来，大家一起走。我的女儿的梦把这种暂时性的亲属关系变成了永久性的。事实上，我女儿对埃米尔只是在梦里亲近，这份感情还不足以超越兄妹之情。至于梦中巧克力棒棒糖为什么被扔到床下，那只有去问她自己，否则谁也不可能知道原因。

我的朋友告诉过我一个梦，那个梦与我儿子所做的梦很相似，做梦的是一个 8 岁的小女孩。她的父亲带着她和几个孩子步行去多恩巴赫[①]，想要参观洛雷尔小屋。但因为天色已晚，只得半路返回。为了不让孩子们失望，父亲承诺下回再来。回家途中，他们看到一个指向哈密欧的路标，孩子们又想去哈密

①多恩巴赫，德文即，Dornbach，地名，在维也纳城郊。——译者注

欧。但因为同样的原因，父亲只好再次承诺改天再来。第二天早晨，这个 8 岁的小女孩兴冲冲地对他父亲说："爸爸，昨晚我梦见你带着我们一起去了洛雷尔小屋，还去了哈密欧。"因此，在梦中，她的迫不及待提前实现了她父亲的诺言。

还有一个类似的简单明了的梦，是我的另一个女儿做的。当时她只有三岁三个月，刚刚游览了奥西湖的风景。可能是因为那是她第一次乘船游湖，她觉得在湖上游玩的时间太短，所以不愿下船上岸，哭得很伤心。第二天早晨，她说："昨天晚上我做了梦，梦见在湖上玩。"我猜测，在梦中她游湖的时间肯定比白天长得多。

我的大儿子 8 岁时已经做过幻想变成现实的梦。他梦见他与阿喀琉斯坐在一辆马拉双轮战车上，由狄俄墨得斯驾车。不出所料，梦的来源是前一天他姐姐送给他的一本希腊神话，他读后十分兴奋。

如果儿童在睡眠中的梦呓也能算作是梦的话，那在我收集的所有的梦里，有一个梦的做梦人年纪最小，才刚 19 个月，她是我最小的小女儿。一天早晨，她吐得很厉害，结果整整一天都没能吃东西。当天晚上，我听到饿了一天的她在睡眠中高兴地喊道："安娜·弗（洛）伊德，草莓，野（草）莓，煎（蛋）饼，布（丁）！"那时，她总是先说出自己的名字，用来表明自己占有了哪些东西。这张梦中的菜单似乎包括了她最喜欢吃的那些东西。而"草莓"之所以出现了两次，是因为她对家里的饮食习惯很不满——她的保姆认为她身体不舒服是草莓吃得太多的缘故。她讨厌这个意见，所以在梦中表现出强烈的反对。

我们强调儿童时代因为没有性欲所以感到快乐，但并不能忽视儿童也会感到失望，会放弃某些事物。失望与放弃，这两大本能都能够成为梦的有效刺激。以下是另一个梦例。我有一个刚刚 22 个月的侄儿，大人让他在我生日那天向我表示祝贺，并送给我一小篮樱桃。当时并不是产樱桃的季节，所以樱桃是件稀罕物。这个任务对他来说似乎有点困难，因为他总是念叨着“里面有樱桃”，而且，不太情愿把篮子递给我。不过，后来他找到了一个不让自己吃亏的办法。他有一个习惯，每天早晨都会告诉母亲他梦见了“白兵”——有一次，他在街上看见一个穿白色披肩的军官，那令他十分羡慕。在他忍痛把那篮樱桃送给我作为生日礼物的第二天，他睡醒后很愉快地说：“白兵把樱桃都吃光了。”这当然只可能是他做梦梦见的。

我不清楚动物会梦见什么，但我的一个学生讲过一句谚语，引起了我的注意，值得在此一提。谚语中问：“鹅梦见什么？”答案是：“玉米。”梦是欲望的满足这一理论就包含在这一问一答之中了。

可以发现，仅靠我们平时的语言就能够很迅速地证明关于梦的意义的理论。确实，普通语言常常对梦不乏鄙视、轻蔑（比如“梦是空谈”这句话，似乎就是在支持那些所谓的关于梦的科学理论）。但总的说来，有关梦的口语总是在表达“欲望的满足”的意思。如果我们发现事情的发展出乎预料，就会情不自禁地说道：“这件事我做梦也没想到！”

第四章

梦的化装

如果我继续坚持主张所有梦的意义都是欲望的满足，即，除了表达欲望的梦之外，再也没有任何其他的梦，我知道，那一定会招来人们的强烈反对。

批判我的人会说："有些梦可以视为欲望的满足，这种说法并不新鲜，有很多专家早已注意到了这一点。例如，拉德斯托克、沃尔克特、普金耶、蒂西、西蒙，以及格里辛格尔的论述，等等。但是，如果说除了'欲望的满足'的梦之外，没有任何其他的梦，这未免以偏概全，而且这个论点很容易被推翻。因为有许多梦的内容充满痛苦，根本就没有欲望被满足的迹象。悲观主义哲学家爱德华·冯·哈特曼①也许是最反对梦的欲望满足理论的人，他在《无意识哲学》一书中写道：'当我们入梦时，会发现清醒生活中的所有烦恼都来到了梦里，而唯一不会入梦的，是有修养的人在科学、艺术等事物上获得的乐趣……'其他一些不像他那么悲观的观察者也都认为，一般而言，痛苦和令人不快的梦要比愉快的梦多得多。如肖尔茨、沃尔克特等人就持此种观点，而弗洛伦斯·赫拉姆和萨拉·韦德这两位女士，甚至统计了自己的梦，以数字形式得出了不愉快

①爱德华·冯·哈特曼，德文即，Eduard Von Hartmann，1842—1906年，德国哲学家、美学家，现代非理性主义和唯意志论学派的先驱者之一。作品有《无意识哲学》《美学》《价值学纲要》等。——译者注

的梦居多的结论。她们发现 57.2% 的梦是‘不如意的’，只有 28.6% 的梦是‘愉快的’。而且，梦不仅会把生活中的种种痛苦带入我们的睡眠，梦的内容还有可能充满焦虑，令人难以忍受，直到把我们惊醒。这种焦虑的梦的受害者通常都是儿童，但你却认为儿童的梦是毫无掩饰的欲望的满足。”

由此看来，焦虑的梦好像确实推翻了——根据前文所列举的梦例而得出的——梦是欲望的满足这一普遍结论。它甚至让这个结论看上去像是无稽之谈。

然而，要反驳这些反对意见也并非难事，尽管这些意见看似证据确凿。我们只需注意到一个基本事实，即，梦是欲望的满足这一理论的根据并不在于梦所呈现的内容，而是在于梦的解析工作完成之后，所揭示出来的、隐藏在梦的表面内容之下的意义。我们必须比较梦的表面内容和梦的隐含意义。确实，有些梦的表面内容令人感到痛苦，但有谁真的去解析过这些梦吗？有谁真的揭露过这些梦背后隐藏的意义吗？如果没有的话，那么，以上反对我的理论的意见就都站不住脚了。因为，很有可能经过解析，痛苦的梦、焦虑的梦都能够被证明是欲望的满足。

当我们在科学研究工作中遇到一个难以解决的问题时，不妨再加上另一道难题，这往往是一个有用的办法，就像把两个核桃放到一起敲，反倒比一个核桃更容易敲碎。因此，当我们遇到“痛苦的梦和焦虑的梦为什么会是欲望的满足”这个问题时，可以再提出一个新问题：“有些梦已经被证实是欲望的满足，但它们的内容为什么乍看之下却是无关紧要的呢？”以前文举出的爱玛打针的梦为例，那绝不是一个痛苦的梦。经过解析，我们发现它是一个欲望满足的梦例。但是，为什么这个梦非得经过解析才行？它为什么不直截了当地把隐含的原意表达出来呢？乍看之下，爱玛打针的梦并不像是一个欲望满足的梦，我的读者不会有这样的印象，在解析这个梦之前，我也没有类似的想法。如果我们把“梦需要解析”这种做法称作“梦的化装”，那么，我们的第二个问题就是：“梦的化装的根源是什么？”

关于这个问题，我们可以提出好几种解释。例如，有人会说，在睡眠中，即便我们知道自己的梦的原意，也没法把它直接表达出来。但是，在分析了一些梦之后，我们就会了解到，梦的化装是有其原因的。我将以自己的另一个梦为例进行解析。这会再一次暴露出我的一些隐私，但只要能把这个问题阐述清楚，那仍然是值得的。

前言

1897 年春天，我听说大学的两位教授推荐我担任临时教授。这个消息使我惊喜交集，因为这意味着两位杰出的人物对我的认可，我受宠若惊。但我立刻让自己冷静下来，并告诉自己对此不要抱有太大的希望。因为，最近几年来，大学方面并不重视类似的推荐，而且有好几位比我年长且能力至少与我相当的同事已经等了好几年，都没有结果。我没有理由相信自己会比他们幸运，因此我决定不去奢望什么。我知道自己并没有什么野心；即使没有教授的头衔，我对自己在职业上的成就也是满意的。此外，我不关心葡萄到底是酸还是甜，因为它们悬得太高了。

有一天晚上，我的一个朋友来访，他的境遇一直被我引以为戒。很早以前他就成为教授候选人——在当今社会，对病人来说，拥有教授头衔的医生简直就像是半神。他不像我这样听天由命，他经常到上司的办公室去，提醒校方重视他的晋升问题。就在这一次来拜访我之前，他还刚去过一次。他告诉我，这一次，他把校方的一位高级官员逼到了墙角上，并坦白地质问自己迟迟不能晋升是不是因为一些特别的原因。结果答复是：碍于众议，阁下目前确实无法晋升。我的朋友最后对我说道："至少我已经知道了自己的处境。"对我来说，这可不是什么新鲜话，不过，它确实加深了我听天由命的想法。

在他来访的次日凌晨，我做了一个梦。梦的形式很奇特，它包括两种想法和两个人物，每种想法紧跟着一个人物。在这里，我只想叙述梦的前半部分，因为后半部分与我要阐述的问题无关。

1. 我的朋友 R 先生是我的叔叔，我与他感情深厚。

2. 我在很近的距离看他的脸，脸有点变形，好像变长了一些，长着黄色的络腮胡，很是显眼。

然后是梦的其他两个片段，也是一个人物与一个想法的组合，在此略过。

对这个梦的解析过程如下：

当早晨我想起这个梦的时候，我对它一笑置之，说道：“真是无聊的梦。”但它整天都在我的脑海中打转，挥之不去。到了晚上，我终于自责道：“要是你的病人告诉你他的梦非常荒诞，你一定会责备他，还会怀疑那个梦里必有隐衷，而他是在不由自主地设法回避。所以你也应该用同样的态度来对待自己。你之所以会觉得这个梦很无聊，正是因为在你的内心深处有一种力量在阻止你去分析它。你可不能就这么放过自己啊！”于是，我就开始了以下的工作。

“我的朋友 R 先生是我的叔叔”，这该从何说起呢？我只有一个叔叔，他叫约瑟夫。他是个可怜人。三十多年前，他有一次为了多赚点钱而触犯了法律，被判了刑，当然他也入狱服刑了。我父亲因此很是伤心，以至于头发在几天内就变得灰白。他常说，约瑟夫不是什么坏人，他只是个“大傻瓜”而已。所以，如果说 R 先生是我的叔叔，那岂不就是在说 R 先生也是个大傻瓜？这实在让人难以相信，也毫无道理。但我确实在梦中看到了黄色的络腮胡和长脸，那就是我叔叔的相貌，他有一张长脸，还有迷人的黄色络腮胡。而我的朋友 R 先生则是黑发黑胡须。但是，当人们青春老去，黑发也会变灰，黑色的胡须也会一根根地由黑色转为红棕色、黄褐色，再到灰色。我的朋友 R 先生的胡子的颜色也已经发展到了这个阶段。事实上，我注意到自己的胡子也是这样，不由得感到伤心。我认为，在梦中，我是同时看见了R先生和我叔叔的面孔，就像高尔顿[①]的复合照相术——高尔顿经常使用同一张底片拍摄不同的面孔，这是为了突出家庭成员之间的遗传相似性。所以，我可以确信，我正是把我的朋友R先生当成一个大傻瓜了，就像我的叔叔约瑟夫那样。

到此为止，我还是不明白梦中为什么会把R先生和我叔叔放在一起作比较，所以我继续进行解析。但遗憾的是，我没能很快取得进展。因为，我的叔叔是个罪犯，我的朋友R先生却是个有口皆碑的好人。对了，有一次R先生骑自行车撞伤了一个小孩，因此被罚了款。难道我是在梦中想到了这件事？那也未免太荒唐了。这时，我想起前几天我和另一位同事N先生的一次谈话，谈话内容也与晋升有关。我在街上与N先生邂逅，他也被提名晋升教授，并且知道我同样也被推荐的消息，于是他向我表示祝贺。但我当即拒绝了他的好意，我说："你可不该拿我开这种玩笑，以你的切身经验，当然知道这种推荐是怎么一回事。"他半开玩笑地对我说："别这么说，我没有晋升是有原因的。你不知道吗，有个女人到法院告了我！当然，我可以告诉你，法院已经驳回了这个案子，因为那女人纯属敲诈勒索——不过，我还是不想让她受到处罚，这给我带来了很大的麻烦。校方一定会以此为理由不批准我晋升。可是，你的人品

①高尔顿，弗朗西斯·高尔顿，即，Francis Galton，1822—1911年，人类学家、优生学家、热带探险家、地理学家、发明家、气象学家、统计学家、心理学家和遗传学家，查尔斯·达尔文的表弟。他在1883年率先使用了"优生学(eugenics)"一词，并提出人类的才能能够通过遗传延续的主张。——译者注

一向都无懈可击。”这些话告诉了我谁才是罪犯，我知道梦该怎么解释了。我的叔叔的形象象征着这两位没能获得晋升的同事——一个是“大傻瓜”，一个是罪犯。同时，我也明白了为什么他们会在梦中变成这两种形象。如果我的这两个朋友R先生和N先生都是因为教派的问题而迟迟得不到晋升，那么，我同样不可能晋升。但是，如果他们未能晋升是因为其他原因，那我就不是没有晋升的希望。我的梦采取了以下的做法：它让R先生变成一个大傻瓜，又让N先生变成一个罪犯；而我既不是傻瓜也不是罪犯，与他们二人没有任何共同点，所以我完全可以晋升为教授，校方也没有理由给我安上类似N先生那样的评价。

我认为，对这个梦的解析还可以继续深入，以上的分析并不能让我满意。为了让自己能够晋升为教授，我竟然在梦中任意地贬低我一向都很尊重的两位同事，这让我十分不安。好在我还知道，梦中的内容与真实的现实是截然不同的，这多少缓解了我的内疚。事实上，如果有人认为，我就是觉得R先生是个大傻瓜，或是有人认为，我就是不相信N先生自辩的话，我一定会尽全力反驳。当然，我同样不认为爱玛的病情加重是因为奥托给她注射了丙基制剂。这两个梦例表现的，只不过是我认为事情如果照此发展的话，我的欲望就可以满足。与爱玛打针的梦相比，我的欲望满足的理论在这个梦里似乎更容易得到证明。这个梦巧妙地利用了客观的事实，就像是有人处心积虑周密编织出的诽谤之词似的。因为，在大学里确实有一位教授反对我的朋友R先生的晋升，而我的朋友N先生则在无意间亲口告诉了我那些官司、敲诈的事。不过我必须重申，我认为这个梦还可以进一步地解析下去。

现在我发现梦中有一个片段被我忽视了。在梦中，当R先生是我的叔叔这一想法产生后，我觉得自己与他有深厚的感情。但这种感情到底是指向谁的呢？对我的叔叔约瑟夫，我并没有这么深厚的感情，对R先生我倒是不无好感，多年来一直对他尊敬有加。不过，要是我当面对他表达出在梦中我抱有的那种深厚的感情，他肯定会吓一跳，并且觉得十分肉麻。如果梦中我的这份感情确实是针对R先生的，那就太不真实、也太夸张了——就像我把R先生和我的叔叔互换，并把他当成个大傻瓜一样——当然，这种失真和夸张是朝向与其相反的方向的。

分析到现在，我终于有了新的发现。梦中我对R先生的深厚感情，其实并不是这个梦的隐藏意义，也不是什么真正的意义。恰恰相反，它的作用是掩饰梦的真正意义。很有可能这正是它的存在理由。我记得从一开始我就对这个梦嗤之以鼻，我拖延时间不想解析它，并认为它很无聊。凭着我的精神治疗分析的经验，我知道，这种对这个梦的否认的态度才是值得重视的。这种态度本身没有任何价值，只不过是我个人感情的表露而已。就像我的女儿不爱吃苹果，她尝也不尝就会说苹果是酸的。如果我的病人也采用类似她的语气和态度，我就会知道，病人的内心正试图压抑某种想法。我的梦也是一样。我之所以不想解析它，就是因为我很反感梦的内容所代表的真正意义。

当解析完成后，我知道了我反感并压抑的东西就是：我认为 R 先生是一个大傻瓜。我在梦中对 R 先生产生的深厚感情并不是梦的隐藏意义，而是源自我对这个梦的反感。与这个梦的真正意义相比，我的梦所表现出来的却是伪装的一面，这种伪装恰与它的真正意义相反。结果，梦通过这种伪装，隐藏了它的真正意义。换句话说，梦的化装是极为巧妙的，是一种有用的掩饰。具体到这个梦，它将 R 先生变成了一个大傻瓜，为了掩盖这种诽谤，不让我看出来，梦中出现了与这种感情相反的事物，即，我与他感情深厚。

这个发现有可能具有普遍意义。确实，在第三章所举梦例中，不乏那种毫无掩饰的欲望满足的梦。但是，还有一些“欲望满足”这一特征不够明显的梦，它们因为做梦的人对自己欲望的顾忌和压抑，被加上了伪装。正是因为存在着种种顾忌与压抑，欲望为了能够在梦中得到满足，只得改头换面，以另一种形式出现。我试图从现实生活中发现类似现象。在现实生活中，有哪种情况与这种“化装”的精神活动相似呢？当两人相处时，如果其中一人比另一人掌握了更多的权力，而且另一人对这种权力有所顾忌，就会出现类似情况。另一人会戴上假面具，掩饰自己的内心活动，即，将自己的精神活动进行化装。其实，在日常生活中我们表现出来的所谓礼仪，很大程度上就是这种化装。就连我对读者们解析自己的梦时，也不得不采取类似的化装。这是有必要的，诗人对此心知肚明：

你所知道的最高真理，

不可坦白告诉学生。

德文即，

Das beste ,was du wissen Kannst,

darfst du den Buben dochnicht sagen.

政论作家想要揭露一些令人不快的真相时，也会遇到类似的困难。如果对内容不加掩饰，当局就会封锁他们的言论。他要是口头发表，事后就会受到制裁；他要是出版成书，就会被查禁销毁。因此作家必须小心翼翼，时刻警惕这种稽查，在发表言论时对其论调进行化装，使用温和的语气或干脆改头换面。作家们能够学会这种手段，根据稽查的宽松程度、敏感程度来改变自己的攻击方式——有时使用比喻而不是直接使用推理，有时则故作天真、旁敲侧击，以掩饰真实目的。例如，他会借用两个他国官员激烈争辩的形式，使明眼人一看就知道他说的是本国的官员，等等。稽查制度越严厉，作家用来掩饰的手法就越高明。

稽查的作用是令作家们变得更会掩饰，这与梦的化装的现象在许多细节上很相似。所以，我们可以做出假设，认为每个人的梦都包括两种精神力量（或两种倾向、两种系统，等等）的作用。其中一种力量即是欲望，梦会把它直接表现出来；而另一种力量则是对欲望的稽查，它迫使欲望改头换面，在化装之后才在梦中表现出来。值得追寻探究的问题是，第二种力量的本质是什么？我们应该记得，在开始梦的解析工作之前，我们意识到的仅仅只是梦的表面现象，而不是梦的隐藏意义。由此可以推导出一个假设，即，第二种力量的权力是稽查梦的隐藏意义。也就是说，只有当梦的隐藏意义通过了第二种力量的稽查，它才能够被意识到。同时，如果梦的隐藏意义要通过这种稽查，它就必须被第二种力量转变为一种合适的形式。不用说，这种“合适的形式”就是这第二种力量认可的形式。于是，我们就可以把事物变成意识的过程看作是一种特殊的精神活动。这种精神活动与形成表象或观念的过程有一定的区别，它是我们的感官在对外来的资料进行加工并得出成品——即，意识——的过程。不难证实，以上的假设对于心理病态学而言同样十分重要，在下文中我们将进行详细的讨论。

我使用以上的对两种精神力量以及它们与意识的关系的假设，解析了我的梦。我为了掩饰诽谤他人为大傻瓜的事实，为自己加上了与他感情特别深厚的伪装。这其实与现实中的政界有些相似之处。试想，在一个并不十分安定的社会里，统治者的欲望与人民大众的意见不能统一，统治者时刻保持着警惕，因此，他有时会做出令人很难理解的事。例如，故意毫无理由地擢升被人民明确反对的官员，等等。其实这只是统治者想要表示自己有无视人民呼声的特权而已。同样，我的那种稽查并伪装意识的第二种精神力量把我的朋友 R 先生凸显出来，让我跟他有深厚的感情，仅仅只是因为我的第一种精神力量为了欲望的满足，而把R先生变成了一个大傻瓜的缘故。

我们似乎可以怀疑，通过对梦的解析，能够解决那些迄今为止在哲学上还未有定论的人类的精神结构的问题。但是，现在我并不打算沿着这条思路展开论述——既然已经阐明了有关梦的化装的理论，我将返回出发点，解释我们最初的设问，即，为什么有些梦的内容充满痛苦，却仍然是欲望的满足？现在我们已经知道答案，那些痛苦的内容其实是欲望满足的一种伪装。回顾前文的两种精神力量的假设，我们还可以知道，梦之所以会伪装成痛苦的内容，是因为它原本的内容不被第二种精神力量所允许，但同时这些内容又满足了第一种精神力量的缘故。第一种精神力量即是欲望，每一个梦都起源于它，也就是欲望的满足；第二种精神力量是稽查与化装，对于梦而言，它所起的作用只是破坏与削减，令其改头换面，而不是对其进行装饰。如果我们的研究只局限于第二种精神力量对梦发生的作用，那我们就永远也不能理解梦的真正奥秘。作为梦的研究者，我关注的那些有关梦的难题也就无法解决。

要证明每一个梦的真正意义确实都是欲望的满足，是需要花一番大气力的，要对每一个梦都进行具体的解析才行。在此我特意选择了几个包含痛苦内容的梦，对其加以解析。其中几个梦来自癔症病人，因此会附上较长的“前言”，而且有时还必须去探讨癔症病人的精神活动。为了证实我的理论，这种困难总是无法避免的。

前文中曾经说过，当我治疗精神神经症患者时，必然要讨论他的梦。在讨论过程中，自然要分析梦的种种细节，加以解释，使病人了解自己的病情。但实际上我经常遭到病人们的反对，他们的反对意见比来自我同行的还激烈。我的病人们几乎一致反对我的梦是欲望满足的理论。以下我将列举几个被他们用以反对我的梦例。

"你总是在说，我的梦是欲望的满足，"一位相当聪敏的女病人说，"可我却能举出一个完全相反的例子，在我的那个梦里，我的愿望根本没有得到满足，对此你怎么解释？那个梦的内容是这样的：'我想准备一次晚宴，可家里只有一些熏鲑鱼，于是我打算出门采购，但恰巧这天是周日，又是下午，店铺都不开张。然后我想打电话订餐，电话又出了毛病。结果我只好放弃了准备晚宴的计划。'"

我答道，当然，你的这个梦看上去与我的理论正好背道而驰，表现出的似乎是欲望未能满足。但是，只有通过分析我们才能知道这个梦的真正意义。我问她："你为什么会做一个这样的梦呢？你也知道，我们都说日有所思，夜有所梦。"

分析

这位女病人的丈夫是一个忠厚、能干的肉贩。前一天，他对她说，他越来越胖了，应该减肥。他打算每天早起，做操，并控制饮食，尤其要做到的是，推掉一切晚宴的邀请。——她笑着说道，她的丈夫在他常去用午餐的餐馆结识了一位画家，这位画家曾迫切地想要为她丈夫画一幅画像，因为他从没有看到过像她丈夫那样生动的面孔。她的丈夫当场予以拒绝，并说，画家与其画他的脸，还不如去找个漂亮女郎的屁股来画[①]。她当然深深地爱着自己的丈夫，但也拿这件事跟他开过玩笑。此外，她还让她丈夫别再给她买鱼子酱。我不明白这最后一句话是什么意思。

这位女病人解释道，事实上，她很想每天早餐都能吃上鱼子酱三明治，可又不想为此花费太多。她知道，只要她向她丈夫提出来，这个要求就一定能够得到满足。然而，与此相反，她宁可请求她丈夫别给她买鱼子酱，好让自己能一再地把这件事当成个玩笑跟他打趣。

在我看来，她的解释毫无说服力。这样牵强的解释的背后，往往隐藏着不可告人的秘密。这样的情景让我想到接受伯恩海姆催眠的病人。当病人被催眠后，伯恩海姆问他为什么要做某事，病人往往不会做出我们意料中的那种回答——例如，“我不知道自己为什么会这么做”，等等——他会编造一个显然站不住脚的理由出来。很明显，我的这位女病人与鱼子酱之间的关系也与此种情况类似。她在清醒的状态下，为自己编造出了一个内容为“欲望无法满足”的欲望，然后在自己的梦中满足了它。但是，为什么她会需要一个这样的欲望呢？

根据现有的材料，我仍然无法解释这个梦。于是我继续追

①参见“要坐着让画家画像”的说法与歌德在《托达利塔特》中的诗句：“若是没有了屁股，这位贵人如何安坐？”

问她。她沉默了一会儿，像是要克服某种阻力，然后说道，前一天，她拜访了一位女性朋友，她对其一直怀有嫉妒的心理，因为她丈夫经常赞扬这位朋友。好在，这位女性朋友身材瘦削，而她丈夫却喜爱丰腴的女性。我问她，她的这位瘦削的女性朋友跟她说了些什么。她答道，她的女友一直都希望能长胖一些，还问过她："什么时候你会再请我吃饭呢？要知道，你做得一手好菜！"

现在，我终于可以对这位女病人的梦做出解释了。我告诉她："事实上，在你的那位女友要你请她吃饭时，你已经心中有数了，你对自己说：'想得美！我才不会请你到我家赴晚宴，要是你吃得丰满起来，肯定会去引诱我的丈夫！'你的梦的内容是，你无法筹备晚宴。这就满足了你'不让你那位女性朋友变得丰腴'的欲望。因为你丈夫说最重要的减肥方法就是不赴晚宴，所以，你心里就有了一个念头，认为请人到家里赴晚宴，就会让她长胖。"现在，似乎有关这个梦的一切都解释清楚了——除了熏鲑鱼之外。于是我又问她："你为什么会梦到熏鲑鱼呢？"她答道："熏鲑鱼是我的那位女友最爱吃的菜。"我恰好也认识她说的那位女士，那位女士确实舍不得吃熏鲑鱼——就像我的这位病人舍不得吃鱼子酱一样。

我认为，就这个梦而言，如果将一些附加的细节也考虑进去，还能够确凿无疑地得到另一种恰如其分的解释。当然，新的解释与前文已经得出的解释绝不会互相矛盾，相反，它是一个绝好的例子，可以证明梦与其他那些心理病态结构一样，通常具备不止一种意义——我们还记得，我的这位女病人在梦中放弃了某个欲望（筹备晚宴），与此同时，她在现实生活中也试图放弃某种欲望（鱼子酱三明治）。而她的女性朋友也有一个欲望（变得丰腴）。在我的女病人的梦中，她的女性朋友的欲望当然不会被满足——这是因为实际上我的女病人真正的欲望就是："女友的欲望不应该被满足。"综上所述，我们不妨得出另一种新的解释，即，在梦中出现的这个人，并不是我的女病人本人，而是她的那位女性朋友。也就是说，在我的女病人的梦中，无论她的那位女友的欲望是什么——筹备晚宴或变得丰腴——都没能被满足。为了做到这一点，我的女病人在梦中把自己与自己的女性朋友对调了。换句话说，她把自己与自己的女性朋友"等同"起来了。

我有理由认为，她在现实生活中正是这么做的。她之所以会在现实生活使得自己的一个欲望（鱼子酱三明治）不被满足，正是这种"等同"的证明。这就是癔症的模仿作用。但是，癔症的模仿作用究竟有什么意义呢？这需要做进一步的探讨。模仿作用是产生癔症症状的特别重要的一个动机。它能够使病人在症状中不仅表现出属于他自己的体验，还表现出属于其他病人的、多种多样的体验。也就是说，通过癔症的模仿作用，病人可以一个人扮演许多角色，仿佛对一大堆别人的痛苦感同身受。人们通常会说，这是很常见的癔症性模仿的症状，即，癔症病人为了引起注意和获得同情，有模仿发生在别人身上同时令自己印象深刻的症状的能力，甚至可以模仿得惟妙惟肖。但这种说法只是表明了癔症性模仿的精神过程是遵循怎样的途径运行的，而精神活动本身则是另一回事——那要比我们所认为的、普通的癔症性模仿复杂得多。这种精神活动相当于推论并得出潜意识。我们可以举例进行说明。假设，有一个患有特殊抽搐症状的女病人与其他一些病人住在同一个病房里。一天早晨，医生发现，某位病人身上也出现了这种特殊抽搐的症状，他不会为此感到惊讶。他会说："这是病人看见那位女病人的症状后，加以模仿的结果。这是一种精神感应。"确实如此。不过，这种精神感应是遵循以下方式产生的：一般而言，病人们彼此之间的了解要比医生对任何一位病人的了解都深得多。医生查房问诊结束后，病人们就会互相询问。如果有一天，那位患有特殊抽搐症状的女病人突然发病，那么，其他病人很快就会知道她发病的原因——比如，一封信件触动了心事，一段不幸的婚恋，等等。于是她们的同情心被唤起，同时会在潜意识中想到："要是这样的原因就会导致发病，那恐怕我也会发病的，因为我的情况跟她没什么两样。"如果这种想法出现在表层意识中，病人就会对自己也有可能出现类似症状而感到恐惧，但仅是恐惧而已；可是，如果这种想法一直没有上升到表层意识，而是潜藏在潜意识中，病人就不会感到恐惧，而会直接产生类似的症状。由此可知，癔症的模仿作用并不只是单纯的模仿，而是在同病相怜的基础上产生的同化作用。它表现出的相似性，是由潜意识中的某些共性导致的。

模仿作用在癔症症状中被应用得最多的，是一种在性问题上的共同性。一位患有癔症的女病人最常出现的——虽然并不是唯一出现的——症状，有以下两种，第一种是模仿与她发生过性关系的男性，第二种是模仿曾与自己的丈夫或情人有过性关系的女性。我们经常使用“永结同心”、“宛若一人”之类的词汇形容一对情侣，确实不无道理。在癔症性幻想中，病人就好像在做梦，他只要想到性关系——而无须真正发生这种关系——就足以达成出现模仿作用的条件。就像前文那个梦例，我的女病人只是遵循着这种癔症的自然思路，即，因为她嫉妒那位女性朋友（她自己当然知道这是不公正的），所以她就在梦中取代了那位女性朋友的位置，并为那位女性朋友编造出一个欲望，即，放弃的欲望。在潜意识中的思路大约如下：我的女病人在梦中把自己的位置与那位女性朋友的位置做了交换，这是因为那位女性朋友抢走了她丈夫的欢心，同时，还因为她希望自己能够像那位女性朋友一样，也能获得她丈夫的好评[①]。

我的另一位非常聪明的女病人做过一个梦，那个梦看似也与我的理论互相矛盾，但很快就被证明并非如此。那个梦与前文的梦例属于同一模式，简而言之，即，梦见某个欲望未能满足，而这件事本身却意味着另一个欲望得到了满足。有一天，我向我的这位女病人讲述了梦的欲望满足理论，第二天她就告诉我，她梦见她与她婆婆一起到乡下避暑。然而，我一直都知

①我在此插入了一部分与癔症有关的精神病理学的讨论，这有些不太恰当。而且我的这些讨论过于片面，并不是整个病例的报告，所以很有可能达不到我想要的效果。但是，我仍然希望这能够帮助读者们理解梦与精神神经症这二者之间的密切关系。

道她非常不愿意与她的婆婆共度酷夏，而且就在几天前，她已经在很远的地方租了房，从而避开了婆婆。这个梦与现实生活中发生的事完全相反，难道不是证明了我的理论的错误吗？确实，这个梦的内容本身似乎证明我错了。但是，她的最大的愿望，恰好就是我所说的一切都是错的；而她的梦满足了她的这个欲望。她希望我发生错误，这一欲望通过她的与婆婆一起避暑度假的梦得到了满足，可是，在其他方面，还牵涉到更严重的问题。就在那个时期，她正接受我的精神治疗，根据种种材料，我得出一个推论，即，在她生命中的某个时期，发生了某件事，那件事与她的病情大有干系。起初，她矢口否认，说她根本不记得，但后来她不得不承认我是对的。因此，她在潜意识中一直希望我发生错误，而这种欲望转变为那个她与她婆婆到乡下避暑的梦，她想要通过这个梦证明我错了，从而拥有一个强大、充分的理由来进一步证明，当初我推论出的与她的病情大有干系的那件事根本就没发生过。

我还能举出一个梦例，甚至无须做什么解析，只要简单地推测一番，就能看出事情的真相。我有一位和我同班的老同学，有一次，他在一个小规模聚会中听到了我发表关于梦的欲望满足这一新理论的演讲，事后，他梦见他所有的官司都打输了——他现在是个律师——后来，他以此为证据反驳我的理论。我不想争论，就对他说："毕竟你不能一直赢下去吧？"但我在心中暗自想道："我和他同学八年，在此期间我一直名列前茅，而他的成绩却始终平平。因此，他心里会不会一直有个想法，希望有一天我也摔个大跟头？”

还有一位病人告诉过我一个不幸的梦，看上去也与我的理论存在矛盾。这位病人是位年轻的女性，她对我说：“你知道，我的姐姐现在只有一个孩子，就是卡尔。当初，我还和她住在一起的时候，她的另一个儿子奥托夭折了。我很爱奥托，他差不多是我带大的。当然，我也喜欢卡尔，只是他不像奥托那样惹人疼爱而已。昨天晚上，我梦见卡尔死在我的面前，他躺在一口小棺材里，双手在胸前交叉，周围点着蜡烛。这种情景就像当年奥托死时一样，我受到了很大的打击。你是知道我的——难道我会这么恶毒，希望姐姐再一次失去自己的孩子吗？请告诉我这个梦是怎么回事，会不会意味着其实我宁愿夭折的孩子是卡尔，而不是我更喜欢的奥托呢？”

我向她保证，她的第二种猜测一定是不可能的。思考片刻后，我做出了一个解释，她也认为我的解释是正确的。我之所以能够做到这一点，是因为我对她的过去有深入的了解。

这位女病人小时候就失去了父母，成为孤儿，由比她大许多的姐姐抚养长大。在常到她家拜访的客人中，有一位男士令她一见倾心，两人的关系甚至一度发展到了谈婚论嫁的地步。但是，她的姐姐却毫无理由地横加干涉，使一段良缘化为泡影。好事被破坏后，这位男士就不再登门了。于是，我的女病人就把感情倾注到了奥托身上。奥托夭折后不久，她离开她姐姐的家，开始独立生活。然而，她仍然对那位男士念念不忘。虽然自尊心让她躲避着他，但她始终不能将自己的爱情交付他人。那位男士是一位文学教授，每次他做学术演讲时，我的这位女病人必定到场，她从不错过任何一个可以远远看到他的机会。她曾告诉我，那位教授准备去听一场音乐会，她也打算去听，好能再次见到他。音乐会的前一天，她做了这个梦；而她告诉我这些事，是在音乐会的当天。这样一来，我就不难做出正确的解析了。于是，我问她是否记得奥托死后发生过什么特别的事。她答道："当然，隔了那么久，教授又一次到家里来看我们，我记得，他就站在奥托的棺材旁边。"这正是我事先预料到的。于是我对她解释道："如果现在另一个孩子死去，就会发生和之前一样的事——你将回去陪伴、安慰你的姐姐，而教授也会上门吊唁。所以，你就可以在相同的情况下再次见到他了。这个梦想要表达的，只不过是你希望再一次见到那位教授罢了。这个欲望一直在你的心中，它不断挣扎，令你不安。我知道，你口袋里已经有了一张今天的音乐会的门票。你是这么迫不及待地想要见到他，而你的梦提前几小时满足了你的这个欲望。"

为了对这个欲望加以伪装，她显然选择了一种能够压抑这个欲望的情景，在这种情景下，人们通常会感到悲痛，而不会想到爱情。但是，事实上，她即使站在最钟爱的孩子的棺木旁，也无法抑制自己对那位久未见面的教授的爱意。

此外，我还分析过另一位女病人做的一个类似内容的梦，分析得到的结果却完全相反。这位女病人年轻时聪明、敏捷、开朗、乐观，在治疗期间，她的言行举止也反映出了这些性格特征。她做了一个很长的梦，梦见她15岁的女儿死了，躺在一个“木箱”中。尽管她自己也怀疑“木箱”可能隐含着某种特别意义[①]，但仍然以这个梦来反驳我的梦的欲望满足理论。分析过程中，她想起在前一天晚上，曾与一些朋友提到英文的“木箱（Box）”这个词在德文中的几种意义，如，“箱子”、“包厢”、“胸部”、“耳光”，等等。从这个梦的内容看来，很有可能她还将英文的“箱子（Box）”与德文的“箱子（B ü chse）”搞混了；而德文的“箱子（B ü chse）”还有一个俗义，指代女性生殖器。从她拥有的有限的解剖学常识出发，可以假设，“躺在木箱中的孩子”其实象征的是“子宫里的胎儿”。分析到这里，她就承认这个梦确实满足了她的一个欲望。许多早早结婚的年轻女性往往不愿意很快就怀孕，甚至希望子宫里的胎儿死去。我的这位女病人也是一样。有一次，她与丈夫大吵一架，之后竟气得用力猛击腹部，希望自己流产。因此，梦中“孩子的死”实际上满足了她的这个欲望。只不过，这个欲望是15年前的，搁置了这么久，她一时想不到也不足为奇，因为在这期间发生的变化实在太多了。

以上两个梦例（其内容均为亲人的死亡）属于“典型的梦”，我将在下文中设专门章节继续讨论。现在，我将举出新的梦例，再次证明“尽管梦的内容是痛苦的，但它仍然可以解释为欲望的满足”这一理论。做这个梦的人不是我的病人，而是我的一位律师朋友。他想用这个梦来反驳我的理论，要我

①就像梦见熏鲑鱼和放弃筹备晚宴的情形一样。

别把一切梦都看作是欲望的满足。我的这位朋友说道："我梦见我挽着一位女士，走近我家；在我家门口，停着一辆关着门的马车。一位男士走近我，掏出警官证给我看，他让我跟他走一趟。我只得答应他，但要他给我一点时间好处理一下私人事务。你能相信我怀有让自己被捕的欲望吗？"——"这当然不可能。不过，你知道你为什么被捕吗？"——"知道，应该是杀婴罪。"——"杀婴罪？你该知道，只有母亲对新生儿才犯这种罪。"——"但事实就是那样。[①]"——"那你是在什么情况下做了这个梦，做梦的那个晚上发生了什么事？"——"我不想告诉你，这让我实在很难开口。"——"你必须告诉我，否则我可没法给你解析这个梦。"——"好吧，你听着，我昨天晚上没在家过夜，而是去一位我很喜欢的女士的家里了。而且，早晨醒来，我们又发生了一次关系，然后我才睡着。这个梦就是那时做的。"——"她结婚了吗？"——"是的。"——"你应该不希望她怀孕吧？"——"对，因为那会暴露我们的关系。"——"那你们从没有过正常的性交吧？"——"我每次都小心地在体外射精。"——"我想，那天晚上你采取的也是这种方法，但是早晨那一次，你是不是觉得没有太大把握，不知道是不是成功避孕了呢？"——"是的，确实有这个可能。"——"既然如此，你的这个梦仍然是欲望的满足。它在向你保证，你确实没有让那位女士生下孩子，或者，你已经把那个孩子杀死了。当然这

①做梦的人叙述梦的内容时，一开始往往叙述得并不完整，有些内容只有通过分析，才会渐渐在回忆中浮出水面。而这些后来补充的内容，大多数时候正是梦的解析工作的关键线索。有关内容参见第七章"梦的遗忘"一节。

肯定省略了一些中间环节，但我们很容易就能看得出。你应该还记得，几天前，我们一起讨论过关于婚姻的一些麻烦，其中最大的一个矛盾就是，当性交时，用什么方法避孕都没问题，但只要精子和卵子结合，形成了胎儿，之后不管以什么手段干预，都是违法的。因此我们还讨论了中世纪的那种理论，即，‘就是在那一瞬间，灵魂进入到胎儿体内，只有在那以后，谋杀的概念才成立’。不用说，你肯定记着莱瑙[①]那首令人毛骨悚然的诗，诗中把杀婴和避孕视为一回事。”——“真是奇怪，今天早晨我似乎确实偶然想到了莱瑙。”——“这当然是受你的梦的影响。好了，现在我还可以告诉你，你的梦中还包含着另一种欲望的满足。你挽着一位女士的手，走到你家附近，这说明你是带她回你自己的家。也就是说，不是像在现实中那样偷偷摸摸地在她家过夜。至于为什么在梦中欲望的满足会以这种不愉快的形式做伪装，我想原因也许不止一个。可能你已经看过我写的有关焦虑神经症的病因的论文，我在论文中提出，不完全性交也是构成神经症焦虑的因素之一。这与你的情况非常吻合。如果你总是用这种方式中断性交，多次以后，你就会感到抑郁。这种抑郁也会出现在你的梦中，甚至，梦还利用了这种抑郁来掩盖欲望的满足。除此之外，你提到了‘杀婴罪’，为什么这种只会出现在女性身上的罪名会牵涉到你呢？”——“我

①莱瑙，德文即，Neumann，1802—1850年，奥地利十九世纪上半叶最重要的诗人。其诗歌作品的基调是感伤，表达了自身爱情上的不幸，也流露出对现实生活的愤懑与人道主义理想破灭的情绪。早期作品收录于《诗集》（1832年）与《新诗集》（1836年）中，晚年有三部叙事长诗。——译者注

得承认，几年前，我曾有过类似的问题。我跟一位少女发生了关系，使她怀了孕。为了避免出事，她自己悄悄地堕了胎。这件事我是后来才知道的，但不管怎样，我都应该负责。为此，我长期以来都感到心虚、不安，害怕事情败露。”——“我能理解你的心境。这一段回忆正好说明了，你为什么会因为有可能没做好避孕措施而这么担心。”

一位年轻的医生听我讲述过以上这个梦的分析，也许他很赞同我的理论，因为他试着用以上的模式分析了他自己的一个梦，并向我做了汇报。在做梦的前一天，他交上了他的所得税申报表，他收入微薄，因此确实是如实申报。当天晚上，他梦见他的一个朋友从税务委员会那里得到消息，跑来告诉他，别人的报表都通过了，只有他的报表出了问题，税务委员普遍表示怀疑，并决定对他课以一笔巨额罚款。这个梦对欲望满足所做的伪装实在很差，显然，这位年轻医生希望自己能够有丰厚的收入。这个梦让我想起一个许多人都很熟悉的故事。故事中，人们劝说一位少女不要嫁给某位求婚者，因为求婚者性情暴烈，她嫁过去肯定会挨打。但少女却说：“我宁愿他揍我！”她对婚姻的欲望是如此强烈，以至于她不但已经考虑到婚后的不幸生活，甚至还乐于承担这种不幸。

经常有些梦看似与我的理论矛盾对立，或是梦中欲望未能得到满足，或是梦中出现令人痛苦的事物，如果可以将这些梦统称为“反欲望的梦”的话，我从中归纳出了两个动机。其中一个动机对我们的梦和现实生活都有很大影响，但在此我暂时将其保留，在下文中再详细讨论。我们首先来讨论第一个动机。这个动机就是，期待我是错的。在我的治疗过程中，如果病人在心理上对我或我的理论有所抵触，通常就会有这一类梦出现。事实上，我有充分的经验，在我第一次对病人解说梦的欲望满足理论后，几乎一定会诱发类似的梦[①]。甚至还可以预料，本书的某些读者也有可能做类似的梦。如果他们所抱有的欲望是希望我是错的，并且这个欲望在梦中得以满足，那么，他们就会做反欲望的梦。最后，我再举出一位病人在治疗过程中做的梦以证明我的理论。有一位年轻女士，完全不顾一些亲戚和专家们的意见，执意请我为她治疗，她做过一个梦，梦见她的家人不准她到我这里就医。于是，她提醒我，我曾经做出过承诺，如果有必要的话，我将为她免费治疗。而我答道："我完全不考虑钱的问题。"

不得不承认，以上这个梦例似乎与梦的欲望满足理论相距甚远。但是，在这一类型的梦中，我们往往可以发现另一个问题，将其解决后，原有的问题也就解决了。这位女病人在梦中引用的我的话是来自哪里呢？当然，我从没有对她说过那些话，但她有一位对她很有影响力的哥哥，他曾对我做出类似的评论。我的这位女病人不但在梦中对她哥哥的话深信不疑，在现实生活中，这种想法也支配着她的生活。而这，恰恰是她的致病原因。

①最近几年，许多听过我演讲的人写信告诉我，他们在治疗病人时，也有类似的现象出现。

有一个看似不能用我的理论进行解析的梦，做梦的人是奥古斯特·斯塔克医生。他梦见："我发现我的左手食指指尖上有梅毒的初期迹象。"

人们也许会认为，这个梦除了与欲望满足的理论无关之外，似乎既清晰又合理，因此没有分析的必要。但是，如果我们花些心思去研究的话，就会发现，"初期迹象"这个词与拉丁文的"初恋"非常近似。而溃疡带来的伤痛可以是情场失意的象征，用斯塔克的话说，"这个梦完全就是带有强烈感情的欲望的满足"。

现在，我们再来讨论反欲望的梦的第二个动机。其实，这个动机是非常明显的，以至于很容易被人忽略——长期以来，我也忽略了它。许多人的性体质中，或多或少地存在着一种受虐狂的成分，它是由攻击性的虐待狂的反转而致。而有些人可以被称作"精神受虐狂"，他们不是从身体的痛苦中获取快感，而是从羞辱、精神上的折磨等获取快感。显然，这一类人相对容易做那种反欲望的、令人痛苦的梦。这同样是欲望的满足，即，满足了做梦人的受虐倾向。我可以举出这样一个例子。有一位年轻人，他小时候曾百般折磨他的哥哥。后来，他的性格发生了巨大的变化。然后他做了以下的梦，包括两个部分：（1）他的哥哥嘲笑他。（2）他的哥哥未经他同意，就卖掉了他名下的商行。这位年轻人从梦中醒来后，感到十分痛苦。实际上，这就是一个受虐狂的梦。这个梦的内容可以解释为："如果我的哥哥真的对我不好，无端变卖我的资产，以此来惩罚我过去对他的种种折磨，那也是公平的，是我应得的报应。”

我希望以上列举的诸多梦例已经可以证明——在没有任何新的反对理由提出之前——即使一个带有痛苦内容的梦，也可以解释为欲望的满足（我并不认为这个问题已经得到了彻底的解决，在下文中我们还会讨论到）。也就是说，不论是谁，都不应该认为，对这种“反欲望的梦”的解释，只不过是一种偶然——恰巧与做梦的人不愿去做或不愿想到的某些事吻合而已。这一类梦所唤起的痛苦感情，正是我们对自己不愿去做或不愿想到的某些事的反感——这种反感往往能够取得成功。如果我们必须去做或是必须去想某些事，那我们就必须克服这种反感。但是，我们的梦中出现痛苦的内容，并不意味着梦中没有完成欲望的满足。每个人都有些不愿对他人明言，甚至自己也不愿正视的欲望。另一方面，我们已经将这些梦的痛苦的内容与梦的化装放到一起进行研究，从而得出结论，即，我们有理由肯定，这些梦都是化装过的，欲望的满足在这些梦中变得难以辨认。这是因为，这些梦中被满足的欲望，在平时会引起做梦人的反感，并被深深地压抑下去了。所以，可以认为，梦的化装实际上就是梦的稽查作用的成果。由对带有痛苦内容的梦的解析，我试着拟出以下公式：梦是一个（受压抑的）欲望的（伪装的）满足[①]。

---

①据我所知，有一位当代的伟大诗人，他从未听说过我的精神分析和对梦的解析，但他却凭着自己的经验，对梦的性质提出了与我的理论并无二致的说法。他说道：“（梦是）以伪装的特征和面目，表现出受压抑的欲望。”（卡尔·史比特勒《我最早的生活经验》）

在所有带有痛苦内容的梦中，有一部分属于焦虑的梦，我们尚未讨论。对于没有接受过梦的解析训练的人来说，如果把这一部分梦也归纳为欲望满足的梦，他有可能不会认同。但在此我会简略阐述一二。实际上，在梦的解析的诸多问题中，焦虑的梦并不是一个新领域，它属于神经症焦虑问题。我们在梦中感受到的焦虑只不过是表面现象。如果深入分析这一类梦的内容，我们会发现，这种梦中的焦虑与恐惧症所产生的焦虑其实是一致的。例如，人们有可能从窗口失足跌落，因此在窗口附近要小心些，但我们很难知道，为什么恐惧症的病人在靠近窗口时会感受到那么强烈的焦虑，远远超出了事实上应有的那种程度。对这种恐惧症的解释，同样适用于焦虑的梦。在这两种情况中出现的焦虑，都是看似来自表面上的简单诱因，而实际上则另有来源。

因为梦中的焦虑与神经症中的焦虑有密切的关系，所以在

在此，我将引用今后会再次讨论的奥托·兰克有关这方面的理论："由受压抑的、幼稚的性资料可知，梦往往表现为性欲的满足，并以一种伪装的、象征的形式表现出来。"我从不曾说过兰克的理论就是我的理论，实际上，就这句话而言，我认为是妥当的。但是，仅仅是因为我提到了兰克的理论，恐怕就会招来大量的攻击，批评者认为我们的主张是"每一个梦中都包含性的内容"。兰克的话居然会被曲解成这样的意思，这足以证明那些批评者们实在过于欠缺修养了，以至于为了盲目的攻讦而无的放矢。就在前面几页，我已经提到了一些儿童的梦（到乡下游湖，有一顿饭没吃，等等）；在其他地方，我也讨论过饥饿的梦，口渴、想要小便的梦，还有方便的梦，等等。甚至连兰克本人也没有全盘肯定，他只是说，"一般说来，还有性爱的欲望"，况且，这一结论早已由许多成人的梦证实过了。如果我把这些批评者使用的"性的（sexual）"这一词汇换成在精神分析中常用的"性爱（Eros）"，那么，情况可能会大不一样。然而，反对我们的那些人大概永远不会对梦是不是由"性冲动"引起的这一问题感兴趣。

讨论前者时，我不得不提及与后者相关的内容。1895 年，我写了一篇论焦虑神经症的短文，主张神经症的焦虑源于性生活，而且多数情况下源于一种由原本的对象转移后无所适从、无处发泄的性冲动。在那以后，我的观点经过了时间的考验，并无错漏。因此可以得出结论，即，焦虑的梦的内容与性有关，而梦中的性的部分——性冲动——转变为焦虑。以后我会对神经症患者的梦再做分析，来验证这个结论。而且，在进一步探索梦的理论的过程中，我会继续讨论焦虑的梦，并指出它们同样适用于欲望满足理论。

第五章

梦的材料和来源

对爱玛打针的梦的解析，证明了梦是欲望的满足，于是，我们所关心的是这一理论是否是梦的一个普遍特征，同时却忽略了在解析梦的过程中产生的其他一些科学问题。我们已经对这一理论做了足够的研究、探讨，达到了目的，现在可以回过头来，另辟蹊径，专注于梦的其他问题了。当然，梦的欲望满足理论仍大有文章可做，但接下来我们暂且将其搁置。

现在我们已经在解析梦的过程中发现了梦的“隐意”和梦的“显意”，并且知道“隐意”比“显意”更加重要。因此，现在我们非常有必要进一步详尽地解析每一个梦，从而得知，在梦的“显意”中发现的诸多问题和矛盾，是不是已经能够得到令人满意的解答。

以往的学者对梦与清醒状态的关系，还有梦的材料与来源等发表过一些中肯的意见，在此不作详述。但我还是要提出以下三个特征，这是人们经常提到，但却几乎从未清楚地进行过总结或阐述的。

1. 梦往往偏重于最近几天印象较深的事。参见罗伯特、斯顿培尔、希尔德布兰特、韦德、哈勒姆的有关材料。

2. 梦不是根据清醒时的记忆的原则来选择材料的，它往往不选择重大事件而选择一些次要的、被忽略的琐事。

3. 梦经常被我们童年时期最早的印象所左右，甚至童年生活中的一些细节、在清醒时自以为早已遗忘的小事，也会成为它的内容[①]。

梦的材料选择这一领域及以上特征，早期的学者当然已经有过研究，但都停留在梦的“显意”的层面上，未曾深入。

一、梦中的近期印象和无关紧要的材料

梦中诸多元素的来源是什么？就我个人的体验而言，我立刻就能断言，一定与做梦的前一天里发生的事有关。通过调查可以证实，不仅是我如此，大多数人也是一样。基于这一观点，我在解析梦的时候，往往先从询问做梦的人前一天发生的事开始；就大部分情况而言，这是一条有用的捷径。上一章中，我曾分析过两个梦（爱玛打针和长着黄色络腮胡的叔叔的梦），都与前一天发生的事有着紧密的联系，在此无须赘述。但是，为了再一次证明这一点，我将列举几个梦例，并分析它们的来源。

1. 我去拜访一家不愿意接待我的朋友……但同时，我让一位女士苦苦地等着我。

来源：当晚，我曾与一位女亲戚聊天，我告诉她，她还得耐心等待她要买的东西到货才行……

2. 我写了一本有关植物学的专著。

①罗伯特认为，“梦的目的是减轻我们的记忆对白天那些无用印象的负担”；然而梦中经常会出现我们的童年时期的无关紧要的记忆、印象，所以他的说法显然站不住脚。否则，我们就得承认，梦远远未能达成它的目的。

来源：当天早晨，我在书店橱窗看见一本樱草属植物的专著。

3. 我在街上看见两位女士，是母女二人，女儿曾是我的病人。

来源：当天傍晚，一位女病人告诉我，她的母亲反对她继续到我这里进行治疗。

4. 在S&R书店，我订了一份期刊，花费是每年20弗罗林[1]。

来源：前一天，我妻子提醒我还没给她家庭生活费，费用是20弗罗林。

5. 我收到一封来自社会民主委员会的信，信中称呼我为会员。

来源：我差不多同时收到了来自自由选举委员会和人权同盟理事会的信函，实际上，我确实是后者的会员。

6. 一位男士站在海边的悬崖上，他的样子就像是柏克林。

来源：《妖岛上的德雷福斯》，以及一些我从英国亲戚那里听来的消息。

接下来，有一个问题：梦的来源是不是总是做梦的前一天中发生的事？还是说，梦的来源也可以追溯到最近一段时间之内发生的事呢？当然，这并不是一个十分重要的理论问题，但我倾向于把梦的来源确定于做梦的前一天，我称其为“梦日”。每当我认为某个梦的来源是两三天以前发生的事时，只要经过仔细考察，就可以发现，其实是在做梦的前一天回忆起了前几

①弗罗林，即Florins，钱币单位。是欧洲的旧货币。——译者注

天发生的事，这个印象存在于事件发生的时间与做梦的时间之间。而且，类似的印象可以告诉我们，是什么导致我们回忆起了从前的事。但在另一方面，我并不敢相信由斯沃博达提出的理论；他认为，构成梦的来源的那一类印象的形成，与这一印象在梦中的再现，二者之间存在着生物学意义上的固定的时间差，而且这个时间差不超过 18 个小时。

哈夫洛克·埃利斯[①]也注意到了这一问题。他曾费尽心思想要找出印象形成与梦中再现的周期性时间差，但并未取得有意义的成果。他记录过自己的一个梦，梦见他在西班牙，想去一个叫作达劳斯（Daraus）、瓦劳斯（Varaus）或是扎劳斯（Zaraus）的地方。但在醒来后，他完全想不起来这个地名指的是哪里，只得将这个梦暂时搁置。几个月后，他发现，从圣塞瓦斯蒂安[②]到毕尔巴鄂[③]的铁路线上，有一个站名叫作扎劳斯（Zaraus）。在做那个梦的 8 个月（250 天）前，他曾路过那里。

因此，我相信，每一个梦的来源，都与做梦的人“入睡前的经验”有关。

无论是最近（做梦当天是唯一的例外）发生的事，还是很

①哈夫洛克·埃利斯，即，Havelock Ellis，1859—1939 年，英国心理学家。从小在维多利亚式的“无性教育”环境中长大，这反而促使他投身于人类性行为的研究。其代表作《性心理研究》是性心理学领域最权威的经典之一。他与弗洛伊德一起奠定了现代性心理学的基础。——译者注

②圣塞瓦斯蒂安，西班牙文即，San Sebastián，地名。西班牙东北部城市，吉普斯夸省首府，濒临比斯开湾，紧邻法国边境。海滨旅游胜地，其位于市中心的两个沙滩极具特色。——译者注

③毕尔巴鄂，西班牙文即，Bilbao，地名。西班牙北部城市，比斯开省首府，濒临比斯开湾东南侧，著名港口和交通枢纽，旅游胜地。——译者注

久很久之前发生的事，它们与梦的关系都是一样的。只要做梦人的思想能在“梦日”中把这些印象联系起来，梦的内容就可以涵盖做梦人的一生，并从其中任一时期挑选材料。

但梦为什么更多地选择了最近的印象呢？如果我们从以上列举的梦例中选择一个，做更加详尽的解析，也许就能得出某种假设。我选择以下这个梦例。

植物学专著的梦

我写了一本关于某种植物的专著。这本书就放在我的面前。这时，我看到书中一页折叠起来的彩色插图。每一幅插图都配有一片干枯的植物标本，就像从植物标本册中取出的那样。

解析：

那天早晨，我看到一家书店的橱窗里放着一本书，书名是《樱草科植物》，显然，这是一本有关这一类植物的专著。

樱草花是我的妻子很喜欢的一种花，她总是希望我能在回家时顺手给她买几朵；让我感到内疚的是，我很少记得这回事。另外，这件事还使我想起另一件轶事，也与“带花”有关。最近，我经常跟朋友们讲起它，以此作为证据来支持我的理论，即，我们经常会受潜意识的支配而遗忘某件事，同时，被我们遗忘的事情本身可以作为线索，让我们分析出遗忘者内心中的真实意图。那件轶事与一位年轻女士有关，每年她生日那天，她的丈夫都会送给她一束鲜花。但是，有一年，她生日那天，她丈夫回家时并没带回来这件象征着爱情的信物，为此她不由得伤心地啜泣。她丈夫感到奇怪，直到她说出“今天是我的生日”才恍然大悟。她丈夫拍拍脑袋，说道：“真对不起，我全忘了，我这就去给你买花。”但是，她并不因此感到安慰，因为她认为，她丈夫会忘记她的生日，已经证明了他不再像过去那样爱着她。在我做梦的前两天，这位L夫人曾与我的妻子见面，并要我妻子转告我她身体已完全康复。——几年前，L夫人曾接受过我的治疗。

还有一些补充事实。我确实写过一篇类似有关某种植物的论述，那是一篇讨论古柯植物的论文，它引起了K.科勒对可卡因的麻醉作用的兴趣。在那篇论文中，我已经提出了将来生物碱可用于麻醉的观点，但并未对这一问题进行充分的研究。而在做梦醒来后的那天早晨（因为当天忙得没有时间，我直到晚上才进行分析），我曾在一种所谓白日梦的状态下，想到了可卡因。我想，如果我患了青光眼，我就去柏林，隐姓埋名地住进我的一个朋友家中，让他请一位外科医生来动手术。那位外科医生不知道我的身份，所以一定会夸耀自从有了可卡因做麻醉，手术就变得很容易了。而我，却完全不动声色，不告诉他关于可卡因的发现也有我的一份功劳。而且，因为柏林的那位眼科医生不认识我，所以我也可以像其他人那样照付医疗费给他，而不必欠他人情。只是，我清醒后再次回味这个白日梦，发现在它背后还隐含着对某件事的回忆。那是在科勒发现可卡因的作用后不久，我的父亲因为患上了青光眼，由我的朋友柯尼希斯坦——一位眼科专家为他动手术。当时，科勒医生负责可卡因麻醉。他说道，这次手术把跟可卡因有关的三个人都聚到一起了。

现在，我又想起另一件与可卡因有关的事。那是在几天前，我正在看《纪念文集》，这是一本由学生编写、感谢并纪念他们的老师和实验室主任的文集。我注意到，文集中列举对实验室做出过贡献的杰出人物时，提及科勒，说他发现了可卡因的麻醉作用。于是我突然想到，我的梦与前一天晚上发生的事有关。当时，我正送柯尼希斯坦医生回家，途中我们谈到某个话题——这个话题总是令我感到兴奋。后来我们站在门廊继续讨论，恰巧遇见了加特纳教授和他年轻的妻子，我礼貌地称赞了加特纳夫人的美丽容貌。加特纳教授是前文提到的《纪念文集》的编者之一，也就是因为这次邂逅，才引起了我的那些联想。在我与柯尼希斯坦医生的谈话中，还涉及我说过的那位在生日那天非常失望的L夫人；当然，那是由另一个话题引起的。

接下来我将解释梦的内容中的另一重要部分。即，“每一幅插图都配有一片干枯的植物标本，就像从植物标本册中取出的那样”。“植物标本册（Herbarium）”这个词让我联想到“德国高级中学（Gymnasium）”。我想起，高中时，有一次，校长召集高年级学生，要我们检查和清理学校的植物标本册。那些册子里已经生了蛀书虫。校长似乎觉得我帮不上太多忙，派给我的工作很少，只有几页标本而已，我还记得其中有几种十字花科植物。其实我对植物学从来不感兴趣。在植物学的初试中，我遇上的题目就是识别十字花科植物，结果没能认出；后来要不是靠理论知识补救，我才惨了呢。由十字花科我联想到菊科，可以说，菊科的朝鲜蓟就是我最喜欢的花。我的妻子比我体贴得多，她经常从市场上给我买回这种花来。

“这本书就放在我的面前”。梦的这一片断使我想起另一件事。昨天，我收到一封来自柏林的朋友的信，信中说：“我一直在盼望你的那本《梦的解析》能够早些面世。我几乎能看到它已经大功告成，就放在我的面前，而我正一页一页地翻看着呢！”其实，我更是怀着这种希望，要是我能看到这本书放在我的面前，那该多好！

“折叠起来的彩色插图”。当我还是一名医科学生时，曾狂热地阅读大量医学专著。虽然我当时经济能力有限，却还是订阅了许多医学期刊，同时，为期刊中的那些精美插图而着迷。对于自己这种好学不懈的精神，我一向感到自豪。当我自己开始发表论文时，也必须为其添加插图；我记得，曾有一张插图因为画得实在太差，而遭到同事的嘲笑。后来，不知怎的，我又想起我在童年时期的一段经历。有一次，我的父亲给我和妹妹一本附有彩色插图的书（一本叙述去东方旅游的书），让我们把它撕碎——从教育的观点看，这实在很有问题——当时我五岁，妹妹还不到三岁。我们兴高采烈地把书一页页撕成碎片的情景（我要补充一句，那就像是一叶叶的朝鲜蓟），在我的脑中留下了极为深刻、鲜明的印象。成为学生以后，我养成了狂热的收藏书籍的癖好（这就像我对阅读医学专著的爱好一样；这种“爱好”即是“喜爱”，有关“喜爱”的想法在我对十字花科与朝鲜蓟的联想中已经提到过）。我成了“蛀书虫”。自从开始做自我分析，我就经常将自己的这种热情与儿时的回忆联系到一起。换句话说，我认识到，童年时发生的这件事是我成为“爱书癖”后的“屏蔽记忆”。当然，我也早已发现，过分的热情往往会招来麻烦。我 17 岁时，已欠下书商一大笔款项，完全无力偿还。我的父亲也不觉得仅是因为我爱读书就可以原谅我，就可以纵容我的挥霍。我年轻时的这段回忆，与做梦当晚我和我的朋友柯尼希斯坦医生的谈话有一定联系。因为，在我们的谈话中，他再次提到了我的老毛病，即，经常会过分地沉湎于自己的嗜好中。

因为与要说明的主旨无关，在这里，我不再继续解析这个梦，只指出这一解析的过程经由了怎样的路径。在解析这个梦的过程中，我想到了与柯尼希斯坦的谈话，并且是经由不同的途径想到的。然后，我详尽地分析了这场谈话中涉及的主题，于是豁然开朗，想通了梦的意义。就这个梦而言，我的思路是这样的：由我个人和我妻子喜欢的花，想到可卡因，再想到由同行眼科医生为我做眼科手术的尴尬，再想到我对学术专著的喜好，再想到我对某些与植物学有关的问题的忽视，等等。以上这些思路都能够与我和柯尼希斯坦的谈话挂钩。由此可知，（就像我曾分析过的爱玛打针的那个梦一样）这个梦其实也是在自我辩护，为维护我的利益想尽办法。如果我们深入分析，将这个梦中出现的材料展开，并将这两个梦放在一起加以比较，探讨从中寻找到的新的材料的意义，我们会发现：甚至连某些显然并不重要的梦的内容，也产生了确切的意义。例如，现在这个梦的隐藏意义已经揭晓，即，“我才是那个写出那篇有价值的、值得注意的（有关可卡因的）论文的人”。这就像在最初那个梦里我的自我申辩：“我毕竟是一个有良心的、工作勤奋的学者。”而这两句自辩无非是在说：“我理应感到自豪。”无论如何，我之所以解析这个梦，只是想要举例说明梦的内容是怎样由做梦人的前一天——即“梦日”——的体验所唤起的，因此，不再多做赘述。本来我只是认为，与梦的显意发生关系的，只是梦日中发生的某个独立的印象，但由以上分析可知，同一天内的另一个印象成为梦的第二个来源。比较这两个印象，其实第一个反而无关紧要，属于次要的印象。具体到这个梦中，即，我看到一家书店的橱窗里放着一本书，引起了我片刻的注意，但我对它的题材不感兴趣。第二个印象却有很重大的心理学价值。这第二个印象是：我与我的朋友柯尼希斯坦——一位眼科专家——热情、耐心地谈论了一个多小时，谈论中提到的话题使我们心有所感，甚至勾起了我对童年的久远回忆；此外，因为熟人的介入，谈论被打断了。现在，我们的问题是，梦日的这两个印象彼此之间有着怎样的联系？它们与当晚的梦之间又有着怎样的联系呢？

我发现，在梦的显意中涉及的，多半是些无关紧要的印象。似乎可以通过它们来证明，梦更倾向于选择清醒生活中的一些次要的细节。然而，与此相反，梦一旦经过解析，就可以发现它终将归结于某个重要的印象，毫无疑问，这个印象会使我的感情产生大的波动。如果说，梦的真正意义就是在正确的解析之后得出的隐意，那么，我就又有了一个意料之外的新发现。即，类似“梦只不过是清醒生活中无价值琐事的再现”的说法，不过只是谬论罢了；同时，类似“清醒时的精神生活不会延续到梦中”，以及“梦是我们的精神能量在芝麻小事上的浪费”等说法，显然也站不住脚了。与此相反，真正的事实是，清醒时在我们心中盘踞的那些事物才是梦的支配者；只有我们在清醒时反复思考的那些事物，才会同样地在我们的梦中徘徊不去。

那么，如果我的梦的真正来源是清醒时使我感到兴奋的某个印象，为什么我的梦的实际内容却只是一些无关紧要的事情呢？我认为，最好的解释就是，梦的化装。在上一章中，我已经提到，这种化装其实是一种起到稽查作用的精神力量。也就是说，我对于那本《樱草科植物》的专著的印象，使我想到了我与朋友的谈论；这就像是，在放弃准备晚宴的那个梦中，“熏鲑鱼”暗指做梦人对她的女友的想法。现在，唯一的问题是，在《樱草科植物》这本论著的印象，与我和朋友的谈论的印象，这二者之间，究竟存在怎样的中间环节？至少，乍看上去，似乎没有什么明显的联系。不过，在另一个梦，即，放弃准备晚宴的梦中，类似的联系倒是比较明显。因为，梦中出现的“熏鲑鱼”就是做梦人的女友最喜欢的食物，由此即可将二者联系起来，使做梦的人心中想到自己的女友。而在后一个梦中，乍看起来，两个印象彼此毫无关系，唯一的共同点只不过是发生在同一天而已——我看到那本专著是在早晨，而我与朋友谈论则是在同一天的傍晚。经过分析，可以得出结论：起初，这两个印象之间并不存在联系，但在事后的回忆中，与这两个印象有关的“意念内容”交织、融合到一起了，并因此建立了联系。就这个梦例而言，我已经注意到了这种联系的中间环节，并在前文中加以描述。实际上，如果没有其他因素的影响，我想，那本关于樱草科植物的专著的印象，大概可以唤起我的妻子喜爱的花就是樱草花这一印象，也有可能会唤起 L 夫人在生日那天没能收到鲜花的印象，但是，我肯定不会想到，这些并不起眼的琐事竟会形成一个梦。这就像莎士比亚的《哈姆雷特》中的台词：“主啊！要告诉我们真相，可不需要让坟墓里跳出鬼魂！”但是，继续深入分析下去，我注意到，打断了我与柯尼希斯坦谈论的那个人，他的名字叫作加特纳（gardener，园丁），而且，当时我曾称赞他的妻子美丽动人（blooming，如“花”盛开），甚至，现在我想起来，在当时的谈话中，还提到过我的一位名叫弗洛拉（Flora，罗马神话中的花神）的女病人。以上细节应该就是一些中间环节，它们起始于与植物学有关的印象，并连接着我与柯尼希斯坦的谈论这一印象，即是说，它们是连接在无关紧要的印象和令人兴奋的印象之间的桥梁。同时，另一组联系也是成立的。例如，围绕着可卡因的一组细节，同样连接着“我与柯尼希斯坦的谈论”和

"我写的植物学专著"这两个印象。毫无疑问，以上这些联系深化、加强了两个印象的交织与融合，因此，可以得出结论，第一个印象是第二个印象的隐喻。

当然，有人会批评我的分析太过任意、出于臆断，或者根本就是人为的编造，对此我早有心理准备。人们会问，如果加特纳教授和他花容月貌的妻子并未出现，或是我们谈到的女病人的名字不叫弗洛拉而叫安娜，等等，那又会发生什么变化呢？其实，答案很简单，如果以上细节有所变化，导致原本的思想链条未能出现，那么，自然会有在其他方面发现新的细节，从而重建思想链条，连接前文所述的两个印象。这就像人们在日常生活中经常会说的笑话、双关语一样，思想链条很容易形成。笑话的领域总是无边无际的。或者换种说法，如果在这两个印象之间无法找出足够的中间环节，那梦就会以不同的内容出现。发生在同一天的不同的印象——我们在清醒时会形成无数印象并随即将其遗忘——就会在梦中代替"植物学专著"的内容，但这个印象仍然会与"我和柯尼希斯坦的谈话"这一印象连接起来。当然，实际上被选中的印象就是"植物学专著"，并非其他，因此，我们可以确信，这个印象就是最适于建立这种联系的。莱辛笔下的"狡猾的小汉斯"会惊异万分地发现："原来只有富人才有那么多钱！"但我们大可不必。

然而，按照以上的解释，在经过某种心理过程后，那些无足轻重的印象取代了更重要的精神印象，直接出现在我们的梦中。这总会令人们感到迷惑，难以信服。因此我将在本书后面的章节中再次进行探讨，使这一看似不够合理的理论更易于理解。在此，我们讨论的只是这一过程的结果。而且，根据我对梦所做的分析，以及大量的有规律的观察，这些经验都证明了这个结果是正确的。这一过程，其实是在一步一步地利用所谓的“中间环节”，从而使梦在产生过程中发生了“置换”现象。换句话说，即，原本强度较弱的某个印象从原本强度较强的某个印象那里汲取了一定的能量，从而加强了自己的强度，使得这个印象可以进入意识。这种置换现象在我们的日常生活中屡见不鲜，人们不会为之惊讶。例如，一个孤独的老处女将感情寄托到宠物身上，一个单身汉成为狂热的收藏家，一个士兵为了保卫一块彩色的布片——即，一面旗帜——不惜抛洒热血，陷入爱河的男女因为一次握手的时间稍长而兴奋不已，莎士比亚笔下的《奥赛罗》中，一条手帕的丢失引发了狂怒，等等，这些都是很好的有关精神置换的例子。但是，如果我们听到一个观点，说我们是按照同样的方式和同样的原则来决定有哪些内容浮现在我们的意识中——也就是说，决定我们应该思考些什么——我们就会认为这不太正常；如果这种精神置换发生在清醒生活中，我们也会认为这是思想上出了毛病。在此，我将预先提出一个结论——具体的讨论将于稍后展开——即，我们已经认识到的梦的置换现象的精神过程，实际上并不是一种病理障碍，只不过，确实存在一种略有不同的、比它更为正常的、原发性的过程。

因此，梦的内容之所以包括琐碎的小事，不过是出于梦的化装的作用而已，其具体的表现即是这种置换现象。而且，由此还可以联想到我们已经得出的结论，即，梦的化装是两种精神印象之间的稽查作用的表现。所以，我们可以预期，通过对梦的解析，能够使我们知道，梦的内容在清醒生活中有其具备重要意义的精神来源——尽管其重点已经进行过置换，即，从这种具备重要意义的精神来源置换为无关紧要的来源上了。然而这一观点与罗伯特的理论正好完全相反。罗伯特的理论毫无价值可言，因为他提出的论据本身根本就不存在。他之所以会提出那些论据，就是因为他没能从梦的显意中发现梦的真正意义。此外，还有一个原因使我反对罗伯特的理论。如果梦的工作果真是利用某种特殊的精神活动，去释放我们白天记忆中的“残渣”的话，那么，我们的睡眠就成了一件十分艰苦的工作，至少要比我们清醒时的心理活动更令人烦恼。一天之中，有不可计数的琐碎印象产生，为了保障我们的记忆，将整个晚上都用来驱除它们都还不够呢。所以，更有可能的是，这种不断忘记无关紧要的琐碎印象的过程，并不需要我们的精神力量的积极干预。

然而，我们不应该在深入探讨罗伯特的理论之前，就毫无顾虑地把它抛弃掉。迄今为止，我们仍然未能解释，为什么梦的内容，总是由做梦前一天的某个无关紧要的印象构成的呢？这个无关紧要的印象与梦的真正来源之间并没有现成的联系；我认为，这种联系是事后才建立起来的，是在梦的工作过程中有意地、一步步地、进行置换作用，最终才变得合情合理起来。因此，必然有某种强制性的力量，使一个新近的、无关紧要的印象与梦的真正来源建立了联系。而且，这个无关紧要的印象必然带有某种属性，特别适合建立这种联系。否则，梦中的思绪就过于飘忽不定，以至于完全抓不住重点了。

以下的经验可以帮助我们弄清楚这一问题。如果在某一天中有两个或更多的经验适合引发一个梦，梦就会把这些经验整合，使其成为一个整体，这是一种强制性的规则。下面是一个例子。一个夏天的下午，我在火车上遇见两个熟人，一位是著名的医生，另一位是与我有联系的名门子弟，他们彼此并不认识。我为他们做了介绍，但是，在接下来的旅途中，他们都只分别与我交谈，并不直接交流。因此我只好与这一位谈这个，与那一位谈那个，随时转换话题。我与我的医生朋友谈到一位我们二人都认识的刚开业的年轻医生，我请他帮这位年轻医生多做推荐。我的医生朋友答道，他相信这位年轻医生有一定的能力，可惜他相貌不佳，因此难以跻身上层社会，成为名流的家庭医生。我告诉他，正是因为这一点，我才希望他能够鼎力相助。同时，我向另一位旅伴问候他姑母的健康。他的姑母是我的一位病人的母亲，这时正病重卧床。在这次旅行的当天晚上，我做了一个梦。梦的内容是，我所推荐的那位刚开业的年轻医生在一间豪华的客厅里，与一群我认识的有头有脸的大人物相处，他正以一种老成的腔调为一位老妇人致悼词。这位老妇人即是我的第二位旅伴的姑母（在我的梦中她已经死去。而且，我得承认，我一向对她没有好感）。就是这样，我的梦为白天的两个经验制造出了一些联系，使其结合为一个单独的场景。

鉴于很多类似的经验，我不得不承认，出于某种需要，梦的工作必然会将所有足以引发梦的印象综合起来，使其在梦中成为一个单一的整体①。

现在，我将继续讨论这一问题。即，经由分析所揭示出的、引发梦的那些印象，它们的来源是否一定都是最近的（而且是非常有意义的）某个事件？或者说，是否一定都是某种内心的体验？又或者说，是否一定都是某个重要的精神事件，以至于它能够起到引发梦的作用？经过大量的分析，我得出的结论倾向于后者；也就是说，引发梦的那些印象——或者称其为梦的刺激物——应该经历了某种主观的心理过程，这种过程似乎是那些印象经由前一天的思想活动转变为一个新近发生的事件。

现在，也许已经到了将引发梦的那些印象按照不同的条件加以系统整理的时候了。

梦的来源有以下几种：

1. 一个新近发生的而且在精神上有重大意义的经验，直接在梦中呈现②。

2. 几个新近发生的而且有意义的经验，在梦中综合成为一

①在我之前，德拉格、德尔贝夫等也曾提及梦有一种倾向，即，将同一时期内发生的所有有趣的印象浓缩为单一的事件。

②如爱玛打针的梦，以及黄色胡须的叔叔的梦。

个单一的整体[①]。

3. 一个或几个新近发生的而且有意义的经验，在梦中以一个同时发生的、无关紧要的印象来表现[②]。

4. 一个对于做梦的人而言颇具意义的经验（如关于某件事的回忆，或一连串的联想），在梦中以另一个新近发生的、无关紧要的印象来表现[③]。

显然，通过对梦的解析，我们可以发现，梦的内容的某个成分必然是对做梦前一天的某个新近印象的重复。这一印象或者与梦的真正来源有一定的联系——这种联系既可能是极为紧密的，也可能并不那么紧密；或者仅只是来自某个无关紧要的印象——但这一无关紧要的印象与梦的真正来源也有着千丝万缕的联系。因此，尽管梦的内容看上去变化多端，实际上却只有两种情况，即，是否经过了前文提及的置换作用。值得一提的是，我们用这种置换作用的进展深度来解释各种不同的梦之间的差异，也就像是我们利用医学理论来解释脑细胞由部分觉醒到全部觉醒一样。

通过对以上四种情形的考察，我们可以注意到这样一种情况，即，某个具备重大意义但并不是新近发生的印象（如关于某件事的回忆，或一连串的联想），在梦中有可能被某个新近发生但又无关紧要的印象所取代——只要这种取代可以满足以下两个条件:（1）梦的内容必须与一个新近发生的印象有一定的联

①如年轻医生为老妇人致悼词的梦。

②如植物学专著的梦。

③在所有我分析过的病人的梦例中，这一类最多。

系;（2）梦的真正来源必须仍然是一个在精神上具备重大意义的经验。在上述四种梦的来源中，只有第一种情况能够以同一个印象同时满足这两个条件。另外，我们还可以注意到，那些无关紧要的印象，只要是新近发生的，就有可能成为梦的内容，但如果过了一天（最多几天），它们就会失去这种能力。因此，我们可以断定，一个印象的“新鲜性”，在梦的形成中具有一定的精神价值；这种价值大约与某种对于做梦的人而言颇具意义的经验（回忆或联想）的价值相当。而这种新近发生的印象在梦的形成中具备怎样的重要性，在下文中还会进行探讨。

在这一方面，我们顺便还可以注意到另一种可能性，即，我们的记忆和观点是否会在夜间不知不觉地发生变化。我们经常会说，在做出某个重大的决定之前，最好“先好好睡一觉”，这是否不无道理呢？但这已经不属于梦的心理学范畴，而是睡眠心理学的课题，对此我们以后再做深入探讨。

然而，针对我们的结论，还有一种反对意见。即，如果某些无关紧要的印象只有在是新近发生的情况下才会成为梦的内容，那么，为什么有时梦中会出现我们早期生活中的一些印象呢？斯顿培尔曾说过，这些印象在它新近发生的时候，毫无精神价值可言。那么，我们为什么不在当时就把这些印象全都忘记了呢？换句话说，难道这些印象不是既不新鲜又没有任何重要性可言吗？

对于这种诘难，我认为可以参照对神经症患者的精神分析的结果，来做出答复。解释是这样的：在以上反对意见所举出的情况中，那些早期生活中的、（对梦境或思想而言）无关紧要的印象，通过置换作用，转变成了在精神上具有重大意义的经验。这一转变过程在早期生活中就已完成，而且，它们已经固化在了记忆之中。也就是说，这些早期生活中的、无关紧要的印象已不再是不重要的了。因为它们（通过置换作用）获得了作为在精神上具有重大意义的经验的价值。即，在梦中出现的任何内容，都不是真正意义上的“无关紧要的”印象。

通过以上的说明，我想读者们可以得出与我一致的结论了。既然梦的内容中不存在无关紧要的印象，那么，自然也就没有所谓的“单纯”、“清白”的梦了。对这一结论，排除儿童的梦，以及某些夜间感官受到刺激而引起的简短的梦，我是毫无保留地相信的。此外，我们的梦的内容要么是直接具备明显的重要的精神意义，一眼就看得出；要么是经过了化装，在解析之后才能明白其真正意义——而它仍然是具备重要的精神意义的。梦绝不会是无意义的，我们也绝不会容许无关紧要的琐事来干扰自己的睡眠①。一个看上去单纯清白的梦，只要我们耐心地进行分析，就会发现恰恰相反的结果。我可以说，梦有着“兽性的一面”。当然，我知道这种说法会招致人们的反对，但我很乐意借此机会更加详细地说明梦的化装工作是怎样进行的，我将从我收集的梦例中选出几个所谓单纯清白的梦进行

①哈夫洛克·埃利斯是本书的友好的批评者，他写道：“在这一点上，我们中的大多数人已不再追随弗洛伊德了。”但是，埃利斯从未做过分析梦的工作。所以，他不会相信仅从梦的显意来分析梦的意义是多么错误。

分析。

梦例一：

一位聪明而且有教养的少妇，在现实生活中十分矜持内向，是人们所说的那种“秀外慧中”的典型。她做过这样的一个梦：“我梦见我赶到市场时已经太晚，肉卖光了，蔬菜也卖光了。”当然，这看上去是一个单纯清白的梦，但我相信梦不会这么简单。我请她说得更详细些。于是她说道：她梦见她和她的厨师一起去市场，厨师挽着菜篮。她问了几句话，肉贩答道：“那种东西再也买不到了。”并交给她另一件东西，说：“这也很好。”但她拒绝了。她又问一位女菜贩，女菜贩向她推销一种特别的蔬菜，这种蔬菜是黑色的，捆成一束。她告诉女菜贩：“我不知道这是什么东西，我不想买。”

这个梦与前一天发生的事有明显的联系。她当天确实很晚才赶到市场，而且什么都没买到。这种情况看上去可以概括为“肉店关门了”。但是，且慢，德文的“肉店关门了”这句话在维也纳的口语中是形容男士衣冠不整的意思，难道不是这样吗？不过，这位少妇并没这么说，我想她也许是在回避这句话。所以，让我们继续努力分析这个梦的细节。

有时候，梦中的某些内容是直接以口头语言的形式出现的。也就是说，梦见某人说了什么，或是梦见听到了什么，而不只是梦见想起了什么——这些情况通常很容易区分。那么，这些在梦中直接出现的口语一定是源自清醒生活中的真实经历。当然，这些经历不过是梦的原始材料而已，可能会出现删节或改动的情形，尤其是，它往往会脱离当时的实际情况[①]。在这一次的梦的解析工作中，我们可以采取这种口语作为出发点。那么，梦中肉贩所说的“那种东西再也买不到了”究竟是从何而来的呢？答案是，来自我说过的话。几天前，我曾对这位少妇解释道：“那些童年的最早的经历，其实再也想不起来了；但是，在精神分析中，可以通过‘移情’和梦的方式对其进行替换。”因此，我就是那个肉贩，而她拒绝接受过去的思想和感觉会流转到现在的观点。接下来，她在梦中说的那句话，即，“我不知道这是什么东西，我不想买”，又来自什么呢？为方便分析，我们将这句话分解为两部分。“我不知道这是什么东西”，其实是她在前一天对厨师说过的话，当时他们有过一番争执；当时她还说过：“你的行为要检点一些！”这里显然有一个置换现象。她和厨师争执时说过两句话，梦中却只出现了一句，但恰恰是被压抑以至未出现的那一句“你的行为要检点一些”才真正与梦的内容的其余部分相契合。当一个人仪态不雅时，人们往往会说，他忘了“关上他的肉店”。另外，梦中女菜贩的话也可以进一步地证实我们的分析是正确的。黑色的、捆成一束的蔬菜（这位少妇后来补充道，那是长条状的），只可能是这位少妇在梦中将芦笋与黑萝卜混合在了一起。但凡有常识的人都不需要我解释芦笋意味着什么，黑萝卜也是（想想漫画里说的：“小黑，救救你自己吧！”）。换句话说，它们似乎确实

①有关梦中的对话，参见《梦的工作》一章。在我以前，德尔贝夫大概是唯一认识到梦中的对话有其来源的人。

指向我们最初猜测的、与性有关的主题。我们在此并不打算探讨这个梦的全部意义，但到此为止，有一件事已经非常清楚，即，这个梦尚有许多意义，而且，它绝不是单纯清白的[①]。

梦例二：

这是上个梦例中的病人做的另一个梦，看上去仍是单纯清白的，与上一个梦例可说是异曲同工。梦中，她的丈夫问她："我们的钢琴该调音了吧？"她答道："那倒不必，不过，音锤可是非修理不可了。"同样的，这个梦是前一天发生的真实事件的再现。她的丈夫确实这么问过她，她也做了相同的答复。但是，这个梦的意义何在？她告诉我，这架钢琴是一个"令人作呕的"老式"木箱"，它会发出一些"难听的噪音"，在她结婚前，这架钢琴就"属于"她丈夫了，等等。但是，解决问题的关键是她在梦中说的那句话，即，"那倒不必"。前一天，她去拜访她的一位女性朋友，当时，主人请她脱下大衣，但她谢绝了，并说道："谢谢，但那倒不必，我一会儿就走。"当她说到这里，我想起在前一天的精神分析时，她曾忽然抓紧了她的大

①我不妨坦白告诉那些好奇的人，在这个梦的背后隐藏着以下两种幻想。即，第一，我的不检点的、带有挑逗意味的行为；第二，这位少妇对我的行为的拒绝。人们可能会认为我的解释荒诞不经，但我在此提醒他们，许多医生都曾在罹患癔症的少妇那里听到类似的幻想，而且，这种幻想甚至不是在化装后现于梦中的，而是不加任何掩饰地出现在清醒的意识中。——这位少妇是在刚开始接受精神分析治疗时做了这个梦。后来我才发现，导致她罹患神经症的病因，即，最初的创伤，其实正是这样，会在梦中反复出现。此后，我在其他病例中发现了类似的情况，也就是说，童年时期曾遭遇过性方面的暴力行为，而那种暴行也会在梦中反复重现。

衣，因为有一个纽扣没扣好，就像是在说："请别偷看，那倒不必。"另外，在德文中，"木箱"象征着"胸部"。而在分析这个梦的时候，我立刻就想起她在青春期身体发育以来，就一直对自己的身材感到不满。如果我们将"令人作呕的"和"难听的噪音"这两个字眼也考虑进去，就会发现，在暗示中和在梦中，女性身体常常注意到的这两件事物，其实不过是某种更重要的事物的替代品和参照物而已。

梦例三：

在此我将暂时中断以上一系列的梦例，转而插入叙述一位年轻男士的单纯清白的梦。他梦见，他又穿上了他的冬季大衣，这太可怕了。表面看来，是因为寒冬将至，他才会做这个梦。但如果我们仔细观察一下，就会发现这个梦的前后两段之间并不存在逻辑关系。因为，在冬季穿上大衣怎么会很"可怕"呢？而且，在做精神分析时，这位男士第一个联想到，做这个梦的前一天，有一位女士毫不含蓄地告诉他，她生下最小的孩子是因为避孕套破了的缘故。这充分说明了这个梦绝不是单纯清白的。这位男士在这件令他印象深刻的事的基础上展开联想，演绎出这样的结论：薄的避孕套是危险的，一旦破裂就会令对方怀孕，但厚的避孕套也不好，会不舒服。根据语义进行直译的话，英文的"避孕套"在德文中有"大衣"的意思。另外，对于一位未婚的男士来说，那位女士所说的意外事件无疑是"可怕"的。

现在，让我们再来讲讲梦例一、二的那位清白的少妇的其他梦境。

梦例四：

她正把一根蜡烛插到烛台上。但是，蜡烛断了，无法直立。她所在学校里的一个女孩指责她，说她动作太笨；她说这不是她的错。

这个梦也源于真实生活。前一天，她确实把一根蜡烛插到了烛台上，但蜡烛并没有折断。在这个梦里有一个很明显的象征，即，蜡烛是可以使女性生殖器产生兴奋的物品，它折断了，无法直立，这对男士来说，意味着阳痿（“这不是她的错”）。但是，我还有所怀疑，这位少妇年轻而有教养，对猥亵的事理应十分陌生，她怎么会知道蜡烛有这方面的用途呢？好在她告诉我，她曾在一次偶然事件中听说了这种事。有一次，她在莱茵河上划船，另一只船越过了她，船上有一群学生。这群学生高声唱着一首带有猥亵内容的歌：

瑞典的皇后，
躲在紧闭的百叶窗内，
用阿波罗蜡烛……

即，

When the Queen of Sweden,
Bhind shutters,

With the candles of Apollo...

当时，她可能没太听清或是不知道最后一个词的意思，于是就去问她的丈夫。在梦的内容中存在这样一种置换作用，即，歌词中的“紧闭的百叶窗”与她在学校时曾因为关窗帘关不好而被嘲笑为“动作太笨”，这二者的置换。此外，自慰与阳痿之间的联系是众所周知的。而且，作为梦的隐意的“阿波罗”与以前梦中出现的纯洁的智慧女神雅典娜也有联系。因此所有这一切都不是纯洁清白的。

梦例五：

从做梦人的现实生活中得出有关梦的结论，并不是很容易的事。为此，我将再次引用同一位病人的梦例，这个梦看上去仍然是单纯清白的。她说：“我梦见了一件我在白天确实做过的事。我往一个小木箱里装书，因为塞得太满，木箱关不上了。我梦见的和白天实际发生的情况完全一致。”在这个例子中，做梦的人反复强调梦境与真实生活是怎样吻合的。做梦的人对梦的判断和评论自然都是在清醒时做出的，但所有这些判断与评论实际上仍然属于梦的隐藏意义的一部分。在下文中，我们会通过更多的梦例来证明这一点。现在，我们已经知道，这个梦的内容确实是白天发生的事，但如果用英文来解析它的话，花费的篇幅就太多了①。在此，我只需指出，这个梦的重点在于

①在《梦的解析》的英译本中，弗洛伊德指出，这个梦只有以德文解析才能得出清晰明确的结论。——译者注

“小木箱”（参见第四章中木箱内躺着死去的孩子的梦例）装得太满，再也装不下其他东西。好在这一次并没有出现什么不好的事。

在以上这些“单纯清白”的梦中，很明显，稽查作用的焦点是与性有关的因素。不过，这是一个非常重要的主题，我们将在下文中再做详细探讨。

二、作为梦的来源的幼儿期经验

根据已经列举出的事实，以及所有其他学者的研究（除罗伯特之外），我认为，梦的内容的第三个特征是：我们童年早期的一些经验可以在梦中重现，这些经验在我们清醒时是无法回忆起来的。因为我们并不能完全记住自己的梦的全部内容，所以，想要知道这些幼儿期经验在梦的内容中所占的比重，是一件很困难的事。换句话说，想要证明我们梦见的是幼儿期的经验，必须有客观的证据，但很难有这样的机会。莫里[①]提出过一个例子，极具说服力。据他记载，有个人打算重访阔别 20 年以上的家乡，在动身的前一天晚上，他做了一个梦；他梦见，他置身于一个十分陌生的地方，与一个陌生人交谈。当他返回家乡后，他发现，梦中的那个陌生地方就在他家乡附近，而梦中与他交谈的那个陌生人也确有其人，是他父亲生前的一位好友。这个梦证明，做梦的人在儿时见过家乡的景色和那个所谓的“陌生人”。同时，这也是一个迫不及待的梦，就像前文中我

①莫里，即 A. Maury。——译者注

曾列举的买了音乐会门票的年轻女性的梦，以及那个父亲承诺带她去哈密欧旅行的8岁小女孩的梦，等等。做梦的人在梦中再现了一个他童年时的特殊印象，但其中的动机却必须通过分析才能发现。

有一个人在听过我的演讲后，对我自夸道，他的梦很少以化装后的形式出现。不久前，他告诉我，他梦见他以前的家庭教师和他的保姆同床睡觉；这位保姆在他家一直工作到他11岁的时候。他甚至认出了梦中这一幕发生的地点。出于好奇，他把这个梦告诉了他的哥哥，没想到，他哥哥笑着告诉他，这确有其事。当时，他的哥哥已经6岁，所以很清楚地记得这两人是恋爱关系，为了能够相处，只要晚上方便，他们就用啤酒把他哥哥灌醉。而做这个梦的人当时才3岁，家庭教师和保姆认为他还不懂事，尽管也共处一室，但并不会成为阻碍。

还有一些梦，无须任何解释即可充分确定其来源是童年的经验，这就是“反复出现”的梦。也就是说，在童年时就做过的梦，成年后仍会一再出现。我本身并没有类似的经验，但在我的记录中却不乏实例。有一位30多岁的医生告诉我，他从小到现在，经常梦见一头黄色的狮子，甚至他可以很详细地描绘出那头黄狮子的样子来。后来有一天，他终于发现了这头黄狮子的实物，是一件早就不见了的瓷质装饰品。这位年轻人的母亲告诉他，那个瓷质的黄狮子是他童年时最喜欢的玩具，但他自己却一点也记不起来了。

现在，我们将注意力由梦的显意转移到只有通过分析才能发现的梦的隐意上来。使人吃惊的是，我们会发现，有些我们完全摸不着头脑的梦，其实是源自我们的童年记忆。在此，我将再次引用一个来自那位梦见黄狮子的年轻医生的梦例，这个梦例是十分有趣而且很典型的。他在读了南森的北极探险的故事后，做梦梦见自己在一片冰原上，用电疗法为这位患有坐骨神经痛的探险家治疗！在分析这个梦的过程中，他回忆起了童年时经历的一件事，仅以这件事就足以对这个梦做出合理的解释。他大约三四岁的时候，有一次听大人们谈论航海探险的故事，当时，他问父亲，航海是不是一种疾病。这是因为他把“Reisen”（德文，意即“航海”、“游历”）这个词与“Reissen”（德文，意即“腹绞痛”、“撕裂痛”）弄混了。但是，他的哥哥和姐姐知道这两个词的区别，为此还嘲弄了他一阵。也许正是因为这个原因，他才下意识地“遗忘了”这件事。

还有一个类似的例子。在前文中我曾记叙道，当我在分析有关《樱草科植物》论著的梦时，我回忆起了童年时我父亲做的事。当时我才 5 岁，他给我一本有彩色插图的书，让我把书片片撕碎。我的这一回忆确实是梦的内容的源头吗？或者，有没有可能这只是我在分析过程中牵强附会的联想？无论如何，我深信前一种解释是正确的，这可以由以下的丰富、紧凑的联想链条来证明：樱草科植物——最喜爱的花——最喜爱的菜——朝鲜蓟；而且，朝鲜蓟需要一片片地剥皮；植物标本册——蛀书虫；蛀书虫最喜爱的食物是书。另外，在下文中我会提到，梦的终极意义与童年时的破坏性的印象有着密切的联系。

对另一组梦例的分析表明，引发这些梦例的欲望，以及与这些梦例有关的欲望的满足，都源自童年；因此，我们惊奇地发现，在梦中，完全可以找到我们童年期的全部冲动。

现在，我将继续解释前文中曾被证实有相当意义的一个梦例，即，“我的朋友 R 先生是我叔叔”的梦。我们曾分析出这个梦的主要欲望是，我想晋升为教授。正如前文我解释过的，我对我的朋友 R 先生的感情，与梦中的情况是相反的；而且，在清醒时，我也不会像梦中那样蔑视那两位同事。因为这个梦是我自己做的，所以我知道前文中已经得出的结论还不够完善，还可以继续分析下去。我深知，虽然我在梦中对那两位同事有所苛求，但在现实生活中却正好相反，我对他们有很高的评价。因此，我认为，尽管我对教授的头衔相当热衷，但那并不足以使我在梦中产生与清醒时完全相反的感情。如果我真的那么想要晋升为教授，那我的野心就应该是病态的；我觉得自己还不至于这样。当然，也许那些自以为了解我的人会有不同的意见，也许，我就是一个野心勃勃的人。但是，如果我真的很有野心的话，那区区一个教授的头衔肯定满足不了我，也就是说，可能我早就不做这一行了。

那么，我在梦中表现出来的野心究竟从何而来？在此，我想起了一件我童年时发生的事。我出生那天，一位老农妇曾对我的母亲（我是她的第一胎）预言，说她为这个世界带来了一位伟大的人物。其实，这类预言相当普遍，哪个母亲不希望自己的孩子能够建功立业呢？那些妇人们饱尝人世辛酸，又何尝不将希望寄托于未来？这位老农妇的预言不外乎随口的恭维之词，说来于她也无损失。那么，我对功名利禄的追求难道就是因为这件事吗？我又回忆起童年后期的一次体验，或许能够提供更好的解释。那是我十一二岁的时候，我的父母像往常一样带我到布拉特去，在一间饭馆吃饭。一位潦倒的诗人正挨桌讨钱，他只需思索片刻，就能按照你给出的题目即兴吟诗。父亲要我请他来我们这桌表演，但在父亲命题之前，这位诗人就先为我念了几句韵文，而且断言道，如果他的预感没有出错的话，将来我至少也能成为一位部长级的大人物。至今我仍记得当晚我有多么得意。当时正是“资产阶级内阁”时代，我父亲带回家一些成为资本家的大学毕业生的肖像——赫布斯特、吉斯克拉、昂格尔、伯杰，等等——挂在客厅，以增添宅邸光彩；其中也有犹太人的肖像。就像每个勤奋的小学生都会在书包里放上一个“部长式”的文件夹一样。也许这一事件对我的影响很大，我刚上大学时，本来打算专攻法律，直到最后一刻才改变主意。作为一个医科学生，肯定与部长的宝座无缘了。不过，现在回头再来看我的梦，我才发现，这个梦改变了我意气消沉的现状，使我置身于充满希望的“资产阶级内阁”时代，我年轻时的野心也得到了满足。至于我为什么对这两位学识渊博、值得尊敬的同事如此刻薄，只是因为我把自己当作了生杀大权在握的部长，可以随意对待他们，把其中一个当成“大傻瓜”，又把另一个当成罪犯。而且，这也可能是我在梦中对部长加以报复，既然他不让我晋升为教授，我就在梦中扮演他，把他演成一个做事荒谬的小丑。

在另一个梦例中，我注意到，尽管是一个新近的欲望激发了梦，但童年的记忆却明显地起到了强化的作用。这一系列的梦例是由“我渴望访问罗马”的欲望激发的。长期以来，我都想去罗马旅行，但总是因为健康问题不能成行，所以，我只能靠做梦来满足这一愿望[①]。例如，有一次，我梦见我从火车窗户向外望，看到了泰伯河和圣安杰洛桥，直到火车开动，才发觉我从未到过这个城市。这个梦中罗马的景色来自前一天我在某位病人的客厅里看到的一幅著名的版画。还有一次，我梦见有人领我登上山丘，为我指出云雾中半隐半现的罗马城。城市十分遥远，但使我惊讶的是，城中景物尽收眼底，清晰之极。这个梦的内容相当丰富，在此不做赘述。不过，“远眺向往之地”的主题是很明显的。实际上，我在梦中看到的这座云雾半掩的城市是吕贝克城，而那座山丘也不过是格利欣山。在第三个梦里，我终于置身于罗马城中，但令我大失所望的是，我见到的景色平平无奇，与一般的城市没什么区别。“有一条流淌着黑色污水的小河，河岸的一边满是黑色石头，另一边有一片草地，点缀着大朵的白花。我遇见了朱可尔先生[②]，便向他打听城中道路。”很明显，想要在梦中见到在现实生活中从未见过的城市

①我早已察觉，想要满足长期以来认为不可能实现的愿望，其实只需要少许的勇气而已。所以，现在我会定期前往罗马。

②朱可尔先生，即 Herr Zucker。德文中 Herr 为“先生”；Zucker 为“糖”。——译者注

是不可能的。将这个梦中的景色分解成不同的元素，个别地分析，即可发现，梦中的白花是我在拉韦纳见过的，拉韦纳一度几乎取代罗马，成为意大利的首都；白花即是水百合，生长在拉韦纳周围的沼泽地区，就像是我家乡的奥西湖的水仙花。因为这种花生在水中，难以采摘，所以，在梦中我把它们移植到了草地上。而梦中河岸一边的黑色石头则使我联想到卡罗维发利[①]附近的泰伯尔河谷。“卡罗维发利”还可以解释梦中我向朱可尔先生问路的细节。在这个混乱交织的梦中，包括了两则我们犹太人经常在谈话或书信中提到的轶事，其中颇有些令人心酸的尘世智慧。第一则轶事与体力、体质有关。一个贫苦多病的犹太人想要去卡罗维发利疗养，但无钱购票，只得逃票上车。结果，他被列车员发现，一次次被逐出车厢，而且遭到的对待越来越严厉。在这趟悲惨行程中的某个车站，他遇见了一位熟人，熟人问他去哪里，他答道：“去卡罗维发利，只要我的体力还能撑得下去。”由此，我想到了第二则轶事，即，一个不懂法语的犹太人初到巴黎，向人询问去黎塞留街怎么走。实际上，巴黎也是我多年来一直想去的地方，我第一次踏入巴黎时所感受到的满足与喜悦之情，至今仍留存胸中，就像是其他的愿望也都实现了似的。而且，问路这件事本身也与罗马有一定关系，因为人们都知道有句俗语叫作“条条大路通罗马”。此外，朱可尔这个人名也暗指卡罗维发利，它让我想到一种与

①卡罗维发利，德文即，Karlsbad，捷克共和国西端城市，旧称卡尔斯巴德，温泉资源丰富，是著名的矿泉疗养地。——译者注

“糖”有关的“体质性”疾病，即糖尿病，患这种病的人往往会去卡罗维发利疗养。最后，这个梦的起因大概是我与一位住在柏林的朋友约好，复活节时在布拉格会面。到时我们将会讨论的话题中肯定包括“糖”和“糖尿病”。

做了上一个梦后不久，我又做了第四个与罗马有关的梦。梦中，我在罗马城内，并很惊讶地发现街上有许多用德文写的告示。做梦的前一天，我在给那位住在柏林的朋友的信中写道，身为德国人，在布拉格可能会遇上诸多不便。因此，在梦中我就把与他会面的城市由波希米亚的布拉格改为了罗马；同时，这个梦还表达了我的另一个愿望，即，希望在布拉格能够更广泛地使用德文。其实，我童年时就懂几句捷克语，因为我出生在摩拉维亚的一个小镇，那里有许多斯拉夫人。我还记得，17 岁那年，我偶然听到一首捷克童谣，虽然我不懂得童谣到底唱了些什么，但很自然地就记住了，至今都能顺畅地哼出来。所以，在这个梦中，有不少内容一定是出自我童年的体验。

最近，我去意大利旅游，途经特拉西梅诺湖[①]，并终于见到了泰伯河；但在距罗马五十英里处，我不得不赶往别处。这份遗憾加深了我自儿时起就对罗马这座“永恒之都”的向往。于是，我计划次年的旅行方案，打算途经罗马，再去那不勒斯。

①特拉西梅诺湖，意大利文即，Lago Trasimeno，亦称佩鲁贾湖，意大利半岛的最大湖泊，位于翁布利亚大区，面积 128 平方公里，湖滨多沼泽，人烟稀少。公元前 217 年，汉尼拔在湖北岸全歼罗马三万主力军并击毙了对方主帅。——译者注

这时我忽然想起我曾读过的德国古典文选[①]中的一句："当他决定前往罗马，反而感到不安；他在书房中来回行走，天人交战：是选择做个温克尔曼[②]那样的助理角色，还是选择去做汉尼拔[③]，独当一面的大将。"我自己似乎是选择了做汉尼拔，和他一样，注定看不到罗马城——当千百万人都希望汉尼拔进军罗马时，他却折向了坎帕尼亚。所以我与汉尼拔颇有相似之处，而他也是我从学生时代起就崇拜的英雄。那时，我和其他许多学生一样，对于罗马人和迦太基人之间的三次布匿战争，一致敌视罗马，而同情迦太基人。此外，当我意识到自己的身份意味着什么后，面对我的同学中敌视的情绪，我必须有明确的立场；而汉尼拔作为伟大的将军，在我的心目中形象愈发高大。在我年轻的心灵里，汉尼拔与罗马的战争表现得那样顽强不屈。而此后我所受的遭遇严重地影响了我，也使我童年时的体验与情感变得更加深刻。因此，在我的梦中，对罗马的向往实际上象征着我心目中的众多的殷切愿望。要想愿望成真，必须有腓尼基人的毅力与决心，但其结果也有可能像命运不佳、

①这位作者即是德国小说家让·保尔（1763—1825年）。

②温克尔曼，约翰·约阿希姆·温克尔曼，德文即，Johann Joachim Winckelmann，1717—1768年，德国考古学家和艺术史家，被称为考古学之父。他的《古代美术史》一书率先对古代艺术做了分期，把艺术史作为一个单独学科来研究，将考古学当作一门人文学科来对待。这是第一个利用古代的遗物而不是专靠古代的文献。——译者注

③汉尼拔，汉尼拔·巴卡，即，Hannibal Barca，公元前247—前183年，北非古国迦太基著名军事家。生长的时代恰逢古罗马共和国崛起，少时随父亲哈米尔卡·巴卡进军西班牙，并立誓终身与罗马为敌。其在军事及外交活动上有卓越表现。——译者注

终生未能进入罗马的汉尼拔，遗憾收场。

关于这一点，童年时的另一件事，至今仍深深地影响着我的思想与梦境。那是我十到十二岁时，我的父亲开始带着我散步，并教给我一些为人处世的方法。有一次，他给我举了一个例子，用以说明现在的日子比过去好得多。他说："当我年轻时，有一个周末，我打扮整齐，戴了一顶新皮帽，在家乡的街上散步。迎面走来一个人，他毫无理由地、一巴掌就把我的新皮帽打落到污泥里，并且叫道：'滚开！'"我忍不住问道："你是怎么办的？"父亲平静地回答："我走到街心，把帽子捡了起来。"当时，我很震惊，大失所望，我完全没想到这个牵着我的小手的身强力壮的男子汉竟会做出这么不光彩的事。与此形成鲜明对比的是，汉尼拔的父亲哈米尔卡·巴卡[①]把年纪尚小的汉尼拔带到祭坛前，命令他发誓终生与罗马人为敌。这种非凡的气概使我更加崇拜汉尼拔，甚至经常幻想自己就是他。

我相信，我对迦太基的将领们的狂热完全可以进一步追溯到更早的童年的印象，所以，以上所说的例子不过是将这一印象加深，并使其转移到新的对象上来——一个移情问题而已。我有一定阅读能力后，最早读的几本书中就有梯也尔的《执政府和帝国的历史》。我清楚地记得，读完那本书后，我把拿破仑[②]部下的元帅、将领的姓名都写成标签，贴在我的木制玩具

①这位作者即是德国小说家让·保尔（1763—1825年）。

②拿破仑，拿破仑·波拿巴，法文即，Napoléon Bonaparte，1769—1821年，出生于科西嘉岛，法国军事家、政治家，法兰西第一共和国第一执政官，法兰西第一帝国及百日王朝的皇帝。其统治下的法国曾占领过西欧和中欧的广大领

士兵背后。那时，我最崇拜的人物是马塞纳（犹太名为玛拿西）[①]。我之所以这么崇拜他，还因为他的生日和我生日相同，刚好差了一百年；这就像拿破仑自比汉尼拔，是因为他们两人都曾跨越阿尔卑斯山一样。我的尚武精神甚至可以追溯到我童年的更早时期：我三岁时，与一个比我大一岁的男孩的关系忽敌忽友，这种好战心理的养成，必然源自较弱的一方。

我们越是深入地分析一个梦，就越有机会发现，梦的隐意的来源往往是我们童年时的体验。

综上所述，梦很少会把记忆完全不加缩减、删改地复制到梦的内容里。但是，仍然会有一些反例，在此我可以举出一个再现了童年记忆的梦例。我的一位病人告诉我，他曾在梦中再现过一次几乎没经过伪装的与性有关的事件，而且他自己也能立刻就看出那是自己的真实记忆。他对这个事件的记忆其实并未在清醒生活中彻底消失，只是已经变得非常模糊，但通过精神分析，他能够很清楚地回忆起其中的所有细节。他记得他12岁时，去探望一位重病卧床的同学，同学躺在床上，翻身时不慎裸露了身体。他看到了同学的生殖器，然后不知怎的，竟将自己的生殖器也裸露出来。结果，招致了同学愤怒和惊愕的目光。这件事使他异常尴尬，所以拼命想要忘掉。然而，在23年后，这一幕在他的梦中竟又重现了。不过梦的内容略有改动，

土。其颁布的《拿破仑法典》是大陆法系的经典典范。他是最早提出欧罗巴合众国构想并试图通过武力合并来实现的人。其征战打破了欧洲的权力均衡，战败后，新的欧洲秩序与均衡被重新建立起来。——译者注

①这位元帅的犹太血统不是特别可靠。

他由主动的角色变成了被动的角色，他那位同学也被另一位现在的朋友所代替。

通常来说，在梦的显意中，童年的体验大都是以隐喻的面目出现的，只有经过耐心的分析才能辨认出来。这一类梦例往往难以使人信服，因为童年的体验一般缺乏旁证。而且，如果追溯到童年的早期，甚至做梦人本身的记忆也会变得模糊，以至于无法辨认。因此，想要证明童年时期的体验会在梦中重现，就必须收集大量的材料，对其进行精神分析，再将其结果互相印证，最后才能得出有价值的结论。但是，在梦的分析工作中，往往会把某个童年的体验从整个梦的内容中摘录出来，这有时会脱离前后情节，或不够全面。因此，人们很可能会有不同意见。但我仍然认为有必要多举几个例子。

梦例一：

我有一位女病人，她的所有的梦中都表现出一种“匆忙”的特征。比如，她赶时间，她赶着上火车，等等。有一次，她梦见要去拜访一位女性朋友，她母亲叫她乘车去，别走着去，但她却一边大叫一边快跑。在对这个梦的分析中，她想起了童年时的游戏，特别是一种类似绕口令的游戏——小伙伴轮流重复一个句子，越说越快，说到最后就成了一个无意义的声音。实际上，这也是一种“匆忙”的表现。这种小伙伴间完全无害的玩闹之所以使她印象深刻，是因为它取代了那些会惹麻烦的游戏。

梦例二：

另一位女病人做了这样的梦。她置身于一个摆满了各种机器的大房间里，似乎是矫形外科室。她听说，我时间有限，不能单独见她；她必须与另外五位病人同时接受治疗。她拒绝接受这一要求，并且不肯躺到床上，也不肯去其他任何为她指定的地方。她坚持独自站在角落里，期待着我告诉她之前的要求不是真的。同时，另外五位病人都嘲弄她，说她愚蠢可笑。另外，她似乎在画一些小方格。

这个梦的前半部分与治疗有关，也是对我的"移情"作用；后半部分则涉及她童年时的体验，衔接这两部分的，是"床"。"矫形外科室"是我对她提过的，我曾告诉她，精神治疗的性质很复杂，花费的时间也长，就像矫形外科一样。治疗刚开始的时候，我还对她说过，最初我不能给她很长时间，但逐渐我会每天拿出一小时来为她治疗。对我的这些话，她很敏感，而这正是儿童中最常见的癔症的特性，即，儿童对爱的渴望永远不会感到满足。我的这位女病人是家中六个孩子里最小的一个（因此，梦中有"另外五位病人"），而且也是最受父亲宠爱的一个，但她还是觉得她崇拜的父亲对她的关爱太少，相处的时间也不够。此外，梦中她期待着我告诉她之前的要求不是真的，这一片段的解释如下：有一个裁缝的小学徒为她送来她定做的衣服，她当场付款要小学徒带回。后来，她问她的丈夫，如果小学徒在回去的路上把钱丢了，她是不是还得再付一次款。她的丈夫"嘲弄"她道，要是那样的话，就得再付一次款。于是她焦急地追问，期待着她丈夫说那“不是真的”。因此，可以推断出这个梦的隐意是，她想到，如果我花双倍的时间为她治疗，那么她是不是要付双倍的诊费呢——她认为自己的这种想法是吝啬的、肮脏的（童年时代的“不洁”，在梦中往往以贪图钱财的形式出现，而“肮脏”这个字眼正好将二者联系起来）。如果说，梦中她“期待着我告诉她之前的要求不是真的”，其实是在迂回地表达了“不洁”的意义；那么，“她坚持独自站在角落里”和“不肯躺到床上”这两个片段则可以用她童年时的另一个体验来解释。小时候，她曾因为弄脏了床，而被父亲罚站，当时也是站在角落里，而且，她的兄弟姐妹也都嘲笑她，说父亲不再爱她了，等等。至于“小方格”则是指她的侄女在她面前玩一种数字游戏（我觉得就是这么一回事），在九个方格里各填一个数字，使其横竖斜相加都等于十五。

梦例三：

这是一位男士的梦。梦中他看见两个男孩打架，由周围散落的工具可以看出，其中一个是桶匠的儿子。一个男孩把另一个打倒在地，倒地的男孩戴着蓝宝石耳环。他抓起一根竹竿，爬起来追打自己的对手。但对手转身就跑，逃向一位站在木栅栏旁的妇人，那妇人似乎是他的母亲。妇人是一位按日计酬的散工，背对着做梦的人。后来，妇人转过身来，样子十分可怕，做梦的人吓了一跳，赶忙离开，这时他看到妇人的眼皮底下有突出的红肉。

这个梦充分地采用了前一天发生的诸多琐事。他确实在街上看到了两个小孩打架，一个把另一个打倒在地。他赶过去劝架，结果两个小孩都跑掉了。“桶匠的儿子”，这一细节直到后来，在分析他的另一个梦的过程中才找到来源，那源自一句谚语：“把桶底打穿。”据做梦的人所说，“蓝宝石耳环”是娼妓戴的首饰，这使他联想到一句关于两个男孩的打油诗“另一个男孩叫玛丽”，也就是说，她是个女孩。“站在木栅栏旁的妇人”是指，当天，他看到两个小孩跑掉后，便沿多瑙河散步，见四处无人，他就在一排木栅栏旁小便。之后不久，他遇见一位雍容庄重的老妇人，她向他打招呼，还给了他一张名片。

于是，在梦中，老妇人站在他曾小便的地方，即是说，老妇人也在小便。这与梦中的妇人可怕的样子、眼皮底下突出的红肉等细节吻合。他在童年时见过这种景象，在后来的记忆中就以“红肉”的模样再现出来。这个梦把他童年时的两次经验混杂在了一起。这两次经验一次是他推倒了一个女孩，另一次是他看到一个女孩正在小便。此外，做梦的人也向我承认，当年他因为在性方面太过好奇，受到了父亲的惩戒。

梦例四：

在下面这位老妇人的梦中，许多童年的记忆巧妙地综合在一起，成为一个单一的情景。梦中，她匆忙出门购物，走到格拉本大街时突然双膝瘫软，跌倒在地，一群人过来围观，其中有许多出租车司机，但没有一个人肯帮忙搀扶她。她好几次试着站起来，都没能成功。后来她也许站起来了，因为她上了一辆出租车，赶回家中；有人把一个很大而且很重的篮子（像是一个商场里用的货篮）扔进了她身后的车窗。

做梦的这位老妇人，就是前文中提到的因为童年时爱做游戏所以在梦中经常感到匆忙的女病人。毫无疑问，她梦中的第一个片段源自马失前蹄的经验，“跌倒在地”这个词也暗指赛马活动。她年轻时经常骑马，在更早的童年，她活泼的样子就像是一匹小马。“跌倒在地”这一细节还使她回忆起童年早期发生的事，当时，她家的守门人的17岁的儿子癫痫发作，在街上摔倒，并被人用车送回了家。当然，她没有亲眼见到发作的情形，但癫痫发作导致摔倒的印象却在她脑中根深蒂固地保留下来，甚至导致了她自己的癔症的发作。如果一位女士梦见自己摔倒，那多半隐含着与性有关的意思，即是说，“她成了一个堕落的女人”。就这个梦而言，这种意思更加无可置疑，因为梦中她摔倒的地方是格拉本大街，那里是维也纳著名的红灯区。此外，在德文中“商场里用的货篮”还有一种意思是“拒绝”、“冷落”，梦中这一片段使她想起她曾多次拒绝别人的求婚，而且，后来她也曾抱怨自己遭了报应，受到同样的冷落。这与梦中众人围观并无人伸出援手的细节又有所吻合。她自己也认为这象征着拒绝。有关货篮，还有进一步的意义，即是说，在梦中，她想象自己已经出嫁，所以必须亲自去市场购物。最后，还可以把货篮当作仆人的标志，这又与她童年时的几则回忆有关。首先，她回忆起一个因偷窃而被解雇的女厨师，女厨师曾“双膝下跪”，乞求原谅；当时，做梦的人12岁。其次，她回忆起一个因为与家中的车夫私通而被解雇的女仆，车夫后来娶了这个女仆。这一回忆与梦中的情景有关，车夫象征着梦中的出租车司机（但与现实中的情形相反，梦中，出租车司机并没有对跌倒的妇人伸出援手）。梦中还有待于解释的，是被扔进她身后车窗的篮子。这使她想起铁路工人把行李丢进火车，以及她知道的一种乡间的风俗，即，情人由“窗口”爬进姑娘的房间。这又使她联想到一些乡间的轶事，如，一位绅士将几枚青梅由“窗户”丢进姑娘的房内；一个白痴在“窗外”吓唬她的妹妹，等等。甚至，她还回忆起在她10岁时，家里的仆人与保姆关系暧昧，结果两人都被解雇，“丢了出去”（在梦中出现的则是相反的情况，“丢进来”）。此外，在维也纳，俗语称仆人的行李、衣箱为“七个梅子”，如：“收拾好你的七个梅子，滚吧！”

我收集的这些梦例，来自大量的心理疾病患者。经过分析，这些梦例往往可以追溯到他们的童年时代模糊的、早已忘却的印象，甚至可以追溯到他们生命的头三年。但是，如果将从这些梦例中得出的结论应用于所有人的梦，就不太可靠了。这是因为做梦的人都是神经症患者，特别是癔症患者，他们的梦中包含的童年情景很可能受到了神经症的影响，变得走样，因而不再由梦的性质来决定。当然，就我个人而言，我并没有神经症的症状，因而我的梦应该是正常的，但是，经过分析，我意外地发现，我自己的梦的隐意中，往往也包括一些童年的情景，而且，整个梦的内容都能够与我的童年的印象或是由童年印象展开的联想相吻合。前文中我已经列举了几个这样的梦例，接下来，我将再举出几个来自我自己的梦例，这些梦例的来源一部分是新近发生的事，一部分则与长期以来被我遗忘的童年的经验有关。只有这样做了，这一节才能有个圆满的结尾。

梦例一：

一次旅行归来，我又累又饿，躺到床上就睡了。但是，人的基本需要会在梦中表现出来。结果我做了下面这个梦。梦中，我走进厨房，想找些香肠吃。厨房里站着三位女士，其中一个是旅店的女主人，她手上正在揉搓什么东西，似乎是在做汤圆什么的。她告诉我，要等她做好了才能吃（这句话在梦中听得不是很清楚），于是我觉得很不耐烦，便走开了。我穿上大衣，但是，第一件大衣太长，我只好把它脱下来，然后惊奇地发现，这件大衣上镶着贵重的毛皮；我又穿上第二件大衣，大衣上绣着土耳其式的图案。这时，来了一位长脸、蓄着短胡子的男士，他不许我穿这件大衣，说那是他的。我告诉他，这件大衣上绣着土耳其式的图案。他答道："土耳其（图案，条纹……）关你什么事？" 但没过多久，我们又变得友善地相处了。

当我着手分析这个梦时，出乎我的意料，我想到了一本小说，那是我读的第一本小说，当时我13岁。小说的书名和作者我都忘了，不过，我是从小说第一卷的结尾部分开始读起的，结尾的情节我一直记得很清楚。小说结尾，主人公疯了，他一直呼喊着带给他一生中最大快乐和最大悲痛的三个女人的名字。其中一个名叫贝拉姬。我不太明白这一回忆对梦的解析有何用处。因为提到了三个女人，我便联想到罗马神话中执掌人类命运的三女神；而且，我知道，这三个女人中的一个是赋予人类生命的母亲，同时，母亲还赋予生命最初的营养，我的情形就是如此；在梦中，女店主即是母亲形象的象征。我认为，爱情与饥饿这两个概念可以同时集中到女性的乳房上。有一次，一位非常欣赏女性美的年轻男士谈到他儿时的漂亮奶妈，他说，他当时还是个孩子，现在想来，真是遗憾没能更好地利用机会。对于精神神经症的病人，我习惯从某件与他有关的轶事展开分析，追溯梦形成的源头。梦中，命运三女神中的一位合拢双手，揉搓手掌，就像是在做汤圆；但对于一位女神来说，这种动作也太奇怪了，因此需要好好解释。事实上，这与我童年的记忆有关，我六岁时，母亲为我上了第一课，她告诉我，人类是由尘土制成的，因此最终也将化为尘土，就此消逝。这话不合我的心意，所以我不以为然。于是，母亲合拢双手，揉搓手掌——这就像是梦中那个女人制作汤圆的动作，只是手掌中没有生面团而已——将摩擦下来的表皮层鳞屑搓成黑色泥团给我看，以此来证明人类确实是由尘土制成。我目睹了这一证据，感到无比惊奇。后来，我就默认了这种说法，即，“生命终将回归自然”[①]。童年时，我经常在肚子饿的时候走进厨房，想偷吃点什么，但站在炉灶旁边的母亲总是告诉我，要等

①童年的某些体验，即，对这种不可避免的命运的惊讶与失望，在之前的梦例中也曾出现过。它首先使我想起的，就是这个例子。

晚饭都做好了才能吃。这岂不是与命运女神相似吗？梦中我在厨房遇见的三个女人，扮演的也是这样的角色。接下来，分析一下有关汤圆的问题。“汤圆”这个词在德文中与“克诺德”这一人名很相似，而“克诺德”让我联想到大学的一位教师，他教授组织学（表皮层）；这位教师曾控告一个叫“克诺德”的人剽窃了他的著作。“剽窃”的意义是将别人的东西据为己有，也就是说，这个词与梦的第二个部分有关。即，我成了偷大衣的贼，这类贼经常在人多手杂的剧院、演讲厅下手。“剽窃”这个词是突然浮现在我脑海里的，并没经过我的思考。但现在我发现，这个词恰好在这个梦的各个显意之间架起了桥梁。联想的过程如下：贝拉姬（pélagie）——剽窃（plagiarism）——横口类鱼[①]（plagiostomi）（鲨鱼）——鱼鳔（fish-bladder）——由一本旧小说引出的有关克诺德的事件，以及外套（德文中这个词有以下几种意义：大衣、套衫、避孕套，等）。由上所述，这还明显牵涉到了与性有关的问题。毫无疑问，这一串联想其实相当牵强，也没有什么意义，如果不是经由“梦的运作”，我自己在清醒时是绝不可能有这样的联想的。虽然我不知道到底是什么使我产生了这种联想，但在此我还想提及一个我很尊敬的词，布吕克（即德文中的“桥梁”），这个词使我想起我的学院，我在那里快乐无忧地度过了整个学生时代——

①我不是很想提到这个词。有一次，在那位大学教师面前，我因为不懂这个词而感到羞辱。

匍匐于智慧的乳房，你每日都将发现更多希望。

即，

So will you at the breasts of Wisdom every day more pleasure find.

这与我在梦中因饥饿、疲劳等“感到困扰（德文：plagen）”形成了鲜明对比。最后，我又回忆起一位尊敬的教师，他名叫弗雷[①](即 Fleischl；德文为 Fleisch，意为“肉”。这就像“克诺德”在德文中意为“汤圆”一样)。此外，我还想到其他一些景象，如表皮层鳞屑（我的母亲和女店主），发疯（旧小说），以及从药店（德文意为“厨房”）中买来的、可使饥饿感麻痹的药物——可卡因。

就像这样，我可以沿着这条错综复杂的联想链条一直推演下去，最终对这个梦的全部细节都做出详尽的解释，但顾及隐私问题，我必须有所保留。因此，我只选取梦的内容中的一个片段，由此来揭示这个梦的意义。梦中，那位长脸、短须的陌生男士的相貌很像一位商人，他来自斯巴拉多，我妻子在他那儿买过许多土耳其布料。他名叫波波维奇[②]，这个词有歧义。幽默作家斯特腾海姆曾开过这样的玩笑：“他告诉我他的名字，握

①弗雷，恩斯特·弗雷·冯，马克索夫，德文即，Emst Fleischl von Marxow，1846—1891 年，物理学家和生物学家。——译者注

②“Popo”在幼儿用语中意为“屁股”。

手时脸都红了！”我发现，我又在拿人名做文章，就像前文中我已经用过贝拉姬、克诺德、布吕克、弗雷等一样。在我们的童年时代，用别人的名字来开玩笑，是一种很常见的恶作剧。

在此，我可能过分地以此为乐了。不过，恶有恶报，我的名字也经常被人拿来开玩笑。我记得，歌德[①]也曾注意到人们对自己的名字十分敏感，他认为其敏感度就像是皮肤的触觉。他说，赫尔德以他的名字（Goethe）写过一首诗：

你是诸神（GÖttern）的后代，
还是野蛮人（Gothen）的子孙？
又或者，来自粪肥（Kote）？
你的形象如此高贵，
却仍将归于尘埃。

德文即，

Der du von GÖttern abstammst, von Gothen oder vom Kote.
So seid ihr GÖtterbilder auch zu Staub.

我认识到，这些关于人名的双关语的离题的探讨不过是

①歌德，约翰·沃尔夫冈·冯·歌德，德文即，Johann Wlofgang von Goethe，1749—1832年，德国诗人、小说家、剧作家、自然哲学家、文艺理论家，魏玛的古典主义最著名的代表，最伟大的德国作家，世界文学领域最出类拔萃的光辉人物之一。代表作有《少年维特之烦恼》《浮士德》等。——译者注

我的一些牢骚而已，现在，让我停止，并转回原来的话题。我的妻子在斯巴拉多的购物，使我想起另一次在科托尔购物的情形。那一次，我太过小心谨慎，结果错失了本该大赚的机会（参见与这个梦有关的联想，失去了抚摸奶妈乳房的好机会）。由饥饿引起的这个梦的一个重要隐意是，人们不可错失良机，能拿到手的就要尽量拿到，即便因此犯些小错，也在所不惜。不要放弃任何机会，因为人生苦短，死亡不可避免。这种及时行乐的观点中含有性的成分，而且，与其相关的欲望本身必然不会关注是否会因此犯错，所以它惧怕内心的稽查作用，只得遁入梦中。于是，当作梦的人忆及童年往事，欲望得以满足的时候，它就以相反的形式出现在梦中。这种由稽查作用导致的阻碍，甚至会以最令人厌恶的性方面的惩罚的形式，在梦中呈现。

梦例二：

这个梦需要更长的前言。

为了去奥西湖度假消夏，我开车赶往维也纳西站。来到月台时，较早去往伊希尔的火车还没开出。这时，我看到了图恩伯爵，可能他又是去伊希尔觐见皇帝。尽管下着雨，但他视若无睹，乘敞篷车赶到。他径直走向区间车的入口，检票员大概不认识他，向他索取车票，但被他傲慢地推开，也没得到任何解释。开往伊希尔的火车开出后，站务员要我离开月台，回到候车室。我花时间费了些口舌，才被允许停留在月台上。在此期间，我感到无聊，便利用这机会观察是否有人向站务员行贿，以获得火车上被保留的包厢。我想，要是发现了这种事，我就大声抗议，好让自己也享有同等的权利。同时，我还哼着一首歌，我觉得我哼的应该是《费加罗的婚礼》中的“费加罗的咏叹调”：

如果我的伯爵想跳舞，想跳舞；
那就让他尽兴，
我愿在旁为他伴奏。

即，

If my lord Count would tread a measure, tread a measure,
Let him but say his pleasure,
And I will play the tune.

（我不太清楚别人是否能听出我的曲调。）

整个晚上我都心浮气躁，不断取笑仆人和车夫——但愿我没伤害到他们的感情。而且，一些大胆的、带有革命意味的念头涌上心头，就像费加罗的台词和在法兰西剧院看到的博马舍的喜剧。还有一些生来就是大人物的言论，就像阿玛维瓦伯爵想对苏珊娜行使领主的权力，又比如反对派记者以图恩伯爵的名字所开的玩笑——称他为“不做事的伯爵”（德文中 Thun 即英文的 do）。我并不是嫉妒图恩伯爵，因为他很可能要小心翼翼地觐见皇帝，我却满脑子都是各种各样的度假计划，相比之下，我才称得上是“不做事的伯爵”呢。这时，一位绅士来到月台，我认出了他。他是政府的医务检查官，由于他的活动能力，被人奉承为“政府的枕边人”。他以自己的官员身份要求以半价购买头等包厢的车票。我听到一个站务员对另一个说道：“我们该把这位买半票的头等包厢乘客安排在哪儿呢？”我心想，这真是典型的以权谋私。因为我是付了全票票价的，而且，我的包厢没有套间，因此晚上没有厕所可用。我向列车长抱怨此事，但问题根本没能解决。于是，我报复性地讽刺他道，应该在每个包厢的地板上都打一个洞，以备乘客应急使用。结果当天晚上，凌晨两点三刻，我因尿急醒来，醒前，做了以下的梦。

一群人，一个学生集会……一位伯爵（名叫图恩〔Thun〕或塔弗〔Taaffe〕）正在演讲。人们要他谈谈对德国人的看法，他以轻蔑的姿态宣称，他们最喜欢的花是款冬[①]。说着，他撕下一片叶子——确切地说是一片干枯的叶子——插进他的纽扣孔里。我跳起来，我跳起来[②]。但我对自己这么做感到吃惊。接下来的梦境有些模糊：我似乎置身于某处前厅（西班牙文为Aula），出口处挤满了人，而且我必须逃走。我闯过几个装饰华丽的房间，房间里陈设着棕色或紫色的家具，这显然是部长

①花名。菊科款冬属，多年生草本植物，又名冬花。——译者注

②在记录这个梦的时候，这句话连续出现了两次，显然是我的笔误，但我乐意保留这个笔误。因为，经过分析，证明了这句话的重要性。

级的豪宅。最后，我跑到走廊里，那儿坐着一位壮健的老妇人，她是看门人。我不想跟她说话，但她显然认为我有权从此通过，这是因为，她竟问我需不需要她掌灯带路。我通过做手势或是直接说话，让她留在楼梯口。于是我自以为得计，避开了检查。我走下楼梯，发现了一条狭窄、陡峭的小路，我沿路穿行。

接下来的梦境又变得模糊了：我要面对的第二个问题似乎是逃出城市，就像刚才逃出那座房子一样。我坐进一辆出租马车，吩咐车夫火速送我到火车站。车夫向我抱怨起来，好像我已经把他累坏了似的。然后，我对车夫说道："我不能和你一起在铁路上走。"这时，好像这辆马车已经赶了很长一段路，长得只有火车才跑得了。火车站人山人海，我想去克雷姆斯①或兹诺伊莫②，但考虑到宫廷中人可能在那里，所以决定还是去格拉茨或类似的地方。现在，我坐在火车包厢里，就像坐在电车上。在我的纽扣孔里插着一条长长的编织物，是用硬挺料子做的紫褐色的紫罗兰，很引人注目。到此，梦中断了。

接着，我再次置身于车站中，一位年老的绅士与我站在一起。我设想出一个计划，好让我不被人认出。这个计划立刻就实现了，仿佛只要我想到的事就能实现。这个老绅士像是个盲人，至少瞎了一只眼。而我拿着一只男用玻璃便壶（这一定是

①克雷姆斯，即，Krems；奥地利东北部城市，位于多瑙河及其支流克雷姆斯河交汇口。葡萄种植及葡萄酒酿造历史悠久。——译者注
②兹诺伊莫，即，Znaim；捷克南部城市，毗邻奥地利。——译者注

我们在城里买的，或是带来的)，于是我就成了他的护理员。因为他是个盲人，所以必须由我来护理，为他递便壶。而检票员看到我们这个样子，肯定不会怀疑。同时，我感觉到这位老绅士的姿态和排尿器官都变形了。然后，我因尿急惊醒。

这个梦的整体感觉就像是一种幻觉，把做梦的人带回了1848年的革命时代。引发这一记忆的，可能是1898年的革命五十周年纪念会，还有我去瓦豪地区的短期旅行——在那次旅程中，我访问了埃默斯多夫村，据说，那里是当年的学生革命领袖费肖夫的避难处[①]。这类人物在梦的显意中也出现过几次。然后，我又由此联想到英国的我的弟弟的房子。我的弟弟常用丁尼生的一首题为《五十年前》的诗来揶揄他的妻子，而他的孩子们则总是纠正他，因为那首诗的题目其实是《十五年前》。然而，如果说这种幻想是由我见到图恩伯爵引起的，那就像是意大利教堂的门面与它背后的结构一样，二者并没有任何有机的联系。但是，与教堂的门面不同的是，它过于杂乱无章，充满漏洞，因此暴露出许多内部的结构，这就成了突破口。这个梦的第一部分是几个情景的混合，在此，我将逐一分析。梦中，伯爵的傲慢态度是我中学时代的一位教师的翻版，那时我15岁，而那位教师也是傲慢、无知，不受人欢迎的。为了反对那位教师，我们计划发动“政变”。担任领导的主谋人物是我的一位同学，平时常以英王亨利八世自诩。他将“政变”的进

①这里有一个错误，并非笔误。直到后来我才知道，瓦豪地区的埃默斯多夫村并不是革命领袖费肖夫的避难处，两地只是地名雷同而已。

政权交给我，并约定公然发动“政变”的信号是：讨论多瑙河（德文为 Donau）对奥地利的重要性（参见，瓦豪地区）。在我们这些叛乱分子中，贵族出身的同学只有一位，他个子很高，被同学们称为“长颈鹿（The Giraffe）”。有一次，德文教师责备他——那位德文教师就像是个暴君——他站得笔直，姿态与我梦中的伯爵十分相似。接下来，“最喜欢的花”和“插进纽扣孔的某种东西”当然指的是某种花（这使我想起那天我送给一位朋友的兰花和耶利哥玫瑰），这尤其使我回忆起莎士比亚的历史剧讲述的红白蔷薇战争（有两段小诗悄悄地进入了我对这个梦的分析中，一段是德文，一段是西班牙文：

玫瑰，郁金香，康乃馨；
凡花不免凋零。

伊莎贝拉，请别
为花儿凋零哭泣。

德文即，

Rosen, Tulpen, Nelken,
alle Blumen welken,

西班牙文即，

and lsabelita, no llores,

que se marchitan las flores.

第二段西班牙文的小诗在《费加罗婚礼》中出现过）。这段回忆恰好与刚刚提到的亨利八世相关。而红白蔷薇，则使我想到红白康乃馨。在维也纳，红色康乃馨是社会民主党人的象征。这还使我联想到我在风光秀丽的萨克森旅游时，在火车上遇到的一次事件。梦中第一部分的第三个情景使我想起我早年的学生时代。当时我参加了一个德国学生俱乐部，讨论哲学与自然科学之间的关系。我那时候还是个毛头小子，信仰唯物主义，当场提出了一种非常偏激的观点。一位比我年长、睿智的高年级学生站起来，严厉地斥责了我。他当时就已是学生中的领袖人物，并组织过一些团体，他好像还有一个与动物有关的绰号。当时他还说，他年轻时也曾偏激冲动，但后来就迷途知返了。我暴跳起来（就像梦中那样），冲动地说，既然他自己也承认在年轻时“偏激冲动”，那我就不奇怪他为什么会这么说了（在梦中，我对自己的德国国家主义的态度感到很惊讶）。这引起了一阵骚动。几乎所有人都要求我收回刚才那句话，但我坚持自己的意见。好在，遭受我侮辱的那位高年级学生十分明理，对此不以为意，这场风波才就此平息。

梦的第一部分的其他情景的来源不太容易分析。伯爵谈到了款冬，这意味着什么呢？为了找到线索，我进行了一系列的联想：款冬（德文为 Huflattich）——莴苣（lerttuce）——沙拉狗（德文为 Salathund，意即看到别人有食物而嫉妒的狗）。接下来我联想出一连串带有侮辱性的名词，如，长颈鹿（Giraffe，德文的“Affe”意即猿猴），狗，我甚至可以通过这种方式推导出“驴”，并以此来表达对那位教师的蔑视。此外，我还有可能将款冬——且不管是对是错——翻译为蒲公英（pisseehlit）。这一想法源自左拉的小说《萌芽》，其中提到，有人告诉孩子们，可以摘些蒲公英做沙拉。“狗”在法文中为“chien”，这个词使我想到身体的一种功能，即，大便；与之相对，较小的功能为小便，这一词即是“pisser”。然后，在三种物理状态（固体、液体、气体）中，我还可以找到一个不登大雅之堂的例子，即是众所周知的“屁（flatus）”。而《萌芽》这本书中，除了描述未来的革命之外，也涉及排泄出的气体，也就是前文已提到的事物[①]。现在，我们应该可以发现，“屁”这个词是经历了怎样一个大圈子，出现在我的联想中的。最初是“花”，接着是西班牙文的小诗，伊莎贝拉，由此再到伊莎贝拉与费迪南，再到亨利八世，再到英国史，再到与英国相抗衡的西班牙无敌舰队，再到无敌舰队覆灭后，英国人为庆祝胜利，在奖章上刻下“把它们吹得溃不成军（拉丁文为 Flavit et dissipati sunt）[②]”的

①实际上这些描述并不是出自《萌芽》，而是出自左拉的另一本小说《土地》。这一错误是我在分析过程中发现的，但是，请注意款冬（Huflattich）与屁（flatus）的相似性。

②我亲爱的爱多管闲事的传记记者 F. 维特尔斯博士责备我在引用上述铭文时遗漏了耶和华的名字。事实上，在上述的英国奖章上，确实刻有神名，然而用的却是希伯来文。而且，那是刻在云雾背景上的，所以既可以说是铭文，也可以说是图案。

句子——因为舰队是被暴风雨摧毁的。我很喜欢这个句子，甚至想过，如果我对癔症的理论与治疗有了成果，在发表时，就用它作为“治疗”一章的标题。

现在，转到梦的第二部分，由于稽查作用，我并不能对其进行详尽的分析。梦中，我似乎取代了革命时期的某位杰出人物，他有一段与鹰（德文为 Adler）有关的传奇事迹，另外，据说他有大小便失禁的病症，等等。尽管这段历史是一位宫廷枢密官（拉丁文 consiliarius aulicus，参见西班牙文 Aula）告诉我的，但我还是认为这些事不太可能通过我的稽查。此外，梦中的“房间”显然来自我在火车上见到的那位大人物的私人包厢。但同时我又想到，梦中的“房间”也可以指代“女性（德文为 Frauenzimmer，而德文的“房间”为 Zimmer，即英文的 Rooms，有轻微的蔑视的意思）”。接下来，梦中出现的女性看门人的形象来自一位风趣的老妇人，我曾接受她的好意款待，可是梦中我却恩将仇报，为她安排了这种角色。最后，有关“灯”则是指格里尔帕策根据亲身经验写出的名剧《海洛和利安得》（情海波涛，西班牙无敌舰队与暴风雨）。

对这个梦的其他两部分我不准备做详尽的分析，而只选择个别细节，说明它们与童年的两个情景有何种联系。而这正是我在此分析这个梦的全部目的。读者们可能会认为这个梦涉及了性的问题，所以我才会有所取舍，但事实未必是这样。一个人确实有许多事需要保密，但对他自己来说，却并无掩饰的必要。在此，需要解释的问题并不是我为什么隐瞒真相，而是探讨梦的稽查作用的动机，也就是说，它为什么要掩饰梦的隐意？因此，我承认，通过对这个梦的最后三个部分的分析，可以得出结论：其隐意都是脱离实际的夸大，表明了在我清醒的时候一直压抑着的、狂妄自大的情绪，甚至，这一情绪的部分枝节在梦的显意中也有所暴露（例如，“我自以为得计”，等等）。而且，这一情绪也充分显示出，在做梦的当晚我是如何心浮气躁。它影响到了许多方面，例如，在提到格拉茨时，我曾想到一句谚语：“格拉茨才值几个钱！”这即是有钱人惯用的语气。另外，如果读者们还记得拉伯雷[①]在《巨人传》中对高康大及庞大固埃父子俩的出色描述，那么也就能够知道在这个梦的第一部分中表现出的那种狂妄自大了。接下来，我将叙述之前提过的童年的两个情景。为了外出旅行，我买了一只棕紫色的新行李箱。这种颜色在梦中多次出现，如“用硬挺料子做的紫褐色的紫罗兰”，旁边的所谓“少女捕手（girl-catcher）[②]”，以及“部长级的豪宅”中的家具。在儿童眼中，新的东西总会吸引人们的注意。现在，应该提及我童年的一个情景。那是别人告诉我的，因此，别人的描述代替了我自己的记忆。据说我两岁时经常尿床，在受到责备时，我就安慰父亲道，我会去附近最大的那座城市——N城——买一张崭新的红色大床给他。因此，在这个梦中，就有了那个“这一定是我们在城里买的，或

①拉伯雷，弗朗索瓦·拉伯雷，法文即，Francois Rabelais，约1493—1553年，法国作家，牧师，人文主义学者。其声誉主要来自五部喜剧小说，合称《卡冈都亚和庞大固埃》（即《巨人传》）。——译者注

②这似乎是一种与纽扣有关的俚语。

是带来的”“男用玻璃便壶”。关于这一梦中的插话，即是在说一个人理应遵守诺言（同时，我们也应该注意到男用玻璃便壶与女性用的行李箱、木箱之间的联系）。所有的童年时期的自大、妄想，在这个诺言中暴露无遗。梦中的小便对于梦本身有何意义，本章前述的梦例中已有分析。通过对神经症患者的精神分析，也发现了尿床与野心之间的密切关系。

我清楚地记得七八岁时的一件家庭琐事。我家里有一则家规是，当父母在寝室时，我不能在寝室中大小便。有一次，我触犯了这一家规。于是父亲斥责了我，说我长大后一定不会有出息。这一评价一定深深地伤害了我的野心，因为一直以来，与这一情景相关的暗示不断地出现在我的梦中，而且总是与我的业绩、我的成功等一起出现。这就像是我在说：“你看，我毕竟是有出息的啊。”在这个梦中，这一童年时代的情景为梦的最后部分提供了材料。不用说，为了报复，梦中将人物关系颠倒了。梦中的那位年老的绅士盲了一只眼，这明显是指我父亲的青光眼[①]。他在我面前小便，即是指小时候我在他面前小便。由青光眼我想到了可卡因，又想到可卡因用于父亲的眼科手术，这似乎象征着我遵守了自己的诺言。而且，我还开了父亲的玩笑。因为他是个盲人，所以我必须把便壶递给他才行。这还是一个暗喻，即是说，我因发现了关于癔症的一系列理论而感到自豪。

无论如何，两个关于小便的、我的童年时代的情景，确实

①这里还有另一种解释。他象征着北欧神话中的众神之父、独眼的奥丁——《奥丁的安慰》——童年时代我对父亲的安慰（为他买一张崭新的红床）。

与我的自大、妄想有着紧密的关系。但是，它们之所以会在我去奥西湖旅行的途中出现，必定还与以下原因有关，即，我的包厢里没有厕所，以及我因此感到慌张并事先有了心理准备，最终，我因尿意而惊醒。读者们有可能认为，这些偶然事件才是我这个梦的真正的诱因。但是，我的看法却正好相反，即，反倒是梦念引起了尿意。这是因为，我睡觉时很少因尿意而惊醒。尤其是这一次是在凌晨两点三刻惊醒，类似情形更是少见。如果有读者还有不同意见，我可以这样说，在以往比这一次更为舒适的旅行中，我就是早晨醒得很早，也从来没有感到过尿意。不过，就这一问题而言，即便在此不得出结论，也没有任何不妥之处。

长期以来，我在梦的解析的工作中积累了许多经验，并由此注意到：即便是那些很容易就能够解释的梦，在进一步的分析过程中，也可以追溯到做梦的人的童年时代。因此，我不禁设问，梦的这一特征，是不是可以归纳为做梦的一个先决条件呢？如果这种说法成立，其意义即是说：每一个梦的显意都与新近发生的经验有关，而每一个梦的隐意都与很早以前的经验有关——事实上，在我对癔症的分析中，已经证实了很早以前的经验可以未加改变地、作为“最近的经验”一直持续到现在。要证实我的这一推论是极为困难的，在下文中，我将从另一角度探讨童年时代的最早的经验对梦的形成有何作用。

有关梦的记忆的三个特点之一是，梦的内容往往由无关紧要的琐事构成。这一特点通过梦的化装，已得出了令人满意的解释。而其他的两个特点——即，梦的内容多采用新近发生的经验和童年时代的经验——尽管已经得到了证实，但我们仍然很难通过“做梦”一事的动机对其进行解释。在此，我们需要记住，对以上两个特点的分析与评价还亟待解决。而其分析与评价，应该通过睡眠状态的心理学，或是通过对心灵结构的研究，来加以解决。这一点，只有等到我们已经理解了梦的解析这一工作的特性后才能做到。而其特性即是，窥看人的心灵，与透过打开的窗户窥看房间中的事物并无任何不同。

但是，在此我应该说明，通过对以上梦例的分析，还可以得出另一推论。即，似乎梦经常具备不止一个意义。正如以上梦例中证实的，梦可以同时包括几种欲望的满足。而且，一个欲望的满足会引出另一个隐蔽的欲望的满足，它们彼此连锁、重叠，最后，则可以追溯到童年早期的一个欲望的满足。前文中，我将这种情形以“经常”来形容，事实上，这里似乎应该换为“一定”才正确[1]。

三、梦的肉体方面的来源

如果我们想要使一个受过一般教育但又并非这方面的专家的普通人对梦的诸多问题感兴趣，并因此对他询问，梦的来源

①梦的数种意义分层重叠排列，是梦的解析中最为微妙也是内容最为丰富的现象。如果忘记了这种可能性，无论是谁，都容易判断错误，并在对梦的本质的研究过程中，提出各种各样的毫无根据的主张。但迄今为止，除了奥托·兰克曾就梦中的排尿刺激做出过相当详尽、分出层次的研究之外，关于这一现象的有用的探讨仍然寥寥无几。

是什么，我们会发现，他往往会很有信心地做出回答。同时，他多半会立刻想到消化障碍一类的问题（常见的一种说法是："梦由五脏六腑的疲劳引起"），或者，他还会想到睡眠中身体偶然采取的姿势，以及客观的刺激对睡眠者的影响，等等。但是，人们似乎从未想到过，即便将以上这些因素都考虑在内，也还有些事情没能解释清楚。

在第一章的第五节[①]，我已经就肉体刺激对梦的形成有何作用这一问题，充分讨论了迄今为止各类文献中的有关记载，所以在此我们只需做简单的回顾即可。我们已经知道，肉体上的刺激可以分为三种：第一，由外部对象引起的客观存在的感官刺激；第二，仅以主观为基础的、感官内部的兴奋状态；第三，由躯体内部产生的肉体刺激。我们注意到，研究梦的专家们往往只重视肉体刺激对梦的作用，而对除此之外的、任何可能的精神来源都漠不关心，或是干脆将其排除。我们考察了有关肉体刺激来源的诸多观点，得出以下结论。感官的客观刺激——无论是睡眠中偶然的刺激，还是能够对睡眠造成一定影响的心理状态——的重大意义，通过大量的观察结果和实验，已经得以证实。此外，以主观为基础的、感官内部的兴奋状态对梦的影响，似乎可以通过在梦的内容中再现出来的入睡前的感觉、意象，得到证明。最后，由躯体内部产生的肉体刺激对梦中的形象、观念等有何影响，还不能得到确认，但是，我们

①弗洛伊德原著的第一章一般认为太过冗长，各译本通常有所删减，只取节录。本书依英译本译，书中并未收录。——译者注

的消化器官、泌尿器官和生殖器官对梦的影响已是众所周知，获得了普遍的承认。

于是，为数众多的研究者认为，以上列举的“神经刺激”和“肉体刺激”即是梦的来源，甚至认为这是梦的唯一来源。

另一方面，我们知道，已经有一部分研究者对此有所怀疑。他们在承认“生理刺激理论”的正确性的同时，开始怀疑是否仅仅通过这一理论就能够将所有有关梦的问题都解决。

尽管这一理论的拥护者们有着足够的自信——尤其是，考虑到某些偶然的外部刺激对梦的影响是那么明显，可以毫无困难地发现——但是，他们也都不得不承认，梦的内容往往极为丰富，所以那不可能完全源自外部刺激。玛丽·惠顿·卡尔金斯小姐针对这一理论，对自己和另一实验者的梦做了为期六周的观察。她发现，在所有的梦的内容中，与外部刺激相关的细节仅为 13.2% 和 6.7%；与肉体器官相关的梦则仅有两例。我们根据自己的日常经验，对以上理论本来就有所怀疑，而这一数据更加证实了我们的怀疑。

有些研究者倾向于将梦分为两类，一类是“源于神经刺激的梦”，另一类是由其他因素引起的梦。例如施皮塔[①]，他就将梦分为“神经刺激梦”与“联想梦”两类。但是，只要肉体的刺激与梦的表象内容之间的联系还未被证实，这种分类法仍然不能令人满意。

对这一理论的质疑有两种。第一，外部的刺激并不会频繁

①施皮塔，德文即，Spitta。——译者注

出现；第二，这一理论并不能对梦的来源做出充分、全面的解释。换言之，这一理论的支持者们理应为我们解答以下两个问题：第一，为什么外部的刺激不以它最初的形态直接出现，反而总是以容易被误解的形式出现在梦中呢（参见闹钟的梦）？第二，为什么我们的内心对这些被误解的刺激做出的反应竟是如此变化莫测？对于以上问题，斯顿培尔的回答是，睡眠时，人的心灵与外界隔离开来，因此不能对客观的感官刺激做出正确的判断，只能在多方面的不确定的兴奋的基础上，形成错觉。用他自己的话说，即：

“睡眠中，因外部的或是来自内部的神经刺激，在心灵中产生出某种感觉，或是某种感觉的复合物，或是某种感情，或是某种精神过程，它们一旦为心灵所感知，就会从清醒时留存在心灵中的种种经验中，唤起以往的种种感觉意象——即，早期的知觉。而且，这些感觉意象或是未经任何润色，或是有一定的精神价值附加其上。这一过程中，我们自身周围来自神经刺激的印象就具备了其精神价值。在这种情形下，就像我们清醒时所做的那样，是睡眠中的心灵，对神经刺激造成的印象做出了解释。这种解释的结果，即是所谓的‘神经刺激梦’，也就是说，一种神经刺激按照再现的法则，在心灵中产生了某种精神效果。而具备以上条件的，即是神经刺激梦。”

冯特的观点如下所述。他主张，梦的内容至少大多数源自感官刺激，特别是源自最普通的感官刺激。因此，大部分的梦不过是想象中的错觉而已，只有很少一部分，由纯粹的记忆扩展为幻觉。冯特的这一主张与斯顿培尔的主张在本质上是一致的。斯顿培尔根据这种理论，作了一个巧妙的比喻，来说明刺激与梦的内容之间的关系。他说，“那就像一个完全不懂音乐的人的十根手指在琴键上乱弹”。从这一理论出发，可以得出的结论是，梦并不是一种源于精神动机的心理现象，而是源自生理上的刺激，因为受到这种生理上的刺激的器官，找不到其他方式来表现这种刺激，只得将其表现为精神上的症状。在这一前提下，梅涅特提出了一个著名的比喻，用以解释强迫观念，他说，那就像钟面上一个个凸起的浮雕式的数字。

尽管梦源自生理刺激的理论广为人知，而且看似颇为正确，但是我们仍然不难看出它的弱点所在。有关梦的每一种生理上的刺激，在睡眠中，都必须经由精神对其进行解释，从而构成梦的细节，这些细节往往是错觉，而且，往往会引发无数不同的错觉。也就是说，刺激在梦中完全可以表现为大量的、不同的观念①。但是，斯顿培尔和冯特的理论并不能提出某种契机，用以概括外部的刺激与为了表现这一刺激而产生的梦的内容之间的关系。也就是说，他们的理论并不能解释布尔达赫所说的“刺激经由频繁的再现活动，创造出奇异的梦境”。还有一种反对意见，它认为，错觉理论的基本前提——即，心灵在睡眠中不能识别客观的感官刺激的真正性质——并不正确。根

①我推荐读者们去读一下莫里·沃尔德的两卷著作，著作中详细、精确地记录了由实验引发的梦的问题。从中可以看出，各种实验对梦的内容并无影响，而且，这类实验对各种梦的问题的解决也没有帮助。

据老一辈生理学家布尔达赫的证明，即便在睡眠中，心灵仍然可以对抵达的感觉印象做出正确的解释，并能及时做出反应。这是因为他注意到，对于个人而言很重要的感觉印象与其他并不重要的印象不同，在睡眠中并不会受到忽视（例如奶妈与孩子）。还有，人们在睡眠时，很容易因为听到了自己的名字而惊醒，但对其他无关紧要的听觉印象，却往往充耳不闻。毫无疑问，这一事实说明了心灵在睡眠状态中依然对各种刺激有所取舍。基于以上观察结果，布尔达赫认为，在睡眠状态中，人们并不是无法对外部的刺激做出解释，只不过是对其不感兴趣而已。布尔达赫在 1830 年得出的这一结论，在 1838 年被利普斯原封不动地引用，以批判生理刺激的理论。根据这一理论，我们的心灵就像是在笑话中出现过的那位男士一样——当人问他“你睡着了吗？”他答道：“没有。”但当那人继续说道：“那你借给我十个弗罗林吧！”他却回答：“我睡着了。”

从另一方面也可以证明梦的肉体刺激理论是有漏洞的。根据观察可知，人们未必一定会因外部刺激而做梦。而且，在人们刚开始做梦时感受到的外部刺激，也未必一定会出现在梦中。例如，在睡眠中，我忽然感受到一种对皮肤的刺激，或是压迫感，我可以对它做出数种不同的反应。首先，我可以置之不理。也就是说，我可以等到我睡醒后才发现那是怎么回事——或是一条腿没盖被子，或是压住了一条手臂，等等。病理学为我们提供了无数例子，证明所有强烈的感觉和运动的刺激在睡眠中并不会引起任何反应。其次，我可以在睡眠中感受到前述的刺激——特别是使人痛苦的刺激，但是，我完全可以不让这种刺激进入我的梦中。再次，我可以因这种刺激而惊醒，然后将其驱除出去[①]。最后，也就是第四种反应，才是这种神经刺激会导致我做梦。但是，前三种可能性至少与第四种可能性有同样的机会成为现实，也就是说，如果除了源自肉体的刺激之外，没有任何其他动机的话，人是不会做梦的。

因为以肉体刺激来解释梦的来源的理论存在诸多漏洞，其他一些研究者——舍纳，以及接受舍纳的学说的哲学家福尔克特——开始尝试在由肉体刺激引起的多姿多彩的梦的内容中，更加精细地探究精神的活动。也就是说，他们再一次把“做梦”这一活动的本质视为心理的需要和精神的活动。舍纳不仅描写了梦在形成时所展开的心灵的特性——他的描写极富文学性，堪称栩栩如生——他还深信自己已经找到了心灵处理各种刺激的原理。在舍纳看来，当人的想象挣脱了白天的桎梏，获得了自由后，梦的工作就是试图以象征的形式来表现发出刺激的器官的特性和刺激本身的种类。于是，作为解析梦的手段，他提供了一种“梦书”，书中记载了由梦的内容推断出的肉体的感觉和器官的状态，还有刺激的性质，等等。“所以，猫的形象象征着心情不爽和坏脾气；浅色、光滑的面包象征着裸体。人的身体作为一个整体，在梦的想象中表现为一栋房屋，身体

①参见K.兰道乌尔的著作《睡眠者的行为》。任何人都能够观察到，人们在睡眠中的所作所为是有着明确的意义的。人们入睡后并不会变得完全无知，相反，他的行动是符合逻辑和经过考虑的。

的各个部分则象征着房屋的各个部分。例如，在‘牙疼的梦’中，口腔就是有着高大的拱顶的门厅，由咽喉到食道的倾斜的部分是楼梯；在‘头疼的梦’中，头部就是房间的天花板，上面爬满了令人厌恶的蟾蜍状的蜘蛛”。“针对同一个器官，在不同的梦中，我们会用不同的事物作为象征。就像这样，呼吸的肺脏以燃烧着熊熊烈火的火炉为象征；心脏以空着的盒子或篮子为象征；膀胱以圆形的、袋状的或空心的物体为象征。在此，最重要的是，在梦结束的时候，受到刺激的器官，或者这一器官的本身的功能，往往会清楚明白地表现出来。而且，大都会与做梦的人自己的身体有一定联系。例如，牙疼的梦在结束时，经常会出现做梦的人的牙齿被拔掉的情景。”这一类解析梦的方法在梦的研究者们中间，恐怕很难得到尊重。因为它的理论实在过于夸张了。实际上，在我看来，舍纳的理论还不至于一无是处，但研究者们往往连这一点也不愿承认。不难看出，这一理论在采用象征主义来解析梦的方面，与古代的解梦方法如出一辙，其区别仅在于，舍纳划定的解释范围局限于人体。这一理论缺乏能够在科学上做出解释的技术，这是它最大的缺点，使它的适用性受到了限制。特别是，同一种刺激在梦的内容中可以表现为不同的形式，这使人们更难信服，因为看上去似乎可以依据这一理论随意做出解释。就连舍纳的支持者、他的学生福尔克特也无法证实一座房屋是怎样象征人的身体的。此外，还有一种反对意见，即，根据这一理论，既然心灵只需要围绕相关的刺激做出想象即可获得满足，那么，梦的工作对于人们的心灵，岂不是既没有用处也没有目的吗？

在此，对于舍纳的肉体刺激的象征化的理论，还有一个致命性的批评意见。某些对于肉体的刺激事实上是持续存在的。一般而言，在睡眠时，这些刺激比清醒时更接近心灵。那么，为什么心灵不整夜做梦呢？又为什么心灵不在每个夜晚都梦见这些相关的器官呢？针对这一批评，可以提出以下附加条件，即，若要引起梦的活动，必须依赖于眼、耳、牙齿、肠等器官产生特殊的兴奋。但是，在这一条件下，又必须面临另一难题——怎样才能客观地证明这些刺激的增长呢（能够证明这一点的梦例是极少数）？如果说，梦见飞行，是肺叶的涨缩的象征化，那么，正如斯顿培尔的指摘，要么这一类梦应该更频繁地出现，要么就必须提出做这个梦时呼吸活动变得更加急促的证据。此外，还有第三种可能性，也就是说，当时有某种特殊的动机，使做梦的人的注意力集中到了平时恒定存在的内脏的感觉上。其实这种可能性才是最合理的，但这种可能性本身已经超越了舍纳的理论。

舍纳与福尔克特提出的理论的价值在于：他们唤起了人们对梦的内容的注意；使人们发现，这些内容还有待解释，以及其中蕴含着新的认识；梦包括肉体的各器官以及器官的功能的象征化；梦中的水往往意味着排尿的刺激；男性生殖器在梦中经常以直立的棍子或柱子来表现，等等。以上这些说法完全正确。与那些色彩晦暗不明的梦相比，充满令人目眩的影像和鲜艳的色彩的梦当然可以被解释为“视觉刺激的梦”，以噪音和人声为主要特征的梦会引发错觉这一点，也难以否认。舍纳曾记录过这样的梦例：金发的漂亮男孩们在桥上排成两行，互相攻击厮打，然后回到原位。最后，做梦的人自己也来到桥上，并从嘴里拔出一颗很长的牙。福尔克特也记录过一个类似的梦例，梦中出现了两排抽屉，并且也是以拔出一颗牙齿作为结束。这两位研究者在其著作中记录了大量的这类梦例，因此，我们绝不能认为舍纳的理论是毫无根据的臆测，并将其抛弃。只是，这样就给我们带来了新的任务，即，为所谓的牙齿刺激的象征化寻找其他的解释。

迄今为止，在对梦的肉体来源的探讨中，我并未触及我们由梦的分析中得出的那些理论。我们利用其他的研究梦的学者们所未曾使用过的方法，已经证明了以下论点，即，“梦作为一种精神活动，有其特有的价值。而且，欲望是引发梦的动机以及前一天的经验是构成梦的内容的最直接的材料”。而任何其他的有关梦的研究，只要忽视了这种重要的研究方法——我们已经知道，在那些研究得出的结论中，将梦看成一种对肉体刺激的、既无益处又令人费解的精神活动——无须对其进行批评，即可予以否定。否则的话，就存在完全不同的两种梦——其中一种只能用我的理论来分析，而另一种只能用早期的那些研究者的理论来分析，这当然是不可能的。因此，接下来的任务就是：以我的解析梦的方法，为梦来源于肉体刺激这一理论找到解释。

在这方面，我们已经迈出了第一步——我们已经确认了以下论点：梦的工作必然强制性地将同时存在的所有刺激综合成一个统一的整体。我们已经知道，如果前一天遗留下来两个或更多的印象深刻的心灵感受，那么，由这些感受所产生的欲望会在一个梦中得到统一。同样，这些具备相当的精神价值的感受——印象——与前一天发生的无关紧要的印象将会综合成为梦的材料（假设这二者之间气脉相通，彼此可以产生联系）。因此，梦就是人在睡眠时，对心灵感受到的所有的活动的一种反应。在此，由我们迄今为止对梦的材料所做的分析可知，梦的材料就是精神的遗留物和记忆的痕迹的集合物。（因为梦有喜好新近发生的材料和童年时代的材料的倾向）这些精神遗留物与记忆痕迹在心理学上具备这样一种性质，即，虽然难以当场判断但确实具备一定的活动性的性质。由此，我们不难推测出，如果在睡眠时，对以上这种集合物加入新的刺激，将会产生什么样的梦。当然，这些感官上的刺激具有一定的活动性，所以它们对梦的形成确实有所贡献。它们与同样具有活动性的精神上的材料彼此结合，最终为梦的形成提供了有用的材料。换句话说，睡眠中的各种刺激可以被加工为一种欲望的满足，但这种欲望的满足的其他成分，是我们所熟知的日常精神生活的遗留物。而且，这种结合或统一未必一定会发生。如前所述，我们对于睡眠中的肉体刺激，有数种不同的反应方式。但是，当这种结合确实发生了，就意味着梦的内容中一定会同时表现出肉体与精神的两种来源。

即使在梦的精神来源中加入了源自肉体刺激的材料，梦的本质也不会改变。无论欲望满足的表现形式是否受到当时活动着的材料的影响，梦的本质总是欲望的满足。

在此，我将解析几种特殊因素，它们可以改变外部的各种刺激对梦的意义。我认为，是个人的、生理的，以及当时偶发的各种因素等彼此协调，决定了我们在睡眠中受到相当强烈的客观刺激时会采取怎样的态度。根据（习惯性的和偶然的）睡眠的深度与刺激的强度彼此结合的情况的不同，有人可能会将刺激压抑下去而不对睡眠造成妨碍，有人则可能被迫惊醒，另外，还有些人可能会通过将刺激编织进梦中的方法，将其克服。而且，根据以上这些复杂不同的情形可知，外部的、客观的刺激即便会在人的梦中出现，在不同的人的梦中其出现的频率也会有所不同。以我自己为例的话，我是一个顽固的嗜睡者，一向睡得很熟，轻易不会惊醒，所以，源自外部的兴奋很少能够进入我的梦中。但与此相对的是，精神上的各种动机确实很容易就能令我做梦。事实上，迄今为止，因为某种客观的痛苦的刺激而做梦，在我自身的经验中只有一次。而且，这个梦为考察外部刺激怎样使人做梦提供了很好的材料。

梦中，我骑在一匹灰马上，起初有些胆战心惊，样子很笨拙。我遇见我的一位同事 P。P 穿一身粗花呢衣服，骑马的样子高高在上，训诫了我某件事（也许是说我骑马的姿势太拙劣了吧）。我骑在这匹聪明的马上，渐渐地，骑得越来越稳，十分舒适。我觉得在马背上真是安然自得。作为马鞍的替代品，一种垫状物从马的脖颈一直铺到马的腰部。我就这样在两架运货的马车之间穿行。在街上骑了一小段路后，我回头折返，想在临街的一座开着门的小教堂前下马。但是，实际上我是在附近的另一座教堂前下马的。在同一条街上有一间旅馆。我本来可以让马自己去，但又觉得最好还是牵着马过去。似乎我认为骑着马过去很难为情。旅馆前站着一个服务员，递给我一张纸片。其实最早发现这张纸片的人是我。因此，服务员还嘲笑了我。纸片上写着“什么也不吃”，下面还写着一句话（不清楚），似乎是“什么工作也不做”之类的句子。句子下画着两道横线。对于这些句子，我脑中浮现模糊的想法，似乎自己正身处外国的城市，在那里什么工作也没做。

起初不太容易明白这个梦源自一种痛苦的刺激。但是，前几天我因长了疱疮而痛苦不堪。身体只要稍微一动就很疼。最后，阴囊基部变得有苹果大小，每走一步都疼得不得了。发烧导致的疲惫感，食欲不振，以及尽管如此也必须完成的繁重的日常工作，所有这些加在一起，几乎令我崩溃。可以说我已经完全没有了正常行医的能力了。鉴于这一病症的性质和发病的部位，可以很自然地想到，对我来说，再也没有比骑马更不合适的运动了。但是，正是骑马这一活动进入到了我的梦中。可以想见，这正是我所能想象出的、对我的病痛的、最强烈的否认。事实上我根本不会骑马，平时从来也没做过骑马的梦。平生我只骑过一次马，那次因为没有马鞍，感觉很糟糕。但是在梦中，我却像阴囊处并没有生疱疮一样——不，正是因为我希望自己根本没生疱疮——骑着马。从梦中描述的情景看来，我的马鞍其实是一种能够令我入睡的膏药敷料。也许就是因为这种膏药敷料，我才能在睡眠的最初的两三个小时忘记了疼痛，安然入睡。但是，在那之后疼痛渐渐出现，并企图把我唤醒。这时，我开始做梦，梦这样安慰我道："继续安心地睡吧，你不会疼醒的。根本就没有什么疱疮，因为你正骑着马呢。想想看，要是你生了疱疮的话，当然就不可能骑马了。"于是，梦达成了它的意图。我不再感到痛苦，继续沉沉入睡。

但是，这个梦并不满足于仅仅顽固地主张，终究与我的病情不符的、"由暗示消除掉疱疮"这一观念，它并不就此敷衍了事（否则，这个梦起到的作用就像是痛失爱子的母亲和破产的商人的狂乱的幻想那样）[①]。在这一基础上，被彻底否定的肉体刺激和为消除掉这种刺激而产生的形象的细节，还与心灵中原本就存在的一些材料结合起来，以此作为提供给梦的内容的材料。我骑在一匹灰色的马上。这种灰色与我最近在乡间遇见P时，P穿着的衣服的灰色（椒盐色）正好完全吻合。据说疱疮的病因是调味品吃得太多，与人们普遍认为的疱疮的病因——即，糖——相比，确实是调味品吃得太多这一观点在病理学上更为正确。P接替了我的位置，为一位女病人进行治疗。从那以后，他在我面前就表现得洋洋得意（就像是骑马的样子高高在上）。我为这位女病人的治疗尽心尽力（梦中，我斜斜地坐在马上，就像是个特技骑手），但她却像一个"星期日的骑手"

①参见格里辛格尔的著作的相关部分，以及1896年《神经病学中央学报》中我的第二篇论文《防御神经·精神病》。

的笑话中说到的那样，随心所欲地带着我乱走。因此，梦中的马其实象征着这位女病人（梦中，我骑的那匹马很聪明）。梦中，“我觉得在马背上真是安然自得”，这一细节象征着P接替我的工作之前，我在这位女病人的家庭中的地位。就在最近，本市的名医中为数不多的我的支持者中的一位对我说：“我觉得，你在马鞍上坐得很稳当啊。”而且，我忍受着疱疮带来的痛苦，坚持每天进行八到十小时的精神治疗工作，这也是我称职的表现。但是我很清楚地知道，如果我不能彻底恢复健康，就不可能继续坚持进行这样复杂和长时间的精神治疗工作。在这个梦中，出现了许多阴郁的暗示——这些暗示即是针对在以上的状况下，可能出现的情景的（例如，神经衰弱症患者向医生出示的纸片）——“什么也不吃”，“什么工作也不做”。像这样将分析继续层层推进，我发现，有关骑手的欲望的情景，可以追溯到童年时期，我和我外甥——他比我大一岁，现在住在英国——之间发生的事件。此外，这个梦的部分细节来自我在意大利的旅行。梦中的城市其实包括维罗纳和锡耶纳的一些印象。而更深一层的分析则将指向与性有关的梦念。我认为，有关美丽的意大利风光在梦中出现的意义，指向一位从未去过意大利的女病人（“去意大利”，德文为gen Italien——“生殖器”，德文为Genitalien）。而且，这同时还与我的朋友P去治病之前、我先去过的那位女病人的家，以及我的疱疮的位置，都有一定联系。

在另一个梦中，我以同样的方法成功地驱除了一次对我的睡眠的干扰，这一次的干扰来自感官刺激。只是，我能够发现这个梦与其偶然的刺激之间的联系，并由此能够理解这个梦的性质，都纯粹是出于偶然。盛夏的一个早晨，在提洛尔的山中，我醒来后记得自己做了一个梦。梦的内容是“教皇死了”。然而，面对这样一个短短的、非视觉的梦，我竟百思不得其解。与这个梦有关的唯一线索是，就在最近，我从报纸上读到一篇教皇的身体微有小恙的报道。当天早晨，我的妻子问我：“早晨你听见钟声大响了吗？”我并未听到钟声，但当时我立刻想到了这个梦的真正意义。因为虔诚的提洛尔人敲响大钟会将我从梦中惊醒，所以我的睡眠的欲望就在梦中出现了。我以“教皇死了”这一虚构的梦对他们施加报复，与此同时，我毫不在乎钟声，继续大睡。

我认为，在前几章引用的一些梦例中，有一些也可以作为研究所谓源自神经刺激的梦的实例。我大口大口喝水的梦就是其中之一。显然，肉体的刺激是这一类梦的唯一来源，由刺激产生的欲望——即口渴——是梦的唯一的动机。其他一些简单的梦与这个梦相似，肉体的刺激本身就能形成一个欲望。那位夜间扔掉脸颊上的冷敷器的女病人的梦，以一种不同寻常的欲望满足的方式表现出，对于痛苦的刺激的反应。在梦中，病人将自己的痛苦转嫁给别人，似乎这样就能够成功地忘记疼痛。

我做的关于三位命运女神的梦显然是一个“饥饿的梦”。这个梦将想要吃点什么的欲望上溯到了儿童对母亲的乳房的渴望。而且，它巧妙地利用一个天真无邪的欲望，掩盖了一个一旦公之于众即会带来困扰的、更加深刻的欲望。通过有关图恩伯爵的梦，我们知道了偶然的肉体上的欲望是怎样与最强烈的——同时也是最受压抑的——精神冲动结合起来的。而且，就像加尼尔在其研究中记载的那样，拿破仑在被惊醒之前，将地雷爆炸的声音编织进了他做的一个与战争有关的梦中。可以说，这更加清晰地表明了精神活动对于睡眠中的刺激有着何种反应。一位年轻律师初次办理破产诉讼案时十分紧张，他午睡时所做的梦与拿破仑的梦在性质上竟别无二致。他梦见了一位因这次讼案而结识的、住在汉斯廷（Husyatin）的莱西先生，而且汉斯廷这一地名在他的梦中纠缠不去。于是他惊醒了，发现他的妻子因为得了支气管炎，正在激烈地咳嗽（“咳嗽”，德文为 Husten）。

让我们来比较一下拿破仑——他是一位著名的嗜睡者——和前文中提到的一位嗜睡的大学生的梦。我们应该还记得，这位大学生因为要早起去医院，被公寓的女房东叫醒，他却立刻做了一个自己已经身在医院的梦，并以这个梦为借口继续睡懒觉（因为他已经在医院里了，所以无须特意为了去医院而起床）。这位大学生的梦明显是一个方便的梦，做梦的人本身也毫不掩饰地坦白了自己做梦的动机，但是，因此他也泄露了“做梦”这件事的一个具有普遍性的秘密。在某种意义上，所有的梦都是方便的梦（安逸、享乐的梦）。梦的意图是使做梦的人继续睡眠，而不是唤醒他。“梦是睡眠的守护者，而非干扰者。”有关这一观点与唤起人们清醒的各个精神元素之间的关系，我们在下文中将会再行讨论。但是，现在我们已经能够证明，客观的外部刺激的作用，是可以用这一观点来解释的。心灵对于外部刺激的强度和意义在睡眠中引发的兴奋等感觉，或者完全不予理会；或者——这是第二种情况——利用梦否定这些刺激；或者——第三种情况——因为不得不承认这些刺激的存在，只好寻找一种方法，将这些现实的刺激编织成某种欲望，与睡眠进行调和。梦将现实的刺激编织进自身的目的，是为了剥夺其现实性。拿破仑之所以能够继续熟睡，是因为他相信妨碍自己的睡眠的，只不过是他对阿科莱战场的枪炮轰鸣声的记忆而已[①]。

因此，我们必须恒常地将"继续睡眠"这一欲望——通过意识的自我对这一欲望的指向，以及梦的稽查作用，再加上将在下文中做出说明的"第二次加工"——看成是梦的形成的动机。而且，对于每一个成功的梦来说，其欲望都得到了满足。这种普遍的、总是存在且不变的睡眠的欲望，根据梦的内容的不同，会以不同的形式出现。关于这一欲望与其他不同的各种欲望之间的关系为何，我们将在别处探讨。我们已经确认，利用睡眠欲望这一观点，可以补足斯顿培尔和冯特的理论的缺陷，也可以对其理论针对外部刺激的解释的错误和任意性做出正确的说明。睡眠中的心灵有足够的能力做出正确的解释，但这种正确的解释恐怕包含着积极的兴趣，会使我们从睡眠中惊醒。正是因为这一原因，在所有的解释中，只有通过了睡眠欲

①关于这个梦，我所知道的出处有两个，其内容描述并不完全一致。

望的稽查的解释，才有可能在梦中出现。例如，“这是夜莺，而非云雀”，也就是说，如果现在听到的是云雀的叫声，那么，美妙的夜晚即告结束。然而，在对外部刺激的、所有能够被接受的解释中，心灵会筛选出哪一种呢？当然是与心灵中最为激烈的欲望冲动最合拍的那一种。因此，可以说梦中发生的任何一件事都是有着明确的意义的，没有丝毫的任意性。错误的解释绝不是出于错觉，只不过是遁词、借口而已。我们必须承认，正如梦的稽查制度会使用置换的方法，在清醒的日常生活中，心灵也免不了会有歪曲事实的毛病。

如果外部的神经刺激与内部的肉体刺激非常强烈，足以引起心灵的注意，这些刺激——如果它们并没有令人惊醒，而是引发了梦的话——就会在梦的形成中成为焦点，并成为构成梦的材料的核心。正如以上两种精神的梦的刺激会寻求能使其彼此结合的媒介一样，这一核心也会相应地寻求一种欲望的满足。就这一意义而言，“肉体因素决定了梦的内容”的观点，也可以在许多梦中得以确认。在极端的梦例中甚至会出现如下情况，即，因为梦的形成的需要，某个现在并未活动的欲望会被强制唤醒。但是，梦不过是在某种情况下的欲望的满足而已。可以说，梦的工作就是“通过当前活动着的刺激，实现某个欲望的满足”。即使这种刺激的材料是痛苦的或是令人不快的，也不会妨碍它们为梦的形成做出贡献。心灵能够自由支配那些由痛苦或令人不快的刺激唤起的欲望，并令其得到满足。这看起来似乎自相矛盾，但是，当考虑到其实存在两种精神的动因，以及在它们之间存在着的稽查作用，这种矛盾也就不成立了。

正如前文所述，心灵中存在被压抑的欲望，这些欲望属于心灵的“原发性系统”，而且，心灵的“继发性系统”并不乐于实现它们的满足。我要说的是，这种欲望是确实存在的，而不是站在时间的、历史的角度说，它们只是曾经存在，但在后来就被摧毁而废弃了。事实上，我们在精神神经症学中使用的压抑理论中存在以下的观点：“这种被压抑的欲望是持续存在的，而且，对这种欲望的压抑本身，也是持续存在的。”此外，对于这种欲望，“压下去（suppression）”这一形容恰如其分。对于这种“被压抑”的欲望，精神并非没有令其满足的手段，事实上只要心灵想要满足它，随时都能够做到。但是，如果这种被压抑的欲望得到了满足，所谓的“继发性系统（可以通向意识的系统）”就会解除其受到的压抑，于是，这种欲望就会以痛苦的形式表现出来。在此，对以上探讨加以总结，即，睡眠中，如果有源于肉体的、令人不快的刺激出现，梦的工作即会利用这种感觉，使得平时被压抑着的欲望的满足——当然，或多或少仍要受到稽查作用的约束——在梦中表现出来。

这种说法可以解释某些“焦虑的梦”（而不太符合欲望理论的、另一系列梦的形成，告诉我们，还存在着另一种不同的精神机制）。梦中的焦虑属于精神神经症的症状，有时源自心理性欲的兴奋。在这种情况下，焦虑即是被压抑的性冲动的表现。而焦虑的梦本身也被看成是精神神经症的症状。于是，我们在此面临的问题是，在梦中，欲望满足的倾向在怎样的程度下会受到挫折？但是，还有一些焦虑的梦，其焦虑源自肉体因素（例如，肺结核患者或心脏病患者偶发的呼吸困难）。在这种情况下，这种焦虑的感情可以利用梦的形式，满足自己被强烈压抑的欲望。做了这样的梦，也许就有可能在精神上宣泄做梦的人的焦虑。要将以上两种在表面上完全不同的焦虑的梦合而为一，其实并非难事。这两种焦虑的梦包括两个精神因素，即，“感情偏好”与“观念内容”，它们有着密切的联系。如果其中一种因素积极活动，那么，它就会在梦中唤起另一因素。有时，源自肉体的焦虑会唤起受压抑的“观念内容”；有时，带有性兴奋的“观念内容”从压抑中得以释放，则会缓解焦虑。在前一种情况下，因肉体产生的感情得到了精神上的解释；在后一种情况下，虽然一切都是由精神决定的，但被压抑的内容却可以由与焦虑相符合的肉体因素所取代。在此阻碍我们理解的难点与梦本身几乎毫无关系。之所以会出现这些困难，是因为我们的探讨涉及了焦虑的形成和有关压抑的问题。

毫无疑问，源自肉体内部的梦刺激包括肉体的普遍知觉，但这并不是说肉体的普遍知觉决定了梦的内容。梦念在肉体的普遍知觉中进行选择取舍，从中找出对梦的内容有用的材料，也就是说，它只是在全部材料中选出适合其特性的部分，同时还要舍弃剩余的部分。不仅如此，前一天遗留下来的肉体的普遍知觉——如，心情，感受等——与对梦而言有用的精神的遗留物也必然会彼此联系。这种总体的心境有可能在梦中持续不变，也有可能被彻底消除，因此，即使这种心境是不愉快的，在梦中也可能以相反的形式表现出来。

在我看来，睡眠中的肉体的刺激——即，睡眠时的各种感觉——只要不是特别强烈，对梦的形成起到的作用，事实上与白天新近发生的无关紧要的诸多琐事所起作用并无二致。也就是说，如果它们契合梦的精神来源的“观念内容”，就会参与到梦的形成中去。但如果并不契合，也就没有存在的意义了。它们就像是随时随地都能取得的材料，如果较为珍贵，就会谨慎从事，使其派上相应的用场，否则，不过随意使用罢了。在此我可以作一譬喻，这就像一位鉴赏家请一位雕刻家将珍贵的宝石——比如，条纹玛瑙等——雕刻成某种艺术品一样。如果只是大理石或砂岩之类的、应有尽有的便宜货色，雕刻家只需凭着自己的想象，随意加工即可，但如果是十分贵重的材料，那雕刻家就必须先根据材料的大小、色泽、条纹的走向等做出设计，比如，怎样雕刻头部，或是浮雕何种场景，等等。从这一譬喻出发，我们就可以解释那些并不是特别强烈的肉体的刺激所能提供的梦的内容，为什么不在每个晚上或所有的梦中都有所表现[①]。

有这样一个实例可以巧妙地说明我的意思，它将我们重新带回到梦的解析的工作中。有一天，我对一种在梦中频繁出现的、与焦虑非常相似的、“被禁制的感觉”——例如，动弹

①兰克的多篇论文中提到，某些由器官刺激产生的“唤醒梦（因为做了这个梦而惊醒的梦）”、排尿刺激的梦和遗精的梦，是由睡眠的欲望与器官的需求之间的斗争引起的。而且，这一类梦尤其适宜用来证明器官的需求对梦的内容的影响。

不得、力不从心等状态——产生了兴趣，想弄明白这是怎么回事。当晚，我做了以下的梦：我衣冠不整，由一楼的楼梯走向楼上，每一步都迈三个台阶。我为自己上楼梯的矫健步伐感到高兴。突然，一位女仆从楼梯上朝我的方向走了下来。我感到很难为情，打算赶快避开，但就在这时，我发现自己“被禁制住”了，站在楼梯上动弹不得。

分析：

这个梦的场景来自于现实。我在维也纳有一座两层的房子，上下层由公用楼梯连接。楼下是诊所和书房，楼上是起居室。每天深夜，我在楼下完成工作后，便上楼梯回楼上的卧室。做梦的前一天晚上，我上楼时确实有些衣冠不整。也就是说，我取下了硬领，摘了领带，也解开了纽扣。但在梦中，我的衣冠不整的姿态被夸大了——这在梦中也是常有的事。上楼时脚步轻快并迈大步，是我平时就有的习惯。而这在梦中出现，还代表了一种欲望的满足。即，通过我这样轻快地走上楼梯，可以证明我的心脏的机能完全没有问题，这是我对自己的安慰。而且，这也与梦的后半部我受到禁制动弹不得的状态形成了强烈的对比。它告诉我，这根本用不着特意来证明——梦完全可以毫不困难地使肉体的动作做到完美无缺的地步。关于这一点，读者们只需想到，在某些梦中人是可以飞行的。

但是，梦中我走上的楼梯，并不是我自己家的。一开始我没能认出这是哪里，可是看到从楼上走下来的女仆后，我就明白了。每天我都要到一位老妇人家出诊两次，给她打针。梦中的女仆即是这位老妇人的女仆，梦中的楼梯也与这一家的楼梯很是相似。

但是，为什么女仆和这个楼梯会出现在我的梦中呢？我因衣冠不整而感到很难为情，这毫无疑问带有性的色彩。只是，梦中出现的这位女仆年纪比我还大，非常粗鲁，丝毫也不吸引人。对于这些问题，我想到了以下的解释。我每天早上都要到这家来出诊，每当走上楼梯，我都要清清喉咙，想吐口痰。痰会吐到楼梯上。也就是说，这家在楼上楼下都没有痰盂。于是我认为，要使楼梯保持清洁，不能怪吐痰的人，要怪这家没花钱买个痰盂。这家的女管家和梦中的女仆一样，也是一个年龄很大的、粗鲁的女人——但我承认她确实很爱干净——有关楼梯的清洁问题，她的看法和我不同。她总是悄悄窥伺我是不是往楼梯上吐了痰，如果发现我吐了，她就会没完没了地抱怨。而且，还会一连好几天都不跟我打招呼。在做梦的前一天，这位女管家因为这家的女仆对我的抱怨，再次加深了对我的恶感。当时，我和往常一样，打完针后匆匆离开，女仆却在大厅里拦住我，说："先生，今天你进门的时候，本该好好擦擦靴子。好好的红地毯全都被你的靴子弄脏了。"这就是为什么女仆和这个台阶会出现在我的梦中的全部原因了。

我跑上楼梯与我在楼梯上吐痰这两件事之间，有着很密切的联系。人们认为咽喉炎和心脏病是对吸烟这一恶习的惩罚。因为我有吸烟的癖好，就连我妻子也批评我不爱干净。就这一点而言，我在自己家与在那位病人家的待遇是完全一样的，所以在梦中这两个家庭的房子就合而为一了。

有关这个梦的更深入的分析，我打算推迟到系统解释衣冠不整这一类梦的起源时再展开。在此我只能列出一个暂时的结论，即，梦中动作受到禁制的感觉，只有在特殊情形需要的前提下才会出现。在这个梦中它的出现，并不是因为睡眠中我的运动能力处于某种特殊状态——似乎就是为了证明这一事实——不久前我还健步如飞地奔上了楼梯呢。

四、典型的梦

一般而言，如果人们不愿意透露隐藏在梦的内容背后的潜意识思想，我们就绝对无法解释他的梦。只要接受解释的一方有这样的想法，我们用以解析梦的技术的实际效果就会大打折扣[①]。我们知道，每个人的梦都具备其个人色彩，也正是因为这一原因，往往使别人难以理解。但是，有这样一种梦，具备与上述这种“个人的自由”完全对立的性质，即，无论是谁都曾做过的、内容大同小异的梦。于是，我们自然会认为，恐怕这一类梦对每个人来说，都必定有相同的意义。我们往往对这一类梦特别感兴趣，因为，这种梦似乎特别适合用于研究梦的来源。

因此，我们特别期待能将解析梦的技术用于这些典型的

①如果我们不能自由、全面地掌握做梦的人的联想材料，我们用于解析梦的方法就无法应用——对这一主张，我拟作以下补充：当作梦的人在其梦中使用了象征元素时，我们的解梦工作可以放弃对其联想材料的关心。在这种情况下，（严格说来）我们应该使用次要的和辅助的方法。

梦，但遗憾的是，必须承认，正是对于这些典型的梦，我们的技术并没发挥出多大的作用。这是因为，当我们试图解释这些典型的梦时，做梦的人总是缺乏联想——如果他们能够有所联想的话，我们就有线索了——或者，即使有所联想，也相当模糊，而且并不充分，因此仍然无法解决问题。

为什么会有这样的困难呢？或者，要怎么做才能弥补我们技术上的缺陷呢？这些问题暂且留待下文探讨。到时，读者们自然会知道我为什么在此只举出了典型的梦中的少数几种，而将其他的讨论顺延至下一章。

因裸体而尴尬的梦

有时候，人们梦见自己在陌生人面前赤身裸体或穿着十分难看的衣服，他可能会补充道："尽管如此，梦中我却完全没觉得尴尬或是羞耻。"但是，在此我们要讨论的所谓"裸体梦"指的是，在梦中，做梦的人会感到尴尬与羞耻，想要逃避或隐藏起来，但同时又出现一种特殊的禁制，感到寸步难行，完全无法改变这种窘态。只有当裸体与禁制以上述方式结合在一起的梦，才属于"裸体梦"这一典型的梦。这一类梦的内容有可能涉及大量的不同的事物，而且这些事物也有可能因人而异——但这都不重要。它的本质在于：想要隐藏自己的裸体（大多数情况是以改变自身所处的场所的形式），但又做不到，于是因此而感到尴尬、羞耻。我相信大多数读者都曾做过类似的梦。

梦中裸体的程度往往不很清楚。做梦的人有时会说，穿着衬衣，等等，但很少会说出明确、明晰的景象。一般而言，

“没穿衣服”这种说法是非常暧昧不清的。像“穿着内衣，或是衬裙”的说法一样，做梦的人只能描述出“可能是这个，也可能是那个”等模棱两可的景象。通常，梦中的衣着不全并不会严重到令做梦的人感到羞耻的地步。军人往往会梦见自己穿着违反军纪的服装，以此来代替裸体。例如，“我走在街上，没带佩剑，却看见对面走来几个军官”，或是，“我没系领带”，或是，“我穿着一条方格的便裤”，等等。

人们会说，在这类梦中，因为面对旁观者而感到羞耻，但是，这些旁观者的相貌照例很难分辨。事实上，在典型的裸体梦中，尽管做梦的人因为裸体而感到羞耻，但他往往不会因此而受到旁观者的斥责，旁观者的表现多是漠不关心的，或者（就像我在一个特别清晰的梦中观察到的那样）采取僵硬而严肃的表情。这一点尤其值得我们注意。

做梦的人的尴尬、羞耻，以及与此相对的旁观者的冷漠，二者构成了矛盾。这一矛盾在梦中经常出现。就做梦的人本身的感受而言，旁观者理应惊讶地看着他，嘲笑他，或是感到愤怒才算正常。但我认为，这种旁观者应有的、表示反对的情景——由于欲望的满足——已被取消了。相对而言，尴尬、羞耻的情感却因某种力量而被保留下来。于是，这二者之间生出了矛盾。一个梦有可能因为欲望满足的缘故，对其内容的一部分进行改装，以至于变得难以正确解释——关于这一点，以下是一个有趣的证据。换句话说，这种梦正是我们所熟悉的安徒生的童话《皇帝的新衣》的原型。最近，路德维希·福尔达在他的作品《护符》中，也对其进行了文学化的描述。在安徒生的童话中，两个骗子为皇帝织了一件号称只有具备高贵的品德和诚实的人才能看见的、十分贵重的新衣。皇帝信以为真，就穿着这件自己看不见的新衣走了出来。而所有的旁观者都害怕这件具有试金石作用的新衣的魔力，便都装着没发现皇帝竟是赤身裸体。

我们梦中的情景正是如此。可以这样认为：看上去难以理解的梦的内容，其实是某种刺激在通过我们的记忆时，被改头换面了。也就是说，它失去了原有的意义，而被一些我们至今并不知道的其他的目标利用了。我们在下文中会发现：继发性的精神系统在意识的思考活动中，会很频繁地造成这一类的、对梦的内容的曲解。而且，这也可以被看成是决定梦的形成的最后一个因素。还有，这种曲解——在同一精神人格的内部——对于强迫观念和恐惧症等的形成也起着重要的作用。对于以上的梦，我们能够指出取代了其原有意义的材料究竟由何而来。童话中的骗子即是“梦”本身，皇帝指代的是“做梦的人”，而童话中的道德倾向的潜在意义是，社会所不允许的、成为压抑的牺牲品的欲望。在我对神经症患者的分析中，通过考察这一类梦的前后情节，发现这一类梦的基础无疑正是童年早期的记忆。在家庭成员、保姆、女仆以及客人等的面前衣冠不整，并且完全不会感到尴尬、羞耻——这种情况只有在我们还是儿童时才有可能出现。而且，那时我们丝毫不以赤身裸体为耻[①]。甚至，对于某些已经长大一些的儿童来说，脱掉衣服也不是什么难为情的事，反倒会令他感到高兴。裸体的孩子们彼此大笑，奔跑跳跃，拍打着自己的肚皮——这时，如果他们的母亲或其他成年人在场，就会斥责他们道："像什么样子！不许再这样了！"儿童总有一种裸露的欲望。无论你路过奥地利的哪个村庄，都有可能看到几个两三岁的孩子对行人高高地掀起他的衣服，他也许是在向你致敬呢。我的一位病人清楚地记得他8岁时的一幕：睡觉前，他脱掉衣服，只穿着一件内衣，然后打算就这样溜达到妹妹的房间去，结果被女仆拦住了。对于神经症患者，童年时代在异性儿童面前裸露自己的身体的记忆，有着相当重大的意义。而妄想症的患者，经常觉得自己在穿衣、脱衣时有人在暗中窥看，这种幻想亦可追溯至前文所述的童年时代的类似经验。此外，停留在童年时代性欲错乱的状态的患者中，有一部分将这种童年的冲动发展到了病态的程度，即，所谓的"暴露狂"。

当我们回忆往昔，天真无邪的童年时代就像是天堂一般，但这天堂本身不过是每个人对童年时代的幻想的集合而已。这就是为什么人们在天堂中彼此裸袒相对却不感羞惭的原因。然而，一旦到了某个时期，羞愧与焦虑觉醒，人们就被会逐出天堂，于是，性生活与文化才有了发端。但是，每天晚上梦会带领我们返回失落的天堂。我认为，童年早期（从无记忆的时期

①但是，在童话中，也有儿童登场。有一个年纪很小的孩子突然嚷道："他根本就没穿衣服嘛！"

到大约三岁）的各种印象，无论其内容为何，似乎都是对自身本性的再现。也就是说，这种印象的再现就是一种欲望的满足。因此，裸体的梦即是暴露的梦①。

构成暴露梦的核心的，是做梦的人自身的形象和不整齐的衣着。在此，做梦的人自身的形象并不是童年时代的自己，而是现在的自己，而所谓不整齐的衣着，要么是与童年时代无数次的衣冠不整的记忆的重叠，要么因为稽查作用，情景变得模糊不清，二者必居其一。此外，还要加上会令做梦的人感到尴尬、羞耻的人物。然而，在我收集的梦例中，凡是表现童年时期的裸体的梦，其中都不会出现当时确实在场的旁观者。可以说，梦从来就不是一种单纯的回忆。值得注意的是，我们在童年时期的性兴趣的对象，并不会出现在梦中以及癔症和强迫性神经症的症状中。只有妄想症患者才会再次导入这种旁观者，而且，尽管他不可能亲眼看到旁观者，但在幻想中他却会深信他的存在。在梦中，这一类的旁观者被“一群陌生人”取代了，这些陌生人并不关心做梦的人的尴尬和羞耻。实际上，这些陌生人代表了做梦的人的一种“反欲望”，即，针对做梦的人过去曾在其面前裸露过身体的、与自己关系密切的旁观者的“反欲望”。很多时候，“一群陌生人”在梦中还有其他意义，但是，作为“反欲望”的表现，他们总是象征着某个“秘密”②。

①费伦齐记录了若干颇有意味的女性的裸体梦，这些梦大都可以毫无困难地追溯到童年时代的暴露的欲望。但是，在某些细节问题上，它们与我所说的“典型的”裸体梦有所差异。

②理所当然，梦见“家庭的全部成员”在场，也有同样的意义。

我们注意到，妄想症中，对过去的情景的再现也适应于这种反面的倾向。也就是说，患者认为："自己不是一个人，自己无疑正被人窥看着，但是，窥看者是'一群陌生的、不知为什么无法看清面貌的人'。"

并且，压抑在暴露梦中也有一定分量。由这类梦的内容引发的不愉快的感觉，其实是继发性的精神系统的反应。之所以会有这种反应，是因为本来应该在它的稽查作用下被禁止的、裸露的情景，仍然在梦中表现出来的缘故。想要避免引发这种不愉快的感觉，只有令这种情景不在梦中出现。

有关被压抑的情感，我们将在下文中再次探讨。它在梦中表现为"意志的冲突"和"否定"的意义。我们的潜意识的目的是使裸露持续存在，而稽查作用则对其加以抑制。

这些典型的梦与童话以及其他文学性素材的联系绝非偶然，也不罕见。敏锐的诗人以其自身的创造力为工具，往往能够以精神分析的手段认识到这些典型的梦的变化过程，并追溯到它们的源头，最终，将梦境还原为文学作品。一位朋友告诉我，在戈特弗里德·凯勒尔的《绿色的海因里希》中，有以下的段落值得留意："亲爱的李，《荷马史诗[1]》中，描述了奥德修

①荷马，即，Homer，约公元前9世纪—前8世纪，相传为古希腊的游吟诗人，生于小亚细亚，失明，创作了史诗《伊利亚特》和《奥德赛》，二者统称《荷马史诗》。目前没有确切证据证明荷马的存在，所以也有人认为他是传说中被虚构出来的人物，而《荷马史诗》则被认为是当时经过几个世纪口头流传的诗作的结晶。《荷马史诗》是古希腊文学中最早的一部史诗，也是最受欢迎、最具影响力的文学著作，有希腊人的圣经之誉。它是欧洲叙事诗的经典范例，深具现实主义与浪漫主义色彩，被认为是最伟大的古代史诗。——译者注

斯[1]赤裸着身体并沾满泥泞，出现在娜乌茜卡和她的朋友们面前的情景。我并不希望你有一天会置身于奥德修斯那样经典、辛辣的困境，但我希望你能够对此有所理解。让我们来分析一下荷马描绘的这个例子吧。让我们假设，你背井离乡，与一切你所熟悉的事物都作了告别，孤身在异国的天空下徘徊；你饱经沧桑，经历忧患与困苦，遭遇悲惨而无有可信赖依托之人。如果这假设成真，你一定会做类似的梦。也就是说，一步步走近故乡的梦。在梦中，你久别的家园被无上的光辉笼罩，那些温柔、美丽、你所眷恋的人们向你走来，但这时你忽然发现自己却是衣衫褴褛、几乎赤裸、满面尘灰，于是你陷入不知如何是好的羞愧与不安之中。你想要找个地方躲起来，不让人看到自己落魄、裸体的模样。就在这时，你出了一身冷汗，从梦中惊醒。只要人类还存在于这个世上，苦恼的异乡流浪之人就会做这样的梦。就是这样，荷马由最深刻的、永恒的人类的本性中，挖掘出了奥德修斯的境遇。”

通常，诗人唤醒的是读者心中的共鸣，是人性中最深邃和永恒的一面。这种最为深邃且兼具永恒属性的人性，植根于已不复记忆的、童年时代的精神生活，或是与其类似的精神活动。在这样一种沦落天涯的游子的、并无过错的欲望背后，童年时代被压抑和被禁止的欲望趁虚而入，在梦中得以表现。正

①奥德修斯，即，Odysseus，《奥德赛》的主人公，伊萨卡的国王。其机敏、多谋和富于毅力使他通过木马计攻克特洛伊，并忍受十年的流浪和冒险，返回伊萨卡。是西方文学中最常被描述的人物之一。——译者注

是因此，这种与娜乌茜卡传说相类似的、具有一定客观性的梦，实际上往往会顺理成章地转变为不安、焦虑的梦。

前文中介绍了这样一个梦，即，我梦见自己匆忙上楼，却在楼梯上动弹不得。因为在这个梦中出现了暴露梦的本质特征，所以它仍然是一个暴露的梦。而且它应该可以追溯到我童年时期的某些体验。如果可以发掘出这些体验，就能够帮助我们理解女仆对我的态度以及女仆对我弄脏地毯的责难等是怎样影响了我的梦的具体内容，即，这个女仆在我的梦中所占的地位。事实上我确实可以对此做出说明。在精神分析中，由时间上的先后顺序可以推断出材料间的具体联系。如果两个思想之间看上去并没有任何联系，只是相继先后出现，它们其实只是某个有待解释的、统一整体的不同局部而已。如果我将这两个思想中的一个写作 a，另一个相继出现的写作 b，它们其实应该被看成统一的 ab，也应该被读成 ab。梦也是如此。以上有关楼梯的梦，是一系列的梦中的一个局部。除了这个梦之外，这一系列的梦我都已经做过解析，并知道了它们的意义。因此，我必须将这个楼梯的梦放到这一系列的梦中，考察它们之间的联系。而这一系列的梦的根源其实是我对一位保姆的记忆。我从婴儿时期到两岁半左右是由这位保姆照顾的，我还保留着与她有关的模糊的记忆。最近，我的母亲告诉我，虽然这位保姆又老又丑，但她脑筋很好，干活也勤快，但根据我做过的一些与她有关的梦，我得出的推论是：这位保姆对我未必有多温柔耐心，在我不遵守她的有关卫生方面的教导时，她会很严厉地斥责我。也就是说，女仆像我的保姆那样担负起了教育我的工作，因此，在我梦中，女仆的形象就成了我只有模糊印象的、童年时代的保姆的化身。同时，还可以认为，童年时代的我尽管受到了这位保姆的苛刻对待，却还是喜爱她的[①]。

亲人死亡的梦

另一组典型的梦是包含至亲——即，父母、兄弟姐妹以及子女等——死亡的内容的梦。这一组梦可以分为两种类型。一种是虽然做了这样的梦，但是做梦的人在梦中并未感到悲伤，醒来后也讶异于自己竟是这样缺乏感情。一种是在梦中深感悲恸，以致在睡眠中流下热泪。

我们在此不讨论第一种类型的梦。这是因为，第一种类型的梦并不能视为“典型的梦”。对这类梦进行详细分析的话，我们会发现，这类梦的真实意义与其内容大相径庭，梦的显意不过只起到了掩饰的作用而已。例如，前文中我们提及的一位女士的梦便属于此类——她梦见自己的姐姐的小儿子躺在棺材里。这个梦并不意味着她希望自己的小外甥死去，只不过隐藏着一个欲望，希望能与长时间未见的爱人再会而已（在前文中我们已经提及，做梦的这位女士在她的另一个外甥死后，在其

---

①此处是对这个梦的一些补充说明。“在楼梯上吐痰（auf der Treppe spucken）”这种表述中，“吐痰”即“spucken”，与“出现鬼魂（鬼魂，即Geister，这个词亦有“精神”的意思）”的发音相似。因此，直译为法文的话，就成了“楼梯的精神（或机智）”，即“esprit d' escalier”。而“楼梯的精神（或机智）”Treppenwitz的意思是“说迟了的俏皮话”、“缺乏对答如流的才能”。这大概也是对我自身的一种责备吧。但我怀疑我的保姆是不是也缺乏这种“灵机一动”、“对答如流”的本领呢？

棺材旁边，与那人见过一面）。因为这一欲望才是这个梦的真正内容，其中当然并不包含悲哀的感情。正是因此，做梦的人在梦中并不会感到悲伤。我们认为，在这种场合，梦中的感情属于隐意，而非显意。同时，梦的情绪内容并未受到其表象——即，梦的显意——的歪曲。

第二种类型的梦，即，某位至亲死去，并为之深感悲恸的梦，与上述第一种类型的梦截然不同。这种梦正如其内容所指出的，表现的是“做梦的人希望自己的某位至亲死去”这一欲望。我预料到，我一旦提出这一观点，做过类似的梦的读者们以及其他人，一定都会强烈表示反对，所以，在此我将立足于充分的资料，为以上观点提供确凿的证据。

之前我们讨论过一个梦，它告诉我们，在梦中表现得“已经被满足”的欲望未必就是当前最迫切的欲望。换句话说，在梦中表现得“已经被满足”的欲望很有可能是在很久以前已经过去了的，或是被抛弃了的，或是被掩盖的，或是被压抑的欲望。正因为它在梦中得以重现，我们不得不承认这种欲望在某种程度上是永生不死的欲望。这种欲望并不会像真正的死去的人类那样，保持“死亡”的状态，它反倒像是《奥德赛》中描绘的幽灵，一旦饮用鲜血，就会死而复生。前文中介绍的“躺在‘木箱’中的孩子的梦”就是与15年前的一个欲望有关，做梦的人承认，当时这一欲望以积极的形式出现，并且从那以来一直存在。在此，我认为，如果深究这一欲望的根源，可以发现它实际上还与做梦的人的童年时代的记忆有关。而这一点对于梦的理论，也有相当的意义。做这个梦的女士在童年时代——具体时间不能确定——曾听母亲说起，母亲怀着她的时候陷入了很深的忧虑，有过要是胎儿死去才好的念头。也就是说，等到这位女士长大成人，并且也怀了孕，她只不过是模仿了自己的母亲而已。

如果有谁梦见了自己的至亲死去，我绝对不会说这个梦证明了做梦的人“现在”希望自己的那位至亲死去。梦的理论没有那样的权限。我只是想要指出，可以由梦的理论推论出做梦的人——在童年的某个时期——曾经有过希望那位至亲死去的欲望。但是我担心仍然会有人表示反对。他们会这样进行否认：“迄今为止，我从来也没有过那样的想法，更不用说现在会抱有那样的欲望了。”所以，我只得利用手头收集到的种种证据，来复原和重新构建早已消失了的、儿童的精神生活的那一部分①。

首先，让我们考虑儿童们与其兄弟姐妹之间的关系。在成年人的世界中，兄弟间的不和是很常见的现象。而且，很容易就能够发现，这种不合往往源于童年时代的经历，并且有可能长期持续。由此可知，兄弟姐妹之间的关系完全不是由先天决定好了的充满友爱的关系。即使是在成长为成年人之后、彼此感情融洽和衷共济的兄弟姐妹，在童年时代也会经常吵架、互

①参见《精神分析·精神病研究年鉴》第一卷、1909年登载的《一个五岁男孩的恐惧症的分析》，以及《有关神经症学的小论文集》续编中的《儿童的性欲理论》。

相敌视。例如，年长的儿童欺侮年幼的儿童、“打小报告”告状、抢走玩具，等等。年幼的儿童则有怒而不敢言，对年长的儿童既害怕，又嫉妒。或者可以说，年幼的儿童之所以会憧憬自由、渴望正义，正是针对压迫他的年长的儿童。父母总是抱怨孩子们不和，却不知道个中原因。事实上，如果仔细观察就会发现，即使是最乖的儿童，他的性格也与我们所期待于成年人的性格大相径庭。儿童是绝对利己主义的。儿童会强烈地感受到自己的欲望，特别是针对竞争对手和其他儿童，更是如此，而他们的兄弟姐妹则首当其冲。他们会想方设法、不顾一切地去满足自己的欲望。但是，尽管如此，我们也不会说儿童是“邪恶”的，只会说他“顽皮”。无论是在成年人面前，还是直接面对法律，儿童对自己所做的坏事都无须负责。同时，这并无不妥。这是因为，我们完全可以期待，在所谓的童年时期结束之前，这个小小的利己主义者心中的利他主义和道德感就会觉醒。用梅涅特的话说，即，心灵的继发性自我将会掩盖和阻止原发性自我。当然，道德观并不会同时、全面地发展，非道德的童年期的长短也因人而异。对于那些长时间都未能形成道德观的儿童，我们往往称其为“精神异常者”，但这种情形很明显只是发育的迟滞而已。即使原发性格已经被后期的发展所掩盖，在罹患癔症时，它也有可能彻底或部分地显露出来。所谓癔症性格——即，歇斯底里的性格——与儿童“顽皮”性格的相似之处，无论在谁眼中看来都是一目了然吧。而强迫性神经症则与其相反，作为一种更加深刻的负担，它相当于一种强加给再次萌动的原发性格的、过剩的道德观。

于是，尽管许多人现在颇有手足之情，如果兄弟姐妹死去就会悲痛欲绝，但是在他们的潜意识中，仍然残存着过去对自己的同胞的恶意。而且，这种欲望会在梦中出现，得以贯彻自身。观察三岁或比三岁再稍大一点的儿童对待其弟弟、妹妹的态度，是特别有趣的。如果一个儿童在自己的弟弟或妹妹出生前，一直是独生子，并且，他听说了新生儿是由鹳鸟带来的，那么，他就会再三端详新生儿，以十分坚决的语气说："要是鹳鸟再飞来把他带走就好了。"①

我深信，儿童会认真计算新生儿给自己带来的损害。我从一位和我关系很亲密的女士那里听说，她——现在她与比自己小四岁的妹妹相处得十分融洽——在妹妹刚出生的时候，曾这样说过："可是，我不会把我的红帽子给小宝宝。"即使儿童明确意识到自己对同胞弟妹的敌意是在那之后的事，但这种敌意在同胞弟妹出生时就已经觉醒了。我听说过不满三岁的女孩试图扼死摇篮中的婴儿的事件。那个女孩预感到，如果婴儿今后一直与自己在一起，对自己来说绝不是一件好事。这个年龄段的儿童的嫉妒心极为强烈和明显。但是，即使新生儿真的夭折，儿童得以再次将全家的宠爱集于一身，鹳鸟还会带来新的

---

①在前一个注中提到的研究论文涉及了对三岁半的汉斯的恐惧症的分析，汉斯在他的小妹妹出生不久后发了高烧，当时，他喊道："我才不想要小妹妹呢。"一年半以后，汉斯患了神经症。他坦率地表明，他当时希望母亲为小妹妹洗澡时，将小妹妹淹死在浴盆里。此外，汉斯是一个温柔、乖巧的孩子。没过多久他就变得非常喜爱自己的小妹妹，并对其十分照顾了。

婴儿。这时，儿童就会希望这个新的婴儿会遭遇与前一个婴儿相同的命运，这样一来，他就可以像同胞弟妹未出生前以及从前一个婴儿死亡后到新的婴儿出生前那段时间那样，感受到全家的宠爱集于一身的幸福了[①]。儿童会有这种欲望其实是合情合理的。当然，正常状态下，儿童对于新生的同胞弟妹的态度，纯粹由它们彼此的年龄差所决定。年龄差较大的情况下，对于无助的婴儿，身为姐姐的儿童心中就会涌动着母性的本能了。

儿童对同胞弟妹的敌意是频繁出现的，那一定远比我们这些迟钝的大人所能观察到的更为普遍[②]。

对于一个接着一个出生的、我自己的孩子，我失去了观察他们这方面表现的机会，但现在我通过观察我的小外甥，来弥补这一疏忽。我的小外甥的独裁统治长达 15 个月，然后因妹妹的出世而遭受挫折。据说，我的小外甥对他的妹妹颇有绅士风度，他会吻她的手，也会抚摸她的头，但我深信，他在不到两岁的时候就已经觉得他的妹妹没什么用处，还尽他所能、利用

①这种童年时期体验过的有关死亡的事件，在家庭中很快就会被忘记，但是，在精神分析的领域，有清楚的证据证明，这一类死亡事件对后来的神经症具有相当重大的意义。

②有关儿童对其同胞和父母的、单方面的、原生的敌意，在精神分析学的文献中有大量的记载。作家施皮特勒对自己的童年时期的这种典型的幼稚态度有着真实而生动的描述。他写道："无论如何现在有了第二个鲁道夫。一个小东西。他们说那是我的弟弟。但是我不明白这个弟弟有什么用处。不，事实上，何止如此，我完全不明白大家为什么对他就像是对我那样，既溺爱又娇惯。有我一个就足够了，什么弟弟啊，有什么意义？而且他不光根本没什么用处，有时候还是个麻烦。我向祖母撒娇，他也要向祖母撒娇。我坐童车，他也要坐童车，占走一半地方。以至于我们的脚不得不撞在一起。"

他刚学会不久的语言来批判他的妹妹。每当大人们说到与妹妹有关的话题，我的小外甥总会插嘴，很不高兴地叫道："太小！太小！"最近两三个月，这个"太小"的婴儿顺利地成长起来，她的兄长已经不能再轻蔑地说她"太小"了，于是，我的小外甥又找到了新的论据，用以证明"妹妹根本不值得大家重视"——他利用一切机会告诉周围的人们："婴儿没有牙齿。"① 另外，我家里的人都记得发生在我另一位同胞的大女儿身上的事。她六岁时花了半个钟头向她所有的姑姑、婶婶询问道："露西还不明白那个，对不对？"并想方设法令她们表示赞同。露西比她小两岁半，是她的竞争对手。

可以说，我发现，在我所有的女病人中，以兄弟姐妹的死亡为内容的梦都包含有强烈的敌意，只有一个例外。但是，只要对这一例外进行适当的解释，就可以知道它其实从另一侧面证明了以上规则的性质。我在为一位女病人做分析诊疗时，对她作了这方面——即，对兄弟姐妹的敌意——的说明，因为，我觉得，她的症状与此有关。但使我感到惊讶的是，这位女病人说，她迄今为止从来没有做过这一类梦。不过，她回忆起了另一个梦。她从四岁起反复地做这个梦，梦的内容看似与以上所述的问题并无关联。最早做这个梦的时候，她是家中年龄最小的孩子。梦的内容如下："很多儿童——都是我的哥哥、姐姐，或是堂哥堂姐们——在草原上又跑又跳地嬉戏，突

①汉斯在三岁半时，用同样的话批评过自己的妹妹。他认为，因为妹妹没有牙齿，所以不会说话。

然他们都长出翅膀，飞上天空，消失不见了。”她完全不明白这个梦的意义。但是，我们不难看出，尽管这个梦受到稽查作用的影响，内容略微有些改变，其实质却也是她的兄弟姐妹都死去的梦。对此，我可以做出以下分析：那些孩子中有一个死去了——在这个例子中，兄弟二人的孩子们是一起抚养长大的——当时，这位女病人还没满四岁，于是，她向某位大人问道：“孩子死了，那以后他会怎么样呢？”而大人一定是这样回答她的：“他会长出翅膀，变成天使。”听到这样的说明后，在她的梦中，她的兄弟姐妹们就都长出了翅膀——这一点非常关键——飞上天空，消失不见了。只有这一位将自己所有的兄弟姐妹都变成了天使的孩子自己留了下来。那么多的孩子都消失了，只有她一个幸存者。我们很容易就能够想到，这种情形对她来说再理想不过了。毋庸置疑，儿童们在草原上又跑又跳地嬉戏，是在暗示他们是蝴蝶。这大概是因为她的观念受到了传统思想的影响，就像古代的人们设想灵魂女神塞姬生有蝴蝶般的翅膀那样。

也许有人会这样反驳我：“儿童对于兄弟姐妹抱有敌意这一点或许确实如你所述。但是，你似乎在说，在儿童心中，对于一切罪过都必须以死偿还，难道说，儿童竟然邪恶到如此地步，希望他的竞争对手，或是比自己更强的伙伴都死去才好吗？”但是，我希望这些反对者考虑一下儿童对“死亡”这一概念的理解。可以说，关于“死亡”这一概念，除了这个词语本身之外，儿童与我们成年人之间根本不存在共有的理解。儿童完全不知道死亡后尸体的腐烂、永恒的虚无等悲惨和恐怖。但是，对于成年人，就像所有那些描述死后的国度的神话中所说，永恒的虚无令人束手无策、难以忍受。因为儿童不理解死亡的恐怖，所以他们会很轻易地说出可怕的话，有时用来吓唬自己的同伴，就会说："你要是再这么做，你就会像弗朗西斯那样死掉！"而母亲听到这话会吓得寒毛直竖。这是因为母亲不会忘记，普通人出生后有一半以上会在童年时期死亡。甚至，就连已经8岁的孩子在参观了自然博物馆之后，也会对自己的母亲说道："妈妈，我是那么爱你！所以，等你死了，我就把你剥制成标本，放在房间里。这样我就随时都能看到你了！"关于"死亡"这一概念，儿童与成年人的观念竟是如此的不同①。

因为儿童并没有亲眼见过死亡之前的痛苦的情景，所以，"死去"这一概念对儿童而言只意味着"走了"。也就是说，以后不会再打扰留下来的人们了。至于"走了"的人为什么不回来，是因为旅行、被解雇、被疏远，还是因为死亡，儿童并不能分辨其中的区别②。如果儿童出生后不久，奶妈就被辞退，然

①我曾因一个10岁的、非常聪明的男孩的话而深感震惊，他在他的父亲暴毙后不久，这样说道："我知道父亲已经死了，可是，我就是不明白，他为什么不回家来吃晚饭呢？"有关这一主题的更多材料，可以参见医生冯·哈格－赫尔穆特夫人编纂的杂志《意象》中的《儿童心理》栏目（第一卷至第五卷，1912—1918年）。

②一位懂得精神分析的父亲曾观察到他的异常聪明的四岁女儿怎样区分出了"走了"与"死去"的不同之处。这个女孩在吃饭时撒娇缠人，同时，她注意到家里的女仆以不耐烦的目光看着自己，于是她就对父亲说道："约瑟芬死了才好呢。"父亲哄她道："为什么你要说她死了才好呢，让她到一边去就行了嘛。"女孩答道："可她就是走到一边去，也还会回来的。"对于儿童的无限的自恋而

后他的母亲又死去，那么，通过分析可以知道，在儿童的记忆中，这两个事件会重合成为一个事件。儿童不会把不在的人放在心上。例如，母亲到外地避暑旅行，几周后返家，接着，她向留在家里的人们询问孩子的情况。她往往会得到这样的回答“孩子从没嚷着要找妈妈”，因而悲伤不已。但是，如果母亲果真“一去不回”，赶去了死者的国度，儿童们最初会表现得像是完全忘记了母亲，而不久之后，就会想起死去的母亲，在心中哀悼。

因此，如果一个孩子因为某个理由希望另一个孩子走开，就会单刀直入地变成“他死了才好”，而通过分析这样的包含着“死亡”的欲望的梦，我们已经证明：无论梦的内容有怎样的区别，归根到底，儿童的欲望与成人的欲望仍然是相同的。

然而，尽管我们已经通过儿童的利己主义解释了以下现象——即，因为儿童将自己的兄弟姐妹视为竞争对手，所以会抱有希望他们死亡的欲望——但是，对于儿童针对自己父母的“他死了才好”的欲望又应该做出怎样的解释呢？因为父母是对儿童倾注感情的人，也是满足儿童的各种欲望的人，即使从儿童的利己主义的动机出发，他也应该期望自己的父母好好活着才对。

内容为父母死亡的梦，十有八九是父母中的一方死亡的梦，同时，所谓“父母中的一方”，多为做梦的人的同性。也就

言，任何阻碍都是大逆不道的罪行，儿童的感情就像是严苛的德拉寇法典，对于以上一切罪行都毫不犹豫地施以唯一的刑罚，即，宣告死刑成立。

是说，男性梦见父亲的死，女性梦见母亲的死。这些经验可以作为解决前文中的疑问的重要线索。当然，我并不是说这是不可动摇的通用法则，只是，这种倾向相当明显，十有八九。因此，我认为，有必要通过某种具有普遍意义的契机，对这一现象做出解释[①]。一般而言，性的偏爱很早就已表现出来，即，男子将父亲、女子将母亲，各自视为自己的情敌，如果父亲或母亲死去，自己的利益才能增长。

读者可能会认为我的说法纯属荒诞奇谈，但是，我希望读者能够正视父母与儿童之间存在着的、事实上的关系。我们必须将孝顺父母这一文化上的要求、与日常见闻中观察到的真实情况区分开来，再继续探讨。在父母与儿童之间的关系中，令儿童对父母抱有敌意的契机俯拾皆是。产生诸如此类的欲望的各种条件相当常见，这种欲望只是难以通过稽查作用而已。首先，考虑一下父子之间的关系，我认为，面对现实时，我们的观察能力被钝化了。人类社会各阶层对父母的敬爱，难道不是已被其他的兴趣所取代了吗？我们从那些自人类的原始时代以来流传下来的、神话传说中的阴郁的故事得知：父亲掌握着绝对的权力，以及这种权力的残酷性。这无疑是令人不愉快的。克洛诺斯吞食自己的子女，就像公猪吃掉母猪的幼仔；宙斯阉割了自己的父亲[②]，并取而代之。在古代家庭的内部，父权越是

①事态往往作为道德上的反应而被掩盖为一种自罚的倾向，即，“父母中自己所爱的一方有可能死去”会以一种威吓的形式表现出来。

②至少在某些神话中是这样记述的。在其他一些神话中，则只记述了克洛诺斯阉割了自己的父亲乌拉诺斯。有关这一主题在神话学上的意义，参见兰克的

严苛，作为世袭的继承人的儿子就越是敌视父亲，就越是急不可待地希望父亲死去，而自己成为统治者。即使在现代社会的家庭中，父亲不允许儿子自主决定人生道路，并拒绝为儿子提供其独立所需的必要手段，因而助长了父子之间原本就存在着的敌意的萌芽，这种现象也是常见的。事实上，医生经常会见到以下情形，即，儿子在父亲死后，他的悲痛之情并不足以掩饰他终于获得独立自主的满足感。一般而言，父亲们往往拼命握住在现代社会已经变得陈旧、腐朽的“家长权威”不放。因此，像易卜生那样将父子间的冲突写入自己作品的诗人，一定会大获成功。母女间的冲突的动机则表现在，女儿长大成人后，逐渐认为母亲对自己的干涉过多。也就是说，女儿渴望性的自由，但母亲见到女儿的成长后意识到，自己已经年老，必须放弃对性满足的需求了。

所有这一切都是有目共睹的吧。但是，有些人认为孝顺父母是天经地义、不可侵犯的品德，前文中的说明似乎并不能解释他们所做的“至亲死亡的梦”。然而，我们仍然可以依据前文中的观点，继续深入分析童年早期的父母死亡的欲望的根源。

对于神经症患者的精神分析，毫无疑问地证实了前文中的推测。通过分析，我们可以知道，儿童的性欲望——如果可以将性欲望的萌芽状态也称为“性欲望”的话——很早就觉醒了。而且，女孩最初的爱情指向父亲，男孩最初的爱情指向母

《英雄诞生神话》（《应用心理学论集》第五号，1909 年）及《文学与传说中常见的乱伦的主题》（1912 年，第九章第二节）。

亲。于是，父亲即是男孩的情敌，母亲即是女孩的情敌。在前文中针对兄弟姐妹的死亡欲望的分析中，我已经证明了儿童很容易将这一类感情转化为死亡欲望。此外，性的倾向在父母对待孩子的态度中也有所表现。一般而言，其自然倾向为，父亲宠爱小女儿，母亲则宠爱儿子。只要性的魔力没有影响到父母对孩子的正常的判断力，他们还是会严格教养孩子的，但是，类似的倾向始终会显露出来。儿童对于自己是否受到宠爱是很敏感的，因此，儿童会对父母中并不特别宠爱自己的一方表示出反抗的情绪。对于儿童而言，为成人所宠爱不仅意味着某种特殊欲望的满足，还意味着在除此之外的其他方面，自己的意志都能得以贯彻。所以，儿童会盲从于自己的性冲动。如果他对父母的选择与父母自身的偏爱彼此一致，这种倾向性就会被更新，获得新的力量。

儿童的这种幼稚爱情的征兆大部分都被忽略了，但是，其中的一部分在最早的童年时期度过之后仍有所表现，并终于引起成人的注意。一个我认识的8岁女孩，在她的母亲离开餐桌后，利用这一机会宣布自己是母亲的继承人。她这样说道："现在我就是妈妈了！卡尔，你还要吃点儿蔬菜吗？多吃一点儿吧，听话，多吃一点儿吧。"还有一个聪明活泼的4岁女孩（我们可以从这个女孩身上非常清晰地看到儿童心理的一角）坦白地说："有一天母亲或许会离开，到时父亲就会和我结婚。我想成为父亲的妻子呢。"在儿童的生活中，这种欲望与其发自心底地依恋母亲的感情是毫不矛盾的。因为父亲离家旅行，孩子可以睡在母亲身边，但是，当父亲一回到家里，他就必须回到自己的房间，与他并不喜欢的人睡在一起。类似这种情况，孩子自然而然就会希望自己能够一直守在温柔、美丽的母亲的身边，而父亲最好永远也别回家。要达成这一欲望的一个手段就是父亲的死亡。儿童由自己的经验清楚地认知到这一手段，他很清楚，凡是“死去的人”，例如他的祖父等，总是不在，而且再也不会回来了。

尽管对于儿童的观察很容易就证实了我提出的以上观点，但是，这些观察并不能令我十二分地确信自己的正确。只有在成人神经症患者的精神分析中也得到验证，才能够令我满意。在分析这一类梦之前，必须说明，这一类梦仍是欲望满足的梦，而无法做出其他的解释。有一天，我见到一位痛哭失声的妇人，她说，她再也不想见到她的亲戚们了，因为他们一定都认为她很可怕。然后她又告诉我她做的一个梦，当然，她并不明白这个梦的意义。这是她四岁时做的梦。“山猫，或是狐狸，总之是类似的什么，在屋顶上走来走去。接着，有什么东西掉了下来。也许是我自己摔了下来。然后，母亲死了，被抬出屋外。”说到这里，她又痛哭起来。我告诉她，这个梦揭示了她在童年时代曾希望母亲死去的欲望，因此，她才会哭得这么厉害，同时这也是她的亲戚认为她很可怕的原因。我刚刚说完，她就补充了一些有助于解析这个梦的材料。“山猫的眼”，指的是在她还很小的时候，街头的顽童骂她的话。还有，她三岁时，屋顶上的瓦片掉下来砸中了她母亲的头，流了许多血。

我曾详细研究过一位经历过种种不同心理状态的年轻女子的病情。她的病情起初表现为狂躁的混乱状态，一旦发作，她就显得特别憎恶自己的母亲。如果母亲走近她的病床，她就又打又骂。与此同时，她却对比自己年长许多的姐姐非常温柔，百依百顺。度过了这种状态之后，她的神智恢复清醒，但出现了睡眠障碍，而且变得相当冷漠。我就是在她处于这一阶段的时候接手治疗，并分析她的梦的。梦的大部分，尽管多少有些掩盖，但都意味着母亲的死亡。例如，梦见参加某个老妇人的葬礼，或是与姐姐一同穿着丧服坐在桌旁，等等。这一类梦的意义不言而喻。当这位年轻女子的病情开始好转时，又出现了癔症性恐惧症的症状。恐惧症中令她最为痛苦的，是她害怕自己的母亲会出事。不管她身处何地，只要病情发作，她就不得不强迫自己急忙赶回家中，好确认母亲并没有出事。这一病例，结合我从其他来源所获的经验来看，其实是相当典型的。就像是把一句话翻译成不同的语言那样，这一病例揭示了人的精神对同一刺激的表象（观念）所做出的种种不同的反应。我认为，这是她通常状态下被压抑的精神的原发性系统压制了精神的继发性系统，因而陷入了混乱的状态，因此，她潜意识中对母亲的敌意被自动放大了。然后，第一次安静状态开始，精神上的骚动被镇压，稽查作用得以复活，于是，这时她希望母亲死亡的敌意想要实现，就只剩下一种手段，即，做梦。接下来，在巩固正常状态的过程中，就出现了癔症性逆反应与防御现象，使她产生了对母亲的过度的、病态的关怀。由此看来，我们就清楚地了解到罹患癔症的女子为什么经常表现出对母亲的异常的依恋了。

我曾深入探究一位年轻男子的潜意识。他患有强迫性神经症，几乎已不能正常生活，甚至不能走到街上去。这是因为，他认为自己一定会杀死所有路遇的行人。他每天都在家中整理各种各样的不在场证据。他认为，如果城中发生杀人案，而自己成为被告，就可以用这些证据来证明自己的清白。毫无疑问，这位男子道德高尚并受过良好的教育。在治疗这位男子的神经症的过程中，我通过分析证明，这种强迫观念的原因正是他针对自己的过于严厉的父亲的杀人冲动。而且，这种冲动在他七岁时就已经有意识地表现出来了。这一点令他十分震惊。当然，事实上冲动的来源还可以追溯到更早的童年初期。这位男子 31 岁那年患了重病，病愈后，他的父亲死去，而上述的强迫性自责便在那时产生了。不过，这种强迫性的自责以恐惧症的形式出现，恐怖的对象也转嫁为陌生人（而不是他的父亲）。毋庸讳言，一个想要把自己的亲生父亲从山顶推落到深渊谷底的人，怎么可能对与自己毫无关系的陌生人手下留情呢？所以，他将自己深锁在家里是理所当然的。

以我迄今为止的广泛经验看来，所有罹患神经症的病人，他们的父母在其童年时期的精神生活中都占有相当重要的地位，而且，他们对父母中一方的爱慕以及对另一方的仇恨在童年时期就已形成，并对后来罹患的神经症的症状的形成具有相当重大的意义，这也构成了导致他们的精神上的兴奋的、最重要的材料。但是，我并不认为神经症患者在这方面与其他正常人有什么截然不同的区别，他们并没有创造出任何全新的或是他们独有的东西。我认为，大多数的儿童的心灵中都存在着与神经症患者相同的、对父母的爱与恨的感情，只不过他们并没有像神经症患者那样明显和强烈地表露出来而已。通过对正常的儿童的观察，我认为，以上观点是妥当的。一个从古代流传下来的传说也证实了这一观点。只有借助以上观点中的儿童的心理，才能够真正理解这个传说的彻底、普遍、深刻的影响力。

我说的就是俄狄浦斯王①的传说，以及索福克勒斯②创作的同名剧本。俄狄浦斯是底比斯③的国王拉伊俄斯④与王后伊俄卡斯忒⑤的儿子，他一生下来就被抛弃，因为有神谕降下，说他将来会弑父。俄狄浦斯为人所救，在异国长大成人，并成了王

①俄狄浦斯，即，Oedipus，希腊神话中底比斯的国王，是国王拉伊俄斯和与王后伊俄卡斯忒的儿子。他在不知情的情况下，杀死了自己的父亲并娶了自己的母亲。后来真相大白，他弄瞎自己的双眼，把自己流放国外。俄狄浦斯是许多著名悲剧作品中的主角，其中最著名的是索福克勒斯的《俄狄浦斯王》。——译者注

②索福克勒斯，即，Sophocles，公元前496/497—前405/406年，古希腊剧作家，与埃斯库罗斯、欧里庇得斯并称古希腊三大悲剧作家，雅典闻名的公众人物。在悲剧创作领域相当高产，共写过123个剧本，但只有七部悲剧完整留存至今。他扩大了合唱队的规模，率先引进舞台上的第三演员。戏剧语言流畅、人物描写生动、形式完美，被视为希腊戏剧的典范。——译者注

③底比斯，即，Thebes，地名。位于希腊中部皮奥夏地区，起初称马克西尼城，公元前四世纪达到极盛，公元前336年被亚历山大大帝毁灭。在希腊神话中占据重要地位。——译者注

④拉伊俄斯，即，Laius。——译者注

⑤伊俄卡斯忒，即，Jocasta。——译者注

子。他想要知晓自己的身世，于是去求取神谕，神谕告诫他，说他命中注定将会弑父娶母，应该远离家乡。俄狄浦斯将异国当成了自己的家乡，便出发离开。他在途中遇见拉伊俄斯王，因一些小事争吵起来，并将其杀死。后来，他来到底比斯，解开了拦路的怪兽斯芬克斯的谜题。感激他的底比斯人推举他为王，他与伊俄卡斯忒结了婚。他在位期间国泰民安，并与自己的亲生母亲先后生下二男二女。后来，国内瘟疫横行，底比斯人为此求取神谕。索福克勒斯创作的悲剧便由此开端。使者带回了神谕。神谕说，只有将杀害拉伊俄斯的人逐出底比斯，瘟疫才会平息。但是，凶手到底躲藏在何处呢？

> 该到何处寻找
> 那古老罪恶的蛛丝马迹？

戏剧的梗概——与精神分析的工作相似——一环紧扣一环，情节起伏跌宕，高潮迭起。最后，真相大白，俄狄浦斯就是杀害拉伊俄斯的凶手，而他又是拉伊俄斯与伊俄卡斯忒的亲生儿子。由于这懵然不知中犯下的滔天罪行，俄狄浦斯刺瞎了自己的双眼，从此远离家乡。而神谕得以实现。

《俄狄浦斯王》是所谓的命运悲剧。据说其悲剧效果在于神灵的至高无上的意志与凡人的蚍蜉撼树般的反抗之间的冲突。而观众之所以被深深打动，是因为从这一悲剧中领悟到了在浩瀚的神意下，人力是如此渺小的教训。近代的许多作家将这种对立的关系编入到自己创作的故事中，希望能够取得同样的悲剧效果，这种做法看似非常正确。在这些作家笔下，主人公们以清白无辜之身，奋力抗拒命运，而诅咒也罢，神谕也罢，却仍然不可避免地得以实现。但是，看到这一切，观众们却丝毫也不会觉得感动，完全无动于衷。也就是说，与古代的作品相比，近代的命运悲剧无一例外地失败了。

如果说俄狄浦斯王的故事像它感动当时的希腊人那样，也感动了现代的观众，那么，唯一可能的解释就是：这一悲剧的效果并不是出于命运与人类的意志之间的冲突，而是出于表现这种冲突的素材的特殊性。例如，对于格里尔帕策[①]的《女祖先》以及其他命运悲剧中描述的情节，我们认为那都是偶然的、恣意的，是无稽之谈；然而，与此相对，在我们的心底，却承认俄狄浦斯王的命运能够感动我们。事实上，在俄狄浦斯王的故事中，确实能够找到我们自己的心声。他的命运之所以带给我们感动，是因为他有可能正是我们的前车之鉴。在我们尚未出生时，神谕已将同样的诅咒加诸我们自身了。或许，我们所有人的命运是一致的，我们都将人生中最初的性冲动指向母亲，而将最初的仇恨与暴力的欲望指向父亲。我们的梦证实了这一说法。俄狄浦斯王杀死父亲拉伊俄斯，娶了母亲伊俄卡斯忒为妻，这不过是我们童年时期的欲望的满足而已。但是，

①格里尔帕策，弗朗兹·格里尔帕策，即，Franz Grillparzer，1791—1872年，奥地利作家，维也纳科学院院士。其代表作《太祖母》被认为是最伟大的奥地利文学作品之一。——译者注

我们比俄狄浦斯王幸运得多，我们并没有成为神经症患者，而且我们成功地摆脱了指向自己的母亲的性冲动，也忘却了对自己的父亲的嫉妒。与俄狄浦斯王这一满足了童年时代的原始欲望的人物相比，我们以全力将自身内部的这种欲望压抑下去。诗人在作品中暴露了俄狄浦斯的罪行，同时迫使我们不得不在内心中认识到，这种已被压抑下去的欲望仍在蛰伏，未曾消灭。合唱团在离开舞台时这样唱道：

……看啊，那就是俄狄浦斯。
解答黑暗的谜题，权柄无双之人，
人人欣羡、美满幸福的俄狄浦斯，
看啊，现在他已沉入苦海。

这是对我们的警告。自从童年时期以来，我们一直傲慢地自诩聪慧、勇武，事实上，我们与俄狄浦斯一样，对大自然强加给我们的、违背道德的欲望懵然不知，浑浑噩噩地活着。而且，一旦这些欲望暴露于天光之下，我们却又都不肯正视童年时期的这些景象[①]。

①在精神分析的研究的诸多成果中，潜意识中保留着童年的乱伦倾向这一事实招致了前所未有的强烈的反对、激愤的否认，以及甚至是滑稽的、文不对题的批判。最近，竟然有这样一种尝试，试图无视一切经验，而仅将“乱伦”视为“象征性”的事物。费伦齐在《意象》（第一卷，1922年）中，根据叔本华的书信中的一段，巧妙地重新诠释了俄狄浦斯神话。最近的研究表明，在《梦的解析》中初次提出的“俄狄浦斯情结”，为人类史、宗教道德的发展等带来了意料之外的重大意义（参见《图腾与禁忌》，1913年。全集第九卷）。

在索福克勒斯的悲剧的文本中明确记载了俄狄浦斯传说取材于某个古老的梦。其内容为，由于性冲动的初次出现，导致儿童与父母的关系陷入痛苦的混乱之中。当时，俄狄浦斯虽然还没有清楚地把握事态的全貌，但也因为神谕的内容而忧心不已，于是伊俄卡斯忒安慰俄狄浦斯，说神谕与梦一样，都做不得准。而且，她还说道，有一类梦许多人都曾做过，但那其实毫无意义。

有许多人梦见过，

与自己的母亲成婚。他们却全不在意，

轻轻地背负这人生的重荷，阔步向前。

像古代的希腊人曾经梦见的那样，今天也有许多人会梦见自己与母亲发生了性关系，一旦谈及此事，人们就会表现出极大的愤慨与讶异。很明显，这一类梦正是解析俄狄浦斯的悲剧的关键，也为父亲死亡的梦提供了补充说明。俄狄浦斯传说是对上述两种“典型的梦”的幻想的反应。就像这些梦会令成人感到不快一样，俄狄浦斯传说也必定包含有恐怖与自我惩罚的内容。俄狄浦斯传说作为梦的材料，经过继发性的加工润色，变得令人难以分辨，并为宗教的意图所利用。这一题材与其他题材一样，试图将神的万能与人类的责任结合起来，当然会招致失败。

另一部伟大的悲剧，即，莎士比亚创作的《哈姆雷特》，事实上与《俄狄浦斯王》植根于同样的土壤，只是，对于相同材料的不同的处理方式，表现出了两个相距甚远的文明时代在心理生活上的巨大差异，这种差异反映了数百年来人类的情感生活所受到的压抑的增长。《俄狄浦斯王》的内容与梦有相似之处，它直接实现了儿童心中最根本的欲望与幻想，但在《哈姆雷特》中，欲望却受到了压抑，我们——就像神经症患者那样——只能从针对欲望、幻想的压抑中察知其存在。观众往往摸不透主人公哈姆雷特的性格，但奇怪的是，这竟完全不影响这部作品取得震撼性的效果。《哈姆雷特》主要刻画了主人公哈姆雷特在完成复仇任务时的心理，他是那样地犹豫不决。然而，这种犹豫、痛苦的根据或动机究竟为何，在剧本中却完全没有提及。而且，迄今为止，数不胜数的有关《哈姆雷特》的研究也都未能对这一点做出令人信服的解释。根据至今仍具权威性的、最早由歌德提出的观点，哈姆雷特代表了一种特殊类型的人——他们的直接行动力由于思维活动的过度发达而被麻痹了。另一种观点则认为，莎士比亚着力描述的性格是一种陷入神经衰弱后的、病态的犹豫不决。然而，众所周知，哈姆雷特绝不是那种欠缺行动力的人物。我们可以看到，他曾两次毅然决然地采取行动。一次是他在暴怒下刺死了躲在挂毯后的窃听者，一次是他蓄意地甚至可以说是狡猾地、以文艺复兴时代的那种王子般的坦然，杀死了两名试图刺杀他的朝臣。那么，到底是什么阻碍了他执行父王的鬼魂交给他的任务呢？我们可以将这一点归结于这项任务的特殊性。哈姆雷特做得出任何事，但就是无法杀死自己的叔叔。叔叔杀死了他的父亲，娶了他的母亲——也就是说，叔叔实现了哈姆雷特童年时代被压抑的欲望。于是，驱使哈姆雷特复仇的憎恨，逐渐被内心的自责与良心的不安所取代，这种自责与不安在潜意识中对哈姆雷特诉说道：“你并不比你想要杀死的那个人好多少。”如果将哈姆雷特内心的潜意识翻译成有意识的台词，那就是以上这样。我认为，将哈姆雷特视为癔症患者的观点，只有通过我的上述分析，才能推论出来，否则就不能算是正确。其次，在哈姆雷特与奥菲莉亚的对话中表现出的对性的厌恶，也与我的以上观点相符。这种对性的厌恶，在莎士比亚本人心中盘踞、日益高腾，终于在《雅典的泰门》中得以抒发。哈姆雷特这一人物告诉我们的，显然正是诗人自身的心理状态。格奥尔格·勃兰兑斯[①]论及莎士比亚，他指出，这部作品是莎士比亚在父亲死后不久（1601年）便创作完成的，也就是说，是在哀悼父亲的悲痛中写就的。创作过程中，他在童年时期对于自己父亲的感情（这样说并无不妥）亦得以复苏。此外，莎士比亚早夭的儿子名叫哈姆涅特（与哈姆雷特相似），这也是广为人知的。《哈姆雷特》取材于父母与儿子之间的关系，与此相对，创作于同一时期的《麦克白》则涉及了无子嗣的人的主题。正如一切神经症的症状那样，不，正如梦需要再次诠释那样，不，正如梦必

①格奥尔格·勃兰兑斯，即，Georg Brandes，又译布兰代斯，1842—1927年，丹麦文学评论家和学者，文学史家。号召作家为进步思想和现代社会改革写作，剧作家易卜生和斯特林堡都是他的拥护者。最主要的代表作是六卷本的《十九世纪文学主流》，为举世公认的权威教本。——译者注

须经过再次诠释才能够被人理解那样；凡是真正的艺术作品，也都是作家心灵中的多种动机与灵感的产物，具有多种解读方式。在此，我不过是试图对诗人心灵中最深处的冲动做出解释而已[①]。

在结束关于亲人死亡这种典型的梦的探讨之前，我必须再补充几句，以说明这种典型的梦对梦的一般理论的重大意义。在这种典型的梦中，因被压抑的欲望而形成的梦念彻底避开了所有的稽查作用，将其本来面目原封不动地在梦中表现出来。事实上，这是极不寻常的。之所以会出现这种情况，必然有某种特殊的因素起了作用。我认为，以下两个因素为这种梦的产生提供了有益的帮助。第一，我们必须认为自己绝对没有这种欲望。也就是说，我们会这样描述："做梦也没想到。"因此，梦的稽查作用对于这种异想天开的念头毫无防备。这与所罗门的法典中并不包含对弑父的刑罚具有相同的性质。第二，这种被压抑的、完全想不到的欲望以关心亲人生命安全的形式，恰好与前一天的日常生活的琐碎印象相结合。这种关心利用相应的欲望进入梦中，而欲望

①上文中针对哈姆雷特的精神分析的解释，由欧内斯特·琼斯继续探讨发展，对于见诸文献的各种批判意见，他也一一加以批驳（《哈姆雷特问题与俄狄浦斯情结》，1912年）。

据传，莎士比亚的剧作的作者是出身于斯特拉特福的人，现在我对此深感怀疑。

有关《麦克白》的进一步分析参见我的论文《精神分析工作中研究的几种典型性格》（《意象》，第四卷，1916年，全集第十卷），以及L.耶科勒斯的《莎士比亚的〈麦克白〉》（《意象》，第五卷，1918年）。

则隐藏在日常生活中的关心的背后。如果我们把这一切问题考虑得很简单，认为不过是日有所思夜有所梦而已，那么，亲人死亡的梦与其他的梦的解释之间的联系就变得难以分辨，而原本很容易就能够破解的谜题就再也无法解开了。

探讨这一类梦与焦虑的梦的关系，也是相当有意义的。事实上，这种亲人死亡的梦发现了一种手段，可以令被压抑的欲望逃避稽查作用以及因稽查作用所达成的对梦的化装。在这种情况下，我们不可避免地要在梦中体验到令人痛苦的感情。同样地，焦虑的梦也只有在全面或部分地战胜了稽查作用时，才会产生；另一方面，由肉体本身引发的焦虑作为一种积极的刺激，能够令其更加容易地战胜稽查作用。这样看来，稽查作用与其促成梦的化装的目的就一目了然了——那是为了防止焦虑以及其他形式的痛苦感情的发生。

前文中我已经谈到了儿童内心的利己主义，在此，我希望能够再度引起读者对儿童的利己主义的注意。这是因为，它与梦的利己主义的性格有着一系列的联系。所有的梦都是极端利己主义的。在所有的梦中出现的自我都是“可爱”的，即使是通过化装的手段。梦中被满足的欲望通常都是“自我”的欲望。有些梦看似是由对他人的关心所引起，但实质上仍是利己的。接下来我将举出几个似乎与这一主张相矛盾的实例，并加以分析。

梦例一：

这是一个不满四岁的男孩的梦。他梦见，他看到一个很大的盘子，里面盛着大块的烤肉和配菜。烤肉突然一下子就被吃掉了——甚至还完全没被切开。他没看见吃掉烤肉的人[①]。

吃掉了那么一大块烤肉的人到底是谁呢？他做梦当天的体验提供了明确的线索。最近两三天，医生规定他只能喝牛奶。做梦的当晚，他因为过于调皮，被罚不准吃晚饭。他曾经接受过一次这样的饥饿疗法，并且非常成功地做到了。因此，他很清楚自己今晚确实什么也吃不到，也没有开口说自己肚子饿。教育已经开始有了效果。这也表现在了梦中——这个梦还展示出了梦的化装的萌芽。毫无疑问，他的欲望即是一顿大餐，特别是烤肉，而吃掉了烤肉的人就是他自己。但是，他知道自己是不能吃烤肉的，所以，他并不像肚饿的儿童在梦中所做的那样（参见我的女儿安娜做的草莓的梦），坐到餐桌前大吃一顿。因此，在梦中吃掉烤肉的人也就一直没有露面。

梦例二：

这是我的梦。我梦见，书店的橱窗里放着我一直购买的一套丛书出版了新专辑的第一册，而且是豪华版（这是一套关于艺术家评传、世界史、著名的艺术名胜的丛书）。这套丛书的新专辑是《著名演说家（或是“演讲”）》，第一册的标题为勒谢尔博士。

①梦中出现很大的事物、大量的事物、多余的事物、极端的事物等，是童年时期的一大特色。儿童最强烈的欲望就是长大，尤其是变得像大人一样。儿童难以满足。他们不知道什么叫作“满足”。他们反复地、贪得无厌地追求自己想要的事物，不肯罢手。儿童只有在接受了教育之后，才会懂得节制、知足、放弃等概念。众所周知，神经症患者也有类似的无节制的、极端的倾向。

勒谢尔博士是议会的反对派的成员，一个善于长篇大论的演说家。他的名字竟出现在我梦中，这实在有些奇怪。原来，事实是这样的：近来我接手了几个新病人的诊疗，因此，我不得不每天都进行十到十一个小时的谈话。所以我才是那个长篇大论的演说家。

梦例三：

又是我的梦。我梦见，我认识的一位大学的教授说道："我的儿子，那个近视眼……"接下来是一段简短的交谈。然后，在梦的第三部分，我的儿子们登场了。就这个梦的隐意而言，父亲也好，儿子也好，教授也好，都不过是我和我的大儿子的替代品。我将在下文的章节中再提及这个梦的另一特点。

梦例四：

这一个梦是将真正的卑劣的利己主义隐藏在体贴的关心背后的例子。我梦见，我的朋友奥托像是生了病，脸色褐红，眼球突出。

奥托是我的家庭医生。多年来，他一直为我的孩子们诊疗，如果他们得病，他总是及时、完美地将其治愈。不仅如此，只要一有机会，他就会带些礼物来给他们。对于奥托，我简直无以为报。做梦的当天，奥托来访，我的妻子说，他看上去非常疲惫困顿。在我的梦中，他似乎带有巴塞多氏病[①]的若干症状。如果人们不遵循我的梦的解析的原则，一定会认为

①巴塞多氏病，即，Basedow's disease，甲状腺功能亢进症。——译者注

这个梦是关心朋友的健康的梦，并且我的关心也在梦中得以体现。如果真的是这样，那么，这不仅不符合我的“梦是欲望的满足”的理论，也与我的另一个理论——即，“梦只会认知利己主义的冲动”——相矛盾。所以，我必须对持这种观点的人们说明，我为什么要担忧奥托会患上巴塞多氏病（他的外貌与巴塞多氏病的症状完全不符）。

我的分析从另一方面发掘出发生在六年前一件事。当时，我们一行人（包括 R 教授在内）在深夜乘马车通过 N 地区的森林。N 地区距离我们的避暑地点有两三个小时的车程。马车夫多少喝了些酒，结果马车翻到了崖下。好在运气不坏，没人受伤。但是，当晚我们不得不到最近的一家旅店住宿。这突如其来的灾难令我们获得了相当的同情，一位很明显罹患巴塞多氏病的绅士——与梦中的情景相似，他脸色褐红、眼球突出但甲状腺并不肿大——出来招呼我们，询问我们还有什么需要。R 教授以他平时的风格直截了当地说道：“我只需要一件睡衣就好。”这位亲切的绅士答道：“抱歉之至，那我可没法给你。”然后他就此离去。

当我继续分析下去，忽然想起所谓的“巴塞多氏”不仅只是一位医生的名字，它还是一位著名教育家的名字（现在我已十分清醒，但对此总是觉得不太可靠）。我曾拜托奥托，万一我出了什么事，就由他代替我负责孩子们的生理卫生教育，特别是青春期（所以前文才会提到睡衣）教育。然而，我在梦中将那位亲切的绅士的症状强加到了奥托身上，这很明显是在说：

万一我真的出了什么事，奥托就会像那位亲切的绅士——即，L男爵——那样，尽管声称会帮忙，实际上却什么都没做。也就是说，我觉得奥托根本就不会帮忙照顾我的孩子们。到此为止，这个梦的利己主义的性格似乎已经说得足够清楚了[①]。

但是，这个梦中的欲望满足到底隐藏在什么地方呢？似乎奥托在我的梦中注定要受虐待，可是，欲望满足并不是表现在对他的报复上的，而是以下的情形。也就是说，我把奥托替换为L男爵，把我自己替换为R教授。这是因为，正如R教授对L男爵有所请求一样，我对奥托也有所请求。这就是问题所在。一般而言，我从来都不会将自己与教授进行一番比较，但是，R教授和我一样，独立选择了学校以外的道路，直到自己的晚年，才获得了早该获得却一直没能获得的教授的称号。所以，这个梦说明，我果然还是想要成为教授。不过，“晚年”这一说法仍然是一种欲望的满足。因为这意味着我希望自己能够活得很久，可以亲自照看孩子们的青春期。

---

①当欧内斯特·琼斯在美国的听众面前做学术演讲时，论及梦的利己主义，当时一位颇有教养的夫人反对这种非学术的概括，她说道：“不论你怎么说奥地利人做的梦都没关系，但是，你没有议论美国人的梦的权利。而且，我做的梦统统都是利他主义的。”

作为对这位以种族而自傲的妇女的反驳，我想说的是，不能误解“梦完全是利己主义的”这一命题。首先，因为在前意识的思考中出现的一切事物都有可能进入梦中（或是表现为梦的内容，或是表现为潜伏的梦念），所以，利他主义的感情冲动当然也有可能在梦中出现。同样地，存在于潜意识中的、对某个人的温柔爱恋也有可能在梦中有所表现。所以，上述观点想要说明的事实是：“我们在梦的潜意识的兴奋中非常频繁地发现的，往往正是清醒时看似已被克服了的利己主义的种种倾向。”

其他类型的梦

其他一些典型的梦——例如梦见自己愉快地在空中飞行，或是从高处惊恐地跌落，等等——我并没有亲身体验。因此就这些梦我提出的观点都是基于精神分析。由分析所得的结论是，这些梦也是对童年时期的各种体验的再现。也就是说，这些梦涉及对儿童而言最有吸引力的做运动的游戏。几乎每一位舅父、叔叔都会将儿童高高举起、模仿飞行的模样，或者会把他放在自己的双膝上晃动，然后突然把腿伸直，让他跌下来，或者会把他举得很高，再假装突然松手，让他吓一跳，等等。儿童总是高兴地大叫，不厌其烦地要求重复同样的游戏。如果游戏含有轻微的恐怖成分，会令他们感到眩晕，则更受欢迎。多年以后，我们便在梦中重复类似的体验，同时却把当初扶持着自己的那双手省略掉了。因此，我们会梦见自己在空中飞行，或是坠落。众所周知，所有的儿童都喜欢荡秋千、跷跷板这一类的游戏，当他们看到马戏团的杂技表演，过去的记忆就会复苏[①]。对于许多患有癔症的男孩而言，癔症的发作即是一种具有高度技巧的杂技，这本来是一种天真无邪的做运动的游戏，但往往会唤起性方面的兴奋感觉[②]。用一个我们平时常

①根据精神分析的研究，儿童对于杂技表演的偏爱，以及癔症的反复发作，不仅与感官的快感有关，还牵涉到另一种因素，即，曾经（往往是下意识地）观察到人和动物的性交的记忆意象。

②在这方面，我的一位年轻的同事——他完全不是那种神经质的人——提供了以下材料："从我的亲身体验知道，童年时代，我荡秋千时，特别是秋千荡到最高处即将下落的时候，我的生殖器便产生一种特别的感觉。尽管我很难称这种感觉为性快感，但无论如何，我必须承认这仍然是一种快感。"男性的病人

用的字眼来形容以上这些行为的话，即是说，这都是童年时期的“打打闹闹”，这些打闹后来在梦中以飞行、坠落、眩晕等形式反复出现，而打闹引起的快感则转变为焦虑。每一个母亲都知道，儿童们的打闹游戏实际上往往以争吵、打架和啼哭而告终。

因此我不能容忍以下说法，即，梦见飞行和坠落，是因为我们睡眠时的皮肤的触觉状态或肺脏的运动等刺激造成的。我认为，这些刺激本身都能够在记忆中再现，因此，这些刺激与梦之间的联系即是：它们可以直接成为梦的内容，却不能构成梦的来源。

我不能说在此我已经对以上一系列的梦都做出了详尽的解释，我搜集到的材料恰好在此令我陷入了困境。但我仍然坚持这一主张，即，在这些典型的梦中，如果某种精神动机有所需要，便会立即唤起相关的皮肤刺激、运动刺激等记忆，而这种精神动机并不需要的记忆则被完全忽略了。我认为，根据我对神经症患者的精神分析可以得出结论，即，这些典型的梦与童年时期的体验之间确实存在着一定的关系。但是我并不能断定，在人生发展过程中，与各种刺激相关联的记忆会被附加上怎样的意义——或许，即使是相同类型的典型的梦，其具体意义也将因人而异吧。所以我希望今后会

们经常会提到，在他们的记忆中，这样的情况，是在童年时期爬树的时候发生的。由精神分析可以得出确定的结论，即，最初的性冲动经常在童年时期儿童之间的扭打、混战之类的游戏中产生。

涌现一些有趣的实例，我将对其慎重分析，以弥补这些不足之处。也许有些人会觉得奇怪，类似飞行、坠落、拔牙等内容的梦其实是经常发生的，为什么我还在抱怨材料的缺乏呢？事实上，自从我将注意力转移到梦的解析的工作上，我就再也没做过这一类梦。而且，我收集到的神经症患者的梦，并不是每一个都能够分析清楚，有许多梦至今我仍无法了解其隐藏的全部意义。有一种精神力量促进了神经症的形成，在神经症被治愈后又再次开始活动。这种精神力量阻碍着我们的分析工作，而使得最深层的奥秘仍然无法发掘出来。

考试的梦

凡是通过了毕业考试，顺利完成高中学业的人，总是会做有关考试的焦虑的梦，会梦见自己考试失败，而不得不留级。已经取得大学学位[①]的人也会做这一类梦，只是梦的内容略有变化，即，梦见自己在面试时不合格。接下来他们甚至会在梦中提出抗议，声称自己早已结业多年，而且现在还在大学里担任讲师乃至主治医生呢。然而无论怎样抗议也没有用处。这种考试不合格的梦，反映了我们在童年时期由于做了被禁止的事情而遭受惩罚的难以磨灭的记忆。这种记忆与我们在求学时期的两次关键性考试的体验相结合，在我们的内心再一次变得活跃。神经症患者的“考试焦虑”也与童年时期的焦虑相关，并

①此处的“大学学位”应指医学院学位，及行医资格，因此下文中的考试为面试，即，论文答辩。——译者注

因此而加强。当我们的学校生活结束，对我们施加惩罚的已不再是父母与学校的老师。此后，人生的无情的因果连锁接手了我们的教育。于是，现在，我们一旦没能做好某件事，或没能负起应负的责任，我们自己就会料到将会受到惩罚。总之，每当我们感受到责任的重担，就会梦见高中的毕业考试和大学毕业时的面试。因为很少有人会对考试有着十二分的充分自信。

为了进一步研究考试的梦，在此我将引用我的一位对精神分析颇有经验的同事的心得。有一次，在学术讨论中，他对我说道，据他所知，只有顺利通过考试的人才会做考试的梦，考试不合格的人则不做这一类梦。这一观点在后来逐步得以证实。事实上，如果第二天有某种责任重大的工作要做，而且很有可能会因此遭到非难，在这种情况下，往往就会做考试的梦，因此，这种梦也许是在搜寻曾经发生过的某种情况，即，某种事先早已知道会产生严重的焦虑但随着事态的发展最终却安然无事、焦虑得以消解的情况。这是一个极为明显的、梦的内容由于清醒时的稽查作用而被误解的实例。例如“可我已经是一个医生了啊”等，对于梦的愤慨与抗议，事实上，是梦本身提出的安慰。其真正的意义如下：“你完全没必要为明天的事感到焦虑。回忆一下，过去你在毕业考试前那么焦虑，但结果不是什么也没发生吗？而且，现在你已经是一个医生了。”但是，我们在梦中感到的焦虑，其实是来自当天的体验的残余。

通过对我自己和别人的梦的分析——虽然梦例为数不多，但所有梦例的分析结果都是一致的——我证实了以上解释的正确性。例如，我没能通过法医学的面试，而我从未梦见过这件事。相反，我经常梦见植物学、动物学和化学的考试，当年我对这些科目的考试毫无信心，不过，或许是我运气好，或许是考官大发慈悲，都顺利通过了。在所有梦见高中时代的考试的梦中，我总是梦见历史考试。当年我历史考得很好，但是，那是因为我的亲切的历史老师——在另一个梦中，他是那位独眼的善人——注意到了我的暗示。当时，考卷上有三道题目，我用指甲在中间那道题上做了记号，暗示历史老师对这道题不要苛求。一位病人告诉我，他没参加高中的毕业考试就退学了，后来补考合格。此外，他参加军队的考试，没能合格，因此没能成为军官。这位病人说，他经常梦见前一次考试，却从未梦见后者。

对于梦的解析而言，考试的梦也将面临我在前文中已经指出的、大多数典型的梦都遭遇到的困难。那就是，做梦的人自身提供的联想材料不足，并不能支持我们对梦做出充分的分析。想要更加深刻地理解这一类梦，就必须收集到更加丰富的实例。最近，我意识到，类似“现在你已经是一个医生了”这样的安慰之词，事实上还包含着一定的自责。自责的内容大概是这样的：“你现在年纪已经不小了，也经历了不少人世间的风雨沧桑，为什么还要做那些愚蠢、幼稚的事情呢？”这种将自我安慰与自我批评杂糅起来的复杂情感，应该更符合考试的梦的隐意。所以，如果说这种因为“愚蠢”、“幼稚”而施行的自责，之于前文分析过的若干实例，涉及了受到责骂的性行为的反复，也就不足为怪了。

W. 斯特克尔第一个分析了“高中毕业考试的梦”。他指出，这种梦一定与性体验和性成熟有关。我的经验证实了他的观点。

第六章

梦的工作

迄今为止，人们尝试解决有关梦的问题，都是从记忆中遗留的梦的显意出发，直接诠释梦的意义；或是干脆放弃最终的对梦的分析，而专注于有关梦的内容的基础研究。而我们在此阐述的则是全然不同的理论。我们在梦的显意和我们的研究结论之间插入一种全新的精神材料。这种精神材料就是凭借我们的研究方法得出的、梦的隐意，或称其为“梦念”。我们是从梦的隐意而不是从梦的显意出发，来展开梦的分析工作的。因此我们面临一个前所未有的全新课题，即，探索梦的显意与梦的隐意之间的关系，并追寻隐意转变为显意的过程。

“梦的隐意（德文，Traumgedanken）”与“梦的显意（德文，Trauminhalt）”就像将同样的内容以两种不同的语言表达出来一样。或者也可以这么说，梦的显意是将梦的隐意翻译成了另一种文本。如果我们想要掌握翻译的符号与句法的规则，就必须将原文与译文加以对照比较。梦的隐意具有这样的性质，即，一旦为我们所知，我们就会感到确实如此。相反地，梦的显意却像是以某种象形文字写成的手稿，我们必须将每个符号逐一翻译成隐意的语言。如果我们不按照符号的象征意义而是按照其图形的模样去破译它们，则必然会误入歧途。例如，有这样一幅画谜，画的是一间房子，房顶上有一只船，还有一个字母，以及一个奔跑的人，这个人没有头。如果仅看表面，很明显这幅画的整体与各个组成部分都没有意义。船不应该跑到房顶上去，没有头的人也不可能奔跑，而且，把人画得比房子还大，也很有问题。如果说这是一幅风景画，因为大自然中根本就不存在字母这种东西，所以毫无道理。但是，如果我们不去批评这幅画的整体以及各个组成部分的不妥，用适当的文字置换这幅画中的每个事物，再将这些文字排列组合，使之成为可读的句子——这时我们才能够正确理解这幅画谜的真正意义。这种置换画中事物的适当的文字也就不是无意义的，甚至有可能组成一句优美而意味深长的诗句。而梦（梦的显意）就是这样一种画谜。那些在梦的分析领域的前辈们犯了错误，他们把画谜当成了真正的艺术作品。所以，他们才会认为这种画谜是无意义而且无价值的。

一、凝缩作用

比较梦的显意和梦的隐意，首先注意到的就是梦的工作中包含了规模相当大的“凝缩作用”。与内容丰富、范围广泛的隐意相比，梦的显意简短、贫乏，而且内容精炼。将一个梦写在纸上可能只有半页，但包含了隐意的分析则需要六倍、八倍，甚至十二倍以上的篇幅。当然，这一比例因梦而异。就我的经验看来，无论比例大小，其意义并无任何变化。一般而言，人们总是认为梦的表面内容就是全部的材料了，而对其凝缩的程度也存在低估的倾向。事实上，当分析工作继续下去，我们就会发现在梦的背后还隐藏着大量的、全新的内容。在前文中，我已经指出，我们永远无法确信有人能够将一个梦解释得足够彻底、毫无遗漏。经常会出现这样的情况，即，尽管分析的结果似乎能够令人满意，而且无懈可击，但只要继续分析下去，仍然能够从同一个梦里找出许多新的意义。所以，严格说来，凝缩的程度是难以确定的。我的观点是这样的，即，“由显意与隐意之间的比例悬殊可知，在梦的形成的过程中，精神材料经过了广泛的凝缩”。对这一观点存在一些看似颇有道理的反对意见，即，我们经常有这样一种印象：整晚梦见了许多东西，但其中大部分都忘记了。因此，如果我们醒来后能够记起整晚梦见的全部内容，或许梦的显意与梦的隐意的比例就有可能差不多相当了。这种反对意见确实有一定的道理。事实上，如果我们一睡醒就竭力回想自己梦见的内容，也就可以将其复原得更加详细；同时，随着时间的流逝，我们对梦的记忆也会越来越模糊。尽管如此，我们仍然不能否认，“自己梦见的东西比记得的东西多得多”这一印象，其实往往是基于一种错觉（关于这种错觉的来源，我们将在下文中讨论）。此外，有关梦的工作中的凝缩作用的假说，完全不受梦可能会被遗忘这一事实的影响，因为这一假说之所以能够成立，是由梦的内容中被保留下来的那些部分决定的。如果梦的大部分内容确实已不复记忆，那么，我们也就无法探究被忘记的那部分的梦的隐意了。有人认为，那些我们已经不复记忆的梦的内容，可以通过对记忆中残存的部分的分析而复原出来，但这种期待其实是毫无根据的[1]。

在梦的分析的工作中，梦的显意中的每一个元素都有可能产生大量的、杂乱的联想，所以读者在回顾这些联想时，不免抱有这样的疑问，即，作为一个重要的原则问题，究竟应不应该将在梦的分析的工作中联想到的种种事物视为梦的隐意？也就是说，那些事后联想到的事物是否在睡眠中就已经存在了，它们对梦的形成是否起到了一定的作用？又或者说，难道那些事后联想到的事物——那些观念——不是在分析的过程中浮现出来、属于事后附加的全新的事物并且完全没有参与到梦的形成中去的吗？对于类似的疑问，我只能有条件地赞同。某些观念，以及一个个不同的观念之间的结合，确实是在分析的过程中才初次产生的。但是，这种全新的观念之间的结合，在梦的隐意中已经彼此结合在一起了，只不过是结合的形式有所不同而已——对于这一点，我坚信不疑。这种全新的观念之间的结合，似乎是走了岔路或是绕了远路，应该存在某种其他的、更深层的结合的方法。我们必须承认，在分析中发现的大量的联想——那些观念——确实对梦的形成起到了积极的作用。因为，如果我们追溯那些看似与梦的形成并没有关系的观念之间的连锁，最终将会发现一个在梦的显意中以某种形式出现过的观念。并且，这一观念对于梦的分析有着不可或缺的作用。还有，想要发现这一观念，就必须通过对那些观念之间的连锁的

①已有许多相关的专家提及了梦的凝缩作用。杜·普里尔指出：“梦中存在对于表象的压缩工作，这一点是毫无疑问的。”

追溯。对于以上问题，我将在此再一次引用前文中已经报告过的、有关植物学论著的梦。我对那个梦的分析并不是特别彻底，尽管如此，它所包含的令人惊异的凝缩作用也足够清晰明白了。

那么，我们在做梦前的睡眠时的精神状态是怎样的？所有观念是并列存在的吗？还是依次出现的呢？还是某些观念基于各自的中心，逐渐扩大其范围，最终再彼此合流的呢？我认为，有关梦的形成时的精神的状态，在此还不至于非要弄个清楚明白不可。但是我们不能忘记，我们讨论的是一种“潜意识的思考”。这种思考的过程，与我们刻意的、在意识支配下进行的、自我认知的思考过程，当然是截然不同的。

但是，梦的形成是在一种凝缩作用的基础上进行的，这一事实无可怀疑。那么，这种凝缩作用是怎样运作的呢？

考虑到我们发现的梦的隐意中，只有极小的部分作为观念的元素出现在梦中，所以，可以得出以下结论，即，凝缩作用是通过省略而实现的。也就是说，梦既不是对梦的隐意的忠实的翻译，也不是对其原封不动的投影，它是极不完整的、支离破碎的一种再现。这一观点（不久我们即会明白）是很不恰当的。但是，让我们暂且立足于这一观点，并提出以下问题，即，如果在所有的梦的隐意中，只有一小部分被采用，出现在梦的显意中，那么，选择它们的决定性条件又是什么呢？

为了解决这一问题，我们必须注意到梦的内容（显意）的各个元素。因为它们恰好满足了我们想要寻找到的决定性条件。为了寻找到这些条件，最有用的材料应该是在其形成过程中出现了特别的凝缩作用的梦。于是我选择了在前文中报告过的植物学专著的梦。

植物学专著的梦

梦的内容：

我写了一本关于某种植物的专著。这本书就放在我的面前。这时，我看到书中一页折叠起来的彩色插图。每一幅插图都配有一片干枯的植物标本，就像从植物标本册中取出的那样。

这个梦中最突出的元素是植物学专著。这与做梦的前一天的印象有关。事实是，我在一家书店的橱窗看到了一本樱草科植物的专著。在梦中，只出现了“专著”，以及它与植物学的关系。“植物学专著”则使我联想到我过去发表的有关古柯碱的著作。由“古柯碱”这一观念展开的联想——即，观念结合——在一方面与《纪念文集》和大学的实验室的几件事有关；而在另一方面，则与我的朋友柯尼希斯坦医生有关，他是一位眼科医生，对古柯碱的利用的普及颇有贡献。由柯尼希斯坦医生使我进一步联想到前一天晚上我与他的谈话，这次谈话在中间被打断了。接下来，这又使我联想到医生之间彼此接受对方的治疗时该怎样付医疗费这一复杂的问题。然而这次谈话才是真正的积极的“梦刺激”。樱草科专著也具有类似的现实意义，但它的性质不过是次要的而已。所以，我认为梦中出现的“植物学专著”在做梦的前一天的两个体验之间，起到了“中间的共同实体”的作用。也就是说，它来自无关紧要的日常的印象，原封不动地在梦中出现。并且，它通过大量自由自在的联想，与极具精神意义的体验联系了起来。

然而，不仅是“植物学专著”这一复合的观念有意义，如果将其拆分，成为“植物学”与“专著”两个观念，它们仍然会各自通过不同的联想，深入到梦的隐意的迷宫之中。由“植物学”，可以联想到加特纳（gardener，园丁）教授，他的美丽动人（blooming，如“花”盛开）的妻子，名叫弗洛拉（Flora，罗马神话中的花神）的女病人，还有我曾提及的那位忘了买花的L夫人，等等。加特纳又使我联想到实验室、我与柯尼希斯坦的谈话。而我与柯尼希斯坦的谈话中提到了两位女病人（弗洛拉和L夫人）。由忘了买花的L夫人又使我联想到我的妻子喜爱的花。从另一个出发点——即，我在做梦的前一天看见的专著的书名（樱草科植物）——起步，也可以使我联想到我的妻子喜爱的花。此外，“植物学”还使我回忆起我高中时代的一个插曲和大学时代的一次考试。与柯尼希斯坦的谈话中触及一个新的主题，即，我的爱好；我半开玩笑地称自己喜爱的花是朝鲜蓟——由此，联系到了一系列从“忘了买花”开始的联想。在“朝鲜蓟”的背后，一方面使我联想到在意大利的回忆，另一方面，又使我联想到我的童年时期与书有关的场景（在那以后我就与书有了不解之缘）。所以，“植物学”是梦中无数的观念的结合——即，联想——彼此交错的交叉点。我可以断言，这些联想都能在那场我与柯尼希斯坦的谈话中找到相关的联系。在此，我们就像是置身于某个思想的加工工厂中，目睹织工们的杰作一般。

（一间思想的工厂，
也像是纺织工厂一样，）
一踏足就牵动千丝万缕，
飞梭往还，
纱线流动目不暇给，
一拍就完成千头万绪。
——歌德《浮士德》

“专著”也涉及两个主题，一个是我的研究工作的重点，一个是我对书的嗜好有多费钱。

通过以上研究，我们得到了这样的印象，即，“植物学”与“专著”这两个元素之所以被梦的显意所采用，是因为它们能够与大量的梦的隐意自由自在地建立联系；是因为它们是能够与大量的梦的隐意建立联系的交叉点；是因为它们在梦的分析的工作中有着多种不同的意义。对于以上解释，我们还可以用另一种方式表达，即，梦的显意中的每一个元素在梦的隐意中都有多面性的、多层次的解释。

如果对除此之外的梦的显意中的各个元素加以考察，讨论它们在梦的隐意中的意义，我们就会有更多的发现。例如，“折叠起来的彩色插图”就涉及以下多种意义，即，同事们对我的研究的批评这一新的主题，和已经在梦中表现出来的我的嗜好这一主题，还有我在童年时期撕碎了一本附有彩色插图的书这一回忆，等等。同时，干枯的植物标本还强调了与植物标本册有关的我高中时代的记忆。也就是说，梦的隐意与梦的显意之间的关系是何性质，在此已是显而易见。梦的隐意不仅制约着梦的显意的各个元素，梦的每一个隐意在梦的显意中都可能由好几个元素来表现。由梦的显意中的一个元素展开的联想，有可能联系到好几个梦的隐意，由梦的隐意中的一个元素，也有可能联系到好几个梦的显意中的元素。所以，梦并不是由个别的梦的隐意构成的，也不是由一群一群的梦的隐意将自身简化后形成的事物构成的。而且，梦在形成的过程中，这种个别的或是分成数个群体的梦的隐意也没有——像某个选区选拔出议员那样——从自身中以简化的形式选出代表，将其送入梦中。事实上，梦的隐意是以整体的形式接受了一种推敲。而且，通过这种对整体的推敲、研究，就像是“根据候选名册选举的制度”那样，受到多数支持或是最多支持的元素，才有资格进入梦的内容中去。我发现，对任何一个梦而言，只要以这种方法进行分析，都能够证实以下的原则。即，梦的各个元素是由梦的隐意的整体构成的，而且，梦的每一个元素都与多个梦的隐意有联系。

在此，有必要再举出一个实例，以证明梦的隐意与梦的显意之间的关系，在这一实例中，梦的隐意与梦的显意之间的相互关系巧妙地交织在了一起。这是我的一位罹患幽闭恐惧症的男性病人的梦。至于我为什么会给这个特别巧妙的梦取了以下这个名字，不久便不言自明。

一个美梦

梦的内容：

他与一群人一起在X大街上驱车前行。X大街上有一间旅店（这一点与实际不符）。店内正上演一出戏剧。他一会是观众，一会是演员。戏剧结束后，因为要回城里去，所以必须换装。接到通知，一部分人去楼下，一部分人去楼上。然后发生了争吵。楼上的人很生气，说楼下的人动作慢吞吞的，以至于令他们没法下楼。他的哥哥在楼上，他在楼下。因为挤得厉害，他很生哥哥的气（这部分模糊不清）。总之，在抵达此地之前，就已经决定好了谁在楼上，谁在楼下。然后他一个人走上了X大街。X大街从山丘通向城市。他举步维艰，疲惫不堪，几乎不能动了。一位中年绅士与他同行，并且谩骂意大利国王。到了山丘顶上，他走起来就轻松多了。

他对梦中的痛苦感觉记得十分清晰，醒来后甚至怀疑自己究竟是不是在做梦。

从这个梦的显意看来，这并不是一个很特殊的梦。我将采用与往常相反的方法，从做梦人的印象最清晰的部分着手进行分析。

他梦见的以及他认为自己确实感受到的那种痛苦——也就是说，在呼吸困难的情况下勉力登上山丘而感受到的痛苦——

是这位男性病人在几年前确实出现过的一种症状。当时，联系到他的其他症状（可能是癔症的伪装症状），被诊断为肺结核。前文中我们分析过裸露的梦，了解这种梦中出现的、独特的、运动受到禁制的情况，因此，我们发现，这种运动受到禁制的情况是一种平时就已准备好了的材料，一旦有所需要，即可随时随地取出应用。梦中有这样一段内容，即，他感到举步维艰，疲累不堪，但到了山丘顶上，走起来就轻松多了——在刚听到他的叙述时，我就联想到了都德的作品《萨福》中那段著名而且精彩的文字。在那部小说中，一个男子抱着他的恋人登上楼梯。起初，恋人的身体轻如鸿毛，但越往上走，她的身体就变得越重。这一情景是都德对青年读者的劝诫，告诉他们不要与出身卑微、历史不清的女子认真恋爱。并且，都德将这种男女关系的经过作了极为经典的表述[①]。我知道，这位男性病人不久前与一位女演员热恋，最近才断绝了关系，但是，我并未期待这一解释是正确的。而且，《萨福》的情节与这位男性病人的梦恰好相反。梦中的情况是，起初疲累，后来才变得轻松起来。而小说中，不过是将起初觉得轻松的事到了后来会变成沉重的负担这一情节，以象征手法加以运用而已。但是，使我吃惊的是，这位男性病人告诉我，他在做梦的前一天观看的戏剧的梗概与我的解释完全一致。戏剧名叫《维也纳的巡礼》，描写一位起初受人尊敬的少女沦为妓女，与身份高贵的绅士们之间

①对作者的这种表述，可以参考我在梦的象征的章节中报告的“台阶的梦”的意义。

发生关系，由此“登上高枝”，但最后还是“跌落下来”。这出戏剧令我的病人想起了几年前的另一出戏剧。戏剧的名叫《步步高升》，它的广告上就画着一段楼梯。

进一步分析下去吧。事实上，与他结下了一段深厚渊源的女演员就住在X大街。这条大街上根本就没有什么旅店。但是，他与这位女演员曾一起在维也纳度过夏天的大半时间，并在维也纳郊外的一个小旅馆投宿（德文即，abgestigen，停留，下车）。他离开旅馆、上了马车时，曾对车夫说：“真是幸运，没发现跳蚤（顺带说一句，跳蚤是他的恐惧症的恐怖对象之一）。”而车夫答道：“谁会在这儿住宿！这儿根本就称不上是旅店，不过是个食堂（客栈）罢了。”

而“客栈”这一词立刻令他想到某首诗歌中的一节。

这一间恰到好处的客栈竟是如此体贴，
最近我寓居于此。

在这首乌兰德[①]的诗中，“客栈”其实是一棵苹果树的树荫。于是，他又联想到另一首诗。

浮士德（一边与年轻的巫女跳舞）

①乌兰德，约翰·路德维希·乌兰德，德文即，Johann Ludwig Uhland，1787—1862年，德国浪漫主义诗人，语言学家，日耳曼语文学的奠基人之一。其叙事诗、抒情诗多采用历史传说，美化中世纪，具有民歌风格。其作品有《诗集》《艾伯哈德伯爵的山楂树》《幸福的死亡》等。——译者注

我曾做过一个美梦。

一颗苹果树出现在梦中。

高挂着两个闪光的果实。

我被吸引，爬到树上。

美丽的巫女

从过去的乐园以来就是如此，

那是你们喜欢的东西。

生为女子果有报偿，

我的园中也有它在生长。

关于苹果树和苹果的含义，其实不言而喻。使我的病人成为神魂颠倒的俘虏的事物中，最有魅力的，无疑正是那位女演员的一双美丽的乳房。

经过这些分析，我们可以发现，这个梦与这位男性病人童年时期的一个印象有着联系。若是果真如此，那么，毫无疑问，这个梦涉及了这位已经快要30岁的男性病人的奶妈。对于儿童而言，奶妈的乳房即是食堂。奶妈也好，都德的《萨福》也好，都是作为对他最近抛弃了恋人的暗示，在梦中出现的。

这位男性病人的哥哥出现在这个梦中。哥哥在楼上，病人自己——即，弟弟——在楼下。这也与实际情况相颠倒。因为，据我所知，哥哥已经失去了社会地位，而我的病人则依然保持着自己的地位。他在对我讲述梦的内容时，极力避免提及哥哥在楼上而自己在“楼下”，因为这么说会清楚地反映出哥哥与自己在地位上的差距。在维也纳，如果有人失去了财产与地位，我们就会说他“走下楼来”，也就是说，他现在是在“楼下”了。但是，实际的情况在梦中却变得颠倒了，这一定有着特殊的意义。

这种颠倒一定适用于梦的隐意与梦的显意之间的关系。有些线索可以帮助我们理解这种颠倒的意义。这位男性病人在梦中登上山丘的情况，与《萨福》中的描写恰好也是颠倒的；就在展现了这一幕的梦的结尾中，隐藏着重要的线索。而且，我们不难看出这种颠倒的意义何在。在《萨福》中，是男性抱着与自己有性关系的女性，而在梦的隐意中，情况颠倒了，问题是出在抱着男性的女性的身上，因为这种情况只可能出现在童年时期，所以，这很明显与抱着很重的吃奶婴儿的奶妈有关。于是，通过以上的分析，我们知道，这个梦的结尾巧妙地将萨福与奶妈用同一个暗示表现出来了。

诗人都德之所以会采用“萨福”这个名字，也是有其根源所在的。在这位男性病人的梦中，人们在楼上和楼下忙着什么，这事实上指的是他心中的性幻想。这种性幻想作为被压抑的欲望，与他的神经症颇有关系。梦的分析工作并不能确认梦中表现出来的事物究竟是幻想，还是实际发生的事件的记忆。梦的分析这一工作只是向我们提供思想内容而已，有关思想内容的真实性，则完全由我们自身决定。对于梦而言，真实的事件与幻想出的事件的价值，其实是相同的；而且，不仅是梦，对于比梦更加重要的精神结构而言，也是如此。我们已经知道，“与一群人一起”意味着一个秘密。在这个梦中，由于一种“回溯性的想象”，引入对童年时期的情景的回忆，哥哥便成为后来所有的情敌的代表。谩骂意大利国王的中年绅士这一插曲，是通过最近发生的、一个并没有什么意义的体验，联系到低阶层的人闯入上流社会。这就像是都德笔下对青年提出的劝诫一样，也适用于警告吃奶的婴儿[①]。

接下来，我将报告一个梦例的部分分析结论，这是一位中年妇人做的梦，而这一梦例也是我对梦的形成中的凝缩作用加以说明的第三个例子。这位夫人正在接受精神分析治疗。因为她正处于严重的焦虑状态，所以她的梦中当然含有大量的与性有关的内容。她得知此事后，显得惊慌失措。因为我不能彻底地分析这个梦，所以这个梦的材料看上去并没有很明显的联系，分裂成了几个观念的集合。

金龟子的梦

梦的内容：

她记得箱子里放着两只金龟子。得把它们放出来，不然就闷死了。她打开箱盖。金龟子奄奄一息。其中一只飞出了窗外，另一只却在窗扉上被压碎了——因为有人要她关上窗户，所以她就那么做了。（厌恶的表情。）

①有关这位男性病人的奶妈的想象，其性质已由客观事实得以证实——他的奶妈就是他的母亲。在此，我想起了那个因为没能好好利用吃奶的机会与奶妈亲近而感到遗憾的年轻男士。这个梦的来源大概就是出于类似的心情。

她的丈夫离家旅行去了。她14岁的女儿睡在她身边。睡觉前，女儿告诉她，一只飞蛾落到了她的杯子里，但她忘了把飞蛾取出来；第二天早晨，她看到飞蛾已死，感到它很可怜。前一天晚上，她读的书中描写了几个顽童将一只猫扔进沸水中、猫痛苦挣扎的情节。这两个体验即是这个梦的诱因。于是，虐待动物的主题占据了她的心灵。几年前，她的女儿在外出避暑时残忍地虐待动物。女儿收集蝴蝶，为杀死蝴蝶向她要了砒霜。有一次，一只被别针戳穿的飞蛾在房间里飞了好久。又有一次，她把正在结蛹的幼虫活活饿死了。而且，在更小的时候，女儿曾养成了撕扯甲虫与蝴蝶的翅膀的习惯。现在女儿已经不这么做了，她已经成长为一个非常仁慈温柔的女孩。

这种矛盾的对照使这位夫人陷入思考。这使她想起了乔治·艾略特在《亚当·比德》中描写的外貌与心灵之间的对立矛盾。即，一个美丽的、虚荣心强的、愚蠢的女孩，和一个丑陋的、性格高尚的女孩之间的对照关系。勾引愚蠢的女孩的贵族，品德优秀的工人，外貌与内心是截然不同的。她经受着肉欲的煎熬，而这仅从外表岂能看出？

就在女儿开始捕捉蝴蝶的那一年，她们生活的地区遭受了大群的金龟子的虫害。儿童们对金龟子感到愤恨，一捉到它们就毫不留情地将其踩碎。当时，她甚至看见过一个男人撕下金龟子的翅膀，然后吃掉金龟子的身体。她是五月出生的，结婚也是在五月份。婚后第三天，她写信回家，告诉父母自己生活得很幸福。然而事实并非如此。

做梦当晚，她翻出一些过去的信件，把其中几封读给家人听，这些信有的是严肃的，有的是戏谑的。钢琴教师向她——那时她还是个少女——求爱的信尤其有趣，还有一封是一位爱慕她的贵族写的[①]。

她因为自己的一个女儿偷着弄到并阅读一本莫泊桑[②]写的"坏书"而自责[③]。女儿向她索要砒霜的事使她想起都德的《富豪》中描写的令莫拉公爵返老还童的砒霜药丸。

"得把它们放出来"（使其获得自由）使她想起莫扎特[④]的《魔笛》中的一节。

我不会强迫你去爱，

但也不会放你自由。

关于"金龟子"，使她想起了克莱斯特的《卡申》中的句子[⑤]。

---

①这是这个梦真正的梦刺激。

②莫泊桑，居伊·德·莫泊桑，法文即，Henri René Albert Guy de Maupassant，1850—1893年，法国批判现实主义作家。其在文学史上的首要贡献，在于将短篇小说艺术提高到一个空前的水平。代表作有《羊脂球》《一个诺曼底佬》《小狗皮埃罗》等。——译者注

③或许在此应该注明："这一类书对年轻的女孩有害无益。"这位夫人年轻时也读过大量的禁书。

④莫扎特，沃尔夫冈·阿玛多伊斯·莫扎特，德文即，Wolfgang Amadeus Mozart，1756—1791年，奥地利作曲家。被认为是历史上最伟大、最有成就的作曲家之一。其创作完成的600余部作品总括当时所有的音乐类型，谱出的协奏曲、交响曲、奏鸣曲、小夜曲、嬉游曲等成为后来古典音乐的主要形式。代表作有《魔笛》《费加罗的婚礼》《唐·乔万尼》等。——译者注

⑤可以进一步联想到同一位作者的戏剧作品：《彭忒西勒亚》，即，残酷对待恋人的主题。

你像金龟子那样爱着我。

其间，插入了《唐瑟豪》的台词。

缘于你心中燃烧着欲火——

她一直在为旅行在外的丈夫担忧。她害怕丈夫在旅途中发生意外，因而白天产生许多幻觉。不久前，我为她做分析治疗时发现，她在自己的潜意识中抱怨丈夫"变得衰老了"。我认为，下文所做描述可以令读者清楚地理解有关这个梦隐藏着的欲望的思想。做这个梦的前几天，她正做着家务，突然想到一句命令式的话，因而十分惊异。那句话是对她丈夫的命令，即，"你上吊去吧。"事后才知道，这是因为在两三个小时前，她在某本书中读到，当一个男人被吊死时，阴茎会充分勃起。这种欲望，通过这种令人惊异的化装的形式，突破了压抑而得以显现。"你上吊去吧"这句话其实是在说："不管你用什么手段都好，一定要勃起！"而《富豪》中的詹金斯医生的砒霜药丸就是一种有效的手段。但是，她还知道，最强力的春药，即，斑蝥（俗称"西班牙苍蝇"）是将金龟子压碎后炮制而成的。这就是这个梦的内容中最核心的部分。

她总是因为打开还是关闭窗户这件事与丈夫争吵。她喜欢开窗睡觉，而她的丈夫却喜欢关上窗户睡觉。精疲力尽是她对丈夫感到不满的主要原因。

在以上三个梦例中，为了强调梦的元素的多面性的联系，我已用着重号标出了在梦的隐意中出现的许多梦的元素。然而，因为对以上三个梦例的分析并未彻底完成，所以，为了证明梦的显意与梦的隐意的多面性的联系，我认为，最好还是举出一个梦例进行详尽的分析。于是，在此我再一次举出“爱玛的梦”。从这个梦例中不难看出，对于梦的形成，凝缩作用采取了不止一种手段。

梦的显意的主人公是我的病人爱玛。因为，在梦中，她的样子看起来与她在现实中的样子并无区别，所以可以认为梦中的爱玛即是她本人。但是，我在窗口为她做检查时的情景，却是来自我对另一个人物的记忆。也就是说，如梦的隐意所示，这一记忆来自另一位女性，我想用她代替爱玛。爱玛的嗓子生有白喉般的膜，这使我担心自己的大女儿，因此，爱玛代替了我的女儿。然而，在我的女儿的背后，由于名字雷同的缘故，还隐藏着另一位中毒而死的女性病人的形象。随着梦的发展，爱玛的人格发生了变化（但她的形象本身并没有改变）。她变成了我们在儿童医院的外来患者门诊处收治的一个儿童。在诊疗过程中，我的同事们表现出了各自的不同性格。这种转变很明显是以我的女儿这一观念为媒介进行的。从爱玛不乐意张开嘴接受检查可以知道，这事实上暗示着另一位我曾为其检查过的另一个女人；而由同样的联想，这还暗示着我的妻子。此外，我在她的咽喉部发现的病变还暗示着其他一系列人物。

分析爱玛这一人物，可以发现许多其他人物，但他们在现实中的形象并没有直接出现在梦中。他们隐藏在“爱玛”这一梦中的人物的背后。于是，爱玛便成为一个兼具各种矛盾的形象的集合。也就是说，她是因为凝缩作用而被舍弃的其他数个人物的代表。我所想起的其他数个人物的事情全都发生了在爱玛的身上。

梦的凝缩作用还可以通过其他的方式构建出一个“形象的集合”，即，在梦中，将两个或更多人物的引人注目的特征结合起来，使其成为一个形象。我梦中的M医生就是这样一个人物。他确实有一个叫作“M医生”的名字，言谈举止也与M医生别无二致，但是，这一人物的身体特征与病征却属于另一个人，即，我的哥哥。在现实中，M医生与我的哥哥的共同特征是苍白的脸色，只有这一点是双重决定的。在我的“叔叔的梦”中出现的R先生也是这样一个复合人物。但是，R在梦中的形象是以另一种方式构建起来的。我将一个人物的特征与另一个人物的特征结合起来。因此，并不是去除记忆中的某个人的形象的若干特征，而是像高尔顿制作家族肖像那样，也就是说，将两个形象重合（这样一来，二者共同的特征便被特意强调，而二者之间的差异则彼此抵消、在复合照片上变得模糊不清了）。“叔叔的梦”中，“黄色的胡子”是二者共同的特征，因此，成为显眼的、被强调的特征。此外，胡子还通过头发变白的联想，暗示着我的父亲和我自己。

“形象的集合”与“复合人物”的构建，是梦的凝缩工作最主要的方法之一。关于这一问题，我将在下文中联系其他方面一并阐述。

“爱玛打针的梦”中出现的“痢疾（dysentery）”这一观念也同样有多方面的解释。一方面，它的发音与“白喉（diphtheria）”近似，容易混用；另一方面，可以通过它联想到那位患有癔症却被误诊并听从我的建议前往东方旅行的青年。

在这个梦中出现“丙基（prapyls）”一词，也可以视为是与凝缩作用有关的、有趣的实例。梦的隐意中的概念不是丙基，而是戊基（amyls）。我们认为这有可能是在梦的形成中发生了单纯的“移动（Verchiebung）”。事实上，通过以下的进一步分析可以知道，这种移动是为凝缩作用服务的。我将注意力在“丙基”一词上多停留片刻，便想到了“Propylaea（寺庙或神殿的入口）”。然而这种建筑物并不是只有在雅典才能见到，在德国的慕尼黑也有。做这个梦的前一年，我曾去慕尼黑探望罹患重病的朋友。毋庸讳言，考虑到梦中紧接着便出现了“三甲胺（trimethylamin）”，即可证明梦的隐意中包含着与我这位朋友有关的事物。

通过对这个梦以及其他的梦的分析，我们应该注目的是，原本价值完全不同的各种联想，在彼此结合、建立联系时，似乎并无区别。然而在此我们暂时不对这一问题展开讨论，首先来清楚地验证一下，梦的隐意中的戊基被梦的显意中的丙基所取代的过程。

一方面，有些联想是以我的朋友奥托为中心的（奥托不理解我，认为我有错，而且他送给了我一瓶带有强烈的杂醇油味的利口酒）；另一方面，有些联想是以我住在柏林的朋友威廉为中心的（威廉很理解我。他会认为我的做法是正确的。而且他为我提供了很多很重要的、有关性方面的化学作用的报告）。这两组联想是通过对照关系结合在一起的。

在有关奥托的联想中，吸引我的注意力的是，使我做了这个梦的最近的契机，即，戊基。戊基是事先已被决定了的、特别适当的元素，它预定要被这个梦所利用。而有关威廉的联想与有关奥托的联想是对照的关系，前者强调的元素必然与后者强调的元素彼此呼应。就这个梦整体而言，我一直在离开那些使我不快的人物，而依赖那些使我感到满意的人物，并在各个具体的方面，令后者去对抗前者。例如，在有关奥托的联想中的"戊基"，便唤醒了有关威廉的联想中的化学方面的问题。即，"三甲胺"。也就是说，"三甲胺"进入梦中，受到了多方面的支持。如果"戊基"这个概念想要不经任何变化就进入到梦的内容中，这本身毫无问题。然而，将"戊基"与有关威廉的联想放在一起比较的话，"戊基"的重要性则一定逊于后者。这是因为，从包含这一名称的记忆的范围中，选出了一个从两个方面赋予"戊基"意义的元素。

"戊基"很容易联想到"丙基"（propyls）。而在有关威廉的联想中，拥有"propylaea（寺庙或神殿的入口）"的慕尼黑，与"丙基"也是有联系的。于是，通过"丙基（prapyls）"与"propylaea"，以上两组联想结合了起来，成为"propyls-propylaca"。以类似妥协的形式，这种中间元素得以进入梦中。换句话说，一个受到多方面制约的、中间的共同元素就此构建成功。照这样考虑的话，非常明显，只有当某个元素受到多方面的制约（在各个方面都有线索）时，它才更容易进入梦中。毫无疑问，为了构建这种中间元素，必须将注意力由原本的方向转到最容易联想到的事物上去。

通过探讨爱玛打针的梦，我们已经对梦在形成时的凝缩作用有了一定的理解。我们已经知道，梦的隐意是怎样从那些以各种形式出现的元素中选择出一个元素以及新的统一的形象（形象的集合、复合人物）的形成，还有中间的共同的元素的构建，等等，这些都是梦的凝缩作用的细节。但是，凝缩作用的目的是什么？凝缩作用的具体方法是怎样的？有关这一类问题，留待下文尝试概括性地把握有关梦的形成的精神过程时，再继续探讨。那么，现在，我们暂且可以满足于以下事实，即，在梦念（即，梦的隐意）与梦的内容（即，梦的显意）之间，存在着一种值得注目的、梦的凝缩作用。

梦的凝缩作用的工作方式在它选择工作对象的称谓词汇与名称时是最为明了的。梦往往将词汇当作事物本身来处理。于是，词汇便与事物的表象经历相同的组合变化。而滑稽、古怪的新词便在梦中应运而生。

（一）

一次，一位同事送来他写的论文。（在我看来）论文对近代的某个生理学上的发现评价过高，其措辞也未免过于浮夸。当晚，我做了一个明显与这篇论文有关的梦，并且，是梦见了一个句子。即，“这种文风实在太 norekdal 了。”起初，我不太清楚该怎样分解这个合成词。毫无疑问，这个词是对“kolossal（巨大的）”、“pyramidal（顶尖的）”等形容词的最高级的一种谐趣式的模仿，但是，其字源为何却始终难以找到。最后，我终于发现这个词来自易卜生的两部著名戏剧中的“Nore（娜拉）”与“Ekdal（埃克达尔）”。我在梦中这样批评这篇最近的论文，是因为我以前在报纸上曾读到过他写的一篇论易卜生的文章。

（二）

这是一位女病人的简短的梦。这个梦以一个无意义的复合词汇收尾。她梦见与丈夫一起去参加某地的农村的节日祭典，并且，她还说道：“大家将以‘Maistollmütz’作为结果。”她在梦中模糊认为这个词的意思可能是“Mais（玉米）”做的点心或是一种“Polenta（玉米粥）”。经过分析发现，这个词可以分解为：“Mais（玉米）”——“toll（疯狂）”——“mannstoll（慕男狂）”——“Olmütz（奥洛穆茨）[①]”；而且，以上词汇在她吃饭时与亲戚们的谈话中都出现过。“Mais（玉米）”一词暗指当时正在召开的纪念博览会；此外，在它背后，还隐藏着以下意义，即，“Meissen（一个迈森[②]产的鸟形瓷器）”——“Miss（她的亲戚，一位英国的女士刚刚去往奥洛穆茨）”——“Mies（犹太人的俗语，常用于玩笑，意为‘啊，真讨厌’）”。这一系列的

①奥洛穆茨，地名。捷克共和国东部的城市，位于摩拉维亚地区中部。——译者注

②迈森，地名。德国中东部城市，临近易北河，位于德累斯顿西北。早在18世纪即以瓷器业而著名。——译者注

观念、联想的脉络便是由这种奇妙的词汇的连缀构成。

（三）

这是一位年轻男士的梦。做梦的前一天晚上，一个熟人来拜访他。熟人在深夜按响门铃，留下了自己的名片。这位年轻男士梦见，一个事务员一直修理室内电话到深夜，但直到他离开后，电话还是响个不停——并不是持续不断地响，而是断断续续地响。仆人把这个事务员又找回来，事务员说道："像'tutelrein'这样的先生们连这种故障都修不好，真是奇怪啊。"

很明显，这个梦的无关紧要的诱因仅仅包含着梦的一个元素而已。首先，这个诱因之所以有意义，是因为它与这位男士过去的体验有关。然而，这种过去的体验本身并没有什么意义，是这位男士的想象赋予了它某种替代性的意义。他小时候与父亲一起度过，有一次，他睡得迷迷糊糊，把杯子里的水洒到了地板上。水弄湿了室内电话的电线，于是电铃响个不停，把他的父亲吵醒了。因为持续不断的铃声可以使人联想到"弄湿了"，所以，断断续续的铃声便被用于表现水向下滴落的情景。而分解"tutelrein"一词，可以联系到以下三个方面。首先，"Tutel"与"Kuratel"有关，意为"监护"。其次，"Tutel（或许是'Tutell'）"是一个俗语，意为女性的乳房。最后，"rein（意为'清洁的'、'干净的'）"与弄湿地板一事有关，而且，它暗示着这位男士的一位家族成员的名字。同时，为了构建出"Zimmerrein（家务工作）"这个词，"rein"还继承了"Zimmertelegraph（室内电话）"一词的前半部分，即，"Zimmer

（室内）”[①]。

（四）

我做的一个漫长而混乱的梦似乎是以航海为中心的。梦中，我将停靠的下一个港口名叫“Hearsing”，再下一个港口名叫“Fliess”。“Fliess”是我的一个朋友的名字，他住在B市，而我经常到B市去[②]。至于“Hearsing”，则是将维也纳近郊的几个地名与英文中的“hearsay（谣言、道听途说、传闻）”进行合成所得——维也纳近郊的几个地名分别为Hietzing、Leising、Mödling；而“Medelitz”在拉丁文中为“meae deliciae”，意即“meine Freud(我的喜悦)”。此外，英文的“hearsay”有“诽谤”的意思，这与前一天的、无关紧要的梦刺激有一定联系。那是

①将音节这样分解、合成——这才是真正的“音节的化学”——是清醒时我们经常用在笑话上的手段。例如，“把银子弄到手的最合算的办法是，沿着栽满银杨（银杨，即silver poplars。pappeln，意为沙声或杨树）的林阴道往前走，一旦沙沙的声音停止了，银子就出来了”。本书的第一位评论者认为，做了本书中记载的那些梦的人，似乎都过于滑稽可笑了。类似的责难不仅出自评论家之口，读者也有相同的意见。这种意见对做梦的人本身而言或许是正确的，但是，如果将责难的对象指向进行梦的解析的工作的我，那我不得不说，这真是毫无缘故的责难。我平时完全是一个缺乏这种急智的人。即使我做的梦充满了急智，也不能证明我自身就是那样的。其原因在于，梦在形成时受到了各种独特的、心理学上的条件的影响。而且，这还与“充满急智”、“滑稽可笑的事物”的理论有着密切的关系。梦之所以会变得滑稽可笑，是因为梦无法开辟出直接表达自己的思想的捷径的缘故。梦是被迫地、不得不变得滑稽可笑的。读者应该会发现，我的病人们做的梦与我自己的梦一样，不，或许更加充满了急智与笑话。此外，这种责难促使我开始将笑话的技巧与梦的工作进行对比，并在1905年发表了《急智与潜意识的关系》（全集第六卷）一文。

②Fliess，即，威廉·弗利斯。B市，即柏林。——译者注

一位名叫“Sagter Hatergesage[①]”的专说人坏话的侏儒写的一首诗，刊登在杂志《小册》上。将词尾音节“ing”与“Fliess”这个名字连接起来，就会得到“Vlissingen（弗利辛恩）[②]”这个词。这是一个实际存在的港口，我的弟弟从英国来拜访我们时总要经过那里。“Vlissingen”译为英文，则是“flushing（脸红）”。这使我联想到我正在治疗的一位女病人，她患有“赤面恐惧症”；此外，这还使我联想到一篇最近发表的、别赫捷列夫的论文，论文与这种神经症有关，并使我感到烦躁。

（五）

这是我做的另一个梦，这个梦由两部分构成。第一部分我记得很清楚，是一个词，即，“Autodidasker”。第二部分的内容简短而单纯，与两三天前我考虑的事情恰好一致，其内容为，如果下次遇见 N 教授，我一定要对他说：“最近，我向你请教过的那位病人的病情，确实如你所料，其实不过是患有神经症而已。”因此，这个新造的词“Autodidasker”必须具有或代表某种复杂的意义。并且，这种意义还必须与我清醒后再次决定的事——即，想要对 N 教授表明自己的敬意——有密切的联系。

然而，“Autodidasker”一词可以简单地分解为“Autor”、“Autodidakt”和“Lasker”这三个德文词汇——“Autor”意

① Sagter Hatergesage，是一种词汇上的插科打诨，看似是人名，事实上，“Sagter”意为“他说”，而“Hatergesage”意为“他说了”。——译者注

②Vlissingen，弗利辛恩，地名。荷兰西南部城市，位于斯海尔德河口，瓦尔赫伦岛南岸，是重要的商港和渔港。——译者注

为“作家”；“Autodidakt”意为“自学者”；“Lasker”是人名，即“拉斯克[①]”。由“拉斯克”这一人名又可以联想到“Lassalle”——人名，即，“拉萨尔[②]”。以上的第一个词，是这个梦的（在此特别重要）诱因。我给妻子拿来几本书，书的作者是某位著名作家，这位作家与我的弟弟是朋友。据我所知，他与我还是同乡（这位作家便是J.J. 戴维）。一天晚上，我的妻子告诉我，戴维的一篇短篇小说中描写的天才落魄的故事感人至深，给她留下了很深刻的印象。然后，我们便开始讨论在自己的孩子们身上发现的天资的征兆。她被刚读完的小说所打动，开始担忧孩子们的事；我安慰她道，她担忧的那些危险完全可以通过教育来避免。当天晚上，我的思路沿着这一主题走得更远，妻子的忧虑也成了我的忧虑，并与其他许多事情交织在一起。戴维曾对我的弟弟发表过他对婚姻的看法，这一看法使我的思路步入歧途，并在我的梦中也有所表现。这条新的思路与布雷斯劳[③]有关，一位与我们非常亲近的女士婚后在那里定居。构成我的梦念的核心的，是担心我的孩子们会毁在女人身上。在布雷斯劳，我找到了两个实例——即，拉斯克与拉萨尔——来证明我的这种担心。这两个实例同时向我展示了两条招致灾祸的道路，并且都与我的这种担心有关[④]。将以上思

①这位作者即是德国小说家让·保尔（1763—1825年）。

②拉萨尔，1825—1864年，德国社会民主党运动创始人，生于布雷斯劳。——译者注

③布雷斯劳，地名。德文即，Breslau；即，弗罗茨瓦夫。波兰第四大城，位于波兰西南部的奥得河畔。——译者注

④拉斯克死于进行性瘫痪，即，由女性传染的传染病（梅毒）。拉萨尔为女人

路概括一下，即，“要慎重选择女人”，而这，又在另一种意义上，使我想到我至今未婚的弟弟，他名叫 Alexander，即，亚历山大。在此我注意到，亚历山大的略称是亚历克斯，即，Alex。而 Alex 与“拉斯克”有相似之处——如果将“拉斯克”倒着读的话，二者的发音就很像了。因此，毫无疑问，这一元素为我的思路转向布雷斯劳起到了一定的作用。

我在此所做的、有关名字和音节等的游戏中，包含着更加深刻的意义。那表现了一个愿望，即，我希望弟弟能够拥有幸福美满的家庭生活，而且，是通过以下的方法表现出来的。也就是说，我的梦念中的内容，一定与左拉的艺术小说《作品》中的描写存在相似之处。很明显，在这部小说中，左拉以插叙的形式，描写了自己自身与其家庭的美满幸福的生活；同时，他是作为一个名叫“Sandoz（山德士）”的人物在小说中登场的。左拉的化名一定是这样变化而来的（儿童们常常觉得这么做很有趣）。将左拉的名字“Zola”倒写，即是“Aloz”；但是，或许左拉认为这还是太明显了，所以，便将以“Al”开头的“Alexander”的第三个音节——即，“sand”——单独取出，再与“Al”交换，从而形成了“Sandoz”。我梦中的“Autodidasker”，也是以类似方法构建而成的。

在我的幻想中，我想要对 N 教授说：“我们两个人共同诊断过的那位病人，不过是患有神经症而已。”这一幻想是通过以下的方式进入到我的梦中的。也就是说，在实习即将结束

决斗而死。

时，我遇到了一位病情难以诊断的病人。他患有重病，有可能是脊髓的病变一类的器质性疾病。然而我并不能确诊。如果这位病人不是极力地否认自己有性病的病史（否则就难以诊断为神经症），我本想诊断为神经症，并打算与一切困难斗争到底。总之，我非常困扰，便向我最敬佩的一位医生求教（除我之外的其他人也都很敬佩他）。无论是在人格上，还是作为专业的学者，这位医生都令我敬佩之至。他听了我的意见后，认为很有道理，然后，他又说道："再继续观察下去吧。也许就是神经症。"因为我知道，有关神经症的病因，他与我的观点并不一致，所以，我并没有当面提出反对意见，但我也没有刻意掩饰自己对他说的话的不信任。几天后，我告知这位病人，说我已经无能为力了，请他另请高明。接下来，出乎我的意料，他向我道歉，说他撒了谎，并坦白说他只是因为感到羞愧才没对我说实话。于是他将与性有关的病因对我和盘托出，而这正是我所期望的、能够使我做出神经症的诊断的病因。我松了一口气，但同时又感到羞愧。我不得不承认，N 教授完全没有受到病人的病历等的误导，做出了更加正确的诊断。因此我决心下次有机会遇见他时，要对他说："你是对的，而我搞错了。"

我在梦中正是这样做的。但是，承认自己的错误为什么能够成为欲望的满足呢？事实上，这确实是我的欲望。我希望自己的担心是错误的。或者说，因为我的妻子是那样地担心，以至于连我自己也在梦中有了同样的担心；而我希望妻子的担心是错误的。与梦中的"正确—错误"的观念有联系的主题，以及对于梦念而言最为重要的事物，这二者之间的距离并不远。也就是说，器质性的损害，以及因为女性、性生活而导致的机能性的损害，这二者之间难道不是非此即彼的关系吗？这就像在梅毒性瘫痪与神经症的非此即彼的关系——前者指向拉斯克，后者指向拉萨尔，与前者相比，拉萨尔之死的性质与神经症更为接近——成了我的梦的主题。

在这个构建得极为精巧的（同时，在详细分析后变得极为清晰的）梦中，N教授扮演的角色不但解释了以上提出的相似性，还解释了我的欲望是“我希望自己是错误的”；而且，通过N教授，还可以联系到布雷斯劳，以及在布雷斯劳定居的我的朋友；除此之外，N教授与我的会诊还与另一件小插曲有联系。在与我交谈时，N教授提出了前文中的意见，以此结束了医学上的讨论，接下来，他提及了一些私人事务。他问道：“你现在有几个孩子？”——“六个。”——他的表情既羡慕又有些担心——“男孩还是女孩呢？”——“三男三女。他们是我的骄傲和财富。”——“不过，要好好留心啊。一般来说，女孩不会有什么问题，可男孩的教育却是挺棘手的一件事。”——对此，我答道，迄今为止倒是还算顺利。但是，事实上，就像N教授刚才对病人的病情所做的诊断，即，“也许就是神经症”那样，他做出的第二个诊断——对我的男孩们的未来的诊断——也使我内心感到了不安。这两个印象是相继发生的体验，彼此间性质也相近，因而结合在了一起。而且，由于我将神经症的故事带入到了梦中，以上被统一的两个印象便随之替代了有关教育的谈话。N教授有关教育的

"诊断"与后来我的妻子的担心极为接近，因此，这与梦念之间便存在着（与神经症的故事相比）更加密切的联系。所以，我十分担心，有关男孩的教育令人棘手这一问题，N 教授很可能是正确的；甚至，这种担心也隐藏在"我抱有这样的担心，而这要是错误的，那就好了"这一欲望的背后，并进入到了梦中。于是这种想象便以其本来面目表现出了之前的非此即彼的选择。

（六）

这是马林诺夫斯基的一个实例。"清晨，我在半睡半醒之间体验到了一个非常有趣的语言凝缩作用的实例。在这个我几乎已经回忆不起来的、充斥着许多孤立的片段的梦中，我发现，自己面前竟出现了一个像是手写体又像是印刷体的词汇，我惊呆了。这个词汇是'erzefilisch'，它出现在一个句子中，而这个句子在我的意识中是完全孤立的，与其他事物并无联系。这个句子是'它对性感有 erzefilisch 的作用'。我立刻想到这个词其实应该是'erzieherisch（德文，教育上的）'，但我又怀疑它有可能是'erzifilisch'。这时，我脑中浮现的是'syphilis（梅毒）'一词。于是我开始在半睡半醒的状态下进行分析，这种病症无论是从个人角度还是从职业角度出发都与我毫无关系，但它为什么会出现在我的梦中呢？接下来，在说明'E'代替了'I'出现的同时，我需要说明，昨天晚上，我们的家庭女教师 Erzieherin 向我请教有关卖淫的问题，而我想到了'erzehlerisch'一词。事实上，当时，我出于对她的不太健康的感情生活的教育上的（erzieherisch）顾虑，在做了一番解释后，还借给她一本赫斯的《论卖淫》。于是我突然发现，其实不应该从字面上去理解‘syphilis（梅毒）’一词，而是要考虑到它作为——与性生活有关的——‘毒害（Gift）’的代名词的一面。因此，可以将上文中的句子翻译成以下这种合乎逻辑的情形：‘我希望我的讲话（德文，Erzählung），对我的家庭女教师 Erzieherin 的感情生活能够起到教育上的（erzieherisch）作用，但是，我又担心这同时会起到有害的（vergiftend）（就像是投毒之类的）作用。’——以上所述的转换合成的方法如下：Erzefilisch=erzäh——（erzieh）（erzefilisch）。”

梦中的词汇的变形，与妄想症中常见的、众所周知的词汇的变形，还有癔症和强迫观念中常见的词汇的变形，都非常相似。儿童有时会把语言本身当作某种具体的事物，从而创造出新的词汇或是结构前所未见的文章，这种技巧是梦与神经症中类似现象的共同的源泉。

分析梦中出现的奇特、崭新的词汇，尤其能够揭示梦的工作中的凝缩作用。虽然我在此所举的实例并不多，但绝不能认为这一类材料很稀少或者只是偶然现象。相反，这是非常常见的。但是，因为梦的分析往往与精神分析治疗密不可分，所以只有少数实例为人注目并被记录下来；而且，在绝大多数时候，这些被记录下来的实例也只有神经症病理学的行家才能理解。在冯·卡尔平斯卡医生的梦中出现的“Svingnumelvi”这一古怪的词汇便是一个例子（《国际精神分析学杂志》第二卷，1914 年）。还有些值得一提的实例。梦中出现的一个词语原本是有其自身的意义的，但它却失去了这种意义，与此相对，它就像是有了其他的意义似的。V. 陶斯克记录的一个10岁男孩梦见的“Kategorie（德文，类别）”即是此类（《之于儿童性心理学》、《国际精神分析学杂志》第一卷，1913年）。在此，这个词指的是女性生殖器，而“分出类别”即是“小便”的意思。

如果梦中的某些语句很明显并不是来自梦念，那么，这些语句必然出自梦的材料中可以追溯到的语句，这是毫无例外的法则。这些语句或是保持其原本的形态不变，或是略微有所改动，二者必居其一。此外，梦中的语句往往由回忆起的语句拼凑而成；其意义有可能不变，也有可能变得暧昧不清，或者，与其他事物产生联系的情况同样屡见不鲜。梦中的语句往往是在暗示记忆中的语句所指的事实本身[①]。

二、移置作用

在我们通过实例探讨梦的凝缩作用的过程中，读者一定已经发现，似乎存在另一种意义深远、重要性并不次于凝缩作用的关系。我们知道，在梦的显意中作为本质成分而凸显出来的各个元素，在梦的隐意中却往往不会扮演相同的角色。作为与此相对的一种推论，与这一命题相反的情形其实也不罕见。也就是说，在梦的隐意中很明显应该视为本质成分的各个元素，

①最近，我在一位年轻男士身上发现了上述法则的唯一的一个例外，他为“强迫观念”所苦恼，但除此之外各方面都很正常，智力也非常发达。在他的梦中出现的语句并不是他听到或自己说出来的，而是在清醒时经过化装后回溯于意识中的，并与他的强迫观念中的毫无掩饰的语句彼此呼应。

却未必一定会在梦的显意中出现。梦（梦的内容、梦的显意）的核心似乎与所谓的梦的隐意的核心是不同的两回事，梦的显意的核心是以其他元素为中心的。因此，例如在“植物学专著的梦”中，梦的显意的核心很明显是“植物学”这一元素；而在梦的隐意中，其核心为由同事之间的义务性质的做法引出的冲突与纠纷，或者更进一步，是在责备我为了自己的爱好而做出了太多的牺牲。“植物学”这一元素只是作为一种对照，在梦的隐意中它根本毫无位置——因为我从来也不爱好植物学。在一位病人的“萨福的梦”中，核心元素是“上楼”、“下楼”、“在楼上”、“在楼下”。但是，这个梦的隐意关心的问题却是与地位较低的人发生性关系的危险。因此，梦的隐意的各个元素中只有一个进入到了梦的显意中，并且，这个元素还被过分地夸张了。“金龟子的梦”也是这样。这个梦以性欲的残忍性为主题。残忍这一元素确实在梦的显意中出现了，但是，它与其他的元素相结合，完全不触及任何与性欲有关的事物。也就是说，二者摆脱了原本的关系，并被施以化装，成了彼此完全无缘的事物。再如，在我的“叔叔的梦”中，核心元素是黄色的胡须，却似乎与梦的隐意的核心——即，出人头地的欲望——毫无关系。所以，不得不说，这一类梦中确实存在着某种“移置作用”。但是，“爱玛打针的梦”却与我们举出的这些实例完全相反，可以认为，在这个梦形成的过程中，各个元素都向梦的显意要求一个位置，而这个位置与它们在梦的隐意中所占位置基本一致。我们一定会感到惊讶，梦的显意与梦的隐意之间竟然存在着这样一种崭新的、不协调的关系。在我们的日常生活中，有这样一种精神过程，即，一个观念从其他许多观念中脱颖而出，对于意识而言具有特别的意义。这时，我们往往会认为，这一存在感特别显著的观念具有高度的精神价值（兴趣的浓烈程度）。在梦的隐意中，何种元素具有最高的价值，是不言自明的，因为我们的判断会直接得出结论。然而，这种核心的、我们充满兴趣的、被强调了的元素，却经常像是毫无价值的元素那样被处理并被那些在梦的隐意中很明显价值不高的、其他的元素所取代，结果，没能出现在梦的显意中。起初，我们可能会有这样的印象，即，在梦选择各种观念用以形成梦的显意时，完全不会考虑到各个观念的精神强度[①]，而唯一考虑到的，是各个观念的或多或少的多面性。也就是说，出现在梦的显意中的，很可能并不是梦的隐意中的重要部分，而是在梦的隐意中受到多种形式的制约的部分。但是，这一假说并不能促进我们对梦的形成的理解。这是因为，具有“多种形式的被制约性”的观念，以及具备固有的重要性的观念，二者在梦选择各种观念用以形成梦的显意时，不可能作为具备相同意义的事物发挥作用；相反，二者只有作为意义不同的事物发挥作用，才能为我们所信服。因为，在梦的隐意中最重要的观念将成为中心点，而梦的隐意中的各个观念都将通过这一中心点向外发散，所以，这一观念也必然是在梦的隐意中出现得最为频繁的

①某个观念（表象）的精神强度、价值、兴趣的程度等，当然与感觉的强度、表现出的意象的强度等有明显的区别。

观念。尽管如此，梦仍然可以拒绝这些被强调过的、受到普遍支持的重点元素，反而采用那些只是受到普遍支持的、其他的元素。

为了解决这一难题，读者可能会利用我们在探讨梦的内容的“多种形式的被制约性（überdeterminierung）[①]”时发现的另一个印象。也许已经有许多读者独自得出了结论，认为梦的显意的“多种形式的被制约性”并不是什么重要的发现，因为它是不证自明的。还有许多读者会这样认为，即，进行分析时，我们要从梦的各个元素出发，并记录下与这些元素有关的所有的联想，因此，在使用这种手段得到的观念材料中，频繁出现这些元素，自然不足为奇。我完全不能赞同这种反对意见。不过，在此我可以发表一点与这种反对意见略有相似之处的观点。也就是说，在通过分析轻易揭示出的观念中，有许多与梦的核心相距甚远，但看上去却比较显眼的观念，这种观念似乎是为了某种目的制造出来并特意插入到梦中的。我们很容易就能发现这种观念的存在理由，即，这种观念在梦的显意与梦的隐意之间建立了联系。事实上，这种联系往往是强制性的、极为刻意的。而且，如果在分析中不假思索地将这些观念舍弃掉，那么，对于梦的显意的构成元素而言，很多时候，不仅是“多种形式的被制约性”，甚至包括这些元素与梦的隐意的联系在内，都会失去。所以我们不得不做出以下结论，即，梦选

---

① überdeterminierung，德文，多元决定。即，在各个方向上都有线索与之联系，抑或多重性决定用。——译者注

择各种观念用以形成梦的显意时，起到决定性作用的多种形式的被制约性，其实并不一定总是梦的形成的最主要的动机；而且，往往是某种迄今为止还未为我们所知的精神力量的次要的产物。但是，无论如何，对于选择何种观念用以形成梦的显意而言，这种多种形式的被制约性仍然具有重大的意义。这是因为，我们可以观察到，在它接受梦的材料的援助后才出现的情况下，它还是会对它的工作做出某种程度的贡献。

因此我们似乎可以这样认为，即，在梦的工作中有某种精神力量在发挥作用。而且，这种力量一方面剥夺精神价值较高的各个元素的能量；另一方面，它利用多种形式的被制约性，使价值较低的各个元素发生改变，成为全新的、更有价值的元素。同时，这些全新的元素将会进入梦的显意。如果事实真是这样，就是说，在梦的形成过程中，各个元素的精神强度便发生了转移（übertragung）与移动（Verschiebung）的现象。梦的显意与梦的隐意之间的差异即是这种转移与移动现象的结果。而我们推理出的这一过程，即是梦的工作中非常重要的一环。我们可以将这一过程命名为梦的“移置作用”。梦的移置作用与凝缩作用是我们在梦的形成过程中发现的两大工匠。

我认为，通过有关梦的移置作用的诸多事实，可以很容易地看出精神力量的存在。梦的移置作用使梦的显意与梦的隐意的核心彼此不再相似，结果，梦向我们传达的只是潜意识中的、经过化装的梦的欲望而已。但我们已经知道梦的化装的真相。我们认为，梦的化装是精神生活中的某个心理步骤对其他的心理步骤进行稽查的结果。梦的移置作用是完成这种化装的主要手段之一。"因某件事而得利者，即是这件事的实行者。"我们可以认为，梦的移置作用是由稽查作用的影响而产生的、精神内部的防御①。

在梦的形成过程中，移置作用、凝缩作用，以及多种形式的被制约性等元素是怎样彼此交互作用的？还有，哪一个是占

①因为将梦的化装归结于稽查作用是我的有关梦的理论的核心，所以，在此我将引用林克斯《一个现实主义者的幻想》（维也纳，第二版，1900 年）中收录的小说《朦胧之梦》的结尾部分，其中描述了我的理论的概要。

"关于某个人，他有一种特殊的天赋，从不做那种不合逻辑的荒诞的梦……

"'你的这种非凡的天赋——这种虽梦犹醒的天赋，是出自你的德行、你的善良、你的公平、你对真理的爱。而使我得以理解你的一切的，正是你的本性在道德层面上的明晰度。'

"对方答道：'如果我的想法是正确的，难道世上的每一个人不是都与我一样吗？而且，我认为，无论是谁都不可能做那种荒唐无稽的梦。只要不是发烧时做的梦，而是事后能够清楚地回忆起来、说出来的梦，一定都有某种意义。甚至可以说，没有意义的话就太可笑了。这是因为，彼此矛盾的事物是不可能结合在一起成为一个事物的。或许时间与空间往往会搞混，但这并不能证明梦的真正的内容发生了什么变化。这是因为，时间与空间对梦的本质内容而言没有任何意义。我们在清醒状态下，偶尔也会发生同样的事。只要想想童话，想想那些大胆的、意味深长的幻想中的产物就能明白，只有傻瓜才会说那些东西"荒唐无稽"。这是因为，那些东西根本就不是荒唐无稽的。'

"他的朋友说：'确实如此。就像你刚才解释了自己的梦那样，要是这个世界上的每一个人都能够正确解释自己的梦该有多好。'

'那当然不是一件容易的事。但是只要做梦的人自身稍微用点心，那大概也不是什么做不到的事。那么，为什么大多数人都做不到呢？也就是说，在你们的梦中似乎隐藏着某种事物。在你们的本性中有某种特别的、复杂而不纯洁的事物，某种无从捉摸的秘密。所以，你们的梦才总是无意义的，有时甚至是荒唐无稽的。但是，只要深入挖掘下去，就会发现，根本不是那么回事。不，根本不可能是那么一回事。这是因为，清醒时也好，做梦时也好，毕竟都是同一个人啊。'"

据主导作用的元素？哪一个又是次要的？这些问题姑且留待以后再行探讨。在此，我们要提出的是，梦的隐意中得以进入梦的显意的各个元素必须要满足的第二个条件，即，它们必须通过防御的稽查作用。在今后的梦的分析的工作中，我们将把梦的移置作用视为不可动摇的事实。

三、梦的表现手段

当我们将潜在的观念材料转换为梦的显意时，有两个元素在起作用，即，梦的凝缩作用和移置作用；然而除此之外，当我们将研究工作继续深入下去，就会发现，还有两个决定性的元素。这两个决定性的元素对于选择何种观念用以形成梦的显意而言，有着无可置疑的影响。但是，在此，我甘愿冒着使我们的研究停滞的危险，对梦的分析工作的各种程序先做一番简单的介绍。要把这些程序解说清楚，最简单的方法就是，在此举出一个梦例，就像分析在第二章中举出的“爱玛打针的梦”那样，也对其加以分析，然后，将我发现的梦的隐意进行总结概括，利用它们重新构建出梦的显意——也就是说，通过对梦的综合来完成梦的分析，再将这一过程明示，并且，利用其足以使人信服的证据，将各种反对意见一一驳倒。事实上，我已经这样分析过许多梦例，并大有收获；然而在此我却不能再次重复这样的工作了。这是出于对精神材料的种种顾虑，任何有理性的人都会承认的确如此，这些顾虑完全不允许我采用以上的解说方法。在梦的分析中，这些顾虑造成的影响并不大。这是因为分析工作是不完全的，即使没能深入到梦的复杂的内部中，分析本身总归不会是无价值的。但是，一旦转为对梦的综合的工作，想要得到读者的认同，梦就必须是完整的。所以我只有对读者并不认识的人的梦进行这种完整的综合工作。然而，为我提供这种材料的只有病人们，即，神经症患者们。因此，在我——在另一本书中——能够成功地对神经症进行心理学角度上的阐述，使其能够与我们的这一主题彼此结合起来之前，暂且搁置我的有关梦的理论中这一方面的主题[①]。

我尝试过重新综合梦的隐意、构建出梦的显意，从中得出的经验是，在梦的分析工作中发现的材料的价值各不相同、并不固定。这些材料中的一部分，由基本的梦的隐意构成。如果没有梦的稽查作用，这种所谓的“基本的梦的隐意”可以完全取代梦，成为梦的代用品。因此，许多情况下，我们容易轻视以上所述材料中的另一部分。而且人们往往也不认为所有这些思想（观念）都参与了梦的形成工作。相反，在这些思想中，很有可能混入其他的联想，即，从做梦到对梦做出解释的这段时间中发生的。也就是说，做梦后发生的各种体验引起的联想。以上所述材料的另一部分还包括从梦的显意通向梦的隐意的所有的链接途径，以及起到中介作用的近似的联想——正是通过这些联想，我们在梦的分析工作中才能发现那些链接途径。

①后来，1905年，我已经在《一个癔症病例的分析片段》（全集，第五卷）中发表了对两个梦的全面的分析与综合。奥托·兰克的《一个自我分析的梦》则举出了对较长的梦的完整的分析。

在此我们最为关心的对象便是本质的、基本的梦的隐意。这种“基本梦念”通常具备我们在清醒时很熟悉的思考过程的一切特征，是拥有极为复杂的构造的观念和记忆的复合体。它们——这一系列的思想——通常由一个以上的中心出发，但彼此间拥有共同的接触点的情况也很常见。一般而言，每一个思考过程（一系列的思想）几乎都拥有通过对照的联想连接起来的、与它恰好矛盾的对立面。

这种复杂的结构的各个组成部分之间当然存在着极为严谨的逻辑关系。各个组成部分彼此互为前景和背景、离题和注释、条件和证明过程和反论，等等。而且，这些梦念（思想）结合在一起的整体被置于梦的工作这一机器之上，其中的各个组成部分就像顺水漂流的冰面那样，被翻转、被碾碎、挤压在一起。因此，产生了新的问题，即，迄今为止将这些组成部分连接在一起的逻辑上的纽带发生了怎样的变化？因为，如果失去了逻辑关系的话，我们就不能理解文章、语句。例如，“如果”、“因此”、“正如”、“尽管如此”、“或者”等，这一系列的连接词，在梦中又是怎样表现的呢？

对于以上问题，我首先想到的答案是，梦并没有表现各个不同的梦念间的逻辑关系的手段。一般而言，梦对这些连接词一概视而不见，只采用梦念的具体内容并对其进行加工。因此，要恢复梦的工作所破坏的逻辑关系，就必须对梦进行分析。

梦之所以不可能具备这种表现能力，是构成梦的精神材料的性质所致。梦就像是绘画、雕刻等艺术，与能够利用语言的文学相比，在表现能力上略逊一筹。而绘画、雕刻等的表现能力的局限性，很大程度上是因为在其试图表达某些想法时，受到了材料的限制。绘画在创立其最适宜的表现法则之前，为弥补这一缺陷付出了相当大的努力。在古代的画作中，描绘出的人物的口中会叼着纸片，纸片上则写着画家难以用图画表现的语句。

也许有人会提出反对意见，认为梦也能够表现逻辑关系。也就是说，有许多梦像清醒时的思想一样，能够进行极其复杂的理智运作，可以证明也可以反驳，可以打岔讥讽也可以比较事物。但我认为，不能被表面现象所欺骗。因为，只要对这些梦加以分析，就会发现，所有那些思想都不过只是梦的材料而已，绝不是在梦中发生的智力活动的表现。那些表面看来似乎是梦中的思想一类的事物，其实只是梦念的内容，而不是梦念的不同内容之间的关系本身。下文中我将举出实例说明这一点。但是，最容易确认的是，在梦中出现的语句——尤其是，在梦中特别清楚地加以强调的、由具体的文字构成的语句——都具备同一性质，即，要么是完全未经改变的梦的材料，要么只是对其稍加变动。事实上，梦中出现的语句，常常只是在暗示梦念中的某个事件，而梦的真正意义却与此完全不同。

尽管如此，我也承认，批判性的思想活动确实为梦的形成做出了贡献，而这种批判性的思考活动也不单纯只是对梦念中的材料的重复。这一元素的影响，我将在本书的结尾处加以阐述。到时，我们会明白，这种思想活动并不是由梦念引起的，并且，在某种意义上，它是由事先已经构建完毕的梦本身引起的。

所以我们暂且可以这样认为，梦念之间的逻辑关系在梦中并没有任何特别的表现。例如，某个梦中出现一种矛盾，那么，这要么是针对这个梦本身的矛盾，要么是梦念中的一个固有的矛盾。梦中的这一矛盾，只有在非常间接的情况下，才模模糊糊地与梦念之间的矛盾有所关联。

但是，绘画最终找到了一种表现手段，用以取代在描绘出的人物口中垂下纸片进行说明的办法，这种手段至少可以成功地表现出爱情、威吓、警告等；而梦也找到了一种表现手段，通过对梦原本的表现做出适当的修改，从而表现出梦念之间的逻辑关系。就这一点而言，不同的梦之间存在很大的差异。有些梦对本身的材料之间的逻辑性采取完全无视的态度，还有些梦则试图将这种逻辑性充分表现出来。也就是说，梦与今后将要加工的材料之间的距离，其实可大可小。同样地，如果梦念的各个部分之间的时间顺序已经在潜意识中建立起来了（例如，“爱玛打针的梦”），那么，对于这一时间顺序的处理，梦也会采取种种不同的态度。

但是，梦的工作究竟使用何种手段，才能将梦的材料之间难以表现的逻辑关系正确地表现出来呢？接下来，我将逐一做出说明。

梦首先会将所有的材料整体视为一个单独的情景或事件，并由此来表现梦念整体的、无可否认的各种关联，而这种表现在大体上也是正确的。梦会将逻辑关系再次复原，并同时将其表现出来。雅典或帕纳斯派的画家会将许多哲学家与诗人画在同一个场景中，例如，雅典的大厅或帕纳斯山的山顶，而这些哲学家与诗人实际上却从未同时聚会于一个大厅或是山顶。然而对于观画者而言，画中的人物却属于同一个群体；梦采取的手段与画家并无不同。

对于细节部分，梦也使用相同的表现方法。如果梦中有两个元素相继出现，那么，在梦念中与它们对应的元素之间便必然存在着某种密切的联系。这与我们的书法规则恰好非常相似。例如，写作“ab”，即表示这被视为一个词，发音必须是一个音节；而先写下“a”，然后空一格，再写下“b”即，“a b”，这表示“a”是前一个词的最后一个字母，而“b”是后一个词的第一个字母。因此，梦中各个元素的组合并不是将梦的材料中的各个元素任意地、无序地组合在一起，而是将在梦念中也拥有密切关系的各个元素加以组合。

为了表现因果关系，梦采取了两种方法。这两种方法在本质上是相同的。例如，如果有这样一个梦念，即，“因为这件事是这样的，所以那件事一定会发生”，那么，梦在表现这一梦念时，往往会采取这样的方法，即，将从句（“因为……是……”）作为起始的梦，并将主句（“所以……”）作为主要的梦，与前者连接。从我的经验出发，似乎也有时间顺序恰好相反的情况。但是，“主句”在梦中总是与表现得较为详细的主要部分相对应。

有一个极佳的表现因果关系的梦例。这是我的一位女病人的梦，我将在下文中展开充分的阐述。这个梦包含一个简短的序曲与一个涉猎范围极广的“本论”。梦的本论紧紧围绕一个主题，也许可以将其命题为“花的语言”。

梦的序曲是这样的：她走进厨房，斥责两个女仆道：“该吃饭了，你们怎么还磨磨蹭蹭的？”这时，厨房里的各种瓶瓶罐罐堆得很高，而且都口朝下倒放，以使其干燥。两个女仆一起去提水。所以，她们必须去河边。这条河就在她的家的附近，或是直接流进她家的院子里。

序曲结束后，梦的本论紧随其后，内容是这样的：她沿着形状奇特的栏杆，从高处走下来。因为衣服没有被勾绊住，她感到很高兴，等等。

梦的序曲与这位妇人的父母的房子有关。梦中斥责女仆的话其实是她的母亲经常说的，她应该听到过好几次。堆得很高的家用陶器是源自同一建筑物中的一家规模不大的陶器店。梦的序曲的其他部分，与她的父亲有关。她的父亲经常调戏女仆，在遭遇洪水时——他们的房子与河岸相邻——患重病而死。因此，隐藏在梦的序曲背后的内容是：“我出生在这样的家庭，在这样破旧、逼仄的环境中成长……”梦的本论则再次采取同样的思想，将其修饰为欲望满足的形式，即，“我出身高贵”，因此，其真正的内容是：“因为我的出身这样卑微，所以我的一生便只好如此了。”

据我所知，一个梦可以分割成不相等的两部分，并不意味着这两部分之间一定存在因果关系。这两部分表现的内容也有可能是来自同一材料的不同观点。例如，那种晚上以梦遗作为结束的梦就是如此。在这种梦中，肉体的需求不得不表现得越来越清晰。或者，梦的这两个部分也可以从同一个梦的材料的不同中心出发，其内容却彼此交织重叠，有些内容在梦的这一部分中仅仅只是暗示而已，但在梦的另一部分中却会成为表现的中心；而反之亦然。但是，有相当数量的梦可以分割为较短的“序梦（梦的序曲）”与较长的“主梦（梦的本论）”，二者之间也确实存在着因果关系。表现因果关系的另一种方法适用于不太复杂的材料。这种方法是将一个意象（某个人或是某种事物均可）转变为在梦中出现的另一个意象。只有当这种转变在梦中进行的情景确实被目击到时，才能够认为存在着因果关系。而某个意象只是作为另一个意象的替代品出现的情况，则不能够认为存在着因果关系。我已经说过，这两种表现因果关系的方法在本质上是相同的，也就是说，它们都是通过“前后顺序”来表现因果关系的。只不过，一种方法是通过梦的先后发生，而另一种方法是通过将某个意象转变为另一个意象来进行。当然，在大多数情况下，因果关系本身是不会在梦中表现出来的，它包含在做梦的过程中不可避免的各个元素的前后顺序中。

我要阐述的第三点是，一般而言，梦无法表现“或者……或者……”这种二者择一或是多者择一的选择。梦往往会将被选择的各项作为具有同等资格的事物来处理，并将其置于一个前后关系中。“爱玛打针的梦”就是一个很好的例子。它的隐意显然是："虽然爱玛仍然为病痛所苦，但我不用对此负责。因为爱玛的病痛不是我的错。责任或者在于她拒绝接受我提出的治疗方案，对我进行反抗；或者在于爱玛独身寡居以致性生活不顺遂，而我对此无能为力；或者在于她的病痛本身不是癔症性的，而是器质性的。总之，在以上这些可能性中，有一个就是事实。"梦完全满足了所有这些——几乎可以说是排他性的——可能性，并出于梦的欲望的立场，又毫无顾虑地提出了第四种解决办法。以上的"或者……或者……"这种多者择一的选择的关系，是我在做完了对这个梦的分析后，加入到梦念的前后关系中去的。

然而，做梦的人在复述梦的时候，往往会有乐于使用"或者……或者……"这样的连接词的倾向。例如，"那或者是个院子，或者是个房间"，等等。在这种情况下，不应该认为梦念中存在二者择一的方式，那只是单纯的并列而已，即，应视为"院子和房间"。如果一个梦的元素存在这种"或者……或者……"的关系，那么，在大多数情况下，可以将它分割为更多的元素。而对其进行分析的法则是这样的，即，"应将表面上的二者择一（或多者择一）的各项视为具有同等资格的事物，并以'和'这一连接词连接起来"。例如，我想要获知一位在意大利逗留的朋友的地址，但一直未获通知，等了很长时间，于是我做了这样一个梦。"我收到一封电报。电报上附有他的地址。地址印刷在电报用纸上，字是蓝色的。第一个词模糊不清。或者是 via（通过），或者是 Villa（别墅），而第二个词很明显是 Sezerno，或者是 Casa（房子）。”第二个词听起来像是意大利的人名，并令我想起我与他的有关语源学的争论，此外，还表现出了我的愤慨，因为他一直将自己的住址当作是秘密（secret）。但是，对于第一个词而言，经过分析，我发现，以上提出的三个可能性中的每一个，都能够成为一连串的联想的出发点，而且，它们之间的关系是独立、对等的。

在父亲葬礼的前夜，我梦见自己看到了一张印刷着某些字句的纸片，就像是在车站的候车室里贴着的、写有“禁烟”字样的告示，或是招贴、海报之类的东西，上面印着：

请你闭上双眼

或者

请你闭上一只眼

在类似的情况下，我一般会写出这样的字句，即：

请你闭上$\frac{\text{双}}{\text{一只}}$眼

这两种写法各有各的意思，在梦的分析中也指向不同的方向。因为我非常了解先父对这种风俗的观点，所以我将葬礼安排得尽量简朴。但是，家庭的其他成员却不太欣赏这种简朴做法，认为这会使他们在前来吊唁的宾客面前蒙羞。因此，在上文中，一种写法是“请你闭上一只眼”，即，“请你假装没看见”。对于“或者……或者……”所表达的模糊不清的情况，通过这个例子应该说明得很清楚了。梦的工作不可能创做出既是统一的同时又具备多重意义的事物。因此，这两条主要的思路便在梦的显意中分道扬镳了。

有些梦被分割为大小相等的两部分，以此来表现二者择一的难题。

梦处理矛盾和相反的态度非常耐人寻味。它对这类事物完全置之不理。对梦而言，“不”似乎是不存在的。不可思议的是，梦总是倾向于将相反的事物结合为同一事物，或是将其表现为同一事物。因为梦有这样一种众所周知的自由，即，将任意一个元素表现为与这个元素本身的欲望恰好相反的事物。所以，梦中有可能出现任何事物——只要它与这个元素是相反的；而我们起初则并不能确认这个元素究竟是正面的，还是反面的。在前文引用的梦例中，序梦的隐意是：“我出生在这样的家庭……”而做梦的人梦见自己沿栏杆向下走来，这时，她手里拿着盛开的花枝。她由此联想到一幅天使手持百合花的枝条向圣母玛利亚宣告耶稣诞生的画（她自己的名字就叫玛利亚），以及穿白袍的少女们加入到基督圣体节的游行行列中，行走在以常绿的树枝装饰的街道上的情景。由此可知，梦中盛开的花枝毫无疑问是在暗示着贞洁。但是，花枝上开满了像是山茶花的红色花朵，而且，在她走到的终点处，花朵几乎全都凋谢了。接下来，确凿无疑地出现了对月经的暗示。因此，处女手持的、百合花似的花枝同时也暗示着茶花女，众所周知，茶花女平时戴着白色的山茶花，在月经期则改戴红色的山茶花。这盛开的花枝（歌德的《磨坊主女儿》一诗中的"少女的花"）暗示着贞洁，同时也暗示着它的反面。这个梦既表现了这位妇人对自己纯洁无暇的生活感到喜悦，同时在其他几点（例如，花朵凋谢）上，也有些罪恶感，即，对自己在贞洁方面犯过的种种过错的罪恶感。我们在分析这个梦时，可以明显区分出以上两条不同的思路。这两条思路中，一条是自我安慰，呈现于表面，另一条则是自责，隐藏在深层。二者截然相反，但对这二者而言均等的同时也是恰好相反的各个元素，都通过同一个梦中的显意中的同一个元素表现出来。

在所有的逻辑关系中，梦的形成的机制最善于表现其中的一种，即，相似性、一致性、接近性，也就是说，"就像……一样"的关系。梦可以通过非常丰富的手段将这种关系表现为其他的关系[①]。事实上，梦的材料中存在的一致性或是"就像……一样"的情况，构成了梦的形成过程中的最初的基础。可以这样认为，即，梦的工作的大部分是，在现存的一致性的关系因为稽查作用而无法为梦所采用时，创造出全新的、有关一致性的关系。梦的凝缩作用对于表现这种一致性的关系也有帮助。

梦将类似性、一致性、共同性等归结于梦的材料中的两种

①参见前文的注释中引用的亚里士多德有关释梦者的观点。

事物，并加以表现：前者是在梦的材料中已经存在的统一性，而后者是在梦的材料中新创造出来的统一性。我们可以将对前者的归结称为“同一化”，而将对后者的归结称为“复合化”。同一化的对象是人，而复合化的对象是事物的统一。但是，复合化同样可以作用于人。此外，地点往往被视为人而做处理。

同一化的本质如下。即，几个人可以由一个共同的元素建立起联系，而这几个人中只有一个人出现在梦中，其他人则不出现。但是，在梦中出现的这个代表人物身上综合了与他自身以及被他代表的其他人有关的一切关系、情景。而人物的复合化则是指，各个人物的独特的、而且并不彼此共同的各个特征已经在梦中的人物形象的身上存在——其结果是，由于这些特征的统一，创造出了一个新的统一体，即，一个复合人物。“复合”这一过程可由数种方法达成。例如，梦中的人物可以借用其他人的姓名——这个人当然是与他有某种关系的各个人物中的一个，而这种情况与我们在清醒时的认知并无二致，即，我们有时会将某个人物误认为是另一个人物，其实却只是记错了他的外貌特征。而关于梦中的人物的外貌特征会有这样的情况，即，将现实中的两个人物的各自的外貌特征复合为一。当然，这并不局限于外貌特征，也可以是这两个人物中的“第二个人物”的姿态、表情，他说的话，或是他所处的情景，等等，都可以成为他参与复合化的部分。在后一种情况下，同一化与复合人物的形成之间的区别便开始变得不那么显著了。但是，这种复合人物的形成也有失败的情况。在这种情况下，梦中的情景便会归结于其中的一个人物，以他为主；而另一个人物——通常是更为重要的人物——则会成为与梦中情景完全无关的旁观者。做梦的人一般会这样说："我的母亲也在场。（斯特克尔）"梦的内容中的这种元素，其作用不在于发音，而在于它能够说明其他的文字符号。这可以与以象形文字记录下来的文章中的限定性的词汇做一番对比。

用以结合两个人物的基础元素，即，作为结合的动机的共同元素，在梦中既有可能出现，也有可能不出现。一般而言，同一化或复合人物的形成正是为了避免表现出这种共同元素。例如，为了避免表现出"A 对我抱有敌意，B 亦是如此"，我在梦中将 A 与 B 两个人物合而为一，创造出一个复合人物。或者，在梦中幻想 A 做了 B 所特有的行为。采取这种方法创作出的梦中的这一人物，具有某种新的关系。而且，因为这一人物既是 A 也是 B，所以，我就可以在梦的适当的地方插入二者的共同元素，即，对我的敌意。按照这种方式，可以对梦的内容实现极其显著的凝缩作用。当我将某一人物作为对象时，如果能够在这个人物身上发现另一个人物，同时，另一个人物与第一个人物之间存在许多相同之处——例如，与第一个人物有关的种种关系，在另一个人物的身上同样存在——那么，我就可以不必直接描写与第一个人物有关的那些非常复杂的关系了。我们很容易就能够理解，同一化的这种描写方法，可以在很大程度上回避——将梦的工作以各种极其苛刻的条件束缚起来的——稽查作用的抗拒。使稽查作用虎视眈眈的事物，就在与某个特殊人物结合在一起的各种观念之中。在此，我要找到第二个人物。第二个人物与以上这些材料之间的关系，和第一个人物的情形是一致的，但只是一部分一致。这种一致的部分是无法避免稽查作用的。因此，通过这一部分的两个人的接触，我可以创造出一个新的复合人物，而这个复合人物具备的，是这两个人物的一些无关紧要的特征。现在，这个复合人物或是同一化的人物便可以堂堂正正地通过稽查作用，进入到梦中了。在此，我利用梦的凝缩作用，满足了梦的稽查作用的要求。

当梦中表现出了两个人物之间的某个共同元素时，即是说这个共同元素在梦中的表现并不会为稽查作用所阻碍，同时，这也是在暗示我应该去寻找另一个被隐藏起来的共同元素。也就是说，在某种意义上，为了能够在梦中有所表现，共同元素利用了移置作用。如果梦中出现的某个复合人物身上有一个无关紧要的共同元素，那么，我们便可以推断出，在梦念中必然还隐藏着另一个重要的共同元素。

因此，同一化，以及复合人物的形成，是为以下多种目的服务的：第一，表现两个人物之间的共同元素；第二，表现经过了移置的共同元素；第三，只是单纯地表现某个所欲求的共同元素。如果在这两个人物之间存在这样的共同元素就好了，这样的欲望往往会通过这两个人物的置换而达成，因此，梦中便利用同一化的手段来表现这种关系。例如，在“爱玛打针的梦”中，我希望用另一个病人代替爱玛。也就是说，我希望就像爱玛是我的病人那样，如果另一个人是我的病人就好了。于是，在梦中，我的欲望以这样的方式得以满足，即，出现了一个名叫爱玛的病人，但她接受诊断时所处的位置却是另一个人在接受我的诊断时所处的位置。在“叔叔的梦”中，类似的置换成了梦的中心。梦中，我对待同事们的态度与部长对待我的同事们的态度相同，于是，通过这一手段，我完成了自己与部长的同一化。

一个毫无例外的事实是，每一个梦都涉及做梦的人自己。梦是完全利己主义的。可以这样认为，即使在梦的内容中出现的并不是“自我”，而是另一个人物，我的“自我”也必然是通过同一化而隐藏在了另一个人物的背后。这样一来，我便可以将“自我”插入到梦的内容中去。在另一些梦中，如果“自我”确实出现了，那么，在这个“自我”的背后，也会隐藏着另一个人物。在这种情况下，梦告诉我的是，在梦的分析过程中，我必须将这个人物身上的共同元素——同时也是被隐藏起来的共同元素——移置到我自己的身上。还有这样一些梦，“自我”和其他一些人物会同时在其中出现。我们发现，这些其他的人物也可以通过同一化而失去其本来面目，并归结于“自我”。在这种情况下，我必须通过这种同一化的方法，将“自我”与稽查作用拒绝接受的各个观念结合起来。所以，“自我”在同一个梦中可以在许多方面都有所表现。也就是说，有些时候是直接表现，有些时候是通过与其他的人物的同一化来表现。通过这种同一化的多次作用，可以对非常丰富的观念材料加以凝缩[1]。做梦人的“自我”在一个梦中可以多次出现，并可以以多种形式出现，这不足为奇。在有意识的思考中，经常会出现类似的情形，即，“自我”多次出现，并出现在不同的时间、地点，或是包含不同的关系。例如，会出现这样的句子：“当我想到，我曾经是一个那么健康的孩子。”

相较人物而言，对于地名这样的固有名词，同一化更容易发挥作用。这是因为，在梦中，“自我”具有强大的影响力，但在此它却并不存在。我做过一个“罗马的梦”，梦中，我置身于罗马，却惊奇地发现街头巷尾有许多用德文写的告示和广告。这是一种欲望的满足，因为看到德文写的告示和广告立刻就使我想到了布拉格。这个欲望本身源自我的少年时代——那时我是一个德国民族主义者，当然那已是过去的事。做这个梦的时候，我与朋友约好在布拉格见面。所以，罗马与布拉格的同一化可以用一个所欲求的共同元素来解释。也就是说，如果可能的话，我希望与朋友在罗马见面，而不是布拉格，为了这次聚会，我乐于把布拉格置换为罗马。

创造复合结构的可能性，在为梦插上幻想的翅膀的各种特征中，表现得最为突出。这是因为，这种可能性将原本不能由感官直接感受到的各个元素引入到了梦的内容中。在梦中创造复合结构时的精神过程，与我们清醒时在想象中描绘半人半马

①那么，应该在梦中登场的各个人物中的哪一个的背后寻找“自我”呢？我遵循以下的法则，即，在梦中，某个人物可以感受到睡着的我所感受到的情绪，而“自我”，便隐藏在这个人物的背后。

的怪兽或龙的过程是完全一致的。如果说这二者有区别的话，那就是，梦中的复合结构的形成依赖于外部的动机，即，要受到梦念中的共同元素的制约；而清醒时的想象中的创造，是由意欲创造出的全新的事物的印象本身而决定的。梦的复合的工作是由各种不同的方法完成的。其中最简朴的方法便是只表现出某一事物的各个特征，同时，这些特征也与另一个事物相契合。与这种方法相比，略微复杂一些的方法是，将两个对象的各个特征结合起来，形成一个新的事物，并且，在这一过程中，巧妙地利用那些在这两个对象之间实际存在的相似之处。这一新创造出的事物既可能显得荒诞离奇，也有可能是高明的想象。其成败依据于进行复合工作时所使用的材料，以及技巧的高低。当有待凝缩为一个统一体的几个对象之间的距离过于悬殊时，梦的工作往往会满足于只创造出一个具有相对清晰的核心的复合结构，同时，这一复合结构的其他特征则并不十分清晰。也就是说，在这种情况下，凝缩为一个统一体的工作其实并未成功。双方的表现彼此重叠，结果导致了视觉上的不同成像，而且它们之间会互相竞争。这与绘画所表现的事物非常相似，二者都是利用个人的感官上的意象创造出某个概念。

在我们的梦中，当然存在着一大堆这类复合结构。迄今为止，我已举出了几个梦例并加以分析，向读者做了报告，接下来我将再列举几个别的梦例。前文中我曾记录了一位女病人的梦，这个“花的语言”的梦描述了她的人生历程。在这个梦中，“自我”手持盛开的花枝，而这花枝既代表贞洁，也代表性的罪恶。由花朵盛开的样子，可以看出，这一株花枝是樱花。而将每一朵花拆开来看，则像是山茶花，并且，整体看来，这花给人留下的印象是一种外来的植物。这一复合结构的各个元素之间的共同点可以从梦念中得出。这一株盛开的花枝是按照她的心意创造出来的，或者说，是为了使其符合她的心意，而由种种她曾收到过的礼物的暗示复合而成。童年时代，她曾收到过樱桃，后来她曾收到过山茶花。而“外来”的植物则是对一位自然科学家的暗示，这位常年在外旅行的自然科学家为了得到她的欢心，曾为她画过一幅有关花的画。另一位女病人在梦中创造出了介于海水浴场的海滨小屋与乡下的厕所以及城市公寓的地下室之间的复合结构。前两个元素的共同点是人的裸体与裸露肌肤，由这一共同点与第三个元素的结合可以得出结论，即，（在她的童年时期）地下室中也曾有人裸露身体。另一个人在梦中将两个进行“治疗”的地点结合为一个复合的地点，一个是我的诊疗室，另一个是他与自己的妻子最初认识的、某个公共场所。一位少女在哥哥答应请她吃一顿鱼子酱后，梦见哥哥的腿上沾满了黑色的鱼子酱的颗粒。道德意义上的“感染”的各个元素，与对童年时期的“皮疹”——腿上沾满了红色而非黑色的颗粒——的记忆，在这个梦中与鱼子酱的颗粒结合在一起，创造出了“她从哥哥那里得到的东西”这一全新的概念。人体的各个部分在这个梦中——在其他的梦中也是一样——是被当作物体对待的。费伦齐[①]记录了这样一个梦，

①费伦齐，桑德尔·费伦齐，匈牙利文即，Sándor Ferenczi，1873—1933年，

梦中出现了一位医生与一匹马的复合结构，这一复合结构的事物还穿着一件睡衣。在分析过程中首先明确的是，睡衣是在暗示做了这个梦的女士在童年时期体验的有关她的父亲的某个情景，然后，便发现了以上三个元素的共同点。这三个元素都与她的对性问题的好奇心有关。童年时期，保姆经常带她到陆军的种马场去，在那里，她的好奇心——当时还完全没有受到任何抑制——有许多机会可以得到充分的满足。

此前，我曾提出，梦没有方法表达矛盾、相反的关系，它无法说“不”，然而其实未必如此。包括在“相反”这一名目下的种种情况中，大约有一半，是我们已经讨论过的，即，当置换与代替的观念能够通过对比而形成联系，便可由同一化在梦中表现出来。我们已经举了不少例子。梦念中的各种“相反”的情况中的另一半——即，类似“反而……”或是“恰恰相反……”等的相反关系——在梦中的表现，则非常奇妙，几乎可以称之为玩笑，对此我将在下文中予以说明。“反而……”是无法直接进入梦中的。“反而……”是通过已经形成的梦的内容中的、由其他一些理由不证自明的部分——即，事后回想起来——的转变，来向梦的材料宣告自身的存在的。对于这一过程，举例说明更容易使人理解。前文中记录了一个有关“上与下”的美梦。在这个梦中，“上楼”的表现与梦念中的原型——即，都德的《萨福》的开头部分——正好相反。在这个

匈牙利心理学家，早期精神分析的代表人物之一。与弗洛伊德在专业上和私人关系上极为亲密，后来开始背离经典的精神分析方法，与弗洛伊德的关系也逐渐疏远。——译者注

梦中，起初困难，后来轻易；而原型中则是起初轻易，后来困难。而且，与做梦的人的哥哥相关的“楼上”和“楼下”的情况，在梦与现实之间也是恰好相反的。这指出了梦念中的两件材料之间存在的颠倒和相反的关系。同时，这种关系也是这位女病人在童年时期的幻想中被奶妈抱着上楼、与小说的主人公抱着恋人的情况之间的关系。在我的一个梦，即“歌德对M先生的抨击”的梦（参见下文），也包含这种“反而……”的情况，要想成功地分析这个梦，首先必须还原梦的原状。在这个梦中，歌德抨击一位年轻的男士，即，M先生。但是，梦念的真正意义是，某位著名的先生、我的朋友，被一位毫无名气的、年轻的批评家所抨击。在梦中，我依据歌德死去的时间计算时日，但实际上却是以一位瘫痪的病人的生日为依据进行计算的。梦的材料中的决定性的思想是，不该将歌德当成疯子看待。然而梦却这样说，即，如果你不能理解这本书，那并不是因为作者而是因为你自己不够聪明。可以认为，在所有这些“反而……”的梦中，隐含着某种轻蔑之意（使人看到相反的一面、缺点）（“萨福的梦”中与哥哥有关的颠倒）。

颠倒，或将事物转向反面等，是梦的工作最喜爱的、利用率最高的表现方法之一。这种方法首先会用于表达梦念中某个特定元素的欲望的满足。“要是这件事是相反的话，那该有多好！”对于某种令自己不愉快的回忆而言，这样的反应即是最好的表达。但是，颠倒的方法对于梦的稽查作用而言也是十分重要的，因为它可以为理应在梦中表现出来的事物化装，使梦变得难以理解。因此，如果怎么也弄不明白某个梦的意义，那么，便可以试着将这个梦的显意中的特定元素颠倒过来，难题往往就此一举解决。

除了内容上的颠倒之外，还有时间上的颠倒。例如，在梦的开头，引入某个事件的结果或是某个思考过程的结论，并在梦的结尾处附加以上事件的原因或结论的前提，这是梦的化装经常会采用的技巧。如果对梦的化装的这种方法不加以注意，在梦的分析工作中便会陷入不知所措的境地[①]。

不仅如此，在某些梦例中，甚至只有根据梦的内容的种种关系，将其数次颠倒，才能发现它的真实意义。例如，一位年轻的强迫神经症患者做过这样一个梦：因为他回家太晚，所以父亲斥责了他一顿。在这个梦的背后隐藏着希望父亲死去的欲望，而且，他从童年时期起就非常害怕父亲。然而，在精神分析治疗与这位病人的联想中，以上欲望的原本的意思是“他对父亲很恼火”；在他看来，父亲总是过早回家（也就是说，太

①癔症的发作经常会采用这种时间上的颠倒的方法，以便对稽查作用隐瞒其真实的意图。例如，一个女孩罹患癔症，一旦发作，便会自己扮演某种类似小说情节中才会出现的情景。即，她在地铁中遇见某人，并以此为基础在潜意识中展开幻想。幻想的内容如下，即，她遇见的这位男士被她的美丽的双脚所吸引，上前与她搭讪——她正在读着某本书，然后，她与这位男士结伴而行，在这种狂乱的恋情中度过了一个美好的夜晚。这位病人在发作时，一开始，便以身体的痉挛来描写这一段“恋爱的情景”（同时，她嚅动嘴唇以表现接吻，紧抱双臂以表示拥抱），然后，她匆忙走到另一个房间，坐在椅子上，提起裙角，以展示自己的双脚，并做出正在读书的模样；而且，还与我进行交谈（即，回答我提出的问题）。关于这一点，还可以参见阿忒密多鲁斯的意见，即，“在开始分析梦的意象时，首先要从头到尾展开其大略的情节，然后却要反过来，由尾至头重做一遍……”

快了)。对他而言，如果父亲不回家才好。然而，这与希望父亲死去是一回事(参见第五章)。这位病人在小时候——当时，父亲长时间出门在外——曾受到某个人的性侵害，并被威胁道："啊，你竟做了这样的事！等你父亲回来教训你吧！"

如果我们要进一步研究梦的内容与梦念——即，梦的显意与梦的隐意——之间的各种关系，那么，最好的方法便是以梦本身为出发点。而且，可以提出这样的问题，即，对于梦念而言，梦表现出的种种形式上的特征究竟有何意义？我们很容易发现，在这些形式上的特征中，最显眼的，便是各种梦的形象所激发出的感觉的强度之间的差异，以及梦的各个部分之间或是梦与梦之间的清晰程度的差异。各种梦的形象所激发出的感觉的强度之间的差异范围很广，从极其清晰的，到模糊得令人心烦的，无所不包。其清晰度几乎比我们在现实中所体会到的清晰度更高，当然，这无从证明。而其令人心烦的模糊的程度与我们在现实中所能感受到的相比，则完全是两回事，这也是梦的一大特征。此外，我们在形容梦中的模糊不清的事物时，往往采用"稍纵即逝(德文，flüchtig)"一词；而另一方面，对于梦中那些相对更加清晰的事物，则认为可以长时间地感知到。所以，存在这样一个问题，即，对于梦的内容中各部分而言，我们在感觉上的清晰度的差异，是由梦的材料中的何种因素决定的？

以上问题的答案乍看起来似乎不证自明。因为在睡眠中实际受到的各种刺激也能够成为梦的材料，所以可以这样假设，即，“梦中的一部分元素源自这些刺激，或是由这些刺激所唤起的，而这一部分元素便具有特殊的强度，所以，在梦的内容中，它们占有突出的地位”；或者，相反地，“凡是在梦中占有突出地位的元素，都可以追溯到睡眠中受到的各种刺激上”。然而，根据我的经验，完全不是这么一回事。在睡眠中产生的对现实的各种印象（神经刺激）所唤起的梦中的元素，与梦中的另一部分源自记忆的元素相比，其在感觉上的清晰度并无区别。现实因素并不能决定梦中的形象的强度。

接下来，有人可能会这样考虑。即，梦中的各个形象在感觉上的强度，与梦念中和这些形象相对应的各个元素的精神强度是有关的。也就是说，在梦中强度最大的元素，即是构成梦念核心的最重要的元素。然而，我们已经知道，正是这种元素才会被稽查作用所阻碍，并不会为梦的内容所采用；这种元素的派生物在梦中拥有一定的强度，但却未必会成为梦的核心。事实上，由我们对梦与梦的材料的对比、观察可知，以上的推论也是不正确的。一方面的元素的强度与另一方面的元素的强度是毫无关系的。事实上，在梦的材料与梦之间存在着彻底的“一切精神价值的价值颠倒”。在梦中很容易为某个强有力的形象完全掩盖的、很不起眼的元素，事实上却是某个在梦念中占有支配地位的事物的直接的派生物。这种情况是十分常见的。

梦中各个元素的强度（与梦念中的元素相比）受到两个彼此独立的因素的制约。第一，不难看出，表现出欲望满足的各个元素的强度更大。第二，分析表明，强度更大的各个元素引发了丰富的联想，也就是说，它们是拥有最多决定因素的元素。根据我们的经验，可以对这一命题做以下描述，而不改变其意义，即，“表现出最大强度的，是在其形成过程中受到了最大的凝缩作用的那些元素”。此外，我们还可以这样认为，以上描述的条件与欲望满足这一条件最终将由某个单一的公式表达出来。

现在，我阐述的问题是，梦中的各个元素的强度和清晰度。需要说明的是，这与作为一个整体的梦和梦的各段落间的清晰度不能混为一谈。前者的要点在于相反的关系——或是清晰，或是模糊；而后者的要点在于是否混乱。无论如何，有一件事是可以确认的，即，在这两个系列的问题中，梦念的清晰度（或是模糊度）与梦的内容的清晰度（或是模糊度）是彼此交织、呼应的。我们清楚地感知到的梦的元素往往包含精神强度较高的元素，而不清晰的梦一般由强度不高的元素构成。但是，清晰或是模糊，以及混乱与否等，这些与表面现象有关的问题，与梦的元素的清晰度问题相比，要复杂得多。甚至，出于将在下文中提出的几个理由，这一问题在此还无法对其加以讨论。使我们感到惊讶的是，一般而言，我们对梦的或是清晰或是模糊的印象与梦本身的构造完全无关，而是源自梦的材料，并且是梦的材料的某个构成元素。例如，我做过一个梦，梦醒后试着回忆，发现它的结构清晰，而且毫无遗漏。当时我还处于半睡半醒之间，甚至觉得或许可以提出一个崭新的分类，就叫作“睡眠中的想象”，而这种想象是不会受到凝缩与移置作用的影响的。然而仔细考察后，我发现，这种十分清晰的梦与其他的任何一个梦都一样，在其构造中存在着漏洞与歪曲。因此我便放弃了“梦的想象”这一分类[①]。这个梦的隐意与以下内容有关，即，我与一位朋友谈论长期以来一直在研究的、与两性性欲有关的理论；同时，这个梦的欲望满足的作用是向我们保证了这一理论是清晰且毫无缺陷的（尽管如此，在梦中这一理论并未被直接叙述出来）。我原本认为我回忆起的这一部分即是这个梦的全部，但事实上却只是梦的一部分而已，虽然，那确实是梦的内容中最重要的一部分。在这种情况下，是梦的工作干涉了我刚睡醒时的思想，使我将梦的一部分误认为是梦的全部。而且，梦的工作未能在梦中成功完成对梦念的详细的叙述。在我为一位女病人诊疗时，发现了一个与以上情况恰好相反的梦例。这位女病人一开始并不乐意讲述她的梦，理由是，“因为那个梦既模糊又混乱”。最后她终于告诉我，许多人都在她的梦中出现，其中有她自己、她的丈夫、她的父亲，等等。而且，她分辨不出丈夫是不是父亲，或者谁是父亲，又或者谁是丈夫，等等。将这个梦与在分析诊疗中这位病人的联想结合在一起，就能很清楚地发现，这个梦是在暗示某种在女仆身上经常会发生的事件，即，这位女仆怀孕了，但是“究竟谁是（肚子里的孩子的）父亲”，连她本人也弄不清楚[②]。因此，在这种情况下，这个梦所展示的模糊性，是唤起这

①至今我仍不能确定那是否正确。

②这位病人的症状包括癔症的症状、闭经和极度的精神抑郁。这也是这一类病人的主要症状。

个梦的源泉的材料中的一部分。这一内容的一部分通过梦的形式得以表现。我们经常会采用梦或是做梦的形式，来表现被隐藏起来的内容。

对梦的注释，和对梦的看似并无他意的辩解、补足、打断，等等，往往会对梦中的一部分内容做出十分巧妙的掩饰。然而，这种注释、补足、打断，等等，事实上却起到了暴露梦的真相的作用。例如，有人做了一个梦，并说道："这一部分被擦掉了（wiped away）。"接下来，经过分析，可以知道，这个梦与他童年时期的回忆有关：当时，他在竖起耳朵偷听某个人大便后擦（wipe）屁股的声音。在此举出一个值得详细报告的梦例。一位年轻的男士做了一个很清晰的梦，这个梦使他回忆起他童年时期的幻想，这个幻想他至今仍记得非常清楚。他梦见，一天晚上，他住进避暑胜地的一家旅馆。他记错了房间号码，结果走进了别人的房间，发现一位年长的夫人与她的两个女儿正在脱衣就寝。然而，在此梦中出现了若干的空白（德文，Lücken），少了某些东西（德文，da fehlt etwas）。最后，房间里有个男人，想要把他推出门外，他们打了起来。这位病人试图想起这个梦所明显暗示的童年时期的幻想的内容和意图，总是不能成功。但是，最后终于真相大白，原来，他努力想要回忆起来的内容已经包含在他对这个梦的不清晰的部分做出描述时所用的词句中了。"空白（Lücken）"即是指这几个女人在想要上床睡觉而裸露了身体时被他看到的女性生殖器的特征。"少了某些东西"，也是对女性生殖器的主要特征的描写。这位病人在童年时期曾对女性生殖器抱有强烈的好奇心，同时，他还在相信幼儿期的性理论，即，女性具有与男性相同的生殖器。

另一位病人有着与这个梦十分相似的遗留记忆，并且其形式也与这个梦完全一致。他梦见，“我与K小姐结伴同行，前往公园中的餐厅……”接下来的内容非常模糊，并且中断了……“然后，我置身于妓院的客厅。在那里我看到两个或三个女人。其中一人穿着衬裙、内裤。”

分析：K小姐是他的前任上司的女儿。据他所说，K小姐还是他的妹妹的替代人物。他很少有机会与K小姐交谈，但两人也曾谈过一次话，当时，“就像是我在说：‘我是男的，你是女的’，彼此清楚地认识到了彼此的性别”。梦中出现的餐厅他只去过一次，是与他的姐夫的妹妹一起去的。这位妹妹对他毫无吸引力。还有一次，他与三个女人同行，走到过这家餐厅的门前。这三个女人分别是他的妹妹和他的嫂子，以及上文所述的姐夫的妹妹；他对这三个女人都不感兴趣，但她们都与他同辈。他很少去妓院，大约只去过两到三次。

以这个梦中的“模糊”和“中断”的部分为线索，展开分析，可以发现，这与他童年时期出于儿童的好奇心，曾两三次——即，次数很少——检视比他小两三岁的妹妹的生殖器的体验有关。过了两三天后，他有意识地回想起来这个梦暗示的、他检视自己妹妹的生殖器一事。

在同一个晚上做的所有的梦在内容上应被视为同一个梦。梦分为几个段落，这些段落中的组合和每个段落本身，都具有其应有的意义，并包含着潜在的梦念的一部分真实意图。在分析由几个主要段落构成的梦和在同一个晚上做的几个梦时，必须要牢记的是，这些分开的又具有前后关系的、连续的梦其实具有相同的意义，是以不同材料表现出的、同一种精神的活动。然而，在这些同源的梦中，先做的梦比后做的梦更胆怯，化装的痕迹也更重，而后做的梦则更大胆，也更清晰。

《圣经》中记载的约瑟为法老解释的梦，即，“玉米穗与母牛”的梦，便属于此类。有关这个梦，约瑟夫斯（《古犹太史》第二卷第五、六章）的记载比《圣经》详细得多。法老讲述了第一个梦后，说道：“做完了这个梦，我被惊醒了，暗自思忖这个梦究竟有什么意义；但很快就又睡着了，又做了一个梦，比第一个梦更加不可思议。这使我感到恐怖与困惑。”约瑟听了法老的讲述后，说道：“法老，乍看起来，您似乎是做了两个梦，但这两个梦其实指的是一回事。”

荣格[①]在他的《一个对谣言心理学的贡献》中记录了这样一件事，即，一位女学生做了一个化了装的、色情的梦，而她的朋友并未加以分析，便立刻识破了这个梦的真意，以及这个梦是如何进一步地被化装、修饰的。对于这一系列与梦有关的问题中的一个方面，他提出了自己的意见，即，“有关一系列的

①荣格，卡尔·古斯塔夫·荣格，即，Carl Gustav Jung，1875—1961 年，瑞士心理学家、精神科医生、分析心理学的创始者。早年曾与弗洛伊德合作，被任命为第一届国际精神分析学会的主席，后因观点不同而分裂。与弗洛伊德相比，荣格更强调人的精神有崇高的抱负，而反对弗洛伊德的自然主义倾向。——译者注

梦的意象，其最终结论包含的思想，就是这一系列的梦的意象中最初的意象想要表现的思想。稽查作用反复利用象征性的隐蔽、移置、无意的伪装等方法，试图尽量长时间地将这一情结隔离开来”，等等（《精神分析学中央杂志》，第一卷，1910 年，87 页）。舍纳熟知梦的表现的这一特征，并将其与自己的器官刺激理论结合起来，列为一种特殊的法则（166 页）。即，“但是，在由一定的神经刺激所引起的‘象征性的梦’的形成，都必须遵循以下的通用法则，即，‘梦在开始时，对于刺激的对象，不过是以迂回的方式、进行模糊的暗示；但是，最后，一旦这种绘画式的表现方法枯竭后，这种刺激本身或是与刺激相关的器官或是这种器官的机能，便会赤裸裸地展露出来。于是，梦在暴露了其器质性的动机后，便达成了其目的’。”

奥托·兰克在他的《解析自身的梦》中直截了当地肯定了舍纳的法则。他记录了一位少女的梦，这个梦由同一个晚上的、两个单独的梦构成，这两个梦之间隔了一段时间。第二个梦以达到性高潮而结束。关于这第二个梦，从做梦的本人口中几乎没能获得除此之外的任何信息，然而仍然能够对其细节做出详尽的分析。而且，由这两个梦之间的密切的联系不难确认，第一个梦与第二个梦表现的事物是完全相同的，只不过第一个梦显得较为胆怯而已。所以，第二个梦为第一个梦的分析做出了极大的贡献。兰克正确地依据这一梦例，探讨了性高潮的梦对梦的理论的普遍性意义。

然而，就我的经验而言，能够由梦的材料的准确程度来推论梦的清晰或是混乱的情况是很少见的。在梦的形成的过程中，有一种元素（迄今为止还未曾提到过），对梦的清晰或是混乱的程度有着决定性的影响。对此我将在下文中展开讨论。

经常会有这样的情况，即，当某个事件的某种情况在梦的显意中持续了一段时间后，忽然出现了中断，并可以这样形容道："但是，就好像同时又在另一个地方，发生了如此这般的事。"就像这样，某种事物中断了梦的主要线索，并且，过了一会，梦的主要线索才得以恢复，那么，可以将这种事物视为梦的材料中的从句、某种插入的思想。梦念中的条件，即，类似"如果……那么……"或"当……的时候"等的逻辑表现，是在梦中同时表现出来的。

在梦中非常频繁地出现的、被禁制的感觉，以及由此引起的焦虑，究竟具有何种意义呢？想要离开，却动弹不得；想要做某件事，却遭遇到障碍而无法完成；火车即将发车，却不能及时赶上；受到了侮辱打算挥拳报复，却连手也抬不起来。以上种种，属于同一种情况。我们已经在"暴露梦"中提及这种感觉，但并未对其做出彻底的解释。有一种简单但理由并不充分的说明，即，我们通过以上所述的感觉得知，在睡眠中身体一直处于麻痹状态。但是，如果真是这样，我们为什么不一直做这种被禁制的梦呢？对此我们应该会这样认为，即，在睡眠中，随时都可以唤起这种被禁制的感觉，并且，这种感觉可以对梦做出贡献，使其更加容易地表现出某种事物，但是，只有当梦的材料需要如此表现的时候，这种感觉才会被唤起。

类似“无法做某件事”的梦的一个特征是，它并不一定作为一种感觉在梦中出现，有时，只是作为梦的内容中的一部分出现。我认为，在这种情况下，它为分析这种梦的意义提供了很大的方便。在此，我将简短地报告一个我蒙受盗窃嫌疑的梦例。我梦见，在一个私人诊疗所与几个其他建筑的混合物中，一个男仆出现，叫我去接受检查。在梦中，我知道，有某件东西丢失了，而我被叫去检查，是因为我被怀疑将那件失物据为己有了。分析证明，所谓的检查必然有两种意义，其中也包括了医学上的检查的意义。因为我知道自己是无辜的，并且又是这里的顾问，所以我沉着冷静地跟在男仆身后。在一扇门的旁边，另一位男仆等在那里，他指着我，说道：“为什么把这位先生带来了？这位先生是受人尊敬的人。”然后，我独自进入一间大厅，大厅中放着许多机械，令人想到制裁人类罪恶的地狱。其中一台机械上绑着我的一位同事，原本他应该为我感到担心，可是他却像是完全没发现我似的。然后，我已经可以离开了，但因为我找不到自己的帽子，所以无法离开。

很明显，这个梦的欲望满足是表现出我是一个诚实、无辜的人，并且，“可以离开”。因此，在梦念中应该包含着对于无辜的罪行进行“否定”的各种材料。我可以离开，即是赦免我的表示。所以，在这个梦的结尾处发生了某件事，阻止我离开，便可以看成是：表示“否定”的、被压抑的材料在通过这件事来表现自己。而我找不到自己的帽子，则意味着：“你不是一个诚实、无辜的人。”梦中的“无法做某件事”即表现出一种相反的意义，也就是说，是一种“否定”，因此，我在前文中说过的，“对梦而言，‘不’似乎是不存在的”这一观点，必须加以修正。

在其他一些梦中，身体无法动弹并不仅是一种情境，也包括了感觉。这种类似的“相反”、“不”的感觉，通过对动作进行禁制，作为与反对意志对决的一种意志，表现得更加强而有力。因此，动作被禁制的感觉所展示出的，是一种“意志的矛盾”。睡眠中的运动麻痹才是做梦时精神过程的最基本的决定条件之一，这一点我们在下文中将做出说明。另外，转移到运动的轨道上的冲动就是一种意志，因为我们确实能够在睡眠中察觉到这种冲动遭受了抑制，所以，如果想要表现这种意志以及抑制这种意志的“不”的感觉的话，再也没有比列举出以上整个过程更合适的方法了。根据我在前文中提出的对焦虑的解释，自然不难理解以下观点，即，这种抑制意志的感觉与焦虑是极为接近的。而且，在梦中，它很容易与构成焦虑的不安、恐怖的感觉彼此结合。焦虑源自潜意识，是一种为前意识所抑制的性冲动[①]。所以，如果梦中的被禁制的感觉与焦虑结合在一起，那么，这必然是在过去某个时候、某种能够促使性冲动产生的意志的问题；同时，也必然是一个性冲动的问题。

我们在梦中经常会想到“这不过是个梦”，但这究竟意味着什么呢？这种想法的精神意义又应该归结于何呢？对此，我们将在下文中再行讨论。在此我想要提前说明的是，这种想法

①后来发现的观点证明，这一命题已不再正确。

的目的是贬低梦中所见事物的价值。在梦本身中有某一部分内容被描述为“这是一个梦”，而通过这一描述究竟想要表达什么——即，这一常见而且意味深长的问题，也就是说，“梦中之梦”的问题——W. 斯特克尔曾对若干令人信服的实例加以分析，得出了类似的结论。在梦的内容中表现为“梦见的事物”的价值被再次贬低，其真实性也被剥夺。从“梦中之梦”中醒来后，梦仍在继续，而梦的欲望试图用这时梦见的事物去替代这种被剥夺了的真实性。因此我们可以这样认为，即，“梦中之梦”包含现实的表现、真实的记忆，而在“梦中之梦”醒来后的梦中包含的却与其相反，只是单纯地表现出做梦的人的欲望而已。所以，如果某一部分内容是包含在“梦中之梦”中的，那么，这一部分内容在梦本身中被描述为“这是一个梦”，也就意味着一个欲望，即，“如果这一部分内容根本就没发生过就好了”。换句话说，如果梦的工作将某个事件作为一个梦插入梦中，也就很确凿地证明了这一事件的真实性，也是对这一事件的最强有力的肯定。梦的工作利用“做梦”作为一种否定的形式，并因此证明了“梦是欲望的满足”这一观点。

四、关于表现力的考虑

迄今为止，我们探讨的是，梦是如何表现梦念之间存在的各种关系的。然而，在探讨过程中，我们不得不屡次涉及更具普遍性的主题，即，为了梦的形成，梦的材料将要发生何种变化。梦的材料中存在着各种关系，其大部分都被剥夺而去，并且，这些材料还要经过凝缩作用。与此同时，我们还知道，梦的材料中的各个元素之间存在着强度的移置（即，能量的移置），而这种移置作用是被强迫的，其目的是达成梦的材料间的精神价值的移置。迄今为止，我们探讨的这种移置作用只是在联想中将某个特定的观念与另一个位于它附近的观念彼此置换而已。当然，通过这种方法，某种介乎这二者之间的共同的元素代替了这二者本身，并进入梦中，也就是说，这种移置促成了凝缩作用。至于其他的移置作用，我们一直未曾提及。然而，通过分析，我们已经知道，存在着另一种移置作用，它表现为思想在语言表达方面的置换。在以上这两种情况下，移置作用是沿着一系列的联想展开的，但是，同样的过程发生在不同的精神领域，而且，这种移置有时表现为一个元素被另一个元素所代替，有时却表现为一个元素自身的语言形式被另一种语言形式所代替。

如上所述，在梦的形成中发生的第二种移置作用，它不仅具有高度的理论意义，而且对于解释梦的表面内容为何具有幻想的荒诞无稽的特性十分有用。一般而言，移置作用倾向于将某个梦念的单调、抽象的表现置换为更加形象具体的表现。这种置换的益处与其目的不言自明。对于梦本身而言，拥有具体形象的事物便可以表现出来，便可以将其置于某种具体的环境中。然而，就像是以插图的形式来表现报纸上的政论那样，抽象的事物在梦中是很难有所表现的。所以，这种置换不仅对表现力有所贡献，还促进了凝缩作用与稽查作用。某种抽象化的、无法直接进入梦中的梦念，必须经过形象化、具体化的置换，然后，在这种置换后产生的新的表现和梦的其余的材料之间，才会比以往更加容易地为梦的工作所需要，而梦的工作也将建立起彼此的接触点与同一性——即使原本并不存在类似的关系，也可以创造出来。这是因为，在任何一种语言的发展史上，具体的词汇所能够建立的联想关系都比抽象的词汇多得多。我们可以这样认为，梦的工作尽可能地将芜杂的梦念简化为简洁、单一的表现，然后再使其出现在梦中，而这种中间工作的大部分就是这样将个别的思想改造、转化为适当的、具体的词汇。在这种情况下，某个因某些其他理由而确定了其表现形式的思想便会对其他思想的表现形式施加影响，例如，或是将其分割，或是对其内容加以取舍，等等。而且，有可能从一开始便是如此。这与诗人吟诗的方法颇有相似之处。例如，想要创作一首有韵脚的诗，那么第二个押韵的句子就必须满足两个条件。首先，这个句子必须表达适当的意义；其次，与此同时，它还必须与第一句的韵脚相合。一首出色的诗作所要表现的两种思想从一开始便互相吸引，并自然而然地对语言做出选择，只要事后稍加修饰，便会满足押韵的需要，而其韵脚本身并不会引人注目。

在少数情况下，这种表现方式的置换会通过捷径对梦的凝缩做出贡献。也就是说，这种表现方式的置换会找出那些暧昧的、能够同时表现出数种梦念的字眼。这样一来，所有与文字有关的玩笑都与梦的工作彼此相关。我们完全不必因文字对梦的形成所做出的贡献之大而感到惊讶。词汇作为许多观念的交叉点，从一开始便注定具有相当多的意义；神经症（强迫观念、恐惧症）与梦一样，也会毫不犹豫地利用词汇在凝缩、化装等方面的长处[①]。不难看出，如果表现发生移置，那么，梦的化装同样会有所收获。如果以一个意义模糊不清的词汇代替有着明确的意义的两个词汇，人们就会感到迷惑。如果用具体、形象化的表现方法代替日常生活中常用的、抽象的表现方法，就会妨碍我们的理解。特别是，就梦本身而言，它不会告诉我们它所展示出来的各个元素是应该以字面的意义去解释，还是应该以比喻的意义去解释，它也不会告诉我们这些元素是与梦的材料有着直接的联系，还是以某些中间插入的语句为媒介而彼此联系在一起的。一般而言，在分析任何一个梦的元素时，应注意以下问题：

a）具有积极的意义还是消极的意义（如对立关系）

b）是否应解释为过去的事物（即，回忆）

c）是否应加以象征性的解释，或者

d）是否依赖于其文字发音的类似性

尽管具有这样的多面性，而且梦的工作的表现并不努力试图为人所理解，但是，仍然可以这样认为，即，与古代的象形文字的创造者为后来的解读者所展示出的困难相比，梦的工作的表现为其翻译者带来的困难要小得多。

---

①参见《智慧与潜意识的关系》1905年（全集第六卷），以及与神经症的症状解决相关的“文字的桥梁”。

迄今为止，我已经列举了几个梦例，它们即是仅仅表现出了模糊、模棱两可的特性（如，在“爱玛打针的梦”中，“她张开了嘴”的表现，以及在前文中记录下来的梦中“尽管如此我却无法离开”的表现，等等）。接下来，我将记录一个梦，在对它的分析中，抽象思想的具体化起到了相当重要的作用。需要注意的是，这种释梦方法与通过象征来分析梦的方法是截然不同的。在象征化的释梦方法的运用中，象征化的关键由释梦者任意选择，而在我们所探讨的文字伪装的情况下，其关键则具有普遍性，是众所周知的，并且存在着既定的语法规则。就这一类梦而言，如果释梦者在恰当的时机采用恰当的观念，甚至可以不经做梦人的说明，便能够得出全面或部分的解释。

以下便是一位我熟识的妇人的梦。“她在歌剧院里。上演的是一场瓦格纳[①]的歌剧，早晨七点四十五分结束。前后的包厢里摆着桌子，人们正在吃喝。她的表兄刚刚结束了蜜月旅行，现在正与妻子坐在其中一张桌子旁边。旁边还坐着一位贵族。这位贵族是她的表兄的妻子从蜜月旅行的地方公然带回来的，就像是随便买了顶帽子之类的事物似的。在后面的包厢中央有一座高塔，高塔顶部是个平台，周围围着铁栏。指挥站在这高高的平台上，他的相貌酷似汉斯·里希特。他在铁栏中来回跑动，汗流浃背。同时，他还从高处指挥着围拢在高塔底部

①瓦格纳，威廉·理查德·瓦格纳，德文即，Wilhelm Richard Wagner，1813—1883年，德国作曲家。前承莫扎特、贝多芬的歌剧传统，后启后浪漫主义歌剧作曲潮流。代表作有《仙女》《特里斯坦和伊索尔德》《尼伯龙根的指环》等。——译者注

的乐队。她自己则与一位（我熟识的）女性朋友坐在一个包厢里。她的妹妹从前面的包厢里递给她一大块煤。这是因为她妹妹认为：没想到会这么长，姐姐现在应该冻坏了（似乎在长时间观看歌剧时包厢里必须保持温暖）。”

虽然表现出了某些情景，但这个梦确实是荒唐无稽的。包厢内有一座高塔；指挥在高塔顶上指挥乐队。即使忽略这些情景，身处前面的包厢的妹妹竟会递给身在高处的、后面的包厢里的姐姐一大块煤。我刻意不去分析这个梦。因为我对这位妇人的身世有些了解，所以，我不用依赖她的说明，就能够对这个梦的一部分内容做出解释。她爱慕一位音乐家，但这位音乐家年纪轻轻便罹患精神病，才华未能得以发挥便结束了其音乐生涯。于是，我决定对包厢里的高塔的字面意思加以分析。她希望这位音乐家取得汉斯·里希特那样的地位，能够高高在上地指挥乐队的其他成员。而这座高塔便可以看作是由附加的事物构成的复合结构。并且，由高塔的底部来表现这位音乐家的伟大。另外，这位音乐家就像是囚犯一样，或者说，就像是笼中的野兽一样（这与这位不幸的音乐家的名字有关[①]），在铁栏中来回跑动，则表示出他最后的命运。这两个观念彼此合流，构成了“疯人塔”这个词[②]。

对上述的梦的表现方法有所了解后，我们便可以对这个梦中的另一个不可思议的情景——即，妹妹将一大块煤递给做梦

①这位音乐家的名字是雨果·沃尔夫（Hugo Wolf）（沃尔夫，即，狼）。

②德文的Narr，即，疯人、呆傻之意。——译者注

的人——做出解释。“煤”，必然意味着“秘密的爱”。

任何一种火，任何一种煤，
燃烧得再炽烈，
也比不上不为人知的，
隐秘于心的爱恋。

她和她的女性朋友一直坐在那里。而她的即将结婚的妹妹“没想到会这么长”，所以递给她一大块煤。然而，在梦中并未提及是什么持续了很长的时间。当然，以常理推断应该是瓦格纳的歌剧的演出，但在这个梦中，如果将注意力集中到这个句子上就会发现它是模棱两可的，能够附加“到她结婚之前的时间”这一定语。然后，对“秘密的爱”的解释也由以下情景得到了支持，即，与新婚妻子一起坐在包厢里的表兄，以及强加在这位新婚妻子身上的公开的恋爱关系。秘密的爱与公开的恋爱关系，以及她的热情与年轻的新婚妻子的冷漠彼此对立，构成了这个梦的重点。无论如何，在这两种情况下，“高高在上的人物”是一个中间语，同时指代贵族与被寄予了很高期望的音乐家。

通过以上的探讨，我们终于发现了将梦的隐意转变为梦的显意的第三个因素——绝不可低估它的作用，即，梦对它所要利用的独特的精神材料的表现力（一般而言，在此指的是对视觉形象的表现力）的考虑。在能够通过各种关系依附于主要梦念的各种事物中，能够以视觉形象的形式表现出来的事物往往会被优先采用；即使这种表现的形式是异常的，但只要它能够被表现出来，并且能够终结受到约束的思维的心理学上的窘迫，那么，梦的工作就会不辞辛劳地将意义深远的思想转变为其他的语言表现。以这种方法将思想内容转变为另一种形式的同时，对凝缩作用也做出了贡献，甚至，还与如果不这样做就不会存在的、其他的思想也建立了联系。而且，这种其他的思想为了与第一种思想建立联系，也很可能已经预先改变了自己原本应有的表现。

赫伯特·西尔伯勒[①]（1909）指出了一个很好的方法，可以在梦的形成过程中直接观察到由（抽象的）思想向（具体的）形象的转变，并以此提取出梦的工作中的独立元素来进行研究。他经常发现，如果在极度疲劳困顿的状态下试图进行某种思考，这时，思想本身会脱离，而代之以某个形象，而他能够认出这个形象中即包含着那种思想的替代物。西尔伯勒将这种替代物称为“自我象征（autosymbolisch）”，而我认为，这一命名并不十分恰当。在此，我将援引西尔伯勒的研究中的几个实例。因为观察到的现象中的若干特征的缘故，我将在下文中再做探讨。

例一：

我打算修改一篇论文中的不妥之处。

①赫伯特·西尔伯勒，德文即，Herbert Silberer，1882—1923年，奥地利精神分析学家。后与弗洛伊德交恶。在维也纳自杀。——译者注

象征：

我发现自己正在刨平一块木板。

例五：

我努力回忆现在正打算进行的某个形而上学的研究的目的。我认为，这一目的在于追寻存在的本质，并通过工作，渐次进入意识或存在的更高形式。

象征：

我手持一把长刀，插入一个很大的蛋糕的底部，试图取出已经切好的一块。

解释：

我使用长刀的动作意味着“通过工作（德文，durcharbeiten）”……对象征的解释如下：我经常在餐桌前切开蛋糕并将其分给每个人。所以，我用的是一把有弹性的长刀，必须谨慎小心。另外，将切好的蛋糕中的一块完整地取出来，是相当困难的。必须很小心地将刀子插入那一块蛋糕的底下才行（即，“通过工作”，缓慢地抵达根本）。同时，在这幅情景中还潜藏着更多的象征。例如，象征中的蛋糕是“千层糕（德文，Dobos-Torte）”。也就是说，从上方向下切入的刀子将切过许多层（意识与思想的层次）。

例九：

我在思考某件事时，失掉了有关这些思考的线索。我试图设法再一次找到它，但不得不承认这些思考的出发点确实已经不见了。

象征：

书页上印刷好的文章的片段，最后一行没印上。

鉴于笑话、谚语、歌词、格言等在受过教育的人们的精神生活中发挥的作用，我们可以认为，为了能够将梦念表现出来，这种化装的方法事实上应用得相当频繁。例如，梦见若干辆各自装载着不同种类的蔬菜的货车，即是表现了“卷心菜与芜菁”的对比的欲望，也就是说，这意味着“乱七八糟”，即，表现出“混乱”的意义。使我感到惊讶的是，这个梦只有过一次记录[1]。带有普遍性的梦的象征其实相当稀少，并且，这种象征是基于众所周知的暗喻与语言的替代物的。另外，这种象征的大部分，同时为梦、神经症、传说、民间习俗等所共有。

确实，当我们进一步地观察这一问题，就不得不承认，梦的工作所做的这一类的置换并没有什么独创之处。梦的工作为了达成它的各个目的（在这种情况下，是为了表现出不受稽查作用的阻挠的可能性），仅仅只是沿着在潜意识的思考中开拓出的道路前进；同时，它会优先转换那些受压抑的材料——这种转换的方法与我们能够意识到的笑话、暗喻等采取的方法是一致的，并且，与神经症患者所有幻想的产生的方法也是一致

①事实上，我再也没能遇到过类似的表现，因此我开始怀疑这一解释的正确性。

的。在此，我们突然对舍纳的释梦的方法有所理解——我已在别处对其理论的核心的正确性做了辩护。以自己的身体为材料，展开各式各样的幻想，这绝不是梦独有的专利，也不是梦的特征。迄今为止，我通过分析发现，这种幻想在神经症患者的无意识的思考中也非常常见，几乎毫无例外，而且，这种幻想往往发源于性的好奇（对于成长中的年轻男女而言，异性与同性的生殖器就是这种幻想的对象）。正如舍纳和福尔克特所正确强调的那样，房屋并不是用来象征身体的唯一来源——对于梦与神经症的无意识的幻想而言都是如此。然而，有些病人会根据身体与生殖器（其对性的兴趣超出了外部生殖器的范围，而涉及更广的领域）的构造上的象征性，将大大小小的柱子视为腿、脚（就像所罗门的《雅歌》中描述的那样），将门视为身体外部的开口处（“洞”），将水管、水流视为泌尿器官，等等。但是，与此类似，植物的生命或厨房中的事物也很容易被视为隐蔽的、性的表象的象征物①。关于前者，语言的惯用法和远古时期的幻想的积累沉淀已经相当丰富（例如，上帝的“葡萄园”、“种子”、少女的“花园”等等，在《雅歌》中都有记录）。而通过对看似无邪的厨房工作的暗喻，也可以想象到性生活中最丑恶、最隐秘的细节。如果忘记了性欲会利用最普遍的日常生活中最不起眼的事物作为象征，作为自己最好的藏身之所，那么，我们便完全无法理解癔症的各种症状了。罹患神经症的儿童见不得血和生肉，让他吃鸡蛋或通心粉，他便会呕

①在爱德华·福克斯的《插图风俗史》的三卷补充本中有丰富的相关证明材料。

吐；还有些神经症患者会将人类对于蛇的恐惧天性极度夸大。这些现象中都隐藏着非常明显的性的意义，当神经症利用这种伪装时，正是走上了人类在古代文明已经走过的道路。如果仔细观察，就会发现，这古老的道路的存在，仍可作为对沿用至今的语言的惯用法、迷信、习俗等的证据。

在此，我将插入一个我已经预告过的一位女性病人的“花”的梦。在这个梦中，应该做出与性有关的解释的部分，都标了着重号。当分析结束后，做梦的人对这个美梦彻底地厌恶起来。

（a）序梦

她走进厨房，斥责两个女仆道：“该吃饭了，你们怎么还磨磨蹭蹭的？”这时，厨房里的各种瓶瓶罐罐堆得很高，而且都口朝下倒放，使其干燥。随后补足的部分是：两个女仆一起去提水。所以，她们必须去河边。这条河就在她的家的附近，或是直接流进她家的院子里[①]。

（b）主梦[②]

她沿着形状奇特的栏杆或是篱笆，从高处走下来[③]。篱笆由小的方形网眼架构的木板构成[④]。这地方本来不是供人攀爬上下的，想要找个下脚的地方也很困难。她感到很高兴，因为往

①有关这一序梦的“因果关系”参见前文。

②她的经历。

③高贵的出身。与序梦对立的欲望。

④这是一个复合结构，由两个地点构成。一个是她父亲的家中的所谓阁楼——她与弟弟曾在那里玩耍，也是她后来的幻想的对象；另一个是总是戏弄她的坏叔叔的家的院子。

下走的时候衣服没有被勾绊住，能够保持体面[①]。这时，她手里拿着一枝很大的花枝[②]。事实上，那像是一棵树，上面盛开着红色的花朵。枝芽交错，向四方延伸[③]。这时，出现了与樱花有关的观念。但是又像是盛开的山茶花。当然，山茶花并不是在树上绽放。她往下走的时候，一开始是拿着一枝，后来变成了两枝，最后又变成拿着一枝[④]。当她来到下面，花枝下部的花朵大都已经凋谢。来到下面一看，发现了一个男仆。这个男仆拿着一枝同样的花枝，正做出一种类似梳理的动作。也就是说，以一片木片，梳理着花枝上像苔藓一样垂下来的浓密的毛发状的事物。其他一些工人从花园中砍下同样的枝条，并扔到街上。枝条横七竖八地摆了一地。于是，有许多人拾取了一些。但是，她却在询问这么做是不是真的没关系，自己是不是也可以拾取其中一枝[⑤]。花园中站着一位年轻男士（是一位外国人，她认识他）。她走向那位男士，询问这种枝条怎样才能够移植到她自己的花园中[⑥]。这位年轻男士拥抱了她。她挣扎着，问道，难道他认为可以随便这样拥抱别人吗，他到底是怎么想的，竟会做出这种事。他答道，这绝不是不好的事，这是被允许的[⑦]。然

①这是一个与她在叔叔家的院子里的真实记忆所对立的欲望，并且与她总是在睡着时不自主地脱掉衣服的习惯有关。

②就像画作中向圣母玛利亚宣告耶稣诞生的、手持百合花枝的天使那样。

③有关这一复合结构的解释参见前文。贞洁，月经，茶花女。

④这暗示着在她的幻想中出现的人物是复数。

⑤是否可以拾取其中一枝，即，是否可以自慰。

⑥很久以来，枝条就是男性生殖器的暗喻，在这个梦中，它还非常明确地暗示出了做梦人的姓氏。

⑦此处与下文提及的事项相同，都与夫妻性生活方面的避孕有关。

后，他宣称他愿意和她一起到另一个花园去，在那里教她怎样种植；还对她说了另外的一些话。她不太明白他的话。他说的似乎是，“即使不是这样，我也没有三米（后来，她改口说是‘三平方米’）或三英寻地”。他像是期待着她会做某些事，以报答他对她的友善；或者，他像是想要在她的花园中补偿自己的损失；或者，他像是希望在不损害她的利益的前提下，为自己谋利。总之，似乎是想要违反某些规则。然后，她忘记了他是否真的为她做了些什么。

根据这些象征元素，我们提及了这个梦，它可以被称为是一种“自传式”的梦。在精神分析中，这种梦非常常见。但是，在其他的场合却很少见①。

这一类梦例，我当然收集到了许多，但如果在此一一列举出来，便势必会使我们过分地深入到神经症的各种情况中去。而所有梦例的结论都是一致的。即，“我们完全没有必要认为在梦的工作中存在着某种心灵的特殊的象征化的活动；梦所利用的这种象征化，在潜意识的思考中早已存在了；由于这种象征化本身的表现力，同时，也由于这种象征化还能够通过稽查作用，所以，它比其他事物更加适应梦的形成的需要。”

五、梦的象征表现——更多的典型梦例

对上述自传式的梦的分析证明，我从一开始就意识到了

①在有关梦的象征的实例中记录下来的第三个梦即是这种“自传式”的梦。而兰克在《解析自身的梦》中详细地记录下来的梦亦属此类。福尔克特也提出了一个梦例，但必须“相反地”进行解读。

梦的象征表现。但是，我确实是在逐渐积累经验，同时受到了W. 斯特克尔的研究[①]的影响后，才逐渐意识到了这种梦的象征的全貌，才对其意义做出了正确的评价。在此我将对他的研究略作介绍。

就精神分析学而言，斯特克尔可说是功罪各半，他收集了数不胜数的令人意外的象征的实例，并提出了解释。起初人们表示怀疑，后来其中的大部分得以证实，才为人所承认。其他的研究者们对他的研究持怀疑态度，这不无道理，但斯特克尔的功绩却不会因此而减少。他分析了许多实例，以证明自己的理论，但往往不能使人信服，而且，他所使用的方法也不太具有科学性。斯特克尔仅凭直觉来解释所谓的象征，他利用自己独特的天赋来直接理解象征的意义，但他的天赋却并不是人皆有之的。这种方法的有效性无法评估，其结果的正确性也就不得而知。当然，有的医生拥有超凡的嗅觉——常人的这种嗅觉已经退化了——而且，确实仅凭嗅觉就能够对肠胃伤寒做出诊断。但是，一般而言，根据病人的味道来诊断传染病，总是令人难以接受的。

随着精神分析学在这方面的经验的积累，我们发现，许多病人对这种梦的象征的直接理解简直令人惊讶不已。特别是早发性痴呆症的病人的表现，更是如此。以致，在很长一段时间内，人们认为，凡是能够理解这种象征的病人都患有早发性痴呆症。但事实并非如此。这最终仍是与个人的天赋或特征有关

①W. 斯特克尔，《梦的语言》，1911 年。

的问题，并不具有病理学上的意义。

我们已经知道，在梦中，与性有关的材料的表现，往往会利用象征的方法。然而我们会很自然地产生这样的疑问，即，这些象征中的大多数是不是就像速记中的符号那样，具有永久不变的、固定的意义？并且，我们也会试图利用符号编码的方法来进行梦的解析。但是，对于这一点，应该注意的是，这种象征的表现并不为梦所独有，它属于潜意识的观念作用，特别是人类的普遍的潜意识的观念作用，在这一意义上，它是独特的。并且，与梦相比，这种象征的表现在民间传说、民族的神话、传奇故事、谚语、格言、笑话等中间更容易发现。所以，如果我们要全面地评价象征的意义，并探讨那些与象征这一概念相关的、数不胜数的问题——这些问题大都尚未解决——我们就不得不偏离梦的解析这一课题①。所以，我们在此只需明确以下观点，即，象征的表现只是一种间接的表现方法，但出于种种理由，我们并不能忽视它的各种显著特征，将它与其他的间接的表现方法混为一谈。在某种情况下，象征与它所代表的事物之间存在着很明显的共同元素，但在其他一些情况下，这种共同元素又会隐匿不见。于是，人们便难以理解为何选择了这一象征。但是，毫无疑问，对象征关系的最终意义做出解释

①参见布洛伊勒与苏黎世的学生们（梅德、亚伯拉罕等）的有关研究，以及与他们相关的非医学界的作者（克莱因斯坦等）。有关这一研究的最出色的观点参见奥托·兰克、H. 萨克斯合著的《精神分析对于精神科学的意义》，1913年，第一章。进一步参见欧内斯特·琼斯的《象征表现的理论》（《国际精神分析学杂志》，第五卷，1919年）。

的，正是后者。后者告诉我们，这种象征关系具有遗传的（历史的）性质。在现代以象征关系彼此联系的事物，或许在遥远的古代也具有概念上的同一性和语言上的同一性，并以此彼此联系[①]。似乎可以将象征关系视为一种过去曾经存在过的同一性的遗迹，或是标志。我们可以发现，正如舒伯特（1814年）所指出的那样[②]，在许多情况下，共同的象征比共同的语言应用得更为广泛。许多象征与语言本身一样古老，另外，还有一些象征是由古至今不断创造出来的（例如，飞艇—齐柏林，等等）。

梦利用这种象征表现出潜在思想的伪装。可以说，在这种情况下被利用的各种象征中，有许多几乎已经固定下来表现同一事物的象征。然而，我们不能忘记，精神材料具有高度的可塑性。很多时候，某个象征在梦中并不能以其象征性，而必须以其原本的意义加以解释。而在另一些情况下，做梦的人会将全部的特殊记忆材料——也就是说，一般而言与性完全无关的材料——都当作性的象征，加以利用。有这样的情况，即，为了表现某种内容，可以在多个象征中自由选择；那么，做梦的

①汉斯·斯佩贝尔提出的理论对这一观点提供了有力的支持。斯佩贝尔认为，原始的语言中所有涉及性的字、词后来都丧失了其原本的性的意义，这是因为，这些字词后来都用于表现那些能够跟与性有关的事物和行为相比较的事物和行为了（《有关性动机对语言的起源与发展的影响》，《意象》第一卷，1912年）。

②例如，在几个匈牙利人所做的小便的梦中，出现了船在水面上航行的情景。而且，在匈牙利语中，并没有与德文的“小便”——即，schiffen（兼具“行舟”与“小便”的意义——译者注）——相对应的词（费伦齐，参见前文）。在法国人，以及其他拉丁民族的梦中，尽管在他们的语言中并没有与德文的“女性”即，Frauenzimmer（Frau为女性，Zimmer为房间）——相对应的词，但他们仍会将房间作为女性的象征。

人最终选择的象征必定是能够表现这一内容的象征，同时，他选择的象征必然与他自身的其他的杂乱的思想材料拥有具体的关系。也就是说，这一被选择出的象征既是典型的，同时也具有个人色彩。

自舍纳时代以来至今，有关梦的研究已将梦的象征的存在视为不可动摇的事实——就连哈夫洛克·埃利斯也承认，我们的梦中无疑充满着象征——与此相对，我们不能否认的是，对梦的解析而言，梦中的象征的存在并没有使它变得更加简单，反而使它变得更加困难了。在大多数情况下，基于做梦人的自由联想来分析梦的方法，并不能对梦的内容中的各种象征元素做出解释。然而，出于科学的立场，我们势必不能容忍舍纳的粗糙的释梦法复活，重新回到以释梦者的任意的主观判断为主的、古代的释梦法上去。所以，当我们面对那些理应视为象征的梦的内容中的各个元素时，必须采取一种综合的技术。即，一方面利用做梦的人的自由联想，另一方面则利用有关象征的理解来弥补自由联想的不足。对于象征的解释，我们必须以批判的态度慎重进行，尤其是，对那些清晰的梦例所提供的各个象征要进行详尽的研究。只有这样，我们才能够避免相关——即，对梦提出主观、任意的解释——的批评。迄今为止，作为释梦者，我们仍会受到一些非难，认为我们的工作存在着很大的不确定性。这一方面是因为我们对梦的认识仍远远不足（随着我们今后研究的进展，这一缺陷会得以弥补），但在另一方面，则植根于梦的象征本身的某些特征。梦的象征往往具有多种意义。或者说，它的意义往往是模棱两可、含混不清的。这就像是以中文写成的文章那样，具有以下性质，即，必须通过上下文的关系才能够弄清楚每个字的正确的意思。梦的这种允许过度的解读以及往往能够在单一的内容中表现出性质差异极大的各种思想与欲望的能力，与各种象征所具有的多种意义的特性其实是一致的。

我希望，读者能够对以上涉及的观点有所了解，接下来，我将对梦的象征做进一步的探讨。首先，皇帝与皇后（国王与女王）通常是做梦的人的父母的象征。王子或公主则象征着做梦的人自身。对皇帝的尊敬同样也适用于伟人，因此，在许多梦中，伟人——例如，歌德等——会成为父亲的象征（希奇曼）。一切长形的事物，例如手杖、树干、雨伞（雨伞撑开即象征着男性生殖器的勃起）等，以及一切又长又尖锐的武器（刀、匕首、矛）都象征着男性生殖器。另外，指甲锉也经常成为男性生殖器的象征，其原因则不太容易为人所理解。盒子、箱子、柜子、橱子、炉子，以及其他一些洞穴、船、容器类的事物，都象征着女性的身体。梦中出现的房间（德文，Zimmer）通常象征着女性，而房间的出口、入口的象征不言自明。同样地，有关房间的大门是“开着”还是“关着”的兴趣，与象征的关联为何，也就很容易理解了（或可参见《一个癔症病例的分析片段》中记录的杜拉的梦）。在此，关于房间的大门由怎样的钥匙来打开，应该已无须刻意做出说明了。乌兰德在《埃伯施泰因伯爵》一诗中，以锁与钥匙为象征，创做出了一段品味不俗的故事。——梦见穿过一连串房间，即是梦见了妓院。但是，根据H.萨克斯列举的几个实例，这同样象征着婚姻（对立面）。——梦见一个房间变成了两个房间，或是梦见原本很熟悉的房间一分为二，又或者与以上情形相反，都意味着童年时期的对性的好奇心——二者之间的联系颇具深意。儿童认为，女性身体的局部（即，臀部）只有一个开口（孔洞）（儿童的泄殖腔理论）；等到他们年龄稍长，才会确认这一局部包含两个不同的孔洞。——另外，台阶、梯子、楼梯等，特别是在它们上面走上走下，都是性交行为的象征[①]。——梦见攀爬光滑的墙壁以及从房屋的正面墙壁上跳下（往往带有严重的焦虑）时，墙壁与正面都是直立的人体的象征，这或许是在梦中重现了童年时期在父母和奶妈的身上攀爬的回忆。“光滑的”墙壁指代男性。在梦中感到不安而紧抓住房屋的“凸出处”也是常有的事。——桌子、餐桌、盆等指代女性。在也许是出于对比的

①关于这一点，我将重复在别处提出的观点（《精神分析治疗的未来的机会》，《精神分析学中央杂志》，第一卷，1910年，全集第八卷）。“最近我得知，一位持不同观点的心理学家对我们中间的一位同事说道：‘无疑，你们过分夸大了梦中隐藏的性的意义。我经常梦见自己登上狭窄的楼梯，但不管怎么想，这也与性无关。’这一反对意见引起了我的注意，于是我对梦中出现的台阶、梯子、楼梯等做了一番调查，很快便确认了这一类的事物的确就是性交的象征。而且，我认为，关于楼梯与坡道等为何象征着性交，并不难解释。我们爬坡时总是伴有一连串的有韵律的间隔，呼吸逐渐加快，接下来是两三个急速的快步，然后，再走下来。也就是说，性交的韵律便在登上台阶的运动中得以再现。此外，我们还可以参照语言的惯用法。‘攀登’即是性行为的代名词。通常，我们会称男性为‘向上的人’或‘后来居上’，在法文中，楼梯的台阶即，marche；而‘年老的攀登者’，在法文中为un vieux marchewr，这与德文中的ein alter Steiger完全一致，并且有‘老色鬼’的意思。”

意义。即，凸出与凹陷的部分被抹除了。从语言的角度出发，似乎“木材”是女性的材料的象征[①]。在葡萄牙文中，马德拉（Madeira）岛也有“木材”的意思。因为“餐桌与床”是婚后生活中最常见的事物，所以它们在梦中便成为婚姻的象征。同时，餐桌往往会取代床，也就是说，这是在尽可能的范围内，从与性有关的观念向与饮食有关的观念进行的转移。就衣着方面而言，首先，妇人戴的帽子无疑意味着男性生殖器，与此相同，外套也是男性生殖器的象征。有关外套作为男性生殖器的象征，其发音起到了怎样的作用，在此暂且不论（外套，德文即，Mantel，这与“男性”，即“Mann”的发音相似）。在男性所做的梦中，往往将领带作为男性生殖器的象征，这是因为，领带具有长而下垂的模样；除此之外，还因为，我们能够随自己的喜好而自由选择领带。然而，男性当然没有随自己的喜好来选择生殖器的自由[②]。梦见这种象征的男性在实际生活中往往会近乎奢侈地重视领带，并不吝收藏。梦中的复杂的机械、器具等十有八九是生殖器，尤其是男性生殖器的象征。梦的象征在描写男性生殖器这一方面不厌其烦，并大量地使用语言上的双关、谐音等。毫无疑问，一切武器以及类似的工具都是男性

---

①“材料（Stoff）”即是“物质（Materie）”，这是由拉丁文向德文的转变；而在拉丁文中，“催生出物质的事物”即意味着“母亲（Mater）”。——译者注

②参见《精神分析学中央杂志》第二卷675页中的19岁女性躁狂症患者手绘的图画。图画内容为，一位男性戴着一条蛇做的领带，蛇头弯向一位少女所在的方向。进一步的研究可参见“害羞的人”的例子（《人类学》，第六卷，344页）：一位妇人进入浴室，遇见一位绅士。这位绅士来不及穿上衬衣，感到非常窘迫，他急忙以衬衣的前部遮住脖颈，说道：“对不起，我还没打上领带。”

生殖器的象征，例如，锄头、锤子、火枪、手枪、匕首、军刀，等等。与此类似，在梦中出现的风景，特别是带有桥梁、被森林覆盖的山岭等的风景，也是对生殖器的描写。马林诺夫斯基收集了许多引人深思的梦例，其中包括一些由做梦的人亲手描绘的梦中的风景、场所的图画。这些图画非常清晰地表现出了梦的显意与隐意之间的区别。乍看起来不过是示意图、地图而已，但略微用心，便会发现，这些图画其实是人体、生殖器等的示意图，只有通过这些图画才能够理解梦的真意（参见菲斯特的关于隐语与画谜的研究）。另外，如果遇到了难以理解的新的生造词，也可以看成是由具有性的意义的元素合成的。而在梦中出现的儿童，通常即是生殖器的象征。这是因为，成人男女往往会称自己的生殖器为“我的小东西”。斯特克尔认为“小弟弟”是指男性生殖器，这是正确的。在梦中，与儿童玩耍、打他，往往代表了自慰行为。用以表现阉割（切断阴茎）的象征的，有秃顶、剪发、拔牙、斩首，等等。如果某个常见的男性生殖器的象征在梦中出现一次、两次，或是多次，则可以解释为做梦的人对阉割的防御。而在梦中出现蜥蜴——蜥蜴是一种尾巴断落后仍能再生的动物——也具有同样的意义（参见“蜥蜴的梦”）。在神话、民间传说中作为生殖器的象征的许多动物，在梦中也具有同样的意义，例如，鱼、蜗牛、猫、老鼠，等等。但就男性生殖器的象征而言，最重要的就是蛇。小动物、有毒的虫子等，象征着儿童，以及——例如，认为他们要是死了才好——弟弟和妹妹。被虫子骚扰纠缠的状态通常象征着怀孕。飞艇也是男性生殖器的象征，这是新近出现的。就飞艇飞行的姿态以及它自身的形态而言，它当然具有成为男性生殖器的象征的资格。斯特克尔还发现了一些证据并不十分充分的象征，并以实例做出了说明。在他的作品特别是《梦的语言》一书中，收集了丰富的有关象征的解释，其中相当一部分是极有见地的。通过进一步的探讨，可以发现，其中列举的实例有相当数量确实是正确的。例如，有关死亡的象征的一章便是如此。但是，斯特克尔做出的判断并不充分，并采取了一种以偏概全的态度，因此，他的观点的正确性始终是个疑问，或是根本无法适用。也就是说，在利用斯特克尔的研究成果时必须非常谨慎。在此，我只打算举出若干的实例。

斯特克尔认为，梦中的“左”与“右”具有道德意义。“右边的道路通畅意味着正义与合法的道路[①]，而左边的道路意味着罪恶的道路。所以，左边的道路意味着乱伦和性倒错，右边的道路意味着结婚、与妓女性交等。这由做梦的人自身的道德观而决定”。在梦中，亲戚通常也是生殖器的象征。就这一点而言，我认为，只有儿子、女儿、妹妹具有这种意义。也就是说，这仅限于“小东西”的适用范围之内。与此相反，确实在一些实例中，姐妹是乳房的象征，而兄弟则是大脑半球的象征。斯特克尔认为，“赶不上车”表现出了对于“无法追回的、过大的年龄差距”的遗憾心情。旅行时携带的行李象征着人们为之苦恼的罪恶的负担。另外，这旅行时携带的行李在许多情

①在德文中，“右”与“正义”是同一个词。

况下也象征着自己的生殖器。斯特克尔还试图赋予在梦中频繁出现的数字以特定的意义，但他做出的解释并没有充分的证据，通常也并不正确。尽管在某些个别的情况下，他的解释似乎也有一定道理。例如，3这一数字是男性生殖器的象征，这在许多方面已得到证实。斯特克尔试图推行象征的普遍化，并提出，生殖器的象征具有双重意义。他认为："如果幻想能够允许生殖器的象征具有双重意义的话，那么，有没有一种象征可以同时用于男性与女性呢？"无论如何，"如果"二字大大降低了他的理论的价值。因为幻想往往并不允许以上情形的出现。但是，在此这样假设也并不为过，根据我的经验，斯特克尔提出的大多数理论，在面对某种更加复杂化的事实时，就会失效。有些象征既能够表现男性生殖器，也能够表现女性生殖器，而另外一些象征则只能表现二者之一。还有一些象征，只能表现男性生殖器而不能表现女性生殖器；反之亦然。长且坚硬的事物、武器不能作为女性生殖器的象征，而凹陷的事物（箱子、柜子、盒子，等等）不能作为男性生殖器的象征。这是因为，幻想不允许此类情况出现。

可以认为，梦和潜意识的幻想确实具有将与性有关的象征用于两性的倾向，这表现出一种原始的特征。事实上，这源于童年时期分辨不出两性的生殖器的区别并认为男女两性都具有同样的生殖器的想法。但是，在某些梦中会出现普遍的性倒错。因此，在这些梦中，男性生殖器会表现为女性生殖器，又或者与此相反，女性生殖器会表现为男性生殖器。如果我们忘记了这一点，就会招致对两性的有关性的象征的误解。例如，这种性倒错的梦有时会表现出女性希望自己成为男性的欲望。

有时，生殖器在梦中会表现为身体的其他部分。例如，手或脚象征着男性生殖器，而嘴、耳朵、眼睛等则象征着女性生殖器的洞口（阴门）。另外，人体的分泌物——痰、眼泪、尿、精液，等等——在梦中可以彼此互换。斯特克尔的以上观点整体看来确实是正确的，但是，R. 赖特勒却对此提出了修正的意见（《国际精神分析学杂志》，第一卷，1913 年）。他认为，重要的分泌物——例如，精液，等等——会被无关紧要的分泌物代替。

以上我列举出了一些梦的象征，它们极不完善，但这对于今后更加细致的收集性的工作应该是个有益的刺激[①]。我在《精神分析引论》（1916—1917 年）一书中试图对梦的象征做出更详尽的说明。

接下来，我将举出几个梦中对象征的应用的实例。如果我们对这些象征不加理会，那么，释梦的工作就会变得非常困难。而且，我们已经知道，在其他一些情况下，梦的象征确实具有一定的必然性。但是，与此同时我必须说明，绝不应该将梦的解析的工作局限于对象征的翻译，而放弃对做梦人的自由联想的研究；不要过高地估计象征对于梦的解析工作的意义。在梦的解析的工作中，这两种方法应该是相辅相成的。而且，

①舍纳关于梦的象征的理论与以上展开的梦的象征的理论之间，有很大的不同。但在此我必须强调，舍纳才是梦的象征理论最初的发现者。而且，精神分析学的各种经验恢复了那本他很早（1861 年）就完成的著作的名誉——而在那之前，那本著作曾饱受世人轻蔑。

无论是在理论上还是实际上，我们最初说明的方法——即，做梦的人的自由联想——才具有决定性的意义，拥有技术上的优先权，而对象征的翻译只是次要的辅助方法而已。

帽子·男性（男性生殖器）的象征[①]

（节选自一位年轻妇人的梦，她因害怕诱惑而罹患广场恐惧症）。

“夏天，我正在街上散步。我戴着一顶形状奇特的草帽。帽子的中间部分向上膨胀，两侧下垂（在此叙述变得犹豫不决）。而且，其中一侧比另一侧向下垂得更低。我心情愉快，沉着自信。我与一队年轻的军官擦肩而过，心想：‘这些人根本没法伤害到我。’”

因为这位病人似乎完全联想不出与梦中的帽子有关的事情，我便对她说道：“你所说的帽子中间部分向上膨胀，而两侧下垂，这也许指的是男性生殖器。”将帽子视为男性，这听上去似乎很奇怪，但人们往往会以“躲到帽子底下”来形容出嫁。此外，帽子的两侧不均等地下垂这一细节无疑为梦的解析提供了绝好的线索，但在此我刻意未做分析。接下来，我又对她说：“这个梦所说的是不是这样的情况呢，因为你的丈夫的生殖器是这样的完美无缺，所以你完全不害怕那些军官。也就是说，你并不想从他们身上得到任何东西。因为，如果不是这样的话，你通常都会出于害怕诱惑，而不敢一个人出门散步。”迄

①参见《梦的解析的补充说明》（《精神分析学中央杂志》，第一卷，第五、六号，1911 年）。

今为止，我已经多次使用其他材料对她的恐惧症状做出过类似的说明。

在此，特别引人深思的是，这位病人对这一解释做出的反应。她收回了之前对帽子的描述。而且，她不肯承认自己说过两侧下垂的话。但我确实听到她这么说了，所以我不为所动，坚持自己的意见。于是她沉默片刻，终于鼓足勇气，向我问道："我的丈夫的睾丸一边比另一边下垂，这是怎么回事呢？是不是所有的男人都是那样的呢？"在此，很明显，有关帽子为何具有奇特的形状，已经得以说明，而病人也完全接受了我对这个梦的解释。

在这位病人告诉我这个梦的时候，我已经知道了帽子的象征。而其他一些更加模棱两可的实例使我想到，帽子也是女性生殖器的象征[①]。

"小东西"是生殖器的象征——"被车碾过"是性交的象征

（上述广场恐惧症患者的另一个梦。）

"我的母亲把我的小女儿送到外面，让她独自行走。然后，我与母亲一起上了火车，这时，我看见小女儿沿着铁路走去。要是她一直那样走下去，就会被火车碾过。我听到了骨头碎裂的声音（这使我感到不舒服，但并不惊讶）。然后，我从车窗探

①参见克鲁希格拉伯提出的一个实例（《精神分析学中央杂志》，第三卷，1912年，95页）。斯特克尔也曾记录过一个梦例，其中，帽子的中央斜插着一根羽毛，以象征阳痿的男性（《年鉴》第一卷，475页）。

出脑袋，环视四周，心想：身体的碎片从后面是看不见的。然后，我责备母亲不该让小女儿一个人去外面。”

分析：

现在，要对这个梦做出彻底的解释并非易事。这是因为，这个梦只是由许多个梦构成的整体中的一部分，必须与其他的梦联系起来，才能够做出正确的解释。想要将证明象征的存在的必要材料单独分离出来，是很困难的。这位病人起初认为，梦中的火车旅行与她在实际生活中的火车旅行——那是她从神经病疗养院（当然，她对疗养院的院长芳心暗许）返回时的一次旅行——应该有一定的联系。母亲赶来带她回去，而院长也来到停车场，并送给她一束花作为告别的礼物。她不太乐意母亲见到这样的情景，因此，母亲在这里便成了阻碍她恋爱的角色。事实上，在她小时候，母亲确实一直在扮演这样的角色。——病人的这一联想与“身体的碎片从后面是看不见的”有关。由表面看来，这无疑是指小女儿的身体被火车碾过，变得血肉模糊。然而，病人却联想到了与此完全无关的事。她回忆起来，有一次，她曾在浴室看见了父亲的背面的裸体。接下来，她提及两性之间的区别，并强调，男性的生殖器由背面看是看不到的，而女性的则并非如此。在这方面，她自己得出了以下的解释，即，“小东西”象征着生殖器，而她的小女儿（事实上，她确实有一个四岁的女儿）象征着她自身的生殖器。她曾向母亲提出抗议，因为母亲似乎希望她去过一种没有生殖器的人所过的生活，而这实在不像话。可以由这个梦的开始部分

（为了让小女儿独自行走，把她送到外面）再次看出她的这种抗议与指责。在她的幻想中，在外面独自行走，就象征着“没有一个男人”，也就是说，“没有性生活”（coire，拉丁文，即，“一起走”）；而她正是对此感到不满。她告诉我，在她还是一个小女孩的时候，父亲特别喜爱她，而她因此遭到母亲的嫉妒。

要对这个梦进行更深一层的分析，必须参照同一晚做的另一个梦。在另一个梦中，她将自己与弟弟同一化了。事实上，她确实曾是一个男孩似的小姑娘，人们常说她本来就该是个男孩。于是，她与弟弟的同一化特别清楚地指出，“小东西”即意味着生殖器。母亲以阉割来吓唬她（他），而这只可能是对她玩弄阴部的处罚。因此，这里的同一化还意味着她在童年时期曾经有过自慰的经验。然而，迄今为止，关于自慰，她只记得自己曾见弟弟这样做过。由这第二个梦可知，她在当时一定早已对男性生殖器的知识有所了解，只是后来又忘记了而已。同时，这第二个梦还暗示着幼儿的性理论，即，女孩都是阉割了的男孩（切断阴茎）。我告诉她存在着这样一种儿童式的想法，于是她立刻对我提到一件轶事，并证实了这一想法的正确性。她这样说道：“男孩问女孩：‘割掉了吗？’而女孩答道：‘不，一直都是这样的啊。’”

因此，在前一个梦中，“将‘小东西’——即，生殖器——独自送到外面”与阉割的威胁有关。也就是说，她在抱怨母亲没有将她生成一个男孩。

在这个梦中，也许“被车碾过”即是性交的象征这一点并未有清晰的表现，但在其他许多资料中对此都有所证实。

建筑物、阶梯、坑表现为生殖器

（一位受到父亲情结压抑的年轻男士的梦）

“他与父亲一起在某处散步。应该是在维也纳的普拉特公园。因为能看到那个圆形的建筑物。在圆形建筑物前有一个很小的凸出到外侧的建筑物，这个建筑物上拴着一个气球。但是这个气球已经又松又瘪了。父亲问他：‘这是什么东西？’他感到很惊讶，但还是对父亲进行解释。然后，两人走进天井。天井中铺着一张很大的马口铁片。父亲想要撕下一片来，但在那之前环视四周，看是否有人窥伺。他对父亲说道：‘只要跟看门人说一声，就可以随便拿了。’经由天井的台阶，有一个类似坑洞似的空间。坑道的墙壁上铺有软垫，就像是皮椅的填充物。坑道深处有一段很长的平坦的地面，再向后又是一段新的坑道……”

分析：

这位病人属于那种令医生特别棘手的类型。也就是说，在抵达某个关键点之前，他对分析工作毫无戒心，但一旦越过了那个关键点，他就极力对抗医生的分析。这位病人几乎独力完成了对这个梦的分析。“圆形的建筑物代表我的生殖器，它前面拴着的气球象征着我的阴茎，而我，因为自己的阴茎疲软感到很为难。”更为详细的翻译则如下所述：圆形的建筑物象征着臀部——通常，儿童会认为那也是生殖器；它前面的凸出到外侧的建筑物象征着阴囊；而父亲问他“这是什么东西”，即是对生殖器的功能与结构的疑问。很明显，这一情景应该正好相反，也就是说，应该是病人向父亲提出这样的问题。因为在现实生活中不可能是父亲提出这样的问题，所以我们在此将梦念解释为欲望，或者，应该是以下这样的条件从句，即，“如果我向父亲请教有关性的问题……”我们很快就会在梦的其他细节中发现这一思想的继续。

铺有马口铁片的天井乍看上去并不能用象征的方法进行解释。它与父亲的工作场所有关。基于保护隐私的理由，在此我以马口铁片代替了父亲真正经营的事物，但这并不会破坏这个梦的条理。这位病人子承父业，其收入多寡也因此受到影响，但他对这种以不正当的手段盈利的工作非常反感。因此，对以上梦念的后续，他做出了这样的说明，即，“（如果我询问父亲）他也会像他欺骗顾客那样欺骗我吧”；“撕下”马口铁片这一措辞通常还能用于描写商业上的欺诈行为，但在这位病人口中却另有解释，他认为，这象征着自慰。这种解释不仅非常常见，而且，它与梦中的表现——我们知道，自慰的私密性往往会表现为与它恰好相反的事物（即，可以公然为之）——也是吻合的。另外，这一情景与这个梦的上一个情景中的询问是相同的，二者都将自慰的行为置换到了父亲身上，而这正是我们已经预料到的。这位病人又将坑道解释为阴道——因为坑道的墙壁上铺有软垫。根据别处得来的经验可知，进出坑道即是在描写阴茎在阴道中的抽插（参见前文对《精神分析学中央杂志》〔第一卷，第一号，1910 年〕的注释）。

有关第一段坑道深处的长且平坦的地面与其后的第二段坑道的细节，可由这位病人的亲身体验做出解释。在一段时间之内，他曾与人性交，但因为一些阻碍而未能完成，不得不放弃。于是，现在他希望接受治疗，以恢复到能够正常性交的状态。但是，这个梦的结尾部分较为模糊不清。对此，专家一定会做出以下推论，即，在这个梦的第二幕中，已经表现出了来自其他主题的影响。也就是说，这一“其他主题”由父亲的商业、父亲的欺骗行为、表现为坑道的阴道等暗示出来。我们认为，这都与做梦的人的母亲有关。

人物象征着男性生殖器，风景象征着女性生殖器

（一位出身下层社会的女性的梦，她的丈夫是一位警察。由 B. 达特纳报告。）

“……于是，有人闯进屋子，因此感到非常害怕，大呼警察。警察与两个流浪汉结伴，一起进入一座教堂[①]。有许多台阶通向教堂[②]。教堂后有一座山[③]。山顶生长着茂密的森林[④]。警察戴着头盔，穿着制服，披着斗篷[⑤]。他蓄着褐色的络腮胡。与警察结伴的两个流浪汉腰部缠着围巾，像是个袋子[⑥]。教堂前有一条路通向那座山。这条路的两侧杂草、灌木丛生，越高就越密，

①或是礼拜堂，指阴道。

②性交的象征。

③阴阜（Mons Veneis）。

④阴毛（Crines pubis）。

⑤根据一位专家的意见，蒙着斗篷与兜帽的精灵具有男性生殖器的性质。

⑥阴囊的两侧（睾丸）。

到了山顶，就成为真正的森林了。”

儿童的阉割的梦

（1）“一个三岁五个月的男孩，他很不喜欢父亲从旱田回来。一天早晨，他睡醒后心烦意乱，并反复询问：‘爸爸为什么用盘子盛着他的脑袋？昨天晚上，爸爸把脑袋放在盘子上了。’”

（2）“这是一位现在患有严重的强迫性神经症的学生的回忆。他六岁时经常做以下的梦。‘他到理发店去理发。一个相貌凶狠的、高大的女人朝他走来，并割下他的脑袋。而且，他知道这个女人就是他的母亲’。”

小便的象征

本页的图画是费伦齐从匈牙利的某个漫画杂志中发现的，他认为这可以用于说明梦的理论。奥托·兰克引用了这一组名为《一个法国保姆的梦》的图画，用以研究有关白日梦的象征层次的问题。

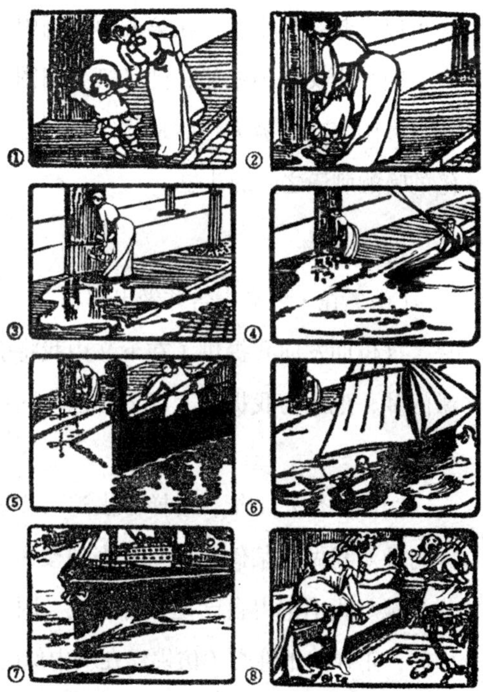

由最后一幅图画——即，儿童的

哭声惊醒了保姆——可知，前面的七幅图画都在表现一个梦的各个阶段。第一幅图画描绘的是使保姆惊醒的刺激。儿童提出某个要求，并寻求应有的帮助。但是，梦却将卧室中的情景置换为散步的情景。第二幅图画中，她将儿童带到街角，儿童开始小便——而她则可以继续睡觉。但是，使她惊醒的刺激一直持续着，甚至变得更强了。儿童知道没人来理睬自己，所以哭得越来越大声。儿童越是大声要求保姆醒来照料自己，保姆的梦就越是提出更加强有力的保证，告诉她一切正常，无须起床。这时，梦将使保姆惊醒的刺激翻译成为某个象征。也就是说，儿童小便时流出的水量变得越来越大，在第四幅图画中已经可以浮起一只小船，在第五幅图画中小船变为平底船，在第六幅图画中又变为帆船，到了第七幅图画，终于变为轮船。天才的漫画家在此极为巧妙地描绘了利己的睡眠的欲望与不知疲倦的唤醒刺激之间的斗争。

楼梯的梦

（由奥托·兰克报告并做出解释）

这位朋友向我提供了在下文中我将引用的、有关牙齿的刺激的梦，他还为我提供了以下的这个同样意义清晰的、有关遗精的梦。

“我从楼梯口奔下楼梯，去追一个女的，我想要惩罚她，因为她对我做了某件事。当我来到楼梯底下，有一个人帮我抓住了她。我不记得自己是否打了她。因为我突然出现在了楼梯中间，正在与她性交（仿佛浮在空中似的）。当时，我可以很清楚地看到她的头斜着扭过一侧。在这个过程中，我看到左上方（仿佛浮在空中似的）装饰着两幅小画，是画着一所被草木环绕的房子的风景画。在较小的那幅画上，应有画家署名的地方，却写着我的姓名，就像这幅画是我的生日礼物似的。在这两幅画前面，还有一张纸片，上面写着：还有更便宜的画。（然后，就像这个梦的前面部分那样，我记得不是很清晰，但似乎是在楼梯的中间有一张床，而我便睡在上面）于是，我因为感觉到潮湿而醒来，发现那是遗精的结果。”

解释：

做梦的前一天的傍晚，做梦的人在一个书店里等待店员招呼时，看到了两三幅装饰在那里的画。那与梦中的画在题材上很相似。而且，他还特地走到一幅他特别喜欢的画的旁边，去看画家的署名，但那是一个陌生的名字。

当晚稍迟一些时候，他与一个波希米亚女仆在一起，听她很是骄傲地谈到自己的私生子是“在楼梯上怀上的”。做梦的人详细询问了这件不同寻常的事情的细节，然后得知，这个女仆和她的情人一同回到她情人的父母家中，当时完全没有机会，于是，她的情人在兴奋中就与她在楼梯上偷了情。做梦的人对这件事以开玩笑的口吻引用了一个私酿假酒的刻薄话，他对女仆说，那个孩子真是实际意义上的“在地窖的台阶上出生的”。

以上这些事情相当强力地侵入到梦的内容中，它们与前一天的体验有着密切的联系，做梦的人也能够很容易地回忆起来。但是，与此相同，他还能够很容易地回忆起童年时期的某个体验，那也成了梦的内容。梦中的楼梯口即是他家中的楼梯口，他在那里度过了童年的大半时光，特别是，在那里第一次意识到了与性有关的问题。他经常在这个楼梯口玩耍，当时，他也经常横跨楼梯扶手，由上滑下，并由此感到性兴奋。在梦中，他也是同样地以最快的速度奔下楼梯。根据他自己的说法，他并没有将双脚一级一级地踏到台阶上，而是以通常所谓的“像飞一样地”下了楼，或者就是滑了下来。与他童年时期的体验相结合，似乎可以认为，这个梦的开头部分表现的是感到性兴奋的那个刹那。在这个楼梯口和相邻的建筑物中，他还与附近的儿童们一起做过许多与性有关的游戏，当时，他也以与梦中相同的方法获得了性的满足。

根据我对性的象征的研究（参见《精神分析学中央杂志》，第一册，第 2 页以下），梦见楼梯，以及上下楼梯，几乎毫无例外，都象征着性交行为。如果我们对此有所了解，那么，这个梦的意义便不言自明了。这个梦的动机纯粹是性的性质，这由其结果——即，遗精——可知。在睡眠状态下，性兴奋得以觉醒，经验不足的释梦者应该很难理解。但是，对过于强烈的性兴奋而言，这种象征性的满足不够充分。也就是说，如果仅凭这种象征性的满足就已经足够，那么，做梦的人就不会从睡眠中惊醒了。而兴奋终于导致性高潮。由此暴露了整个楼梯象征着性交。我认为，以楼梯作为性交的象征而为梦所利用的理由之一是，二者的行为之间存在着相同的节奏特征。而且，这个梦特别清晰地证实了我提出的这一理论的正确性；因为做梦的人特别清晰地进行了说明，就这个梦的整体而言，表现得最明确的元素就是他的性行为的节奏，即，他的上下的动作。

关于那两幅图画，在此我要补充几句。在它们的实际意义之外，还具有“女性的姿态”的象征性的意义。我们已经知道，就像在梦的内容中表现为大（成年的）女人和小女孩一样，两幅图画也表现为一大一小。还有更便宜的画这一细节则指向娼妓情结。至于在较小的图画上写有做梦的人的名字以及认为这是自己的生日礼物的想法，都是对父母情结的暗示（在楼梯上出生 = 因性交而出生）。

在楼梯的中间有一张床，做梦的人便睡在上面，然后“感到潮湿”，等等，由这些细节构成的梦的结尾部分指向了比儿童的自慰体验更早的童年时期，也许是以与遗精相类似的尿床的快感为原型的。

变相的楼梯的梦

我的一位病人的症状相当严重，而且他一直在禁欲。他的幻想固着于自己的母亲，并多次梦见与母亲一起上下楼梯。我提醒过他适当的自慰或许比强迫性的禁欲更为无害，他因此受到刺激，做了以下这个梦。

“他的钢琴教师责备他荒废了钢琴的练习，既没弹莫舍莱斯的练习曲，也没弹克莱门特的 Gradus ad Parnassum。”

他认为，这个梦中的“Gradus（练习曲集）”无疑也是一种“楼梯”；因为钢琴的琴键自身便包含音阶，所以琴键也是楼梯。

所以，我们可以说，没有任何一种现象（观念）会拒绝表现与性有关的事实和欲望。

真实的感觉和重复的表现

一位 35 岁的男士报告了一个梦。他认为自己记得很清楚，而且，那是他四岁时做的梦。“保管父亲的遗言的律师——这位男士的父亲在他三岁时便已去世——给他拿来两个大梨，并让他吃掉了其中一个。另一个放在客厅的窗台上。”他把梦见的事情当作了现实，顽固地向母亲撒娇，索要另一个大梨。他说，那不是就放在窗台上吗？而他的母亲因此感到好笑。

分析：

律师是一位开朗的老人，做梦的人相信自己记得这位律师确实曾带来过一次梨子。窗台也与梦中出现的完全一样。但在其他方面，他就什么也联想不到了。如果硬要说有什么事情与这个梦有关联，那就是，最近母亲曾对他提到过一个梦。母亲梦见，两只鸟停落在她的头上。她暗想，它们什么时候会飞走呢。结果，鸟根本没飞走，有一只甚至飞到她的嘴上，并吮吸起来。

因为这位病人联想不到其他事物，所以我们尝试以象征的方法来解释这个梦。两个梨子——pommes ou poires（法文，苹果或梨子）——象征着为他哺乳的母亲的两个乳房。窗台则与有关房子的梦（参见前文）中的阳台一样，象征着胸部凸出的部分。必须说明的是，他睡醒后感到的真实感有一定道理。这是因为母亲确实曾给他喂过奶，而且，在过了通常的断奶期后，母亲仍然会给他喂奶，也就是说，他还是能吃到奶。于是，这个梦可以翻译为：“母亲，请再一次给我（让我看到）过去我曾吮吸过的乳房。”这里的“过去”由吃掉一个梨子而表现出来，“再一次”则由他想得到另一个梨子表现出来。某个动作在时间上的重复，在梦中往往会表现为某个事物的数量的增长。

象征在 4 岁的儿童身上已经能够起到一定作用，这当然值得注意，但是，这并不是例外，而是通例。做梦的人从一开始就会利用象征的方法来表现事物。

一位 27 岁的夫人提供了以下未受任何影响的回忆，可以用来证明，即使是在除梦之外的现实生活中，人类仍然会在年龄很小的时候就使用象征的表现方法。“当时，她 3 岁多不到 4 岁。保姆带着她和比她小十一个月的弟弟还有年龄正好介乎这姐弟二人中间的表妹，一起去卫生间——这是为外出散步做准备。她作为年龄最大的孩子，坐在普通的马桶上；另外两个则用便壶方便。她向表妹问道：‘你也有一个发皱的钱包吗？沃尔特的是小香肠，我的是发皱的钱包。’表妹答道：‘是啊，我也有一个发皱的钱包。’保姆听到她们的对话，感到很好笑，后来告诉了夫人。母亲很严厉地训斥了她，告诉她不能说那样的话。”

在此，我将插入一个梦例。这个梦中出现的象征有异常清晰的表现，只要做梦的人稍加解释，就可以很顺利地分析下去。

正常人的梦中的象征问题[①]

精神分析的反对者经常对我们提出以下反对意见（最近，这又为哈夫洛克·埃利斯所强调[②]），即，也许梦的象征确实是罹患神经症的病人的精神产物，但正常人却不是这样的。然而，事实上，精神分析研究并不会在正常的精神生活与神经症患者的精神生活之间设定其存在本质上的区别，同时，只承认其存在着量的差异。而且，对梦的分析表明——无论是在正常人还是在病人的梦中，被压抑的情结的表现都是相同的——对于二者而言，象征表现的机制是完全一致的。甚至，与神经症患者的梦相比，在正常人的普通的梦中，象征的表现往往更加简明、直接，意味也更加深长。与此相反，因为对神经症患者而言，其稽查作用更加严格、强而有力。因此，梦的化装往往表现得相当夸张，而其象征往往也会表现得更加晦涩、模糊不清，以致难以理解。以下所举梦例便证明了这一事实。这是一个拘谨、内向的、与神经症无缘的女孩所做的梦，在交谈中，我得知，她已经订婚，但由于各种原因婚期被延迟了。她态度积极地告诉我以下的梦。

“我在一张桌子中央装饰了庆祝生日的花朵”（I arrange the centre of a table with flowers for a birthday.）。对于我提出的问题，她答道：“我在梦中，似乎身处自己的家里（她现在并没组建家庭），而且，有一种‘幸福的感觉’。”

①参见阿尔弗雷德·罗比泽克的报告（《精神分析学中央杂志》，第二卷，1911年，340页）。

②参见《梦的世界》，伦敦，1911年，168页。

这种“常见的”象征使我能够解释这个梦。这个梦表现出她对结婚的欲望。中央装饰着花朵的桌子象征着她自身。因为她已经有了怀孕生子的想法，所以，这表现为被满足了的欲望——事实上，这是她自身的未来的欲望。也就是说，在梦中，她认为自己已经结婚很久了。

我对她说，“桌子的中央”（the centre of a table）这一表现其实非同寻常，而她也承认这一点。当然，在这种情况下我并没有直接询问任何问题。我极力避免向她暗示出这个象征的意义。我只是问她，关于这个梦的细节，她还能联想到什么。在分析的过程中，她产生了明显的兴趣，并理解了我们的谈话的严肃性，于是，保守的态度逐渐变得坦然起来。——我问她："你梦见的是什么花？”她答道："是很贵的花。要花很多钱才能买到。”（expensive flowers ; one has to pay for them.）然后，她补充道："是铃兰、紫罗兰和石竹，或荷兰康乃馨，等等。”（lilies of the valley, violets and pinks or carnations.）我认为，通常，“铃兰[①]”有纯洁的意思，她对此表示赞同，说“铃兰”确实有“纯洁（purity）”的意思。“山谷（Valley）”是梦中常见的一种象征，它象征着女性。因此，与德文中的“铃兰”（Maiglöckchen）相对应的英文中的“铃兰”（lily of the valley）很偶然地同时包含了两个象征，因此，它便被用于强调做梦的人的宝贵的贞操，即，“是很贵的花。要花很多钱才能买到”。而且，这也表现出她希望未来的丈夫能够正确地重视自己的价值。我们

①“铃兰”的直译为“山谷百合”或“山谷中的百合”。——译者注

在下文中可以知道，有关“很贵的花”这一句话，在三种不同的花的象征下，也具有三种不同的意义。

表面看来，紫罗兰（violets）与性并无关联，但我认为——尽管确实有些勉强——它的真正意义在于，在潜意识中，与法文中的“viol（即，强奸）”之间有着联系。而使我惊讶的是，做梦的人自己联想到了英文中的“violate（即，强奸）”一词。梦利用了“violets”与“violate”这两个词汇的形态与发音之间的偶然而显著的相似——在英文中，这两个词汇仅在词尾的音节上略有不同——以“花的语言”表现出“强奸处女”这一观念（“强奸处女”，即，defloration，这一词汇也以花朵作为象征）；同时，或许也表现出了这个女孩性格中的受虐倾向。可以说，这是一个绝妙的、以语言为桥梁并通向潜意识的例子，在这种情况下，“要花很多钱才能买到”，则意味着：她知道，要成为妻子与母亲，就必须付出代价。

她在说到“石竹”（pinks[①]）后，又改口为“荷兰康乃馨”（carnations）；而康乃馨一词使我联想到“肉体的[②]”一词。然而，她联想到的却是“颜色”（colour）。此外，她补充道，康乃馨是她的未婚夫送给她的次数、数量最多的花。在这次交谈的最后，她突然坦白承认道：“我说了谎。我联想到的词不是‘颜色’，而是‘肉体化’、‘被赋予人形’，即，incarnation。”而这完全在我的预料之中。当然，在这种情况下，联想到“颜色”

①也有“粉红”的意思。——译者注

②Carnation也有“肉色”、“肉红色”的意思。——译者注

一词也是可能的。因为它是由“肉色”（carnation）这个词来决定的，同时，也是由同样的情结来决定的。所以，这个小小的谎言表现出，她在这一细节上受到的阻力最大。而象征在此表现得最为清晰，性冲动与压抑之间的斗争在这种性欲的主题下也表现得最为激烈。做梦的人表示，未婚夫经常送给她这种花；这与康乃馨所象征的双重意义并列，暗示着在梦中，这个词具有性的意义。以花作为礼物这一日常生活中常见的诱因，被用来表现与性有关的礼物与这一礼物所交换回的事物；也就是说，“我献出的礼物是我的贞操，希望能够交换回甜蜜的生活”这一观念。在此，可以认为，“是很贵的花，要花很多钱才能买到”这句话也具有某种实际的、经济上的意义。因此，在梦中出现的花朵的象征包括女性的贞操、男性，以及对暴力强奸的暗示。值得注意的是，花朵作为性的象征是很常见的，因为它本身便是植物的性器官，所以也就象征着人类的生殖器。恋人之间互相送花的习俗中或许就有这种潜意识的意义。

她在梦中为生日做准备，也许意味着婴儿的诞生。她将自身与未婚夫同一化，并促使她能够生下婴儿，也就是说，她在梦中表现出未婚夫乐于与自己性交的情景。其潜在思想大约是这样的，“如果我是他的话，我才不会抄手等待下去，我会不征求对方的同意就夺走她的贞操，以暴力手段与她性交”。“强奸”一词即表现出了这一点。同时，这还表现出了受虐狂的性因素。

“我装饰桌子”这句话，在梦的更深的层面上，具有自体性欲——即，幼儿期——的意义。

她还在梦中认识到了自己的身体上的缺陷。也就是说，她的身体就像桌子那样平坦[①]。所以，她才会特别强调“桌子的中央”（在另一个场合，她使用的“花的中央”——即，a centre piece of flowers——这一措辞。），即，自己的贞操。另外，桌子的水平的性质在此也是一个象征的要素。值得注意的是，这个梦的集中性。在这个梦中没有任何多余的部分，每一个词都是一种象征。

后来，她对这个梦有所补充。“我用绿色的皱纹纸来装饰花朵”（I decorate the flowers with green crinkled paper. ）她又说，那是人们用来包裹花盆的装饰用纸（fancy paper）；然后她继续说道：“用来掩盖那些看上去不干净的东西、有缝隙的东西、花与花之间的很小的空隙”（To hide untidy things, whatever was to be seen, which was not pretty to the eye; there is a gap, a little space in the flowers. ）她还说，“纸看起来就像丝绒或苔藓”（The paper looks like velvet or moss. ）她对“装饰”——即，decorate——的联想是“正派”、“得体”——即，decorum；我预料到了这一点。她说，“以绿色为主”，而她对“绿色”的联想是“希望”——即，hope[②]。这与怀孕也有一定的联系。在梦的这一部分中，与男性的同一化并不占有支配性的地位，而主要的思想是羞耻与坦白。她为了男性而着意打扮，并且承认了自己身体上的缺

①即，没有凸出处；也就是说，缺乏吸引男性的性方面的魅力。——译者注

②“希望”在英文与德文中都有怀孕的意思。——译者注

陷——对这一缺陷她感到害羞——同时希望能够进行矫正。而“丝绒”、“苔藓”等联想很明显是指阴毛。

这个梦表现出了她清醒时几乎完全没意识到的一些思想，即，与肉欲之爱和性器官有关的思想。也就是说，她“准备庆祝生日”象征着与男性性交。同时，也表现出了她对失去贞操的恐惧以及伴随着快感的受苦的思想。她承认自己身体上的缺陷，并通过对自己的贞操的夸张评价以弥补这一缺陷。她的羞耻心以生下一个婴儿为借口，来逃避自己的性欲。对于这位热恋中的少女而言，完全不会纳入考虑范围之内的、有关物质上的一些顾虑也在这个梦中有所表现。梦中的单纯的情绪——即，幸福感——表明，在这个梦中，强烈的感情情结得以满足。

费伦齐说得对，他向我们指出，在那些“没有任何先入为主的意见的人们所做的梦”中，往往更容易找到象征的意义和梦的意义（《国际精神分析学杂志》，第四卷，1916—1917 年）。

在此，我要对一个当代的历史人物做的梦加以分析。这是因为，在这个梦中，一种在其他情况下也往往会很容易便作为阴茎的象征的材料，由某个附加的目的而极为清晰地作为性的象征出现。也就是说，一根马鞭“无限地延长”当然只可能意味着阴茎的勃起，而非其他。不仅如此，这个梦还是一个很好的例子，可以证明严肃的、几乎与性无关的思想也能够以与性有关的材料表现出来。

俾斯麦的梦

（摘自汉斯·萨克斯医生的论文）

俾斯麦[①]在《我的思想与回忆》一书中（平装本第二卷，222页）引用了他在1881年12月18日写给德国皇帝威廉的一封信。信中有这样一段："陛下赐函，我深受鼓舞，在此谨报告我做的一个梦。1863年春天，我身陷危局，进退两难，做了这样一个梦——第二天早晨我便将这个梦告知了我的妻子和其他一些人。我梦见，我骑着马，走在阿尔卑斯山的狭窄的山路上，右边是深渊，左边是绝壁。山路越走越窄，终于，马匹已无法前进，由于缺少空间，我既不能下马，也无法掉头折返，于是我左手持鞭，挥向刀削般的绝壁，并呼唤上帝的帮助。马鞭逐渐无限地延长。然后，绝壁仿佛舞台上的布景一般破裂，其后显露一片广阔坦途。我似乎能够看到远处宛如波希米亚风物的山丘与森林，还看到了竖着军旗的普鲁士的军队。尽管是在梦中，我仍想到应该向陛下报告此事。而这个梦便到此为止，我从梦中醒来，感到精力充沛。"

这个梦分为两个部分。在第一部分中，俾斯麦处于绝境，在第二部分中，他摆脱了绝境。毫无疑问，骑手与马匹陷身于困境，是梦中对于政治家身陷危局的状态的表现。他应该是在

---

①俾斯麦，奥托·爱德华·利奥波德·冯·俾斯麦，德文即，Otto Eduardo Leopold von Bismarck，1815—1898年，劳恩堡公爵，普鲁士王国首相兼外交大臣，德意志帝国首任宰相，人称"铁血宰相"，德国最卓越的政治家和外交家，陆军上将。保守派，维护专制主义，结束了德国的分裂，完成了德意志的统一，镇压了十九世纪八十年代的社会民主运动，但通过立法建立了世界上最早的工人养老金、健康和医疗保险制度，及社会保险。——译者注

做梦当晚深思熟虑一些政治问题，并深切感受到了自己身陷危局的痛苦。俾斯麦自己也通过描写梦中情景这一比喻的手段，来表现他当时处于绝境的状态。因此，俾斯麦对自己处于绝境这一点，当然非常清楚。此外，我们还可以将这个梦看成是一个有关西尔伯勒的所谓“功能现象”的很好的例子。尽管知道自己所想到的任何对策都难以克服这些障碍，但又绝不能轻易放弃，人类心中的这种过程以骑在马上进退不得的骑手为象征，被表现得淋漓尽致。他的绝不让步或妥协的自尊心在梦中通过“我既不能下马，也无法掉头折返”的句子表现出来。作为一个总是不断激励自己并甘愿为造福他人而操劳的人，俾斯麦很容易就能够将自己比作一匹马。事实上，他也确实在许多情况下将自己比作一匹马，例如，他曾说过，“好马应负鞍而死”。根据以上解释，梦中“马匹已无法前进”这一描述即意味着疲劳、困顿的俾斯麦有着想要从眼下的操劳中解放出来的欲望；换句话说，他现在正是通过睡眠与做梦来摆脱“现实性的原则”加诸其身的桎梏。在梦的第二部分中，上述欲望的满足得以清晰表现；而在第一部分中，这早已通过“阿尔卑斯山的山路”一词暗示了出来。当时，俾斯麦已经决定要在阿尔卑斯山中——即，加施泰因——度过自己的下一个假期。因此，这个梦便把俾斯麦带到阿尔卑斯山中，使其从现实的繁忙束缚中解放出来。

在梦的第二部分中，俾斯麦的欲望通过两种方法——即，不加掩饰的、清晰的方法，以及象征的方法——表现为被满足的状态。在象征上，欲望的满足表现为阻碍前进的桎梏消失不见，由一条坦途取而代之；也就是说，出现了一条他梦寐以求的、最方便的“出路”；另外，丝毫不加掩饰的表现，就是出现了正在前进的普鲁士军队的情景。对这一预言式的幻影做出说明，完全不需要任何神秘的假设；弗洛伊德的欲望满足理论便已够用。当时，俾斯麦已经想到，摆脱普鲁士内部纷争的最好出路，就是在与奥地利的战争中取得胜利。他在梦中看到普鲁士军队在波希米亚——也就是说，敌国境内——高举军旗向前行进，这就是表示，他的欲望在这个梦中得以满足；而这恰恰证实了弗洛伊德的理论。然而，我个人认为，这个梦例的深意在于，俾斯麦并不止步于在梦中的欲望的满足，他也能够在现实中达成欲望的满足。熟悉精神分析的人都会注意到“无限地延长”的马鞭。毫无疑问，鞭子、手杖、长矛，以及其他类似的事物都是阴茎的象征。而在这个梦中，马鞭与阴茎之间最为显著的相似点是，二者都具有延展性，因此，其象征意义更加确凿。“无限”延长是对勃起现象的夸张，我认为这源自童年时期的精力过度。“手持”马鞭很明显是自慰的象征。但是，这当然不是说俾斯麦当时有这样的欲望，而应该是对遥远的过去——即，童年时期——的欲望的表现。我认为，在这种情况下，斯特克尔提出的解释——即，在梦中，“左”意味着错误、被禁止的事、邪恶，等等——很有价值。这非常适用于儿童违背父母的禁令而进行的自慰的行为。我应该指出，在这一存在于心灵最深处的童年时期的层面、与作为政治家的俾斯麦所直面的当下的种种问题这一表面的层面之间，还存在着一个中间层面。它与以上两个层面之间有密切的联系。手杖在梦中毫无疑问意味着阴茎——违法握持手杖以及以手杖敲击而涌出液体，还有死亡的威胁，等等，以上这些都具有童年时期的自慰的特征。有这样两个极具特色的形象，一个来自天才政治家的心灵，另一个来自原始的、儿童的心灵，它们以《圣经》中的一个细节为媒介，结合在了一起。而梦的这种修正、加工的工作，以及它在这种情况下成功地消除了所有令人困扰的因素的特性，确实发人深省。握持手杖即是被禁止的、逆反的行为，而对这一行为的象征性的暗示是做出这一行为的左手，并且，仅此而已，不涉其他。另一方面，在梦的显意中，呼唤上帝之名看上去就像是在尽量拒绝联想到任何有关禁止、秘密之类的事物。上帝做出两个预言，即，你将见到应许之地，但你无法踏入那里。这两个预言中的前一个在梦中明显已经实现（眺望到山丘与森林），而后一个则完全未曾提及。有关水的细节也许是由梦的再次加工的工作而被忽略了——再次加工的目的是使这一情景与前面的情景彼此完美连接而成为一体；在此，岩壁自身的崩塌代替了水。

作为“禁止”的主题，当童年时期的自慰幻想结束时，儿童自然会希望自己周围的权威人物对此毫不知情，然而，在这个梦中，这一欲望被置换为相反的事物，即，想要立刻把这个事件报告给皇帝。但是，这种颠倒事实上却很巧妙地同时又是不落痕迹地，将梦念的表面现象，以及其显意的一部分中包含的幻想上的胜利，结合在了一起。这种胜利与征服的梦往往会掩盖着情欲战胜的意愿。例如，在前进时遭遇阻碍，或者，在使用了向前延伸的手杖后、面前出现一片坦途，等等；梦确实可以具有类似的特征。但是，想要由此得出贯穿这个梦的特定的思想、欲望的方向，其根据却并不充分。我们在此看到的是一个梦的化装非常成功的、典型的梦例。令人不快的事物被巧妙地施以加工，被覆盖上一层保护膜，而保护膜的表面毫无凹凸、光滑鲜亮。因此一切焦虑都得以抑制。它在稽查作用下毫发无伤，是一个成功表现了欲望满足的、理想的梦例。可以相信，俾斯麦做了这个梦后确实变得精力充沛了。

以下是最后一个梦。

一位化学家的梦

我将以一位年轻的化学家的梦作为此章的结尾。他试图通过与女性性交而戒除自慰的习惯。

序言：

做梦的前一天，他曾指导一位大学生做格林尼亚反应的实验。这一反应是通过碘的触媒作用，将镁溶解于纯粹的乙醚。两天前，在同一实验中发生了爆炸，一位工作人员的手被烧伤。

梦：

（1）"他必须做出苯镁溴化合物。实验装置在眼前看得很清楚，但他自己却代替了镁。他发现自己处于一种奇妙的状态，并感到动摇。他不断地对自己说：‘这样就好。一切顺利。我的脚已在逐渐分解。我的膝盖变软了。’于是他伸手接触双脚。然后（他不知道自己是怎样做到的），他将双腿探出容器之外，再次说道：‘这不对头。——不，这样没问题。’他一边这么说，一边略微清醒过来。因为他想要把这个梦告诉我，所以再次回顾了整个梦的大略。他害怕忘了这个梦，在半睡半醒的状态下非常兴奋地连续重复道：‘苯，苯’。”

（2）“他和全家一起在某地（该地名以‘ing’结尾）。他与一位女士约好十一点半在斯卓腾托尔[①]幽会。但他睡醒时已经十一点半了。他对自己说：‘已经太晚了，赶到那边也要十二点半了。’下一个瞬间，他看见全家都坐到了餐桌前。他很清楚地看到母亲和端着汤盆的女仆的模样。于是他对自己说：‘好，现在要吃饭了，所以已经不能出去了。’”

分析：

在梦的第一部分中，也表现出了他与那位约好一起幽会的女士之间的关系（他是在约好幽会的前一天晚上做了这个梦）。他指导的那位大学生是个特别不讨人喜欢的青年。他曾对那位大学生说：“因为镁没产生任何反应，所以那不对啊。”而大学生则摆出一副对自己而言那种事怎么样都好的、无所谓的态度，答道：“是啊，这不对啊。”在这个梦中，他似乎把自己置换成了那个大学生——因为，他对分析（即，Analyse）的态

①斯卓腾托尔，Schottentor，地名，维也纳市中心。——译者注

度非常冷淡，这就像那位大学生对合成（Synthese）的态度一样——而且，他似乎是这样认为的：在梦中做实验的‘他’，其实必定为我（即，弗洛伊德）所取代了。而且，在医生（即，弗洛伊德）眼中看来，他对（分析）结果漠不关心的态度，是多么令人厌恶啊。

另一方面，他是我用以分析（合成）的材料。问题在于治疗的效果的成败。在这个梦中，有关腿、脚的细节使他联想到前一天晚上发生的事。他在舞蹈课上遇见一位女士，他想要设法追求她。因为他拥抱她时用力过大，以致让她叫出声来。当他不再试图将自己的脚插到她的双腿中间后，他感到她用了很大的力气来推开他的双腿——即，膝盖以上的部分，大腿。而这恰好是在这个梦中提到的部分。所以，在这种情况下，这位女士就是指容器中的镁；也就是说，这位女士终于答应了他的追求，就像是镁终于有了反应。当他面对我（即，弗洛伊德）的时候，他是女性；而当他面对女性时，就是男性。如果他与这位女士的关系能够顺利发展下去，那么，他的治疗也就会顺利进行。他触摸膝盖的感觉意味着自慰，与前一天的疲劳相互对应。——幽会事实上定于十一点半，而他睡过了头就意味着无法幽会，结果，他的与性有关的欲望（即，自慰）便停留于家中；这一欲望与他的抗拒也是互相对应的。

对于他重复说出“苯”——即，phenyl——的细节，他解释道，他一直很喜欢以“yl”为词尾的词，这在化学上是某种“基”——即，radicals——无论是苯甲基（benzyl）还是乙酰基

（acetyl），都非常易于使用。但这什么都说明不了。然而，当我向他提到“Schlemihl[①]”这一“基”时，他哈哈大笑，并说道，他在夏天读了马塞尔·普雷沃写的一本书，其中有一章是“被恋情拒之门外的人们”，讲述的是有关“schlemiliès[②]”的事。他告诉我，他读到那里时，曾对自己说：“我就是这样。”——如果他错过了这个幽会，那么他就又成了“schlemiliès”。

梦中的有关性的象征作用似乎已经直接为实验所证实。K.施罗特尔医生在1912年，根据H.斯沃博达的观点，以催眠术向睡着的人施以暗示，并成功地使其做了梦。并且，似乎梦的内容的大部分都取决于暗示。接受实验的人如果被暗示做一个正常或异常的性交的梦，那么，他就会以那些因精神分析而为我们所熟知的象征来代替与性有关的材料，并做一个包含那些象征的梦。例如，对一位女士施以暗示，让她做一个与自己的女性朋友相关联的梦；接下来，她梦见，她的女性朋友手持一个破旧的旅行包，旅行包上贴着标签，上面印刷着“女性专用”的字样。而接受这一实验的女士对梦的象征、梦的分析之类的知识一无所知。遗憾的是，施罗特尔医生不久便自杀身亡，这一令人悲伤的事件使得我们难以对这个极具意义的实验做出评价。他所做的一系列与梦相关的实验的记录，只刊登在《精神分析学中央杂志》的初步通讯上。

---

①Schlemihl，源自希伯来文，意即，不幸的人，无能的人，失意者，等等。——译者注

②schlemiliès，德文，意即，倒霉的人，笨蛋，笨手笨脚的人，无能的人，等等。——译者注

1923年，G.罗芬斯坦发表了一些相同的结果。但是，贝特海姆与哈特曼[①]所做的一些不使用催眠术的实验确实更有趣些。他们对一位患有科尔萨科夫综合征的病人反复叙述了大量的露骨而猥亵的故事，然后，让病人复述这些故事；他们试图观察在病人的复述中是否会出现掩饰、歪曲的现象（《有关科尔萨科夫综合征的错误反应》，参见《精神病学年鉴》，第七十二卷，1924年）。结果，他们发现了许多在梦的解析过程中经常出现而为我们所熟知的象征（例如，作为性交的象征的上楼梯、刺入、射入，以及作为阴茎的象征的刀子、卷烟，等等）。我们认为，楼梯这一象征的出现具有特别的意义。这是因为，正如这二人所说："有意识地进行歪曲的欲望，应该是无法做出这种象征化的。"

如上所述，只有当我们对梦的象征的固有姿态有所了解之后，我们才能够继续探讨前文中提及的典型的梦。我认为，典型的梦大致可分为两类。一类是总是具有相同的意义的梦，另一类是尽管内容相同或相似却具有完全不同的解释的梦。前文中我们曾详细探讨过考试的梦，即属于前一类。

由情感上的相似性可知，赶不上火车发车时间的梦与考试的梦可以归为同一类型。通过进一步的分析可知，将二者归于

①哈特曼，海因茨·哈特曼，德文即，Heinz Hartmann，1894—1970年，生于德国，早年学医，获博士学位，第二次世界大战爆发后移居美国，主办《儿童精神分析研究》杂志，致力于创立精神分析的自我心理学，曾任纽约精神分析学会会长和国际精神分析协会主席，是二战后在精神分析方面最著名的理论家。——译者注

一类的做法确实是正确的。它们都是对我们的焦虑做出安慰的梦，而这种焦虑，便是我们在睡眠中感到的焦虑，即，基于对死亡的恐惧的焦虑。“启程”或“出发旅行”是最常用同时也是最典型的“死亡的象征”之一。所以，赶不上火车的梦即是对做梦的人做出了这样的安慰：“不用担心。你不会死的（你不会启程的）。”这与考试的梦类似。考试的梦是这样安慰我们的：“不用担心，就像过去（上一次考试）一样，这一次你也不会有事。”理解这两种梦的难点在于，焦虑的情绪事实上是与“安慰的表现”连接在一起的。

在为病人分析梦的内容时，经常会遇到“牙齿刺激的梦”。使我特别惊讶的是，在对这一类型的梦进行分析时总是会遇到非常顽强的抗拒。所以，很长时间以来，我都难以捕捉到这种梦的真正意义。

但是，我终于清楚地发现了以下事实，即，如果做这种梦的人是男性，那么，这种梦的动机无疑就是青春期的自慰的欲望。接下来，我将试着分析这一类型的梦。

“有两位他过去就较为熟悉的大学教授代替我，为他进行诊断。其中一人拨弄他的阴茎。他心想，也许要做手术，于是感到很害怕。另一位大学教授则用铁棒顶住他的嘴，以致掉下了一两颗牙齿。他被四条绸布捆绑起来。”

这个梦当然具有非常清晰的性的意义。绸布对应着他所熟悉的一位男士，是同一化的表现。而他本身则既没有过与女性性交的经验，同时，也没有过在现实生活中与男性进行性接触的经验，所以，他只是根据在青春期进行过的自慰的经验展开想象而已。

我认为，例如被别人拔掉牙齿这样的、典型的牙齿刺激的梦有相当数量的变化，而对于这些变形的牙齿刺激的梦，仍然可以使用同样的方法进行解释[①]。但是，也许有人会对“牙齿刺激”具有这样的意义而感到惊讶。就这一问题而言，我希望读者能够注意到自下而上的频繁的位移。这种位移对性压抑做出了贡献。而且，通过这种位移，在癔症中的、所有暗示着生殖器的感觉和意象，至少可以由在其他方面并不存在残疾的身体的各个部位而显示出来。在潜意识的思考的象征性的表现中，以面部象征生殖器便是这种位移的一种具体表现。同时，语言的惯用法也对这一现象有所贡献。也就是说，对应着“面颊”的惯用语即是“臀部”，与口、唇相对应的即是“阴唇”，将鼻子比作生殖器的暗示也相当普遍。并且，阴茎根部生长出阴毛与鼻子底下生有胡须之间的相似性，也是对这一暗示的补强。然而，只有一种事物很难与此类与性有关的事物彼此对应。那就是牙齿。但是，正是由于这种一致性与非相似性的结合，牙齿才更适合表现这一类与性有关的事物——当然，它的表现是在性压抑的重压下做出的。

在此，我并不认为我已经彻底解明了将牙齿刺激的梦解释

①在很多情况下，被别人拔掉牙齿，可以解释为阉割的象征（斯特克尔认为，理发师剪发也与此类似）。例如，B.科里亚曾指出，必须将牙医的梦与牙齿刺激的梦加以区别（《精神分析学中央杂志》，第三卷，440页）。

为自慰的梦的全部构造（尽管我对其真实性深信不疑）[1]。我叙述的事实，只是我能够做出说明的那一部分，而未能解决的部分只得继续悬而不决。但是，我必须指出包含在语言的惯用法中的另一联系。在我们这个国家，提及自慰时，有一种粗俗的说法，即，“拔出来（德文即，sich einen aus reissen）”，或“拔下来（德文即，sich einen herunterreissen）”[2]。如果深究这种措辞方式由何而来、这种措辞方式源自怎样的形象，我确实无法做出解释，但是，“牙齿”却与第一种措辞方式非常吻合。

在民间信仰中，拔牙或牙齿掉落都意味着亲人的死亡。但是，在精神分析中却认为这种解释只不过是个笑话而已。在此，我将插入一个奥托·兰克提供的“牙齿刺激的梦”。

“关于牙齿刺激的梦这一主题，我将引用一位同事告诉我的一个梦。他在很早以前就对梦的解析的各个问题抱有浓厚的兴趣。

“‘不久前，我梦见：牙医在我下颚深处的牙齿上钻孔。因为他钻的时间太长，所以牙齿彻底毁坏了。于是，他用夹子夹住那颗牙，毫不费力地将它拔了出来，这使我大吃一惊。然后，牙医说：这可不成，因为，拔下来的可不是真正要治疗的那颗牙啊。说着，他把拔下来的那颗牙放到了桌子上。那颗牙（看上去似乎是上颚的门牙）分裂成了好几层。我离开治疗台，

---

①根据C.G.荣格的报告，女性所做的牙齿刺激的梦具有分娩的梦的意义。欧内斯特·琼斯明确地证实了这一点。以上观点与这一解释之间的共同点是，在这两种情况下（阉割—分娩），身体的一部分都脱离了整体。

②参见前文中的“自传式的梦”。

好奇地靠近那边，向他提出了几个我感兴趣的医学问题。牙医把那颗白得出奇的牙齿分成好几层，用某个道具把它彻底打碎（弄成粉末），同时对我说道：这跟青春期有关系啊，只有在青春期以前，牙齿才能这么容易地被拔出来；如果是女性想要这么容易地拔牙，那决定性的因素就是分娩了。

"'然后我（在半睡半醒的状态下）注意到自己在做梦的时候遗精了。但我并不太清楚自己是在梦见哪一部分时遗精的，也许是牙被拔出来的时候。

"'然后我又梦见一件事，但现在已经想不太起来了。不过，在梦的结尾，因为我觉得不久就会有人把衣服拿来给我，所以就把帽子和上衣丢在某处（大概是牙医的衣帽间），只穿着外套，匆忙出门去赶一列即将发车的火车。我在最后一刻总算设法跳上了末尾的车厢，但那里已经站着一个人了。所以，我没法进入车厢，只得在非常窘迫的状态下继续自己的旅行。我努力调整身体，使自己的感觉能好一些。不久，火车进入了一条很大的隧道。当时，迎面驶来两列火车，看上去简直就像是隧道本身似的，我们所在的列车从它们的中央直穿过去。我就像是从外面看进去似的，朝那列火车的车窗中望去。

"'作为这个梦的分析材料，可以举出下列在做梦的前一天的经历与体验。

"'（1）最近我确实去看过牙医，而且，在做这个梦的时候，我的下颚上的牙齿仍疼得厉害。就好像是被梦中的牙医钻磨着似的，而现实中的医生也迟迟不能治好我的那颗牙齿，这令我感到不快。做梦的前一天的上午，因为那颗牙齿疼得厉害，我再次去找医生。于是，医生告诉我，我现在感到疼痛的牙齿似乎并不是现在正在治疗的那颗牙齿，它与正在治疗的那颗牙齿同在我的下颚上，必须得拔掉才行。那是一颗正要萌出的智齿。借此机会，就这一治疗方案而言，我向这位医生提出了一个有关他的医德的问题。

"'（2）当天下午，我因为牙疼以致心情极差，做事不周，而不得不向一位女士道歉。然后，这位女士告诉我，她有一颗牙的牙冠早已碎掉，但她特别害怕把那颗牙齿的牙根拔出。而且，与她相熟的另一位女士告诉过她，拔牙时如果拔的是"眼牙（Augenzahn）"，会特别疼，并且伴随着不小的危险，但是，生于上颚的牙齿（她的那颗坏牙生于上颚）要比生于下颚的牙齿好拔得多。这位熟人还告诉她，有一次，她被麻醉后，被错拔掉一颗牙齿。听到这些话后，这位女士对必须要做的拔牙手术就更害怕了。接下来，她问我，"眼牙"究竟是臼齿还是犬齿，关于"眼牙"一般都有什么说法，等等。我一方面请她留心存在于普遍流行的说法中的迷信成分，另一方面也强调了民俗传说中往往包含着有用的真理。于是，她告诉我，在这方面，她知道一个流传久远而广为人知的流行的说法。即，怀孕的女性感到牙疼的话，就会生男孩。

"'（3）如她所说，因为谚语等普遍认为牙齿与男性生殖器（或男孩）之间存在着某种关系，所以，考虑到这种流行的说法在弗洛伊德所著的《梦的解析》（第二版）一书中也曾提到，认为牙齿刺激的梦作为自慰的象征而具有典型的意义——这便引起了我的兴趣。于是，在当天晚上，我重新阅读了《梦的解析》中的相关章节，发现了以下论述。

"'由弗洛伊德的论述可知，对我的梦产生影响的事物中，最容易发现的，就是上文中记录下来的两种体验。弗洛伊德认为，就牙齿刺激的梦而言："如果做这种梦的人是男性，那么，这种梦的动机无疑就是青春期的自慰的欲望"。弗洛伊德又这样写道："例如被别人拔掉牙齿这样的、典型的牙齿刺激的梦有相当数量的变化，而对于这些变形的牙齿刺激的梦，仍然可以使用同样的方法进行解释。但是，也许有人会对'牙齿刺激'具有这样的意义而感到惊讶。就这一问题而言，我希望读者能够注意到自下而上的频繁的位移。这种位移对性压抑做出了贡献。而且，通过这种位移，在癔症中的、所有暗示着生殖器的感觉和意象，至少可以由在其他方面并不存在残疾的身体的各个部位而显示出来。"接下来，他又这样写道："但是，我必须指出包含在语言的惯用法中的另一联系。在我们这个国家，提及自慰时，有一种粗俗的说法，即，'拔出来'，或'拔下来'。"我在童年时期就已经知道这种说法是指自慰，而有经验的释梦者就应该能够很容易地看出在这个梦的背后隐藏着童年时期的材料。在此，我想要补充说明一点。即，在梦中很容易就被拔下来的那颗牙齿——即，在拔下来后变为门牙的那颗牙齿——使我联想到童年时期发生的一件事。即，当时，我曾自己把松动了的、生于上颚的门牙拔了下来，拔得很容易，而且完全没感到疼痛。至今，我仍能清楚地回忆起这件事的细节，而这件事发生在我最初开始有意识地尝试自慰的时期（这是一种隐蔽的记忆）。

“‘弗洛伊德曾援引荣格的观点，即，“女性所做的牙齿刺激的梦具有分娩的梦的意义”，这一观点与孕妇的牙疼的意义有关的民间信仰相似，二者都构造了（正处于青春期的）男子在梦中安置女性的意义的方案。这使我回忆起自己曾做过的一个梦。那是我看牙医回来后不久做的梦，我梦见，刚镶好的金牙冠脱落了；这使我感到非常生气，因为镶嵌金牙冠的费用很高，几乎令我难以承受。现在，我已经能够理解这个梦的意义，它与某一事件相关联，向我赞赏自慰在经济方面的益处——与无论如何都需要花费金钱的、有具体对象的恋爱关系相比。同时，这个梦还使我想到了那位女士所说的、有关孕妇感到牙疼的意义。’

“以上便是我的同事所做的梦，以及他自己对这个梦的分析的概略。他的分析非常清晰，并没有我置喙的余地，但我在此仍想就这个梦的后半部分包含的意义略作说明。即，这后半部分以‘牙齿’一词展开的联想（‘牙齿’，德文即，Zahn——‘拔牙’，德文即，Zahnziehen——‘火车’，德文即，Zug；此外，‘拔’，德文即，reissen——‘旅行’，德文即，reisen。这些词汇彼此相似）为媒介，表现了由自慰转变为正常的性交（隧道，火车由不同的方向进出隧道）是经历了大量的困难的，以及正常的性交本身也伴随着各种危险（例如，怀孕、外套[①]，等等）。

"与此相对，我认为，这个梦在理论上有两点特别发人深省。第一，他证实了弗洛伊德的发现，即，在梦中发生的遗精的现象伴随着拔牙这一动作。这是因为，无论遗精是以怎样的形式发生的，我们都不得不将其视为一种在没有借助机械性的刺激的情况下发生的、自慰式的满足。同时，这种通过遗精而获得性欲满足的情况与通常的情况有所不同，它并不依赖于某个幻想出来的对象，可以说，它并不针对任何对象，而是纯粹的自体性欲，最多也不过只表现出极其轻微的倾向（牙医）。

"我认为，值得强调的是第二点，即，'有人会提出反对意见，认为弗洛伊德提出的观点完全不适用于这一梦例；因为通过前一天发生的事，就足以理解这个梦的内容了。去看牙医、与某位女士对话、重读《梦的解析》，等等，都足以说明这位深受牙疼困扰的男士为什么会做了这样一个梦。甚至可以说，他之所以做这个梦，是因为想要消除妨碍他睡眠的牙疼的缘故（即，通过以下方法达成目的：一方面通过性欲消除他所害怕的牙疼的感觉，另一方面，制造出拔掉那颗坏牙的表象）。然而，我认为，无论怎么让步，就这一点而言，我们也不能认为以下的观点是正确的，即，如果就像做了这个梦的人自己所承认的那样，即使他以前并不知道拔牙（"拔出来"）与自慰之间的关系，也能够通过阅读弗洛伊德的著作而在心中创造出这种关

①在此特指避孕套。——译者注

系，甚至还能够使这种关系在现实中发生作用。或者，还不如说，通过与那位女士的对话，这种关系才会再次生效；同时，这种关系还与后来他报告的事实有关——即，他阅读了《梦的解析》，但出于不言自明的理由，并不真正相信牙齿刺激的梦具有这种典型的意义。同时，他还想要知道，弗洛伊德提出的观点是否对所有这种类型的梦都适用。然而，这个梦至少为他自身证实了这一观点的正确性，也表明了他为什么会对这一观点有所怀疑。也就是说，在这个意义上，这个梦仍是一种欲望的满足——即，他希望自己能够相信弗洛伊德的观点的有效范围与可靠性这一欲望的满足。'"

第二类典型的梦包括梦见飞行、漂流、坠落、游泳等。这种梦的意义何在？对此我们还不能做出普遍性的答复，因为其意义在不同的梦例中各有不同。只有其包含的感情刺激的材料才出自同一来源。

精神分析提供的材料使我们不得不做出以下结论，即，这种梦仍然是对我们的童年时期的各种体验的重现，也就是说，与那些最能吸引儿童的、使其身体摇晃或运动的游戏有关。成年人会抱着儿童做出把他扔飞的模样；或者，会让他坐在腿上，再突然张开双膝，使他跌落下来；或者，会把他高高举起，再假装突然放手。儿童则往往大笑大叫、乐此不疲，即使感到恐惧、头晕，却仍不断要求再来一遍。多年以后，他们长大成人，还会在梦中重复童年时期的游戏，只是，这时已不像当年那样，不再有一双支持他们身体的成年人的大手。于是，他们的身体便会在空中快乐地飘浮，或是坠落。儿童对于秋千和跷跷板以及类似的游戏的热爱，当然是众所周知的。当他们在马戏团看到杂技表演时，童年时期的记忆便会复苏。罹患癔症的儿童（男孩）在发作时，其唯一的症状往往只是以娴熟的技巧重现这种特技表演。而这种原本天真无邪的运动游戏往往会引发性的感觉。人们惯用的形容所有这一类的活动的词，即是在童年时期互相吵闹的“嬉戏（romping，德文为，hetzem）”。梦见飞行、坠落、头晕等，即是这种“嬉戏”的再现，而因这种“嬉戏”所产生的快感则变成了焦虑。就像每一位母亲都知道的那样，事实上，儿童的“嬉戏”往往会以争吵和啼哭收场。

因此我不能容忍以下说法，即，梦见飞行和坠落，是因为我们睡眠时的皮肤的触觉状态或肺脏的运动等刺激造成的。我认为，这些刺激本身都能够在记忆中再现。因此，这些刺激与梦之间的联系即是：它们可以直接成为梦的内容，却不能构成梦的来源。

由运动产生的各种感觉——即，这一类在本质上相同的或是来自同一来源的——材料，被用于表现一切有可能存在的梦念。飞行、飘浮的梦——在许多情况下，这种梦会伴有快感——具有各种不同的解释。对某些人而言，这些解释确实是因人而异的，但对另一些人而言，这些解释则有可能极具典型性。我的一位女性病人经常梦见自己在街道的一定高度上足不沾地地飘浮。她个子很矮，而且害怕在与人交往时被弄脏。所以这个飘浮的梦满足了她的欲望，即，双足离地，以及让自己的头位于高处。另一位女性病人做的飞行的梦则具有憧憬的性质。也就是说，她似乎希望“自己是一只小鸟”。此外，还有一些女性因为在现实生活中从来不曾被人称赞为天使，所以希望至少能在梦中成为天使，于是便梦见自己变成了天使。由于飞行很容易联系到鸟的观念，所以我们能够理解为什么男性所做的飞行的梦往往具有粗俗、下流的意义[①]。而当我们听到有些人会在梦中因为自己能够飞行而感到骄傲，也就不必觉得惊讶了。

保罗·费德恩医生（维也纳）提出了颇具深意的观点。他认为，绝大多数这种飞行的梦都是勃起的梦。勃起这一无法忽视的现象总是为我们的幻想所关注，而且，这种现象所具有的反重力的性质，一直以来，都令我们感到印象深刻（事实上，古人便曾幻想出生有羽翼的阴茎）。

值得注目的是，穆列·沃尔德这位严肃的梦的研究者——他对梦的解析之类的工作有一种本能上的厌恶之情——同样认为飞行（飘浮）的梦具有性方面的意义（《关于梦》，第二卷，791页）。他认为性欲是“飘浮的梦的最强有力的动机”，并指出：伴随着这一类梦，身体内部会出现强烈的震动感。而且，这一类梦往往会与勃起或遗精同时出现。

与飞行的梦相比，坠落的梦更多地伴随有焦虑的症状。当作梦的人是女性时，这一类梦的解释较为简单。这是因为，坠落的梦几乎毫无例外地以跌落作为象征，来表现对性欲诱惑的屈服。我们还没有彻底解明坠落的梦的童年时期的根源为何。

①鸟，德文即，Vogel，而同系的动词为Vögeln，意即“性交”。——译者注

几乎所有的儿童都曾跌倒，然后被抱起来，并得到大人的爱抚。晚上，如果儿童跌落到床下，就会有人抱他上床加以照料。

梦见游泳——例如，梦见自己悠悠扬扬地乘风随浪前行——的人，往往在童年时期有尿床的习惯，于是他们便在梦中重温这种自己已经长期戒除了的行为所带来的快感。关于游泳的梦最容易采取怎样的表现形式，我将在下文中举出具体梦例加以说明。

对着火的梦的解释与儿童教育的一个细节有关：我们为了不让儿童在晚上尿床，会对他说："小孩不能玩火。"而这一类梦的背后隐藏着童年时期的、有关尿床的残存记忆。我在《一个癔症病例的分析片段》[①]（1905 年）一文中，结合一位做过这一类梦的女性病人的病史，就着火的梦进行了彻底的分析与综合，并证实了这种童年时期的材料在成年后被用于表现怎样的冲动。

如果我们将不同的梦中经常存在的、相同的显意也纳入到典型的梦的范围中，那么，一定可以列举出数不胜数的、所谓的"典型的梦"。例如，穿过狭窄的街道的梦、在许多并列的房间前面走过去的梦以及神经质的人在睡觉前会特别加以防范的、盗贼闯入家中的梦，还有，被野兽（公牛、马）追逐的梦、被刀子、匕首、长矛等威胁的梦，等等。我认为，对这一主题进行专门的研究是完全值得的。在此，我将记录下两个事项。当然，这两个事项并不仅限于典型的梦。

---

①全集，第五卷。

我们对梦的研究越是深入，便越会发现以下事实的存在。即，成人的绝大多数的梦都涉及与性有关的材料，并且表现出与性有关的欲望。只有对梦做出真正的分析的人——也就是说，只有通过梦的显意而进入梦的隐意的人——才拥有对这一点做出评判的权利。而像研究与性有关的梦的纳克那样、只满足于记录梦的显意的人，则没有这种权利。现在，我可以清楚地说，这一事实（成人的梦采用与性有关的材料，等等）并不会使我们感到惊讶，反而与我们进行梦的解析工作时所遵循的基本原则完全一致。性冲动的各种成分所不得不承受的压抑是其他的任何冲动都不会承受的[①]，同时，任何冲动都不会像性冲动那样遗留下数量如此之多、程度如此强烈的潜意识欲望。我们在梦的解析工作中，绝不能忘记性的情结的重要性，但也不可过分夸大，总是只考虑这一个元素。

如果经过周密、严谨的分析，我们便能够确认，许多梦本身必然会被解释为具有双性性欲的性质。也就是说，这些梦通过表现出与做梦的人自身的正常的性行为相反的冲动——使另一种难以避免的判断（解释）得以成立。但是，我并不打算采纳 W. 斯特克尔[②]和阿尔弗雷德·阿德勒[③]的主张——他们认为，对所有的梦都应做出双性性欲的解释。我认为，他们的观点难

①参见拙著《性学三论》，1905 年；1926 年第六版（全集第五卷）。

②《梦的语言》，1911 年。

③《与现实和神经症相关的精神的两性》；《医学的进步》，1910 年，第十六卷，及《精神分析学中央杂志》（第一号，1910 年—1911 年）上刊登的后期的各篇论文。

以实证，同时，是将某些看似不可能存在的特殊情况作为了通例。特别是，首先，在最广义的与性有关的欲望之外，还有其他一些欲望，而满足了这些其他欲望的梦则应有尽有（饥饿的梦、口渴的梦、方便的梦，等等），这一明显的事实是谁也无法否认的。诸如“在所有的梦的背后都可发现死亡的约定”（斯特克尔）这一观点，以及在所有的梦中都存在着“由女性化倾向发展到男性化倾向”的观点（阿德勒），在我看来，都远远超出了梦的解析的权限。至于一切梦都需要性的解释这一主张（对这一主张，各类文献上不知疲倦地提出抨击），并非出自我的《梦的解析》一书，在本书的七个版本中完全找不到这一主张的存在，同时，这一主张与本书的其他观点也显然是矛盾的。

在前文中，我已经说明，在一些特别单纯清白的梦的背后，事实上隐藏着赤裸裸的性欲，而这亦可通过无数的新的梦例来证明。但是，许多看似并无特别之处的、无意义的梦在经过分析后，常常能够还原出无可置疑的性欲冲动，使人大感意外。接下来我将举出一个梦例，如果不对其加以分析，想必谁也不会认为其中包含着某种与性有关的欲望吧。“在两座富丽堂皇的宫殿之间、稍微靠后的地方，有一幢小屋，门户紧闭。我的妻子领着我在街上走了一段路，来到这幢小屋之前。妻子把门推开。然后，我迅速、轻快地滑入这个斜斜上倾的院子中间。”

任何有过翻译梦的经验的人都会立刻想到，进入狭窄的空间、打开关闭的门户等，是最常见的性的象征。同时也很容易看出，在这个梦中所表现出来的，是（从女性的两半肥厚的臀部的小丘之间）由背后性交的尝试。而狭窄的、斜斜上倾的通路当然就是阴道。做了这个梦的人得到了妻子的帮助（带领），则向我们表明以下的事实。即，做梦的人在现实中出于对妻子的顾虑而放弃了这种性交的方式。另外，经过仔细询问，我才知道，在做梦的前一天，做梦的人家中雇用了一位年轻女子。他对这位年轻女子很中意，心中产生了这样的印象，即，这位年轻女子也许不会非常厌恶那种性交方式。两座宫殿之间的小屋与做梦的人对布拉格的某个地区的回忆有关，因此，也与这位出身于布拉格的年轻女子有关。

如果我向病人们强调，说人们经常会做俄狄浦斯梦，即，与自己的母亲性交的梦，他们往往会答道："我没有做过这种梦的记忆。"但是，在他们做出回答之后，立刻就会回忆起一些其他的、内容模糊的、并无特殊意义的梦。而且，他们经常会做这些梦。经过分析可以证明，这些经常会做的、内容相同的梦恰恰还是俄狄浦斯梦。我可以断言，与母亲性交的梦大都经过化装，并且比未化装的、呈现其原貌的梦更为常见。

在有关风景或土地的梦中，我们常常会很清楚地对自己强调："曾经来过这里。"这种"既视感"在梦中具有特别的意义。这些地方总是指向母亲的生殖器。事实上，再也没有其他地方能够使人这样清楚地断言"曾经来过这里"了。曾经有一次，我对一位强迫神经症患者所做的梦感到难以解释。他梦见，"自己去拜访过去曾拜访过两次的房屋"。这位病人在很久以前曾告诉过我一件他六岁时发生的事。他六岁时曾有一次与母亲睡在一张床上，并趁母亲熟睡的机会，将手指插入到母亲的生殖器中。

以通过狭窄的空间或是置身于水中为主要内容的梦往往伴随着焦虑的情绪，这些梦中的绝大多数的本质与在母亲的子宫内的生活、胎儿的生活、分娩等幻想相关。下文中举出的一位年轻男士的梦便在幻想中利用自己处于子宫内的机会偷窥父母之间的性交行为。

“他置身于一个很深的坑洞中。这个坑像塞默灵隧道[①]那样有一个窗口。从窗口能望见空旷的风景。他试着向窗口中描绘某种图画。那图画眨眼之间便已出现，充满了整个空间。那图画表现的是田地。田地被某种道具深深地犁过。空气很新鲜，再考虑到田地中进行的彻底的工作，蓝黑色的泥巴看上去也很美丽。然后，继续进行，出现了一册打开的教科书。……而且，他看到书中以大量篇幅描写了对性的感觉，并感到不可思议。这时，他忽然想到了我（弗洛伊德）。”

以下是一位女病人所做的一个非常出色的与水有关的梦，这个梦在治疗中起到了特殊的作用。

“她在 ×× 湖畔避暑，结果跌落到暗色的湖水中。湖水中映出苍白的月影。”

这一类梦属于分娩的梦。将作为显意出现的事实颠倒过来，便能够成功地对这个梦做出解释。也就是说，只需解释为

①距维也纳约七十英里的隧道，与西南部支线相连接。

与落入水中相反的意义，也就是从水中出来——即，分娩——即可[①]。想到法文中的“月亮”——即，“la lune”——在俚语中还具有“底部”的意义，可以知道，人们便是从那里出生的。于是，苍白的月亮指的便是白色的臀部，儿童在年龄尚幼时已经想象到自己是从那里出生的。那么，这位女病人希望自己在避暑的疗养地“出生”的欲望又该怎样解释呢？我这样问她，她就毫不犹豫地答道：“难道我不是通过您的治疗而得到了新生吗？”也就是说，这个梦是指治疗将在避暑疗养地继续，即，她邀请我到那里去。此外，或许这还表示，在她的内心的极深处包含着一个期待自己成为母亲的欲望[②]。

在此我将借用E. 琼斯[③]的论文中提及的一个分娩的梦及其分析。“她站在海边，眺望一个小男孩——似乎是她自己的孩子——向水中走去。男孩越走越深，只有头露出海面，载浮载沉。然后地点忽然发生改变，变成了某个旅馆的大厅，其中人群拥挤。她的丈夫从她身边离开。她与一位陌生男子交谈。”

“这个梦的后半部分无须分析便能看得非常清楚，表现了她对丈夫的背叛以及她与第三者的隐秘的关系。而前半部分则

①从水中出生的神话意义参见兰克的《英雄诞生神话》(1909年)。

②有关子宫内的生活的幻想与潜意识所具有的意义，在后来得到了正确的评价。这些幻想与思想包含了绝大多数人对被活埋一事的极度的恐惧，也包含了死后的生命的信仰在最深的潜意识中的基础，同时，这不过是表现了我们出生之前的懵懂的生活对未来的投影而已。无论如何，分娩这一行为是人生中对焦虑的第一次体验，因此也是焦虑的源泉和原型。

③E. 琼斯，欧内斯特·琼斯，即，Ernest Jonesmann，1879—1958年，英国心理学家。弗洛伊德的朋友和强烈支持者。在英国、加拿大和美国协助引入了精神分析原理。——译者注

显然是出生的梦。无论是在神话还是在梦中，婴儿由羊水中脱离的情景通常会表现为颠倒的情况，即，儿童进入水中。阿多尼斯、奥西里斯、巴克斯的出生，以及另外那些数不胜数的例证都是自古以来便众所周知的。在水中头部载浮载沉立刻使她联想到了在唯一一次怀孕中所体验到的胎动的感觉。而进入水中的男孩则使她产生了某种幻想。即，在她的幻想中，她会将那个男孩从水中救出，把他带到育婴室中，为他擦干净身体，给他穿好衣服，最后，领着他回到她自己的家里。

"因此，这个梦的后半部分表现的是与私奔有关的思想，这属于梦的隐意的前半部分。而这个梦的前半部分与出生的幻想相对应，这属于梦的隐意的后半部分。除了上述的这种颠倒之外，在这个梦中还存在着其他一些颠倒的表现。在这个梦的前半部分中，儿童进入水中，然后头部载浮载沉；而在这个梦的隐意中，首先浮现的是胎动的感觉，然后才是那个儿童离开了水（双重颠倒）。在这个梦的后半部分中，她的丈夫离开了她，但在梦的隐意中却是她离开了她的丈夫。"

亚伯拉罕[①] 报告了一位临近产期的年轻女子所做的分娩的梦。梦中，在房间的地板的某处有一条地道直接通向水中（生殖通道——羊水）。她拉开地板的拉门，然后立刻出现了一个生有褐色毛皮的、很像是海豹的动物。这个动物很快就露出了真

①亚伯拉罕，卡尔·亚伯拉罕，德文即，Karl Abraham，1877—1925年，德国精神病学家。弗洛伊德的弟子，其最亲密的合作者之一。在心理性欲发展阶段、性格形成以及精神病理学方面做出了重要贡献。——译者注

面目，是她的弟弟。对她的弟弟来说，她一直以来担任的都是母亲的角色。

兰克在一系列的梦例中指出，分娩的梦与小便刺激的梦会使用相同的象征。在这些梦中，性欲刺激以小便刺激的形式表现出来。这些梦的意义的各个层次与童年时期以来的象征意义的变迁相对应。

现在可以回到本书前文中暂时中断了的主题上去了。即，各种妨碍睡眠的肉体刺激在梦的形成中所起到的作用的问题。在这些刺激的影响下形成的梦，不仅清楚地表现出了欲望满足的倾向与为方便的目的而服务的性格，而且往往还会非常清楚明白地表现出其意义的象征。这是因为某种刺激往往会通过象征的伪装，试图在梦中蒙混过关，但又不能成功，于是，这种刺激便会把人从睡眠中惊醒。这也适用于遗精的梦以及因尿意和便意的刺激而惊醒的梦，等等。遗精的梦的特殊性在于，它已经被认为是一种典型的梦。我们不仅剥下了一些具有相当的争议的、与性有关的象征的假面，同时，我们还确信，许多看上去似乎单纯清白的梦，事实上却不过是某些赤裸裸的性的景象的象征性的序曲而已。而且，这些性的场面只会在某些较为少见的遗精的梦中直接表现出来，而更常见的情形是，这些性的场面转变为焦虑的梦，结果惊醒做梦的人。

自古以来，人们便知道，小便刺激的梦的象征意义特别明显。希波克拉底认为，喷泉与泉水的梦意味着膀胱有毛病（据哈夫洛克·埃利斯）。舍纳对小便刺激的象征的多样性做了研究，认为，“强度较大的小便刺激总是转变为对生殖器的局部的刺激以及这一类刺激的象征物。……小便刺激的梦常常同时表现为性欲的梦”。

在此，我注意到了奥托·兰克在他的关于“使人惊醒的梦的象征层次”的研究中所证实的以下的观点，即，“大部分小便刺激的梦原本是由性的刺激所引起的，这种性的刺激起初先通过退化的方法，试图以童年时期的尿道性欲的形式得到满足”。以上情形造成的小便刺激使人从睡眠中惊醒，以致排尿。但还有一种情况是，尽管如此，梦仍然持续着，其欲望便表现为不加伪装的性欲的形象——这种情况特别富于启发性①。

与此类似，肠道刺激的梦也使用相应的象征。同时，黄金与粪便之间的联系已经在民族心理学的范畴中得到了充分的证实②。“例如，一位正在治疗肠胃病的女病人做了一个寻宝人的梦。她梦见，这位寻宝人在一处像是乡下的厕所的小木屋中发现了财宝。在梦的第二部分中，她梦见她的小女儿大便，弄脏了臀部，于是她为小女儿擦干净。”

救援的梦与分娩的梦有关。如果女性梦见救援——特别是

①就儿童而言，膀胱的梦在本质上的同一象征，在“最近”，表现为极为纯粹的性的意义。水＝尿＝精液＝羊水；船（德文即,Schiff）＝“小便”，也有“乘船（德文即，schiffen）”的意思＝子宫（德文即，Fruchtbehälter）（亦有“箱子，即box，德文即，Kasten”的意思）；弄湿＝小便＝性交＝怀孕；游泳＝膀胱充满＝胎儿在子宫内的生活；雨＝小便＝受精的象征；出发旅行（动身、离开）＝下床＝性交（蜜月旅行）；小便＝射精（参见兰克的同一著作）。

②参见弗洛伊德的《性格与肛门性欲》，兰克的《象征分层》，达特纳的研究（《国际精神分析学杂志》，第一卷，1913年），以及里克的研究（《国际精神分析学杂志》，第三卷，1915年）。

从水中救援——的内容，那便意味着分娩；而做梦的人是男性的话，情况则有所不同（参见菲斯特的《精神分析的修养与精神病的治疗的一个实例》与《福音教会的自由》〔1909年〕中关于这种梦的记载）。——关于"救援"的象征，参见我的讲演《精神分析治疗的未来》(《精神分析学中央杂志》，第一号，1910年〔全集第八卷〕)，以及《爱情生活对心理学的贡献》中的章节——即，《第一·关于男性选择对象的特殊类型》(《精神分析学年鉴》，第二卷，1910年〔全集第八卷〕)[①]。

（我们在睡觉前所恐惧的以及有时确实会打扰我们的睡眠的）窃贼、夜间侵入房屋的强盗和幽灵源自某种童年时期的遗留记忆。那是害怕儿童尿床因而唤醒儿童为他把尿的人，也是翻开被子察看儿童的双手放在什么地方的人，他们都是夜间的访问者。通过对焦虑的梦的分析，我得以（使被分析者）重新认清了这些夜间的访问者的身份。窃贼总是指向父亲，而幽灵一般是指身穿白色睡袍的女性。

六、一些梦例——梦中的计算与谈话

在探讨对梦的形成而言具有决定性的影响的第四个因素的合理地位之前，我将从收集到的梦例中举出若干实例，用以说明我们已经知道的三个因素是怎样互相合作的，同时，也补充一些对迄今为止尚未获得充分的证据支持的各种观点的证明，

①进一步研究可参见兰克的《救援幻想的各种证据资料》(《精神分析学中央杂志》，第一卷，1910年，331页)，里克的《关于救援象征》(449页)，兰克的《梦与文学》中的《救援幻想》章节(《国际精神分析学杂志》，第二卷，1914年)。

或者，将其用于证实那些难以否定的推论。以在对梦的工作加以说明的过程中，我得出了一些结论；而以实例来证明它们，则是一件非常困难的工作。对于不同的命题而言，具体的梦例只有在对某个梦具体分析的整体框架中才具有说服力，如果令梦例脱离了其前后关系，那么它就失去了其本身的价值，而且，梦的解析这一工作，只要略为展开、深入，立刻就会变得千头万绪，从而失去原本应该用于说明的议论的线索。在此，我不过是举出了一些仅仅与前一章有所关联的事物，我希望读者能够理解上述技术上的困难，并对本章中我所采取的态度加以纵容。

首先，我将举出几个具有独特的表现方法或是具有极不寻常的表现方法的梦例。这是一位女士的梦。“一个女仆正在爬梯子，似乎是想要上去擦玻璃，并且，女仆还抱着一只黑猩猩与一只猩猩猫（后来，做梦的人订正为‘安哥拉猫’）。女仆将这些动物向她投掷过来。黑猩猩依偎着她。这令她非常厌恶。”这个梦以非常简单的方法达到了它的目的，即，使用某个谚语的文字表面的意义，并将其直接表现出来。一般而言，动物的名称都可以用来辱骂他人，“猩猩”一词也是如此。另外，在这个梦中所表现出来的情景是“投掷辱骂[①]”这一惯用形式。我将在下文中举出许多类似这种在梦的工作中的单纯的技巧应用的

①即，“Hurling invectives”；德文即，mit Schimpfworten um sich werfen。同时，在德文中，“黑猩猩”，即，Schimpanse，而“辱骂”为“Schimpfen”；二者极为相似。——译者注

实例。

下一个梦例与上述梦例极其相似。“一位女士带着一个头部明显畸形的孩子。做梦的人从这位女士那里听说，这个孩子的头部畸形是由胎位不正而导致的，医生说只要加以挤压便可以矫正畸形，但这对孩子的脑髓有害。她觉得，反正孩子还小，应该也不会有什么太大的妨碍。”这个梦是对“童年的各种印象[①]”这一抽象概念的图解，做了这个梦的女病人是在听取关于精神分析治疗的说明时得知这一抽象概念的。

在下一个梦例中，梦的工作采取了略微不同的方法。这个梦包含着到格拉茨[②]附近的希姆湖[③]郊游的记忆。“外面的天气非常差。十分破旧的旅馆，雨水沿着墙壁往下滴。床也湿透了（最后这一部分在实际的梦中比我所描述的要模糊一些）。”这个梦表现了“多余”这一词汇的意义[④]。在梦念中，这一抽象词汇（即，“多余”）最初先被多少有些勉强地歪曲了；例如，它被置换为“泛滥（德文即，überfliessend）”一词，又或者被置换为“液体和多余的”（德文即，flüssig und überflüssig）等，然后，则表现为一些相似的印象。即，外面的水、里面墙壁上

①“童年的各种印象”在德文中即“Kindereindrücke”；而“eindrücken”即“推”，并有“压缩”、“挤压”的意思。——译者注
②格拉茨，即，Graz，奥地利东南部城市，位于维也纳西南偏南的穆尔河沿岸的盆地内。——译者注
③希姆湖，即，Hilmteich，格拉茨城外的水域。——译者注
④“多余”，德文即，überflüssig；而“über”有“在……上面”、“在……之上”、“多余”、“超级”等意义；“flüssig”有“液体的”、“流体的”、“流质的”的意义。

的水、弄湿了床的水……所有的事物都像水那样流动，并且是“多余”、“泛滥”（德文即，ü ber）地流动。对于梦中的这些表现的各个目的而言，词汇的拼写方法正确与否并不比语言本身的声音——例如，韵脚——更为重要，对此我们也不必感到惊讶。兰克曾记录并详细分析了一个年轻的女孩所做的很长的梦。梦中，她在田野上散步，并割下大麦和小麦的美丽的麦穗（德文即，Ähren）。一位年轻男士——他是她的朋友——从对面走来，但她想要避开他。分析后得出的结论是，这个梦涉及的问题是表示敬意（德文即，in Ehren）的接吻（《精神分析学年鉴》，第二卷，491 页）。那应该被切割而不是被拔下的麦穗，在这一意义上与“敬意（德文即，Ehre）”或是“表示敬意（德文即，Ehrungen）”彼此结合，从而用于表现一系列的其他的观念。

与此相反，当梦试图表现自身的思想时语言对其做出很大贡献的情形，也是很常见的。也就是说，这是因为，在语言中有大量的词汇原本具有形象的、具体的意义，但现在却已经失去了其具体性，成为具有抽象意义的词汇。而梦会赋予这些词汇以原本的、完全的意义，或是沿着这些词汇的意义的变迁史向前追溯。例如，某位男士梦见自己的弟弟被关在箱子（德文即，Kasten）里。在分析中发现，“箱子”其实为“柜子（德文即，Schrank）”所置换。于是，这个梦的真正的意义是：不是做梦的人自己，而是弟弟应该“自我约束（德文即，einschr ä nken）”。或者有人梦见自己去登山眺望（德文即，Aussicht），并畅享秀丽的景色。在这个梦中，做梦的人把自己与自己的哥哥同一化了——他的哥哥是一位编辑，其供职的杂志名为《展望》（德文即，Rundschau），杂志内容涉及远东事务。

在凯勒[①]的《绿衣亨利》中提到了一个梦，在梦中，一匹烈马在丰腴的燕麦田中翻滚。燕麦的每一粒麦粒都是“美味的杏仁、葡萄干，和新铸的铜板”，它们“被包在红色的绸缎里，以猪鬃捆好”。凯勒（或做了这个梦的人）立刻对这个梦的内容做出了分析。即，马儿被逗得浑身发痒，感到非常舒适，并大叫道：“燕麦蛰我。[②]”

根据亨森的观点，在古代北方的传说中出现的梦，特别善于利用双关语和惯用句。而且，这些梦几乎无一例外，都包含双重意义和双关语。

可以说，收集这一类的表现方式，并按照其内在的各种原则加以整理，这本身便是一种特殊的研究工作。这些表现方式几乎都可以被称为“幽默”。另外，如果做梦的人并不曾加以解释，那仅凭我们自己往往绝不可能推断出其中真意。

（1）一位男士的梦。“有人向他询问某人的姓名。但他完全想不起来那个名字。”据做梦的人自己的解释，这意味着，“那对我来说就是做梦也想不到的”。

（2）一位女病人的梦。“在那里活动的人们都特别高大。”

---

①凯勒，即戈特弗里德·凯勒（Gottfried. Keller）（1819—1890年），瑞士人，十九世纪德语文学的杰出的现实主义作家。下文中提到的《绿衣亨利》是他的自传体长篇小说。——译者注

②“燕麦蜇我”，德文即，Der Hafer sticht mich，这也有“我变得傲慢”、“我被纵容着”的意思。——译者注

她对这个梦的解释是，这一定与她童年时发生的一些事情有关。因为，当时，在她的眼中，所有的大人看上去都特别高大。而她自己并未出现在这个梦例中。

返回童年时期，这在其他的梦中有时会表现为另一种情形，即，把时间置换为空间。例如，梦见的人物和情景都出现在一条很长的道路的远方、尽头。或者，人物和情景就像是从观看歌剧用的望远镜的相反的那一端观察到的那样。

（3）一位经常开玩笑并在日常生活中喜欢使用抽象和不确定的措辞的男士的梦。“在火车正好进站的时候，他去了停车场。但这时月台却朝向停止不动的火车开始移动。”这个梦当然是对现实中发生的真实事件的一种荒谬的倒错。而这一细节正暗示着另一个事件在这个梦中也是颠倒的。在分析过程中，这位男士回忆起一些画册，其中画着一些倒立着以手走路的男人。

（4）同一位男士所做的一个短梦。这个梦几乎使人想到制作画谜的技巧。“有人在汽车（德文即，Automobil）内和他接吻。”而他立刻解释道，这意味着“自我性爱（德文即，Autoerotismus）”。我是无论如何也想不到会有这种解释的。日常生活中的双关语中也不会出现类似的例子。

（5）一位男士的梦。“他正将一位女士从床后拉出来。”这个梦的意思是，他对她有所偏爱[1]。

（6）“他是一位军官，正与皇帝对桌而坐。”这个梦意味

①“偏爱”，德文即，Vorzug，也有“拉出来”的意思。——译者注

着，“他与父亲彼此对立”。

（7）“他为某人治疗骨折。”分析的结果是，骨折的“折”是离婚的表现[①]。

（8）在梦中，一天之中的各个时刻被非常频繁地用于表现童年生活的各个时期。例如，在一个梦中，早晨五点十五分意味着五岁三个月。这对做梦的人而言意义重大，他的弟弟就是在他五岁三个月时诞生的。

（9）在此举出的梦例以另一种方法在梦中表现出做梦的人的特定的生活时期。“一位女士带着两个小女孩散步，这两个小女孩的年龄差为一岁零三个月。”做了这个梦的人也是一位女士，在她所熟悉的人中，并没有谁与此相关。她自己便这样解释道：两个小女孩都是她自己，而这个梦表现的是她在童年时期遭遇的两个事件，在这两个事件中，她都受了外伤。同时，这两个事件在时间上的间隔恰好与两个小女孩的年龄差相符（这两个事件分别发生在她三岁半与四岁九个月的时候）。

（10）持续接受精神分析治疗的人经常会做与精神分析有关的梦，而分析在他的心中唤起的思想和期待也很容易在梦中有所表现，这并不足为奇。治疗本身通常会表现为汽车的疾行，而汽车是现代最新式且最复杂的交通工具。在这种情况下，对汽车的速度的指责中，会出现对病人自身的计算的嘲讽。如果“潜意识”作为清醒时的日常生活中的各种思想的元

①在德文中，“折”，即 Bruch。而“离婚”为 Ehebruch，或者更准确地说，Ehebruch 即“通奸”。——译者注

素试图在梦中有所表现，那么，这种“潜意识中的事物”的象征表现为“地下的”场所，是非常合理的。当然，在其他情况下——即，与精神分析治疗完全无关的情况下——“地下的”场所往往意味着女性的身体和子宫。梦中的“下”往往与生殖器有着密切的关系，与此相反，“上”则与脸、口或乳房有关。一般而言，梦中的猛兽意味着做梦的人自身所畏惧的事物，例如，其他人的热情冲动和自己的热情冲动等。另外，略做置换，便可以将这种热情冲动转变为拥有这种热情冲动的人。可以说，猛兽、狗、烈马等是令人畏惧的父亲的象征，而这种象征多少有些图腾崇拜的意义。猛兽所表现的是“我”所恐惧的、通过压抑而制服了的性冲动。此外，神经症本身以及“病人”这一概念，也往往会从做梦的人的身上分离出来，并在梦中作为独立的人物出现。

（11）（据 H. 萨克斯）“我们从《梦的解析》中知道，梦的工作能够利用各种方法达成以下目的，即，将某种语言和措辞表现为感性的、具体的事物。”有时，梦的工作试图表现的语言、措辞等的意义是模糊不清的，而它反而会利用这一事实，将这种模糊不清的、具有双重意义的双关语作为火车道上的扳道器，使其第一重意义表现在梦的隐意中，而使其第二重意义表现在梦的显意中。

“接下来我将要举出的短梦就是如此，而且，为了达到这一目的，它还巧妙地利用了最近的白天的印象，将其作为表现的材料。

“我在做梦的当天得了感冒，晚上上床后，我决定当晚尽可能不下床。这个梦看上去似乎只是我在继续做着白天的工作。白天，我一直在将剪报贴到剪报簿中，并为了进行适当的分类而花了很大工夫。而我做的梦是这样的：

“‘我正要将一张剪报贴到剪报簿中。然而，这张剪报总是不能很好地粘在剪报簿的纸页上。这让我非常痛苦。’

“我醒后感到在梦中遭受的痛苦仍未消弭，并转为现实中持续不休的腹痛，于是我不得不放弃了自己的打算（即，‘当晚尽可能不下床’的打算）。这个梦作为‘睡眠的管理者’，将我希望自己不下床这一欲望的满足表现为‘这张剪报总是不能很好地粘在剪报簿的纸页上’这一双关语，并试图以此蒙混过关。”

我们可以这样认为，即，梦的工作为了将梦念表现为视觉形象，事实上是不择手段的。无论我们清醒时会不会批判它所采取的方法，它都在所不惜。所以，那些仅仅只是听说过梦的解析的工作而从未亲身体验过的人们就不免对此产生疑惑，并加以嘲讽了。在斯特克尔的《梦的语言》一书中，对这一类梦例的记录相当丰富。但是，我仍然坚持避免直接引用他的书中所记录的梦例，因为他既缺乏批判性的态度，在技术上也过于漫不经心，而这使得那些不抱偏见的人都产生了疑虑。

（12）在此引用 V. 陶斯克在《论衣服与颜色对梦的贡献》（《国际精神分析学杂志》，第二卷，1914 年）一文中举出的梦例。

A）某位男士 A 的梦。“他看到自己过去的保姆穿着一件黑色的、薄布礼服（德文即，Lü sterkleid）。礼服紧贴着她的腰。”这个梦意味着，做梦的人认为她非常淫荡（德文即，lü stern）。

B）某位男士 C 的梦。“在 X 国道上看到一位少女。少女被白色的（德文即，weiss）光芒笼罩，身穿白色罩衫。”这位男士曾在 X 国道上第一次与名叫“Weiss”的小姐亲密交谈。

C）某位女士 D 的梦。“看到老布拉塞尔（维也纳的演员，80 岁）躺在沙发上，全身披挂（德文即，Rüstung）。然后他从桌子、椅子上飞跃过去，拔出长剑，在镜子中映出自己的影像，像是与假想敌战斗似的，在空中挥舞长剑。”

分析：这位女士的膀胱一直有些毛病。在接受精神分析治疗时，她是躺在沙发上的。而且，当她看到自己在镜子中的影像时，心中暗想：虽然自己已经年老、患病，但看上去仍然很是硬朗、精力充沛（德文即，sehr r ü stig）。

（13）梦中的“伟大成就”。

一位男士的梦。“看到自己怀孕了，正躺在床上。这种情况实在令他难以忍受。他叫道：‘我宁可……’（在分析中，他补充道，此处基于他对某位保姆的回忆，而后续的句子为‘敲碎石头’）。床后悬挂着一张地图。地图的下端由木框固定住。他抓住木框的两端，想把它从墙上撕下来，但木框并未从中折为两半，反而横着裂开成为两个长条。这使他镇静下来，分娩也很成功。”

他独力做出了以下的解释：将木框（德文即，Leiste）撕下意味着一种伟大的“成就（德文即，Leistung）”；同时，这还意味着他通过自己的力量而脱离女性的姿态，并由此从令他难以忍受的状态下（即，接受治疗这一状态）解放出来。……关于木框并非横着折断而是竖着裂开这一奇异的细节，他认为，这使他想到“伴随着破坏的加倍的情形，含有对阉割的暗示”。梦往往会以两个阴茎象征的存在来表现阉割，而这是在某种反抗的欲望的反面达成的。“木框（德文即，Leiste）”当然意味着“鼠蹊部（德文即，Leiste）”，而鼠蹊部是与生殖器的位置非常接近的、人体的一部分。综上所述，他认为，这个梦的意义是：“为克服对阉割的恐惧，他将自己置换为女性。”[①]

（14）在我以法文进行的分析中，有这样一个梦。在这个梦中，我自己是作为一头大象出现的。我当然向病人询问了为什么我在他的梦中会成为大象，而病人答道：“你欺骗了我。[②]”

梦往往会极为勉强地利用一些差别极大、毫无关联的联想，例如像固有名词那样的、非常难以处理的材料，并将其成功地表现出来。我过去曾做过这样一个梦。“老布吕克（Old Brücke）教授一定是给我出了一道题目。我制作了一份夹在两片玻璃片中的、显微镜观察用的标本，并拿走了看上去像是揉搓得皱了的锡箔似的东西。”（在下文中我还将就这个梦进行探讨）这个梦的意义理解起来有些难度，但我终于发现问题在于锡箔——德文即，Stanniol——而我想到的是“Stannius”。

①参见《国际精神分析学杂志》，第二卷，1914年。

②“你欺骗了我”，法文即，Vous Me Trompez，而“欺骗”，法文即，trompez，与它发音相近的词汇中有“trompe”一词，意即，“躯干”。——译者注

“Stannius”是一位作家，他发表过一篇与鱼的神经组织有关的论文，我在少年时代曾诚惶诚恐地拜读过那篇论文。同时，我的老师布吕克最早交给我的学问上的课题，就与某种鱼——即，八目鳗鱼，德文即，“Ammocoetes”——的神经组织有关。这种“Ammocoetes”在画谜中是怎么也用不上的。

在此我将介绍另一个内容奇特的梦。这是一个儿童做的梦，却发人深省，而且在经过分析后很容易就能发现其中的意义。一位女士对我这样说道：“我还记得自己在童年时做过好几次的梦。我梦见，‘上帝的头上戴着边缘很尖的帽子’。这是因为我在吃饭时总是被人戴上类似的帽子——只要戴了这种帽子，就看不见其他孩子的盘子里分到了多少饭菜了。另外，我很小的时候就已经知道上帝是万能的。所以这个梦的意思就是，尽管我被人戴上了那样的帽子，可我还是无所不知。”

想要理解梦的工作的真正面目以及梦的工作是怎样运用其材料——即，梦念——的，就应该去观察一下在梦中出现的数字和计算。这是因为，梦中出现的数字往往被人迷信地认为具有预言的性质。在此，我略举几个相关的梦例。

（一）

摘自一位即将结束治疗的女士的梦。“她正打算去付某些费用。她的女儿从她的钱包中取出三个弗罗林和六十五个克鲁斯[①]。她对女儿说道：‘你这是要做什么？有二十一个克鲁斯就

①克鲁斯，即，Kreuzer，奥地利的旧货币，又称十字币。1 弗罗林 =100 克鲁斯。——译者注

足够了啊。'”因为我对做梦的人的境遇有所了解，所以无须她加以说明，我就已经知道了这个片段的梦的意义为何。这位病人是外国人，她的女儿在维也纳的女校上学。所以，只要她的女儿还留在维也纳，她自己就能够接受我的治疗。而三周后，她的女儿将要毕业。因此，治疗也将中断。做这个梦的前一天，她的女儿的校长问她，是否可以让她的女儿再读一年。于是，她考虑到，如果自己的女儿再上一年学，那么自己也就可以继续接受一年的治疗。而这个梦便与此有关。这是因为，一年有三百六十五天，而女儿毕业和结束治疗的时间都只剩下三周，即，二十一天（当然，并不是说整整二十一天都要接受治疗）。梦念中的数字在梦的内容中往往会表现为金额，这并没有什么特别深刻的意义。只不过是在说“时间就是金钱”而已。三百六十五个克鲁斯就是三个弗洛林和六十五个克鲁斯。梦中的金额之所以很小，是出于欲望的满足——这一点十分明显。做梦的人的欲望即是降低学费与治疗费。

（二）

在接下来举出的梦例中出现的数字则较为复杂。一位年轻并且已经结婚的女士听说，与自己年纪相仿的熟人爱丽丝·L，最近刚刚订婚。然后，这位女士做了这样的梦。“她与丈夫正在剧院里。正厅前排的座位有一边完全空着。丈夫说道，爱丽丝·L本想与未婚夫一起来看演出，但只剩下不好的座位了——用一弗罗林五十克鲁斯就能买到三张票——所以才没能来。她心想，这可绝对说不上是运气不好。”

这一弗罗林五十克鲁斯从何而来呢？它源自做梦的前一天发生的无关紧要的琐事。她的小姨从她的丈夫那里拿到一百五十弗罗林的零花钱，便匆匆买了首饰。而一百五十弗罗林正好是一弗罗林五十克鲁斯的一百倍。座位的“三”这一数字是从何而来的呢？是爱丽丝·L比未婚夫年轻三个月。那么，正厅前排有一边完全“空”着又有何意义呢？那与一件小事有关，是她的丈夫开她的玩笑的借口。也就是说，她为了去看戏剧，特地不怕麻烦地买了预售票。预售票要多花一些预约费。而到剧场一看，有一边的座位竟几乎完全空着。因此，她完全没有必要这么匆忙（结婚）。

这个梦的隐意如下：“像我这样早早结婚真是荒唐。完全没有必要这么匆忙。看看爱丽丝·L就知道了，我还年轻得很，早晚会找到一个丈夫的。只要我耐心等待下去（与小姨的匆忙相反），就能找到一个比现在的丈夫好上一百倍的人。以我手中的财富（嫁妆），足以买到三个这么好的男人。”可以看出，与前一个梦相比，在这个梦中出现的数字的意义与前后关系的变化要大得多。梦的改变、化装的工作相当活跃。可以说这正说明了以下事实，即，这些梦念在能够取得这样的表现之前，不得不去克服一些相当强烈的、内在的阻力。而且，在这个梦中有一个难以理解的元素，即，两个人要买三张票。这个难以理解的元素是梦念中特别强调的思想，即，这是在表现“这样早早结婚真是荒唐（难以理解）”这一思想。另一方面，“三”这一数字源自这两个人之间的略微的差别（年龄差为三个月），这个梦巧妙地利用了这一元素——对这个梦本身而言，想要创造出“难以理解”的元素，这就是必须的。现实中的一百五十弗罗林在梦中缩小为一弗罗林五十克鲁斯，则表现了这位女士在其受压抑的思想中对现在的丈夫（财产）的轻视。

（三）

人们认为，不能把梦当真。有些事物对这一世俗观点的形成做出了很大贡献。在另一个梦中出现的、计算的方法便是其中之一。“他在B的家里——B是他以前的熟人——对他们说道：‘你们不让我娶玛莉是个大错。’——然后他问那个女孩：‘你几岁了？’——女孩答道：‘我生于1881年。’——他说：‘哦，那么你是28岁了。’”

这个梦是在1898年所做，所以显然是算错了。可以说，除非另有解释，那么，这种计算能力的不足正是进行性瘫痪患者的特点。做了这个梦的病人有这样一种性格，无论见到什么样的女性都会立刻心存倾慕。几个月以来，在我的诊所，排在他后面的病人一直是一位年轻的女士，他不断地询问这位女士的情况，并且，一出现在这位女士面前，他就十分殷勤，特别想要留下一个好印象。他认为这位女士应该是28岁。而这就是与梦中出现的28这一数字有关的唯一线索。另外，他是在1882年结的婚。而且，他果然还是对我的诊所中的另外两位女士也纠缠不清。这两位女士已经不太年轻了，当他出入房间时，她们便会为他开门。因为这两位女士对他的殷勤并无反应，他便自我解嘲道：“她们肯定是把我看作已经年老的‘绅士’了吧。”

（四）

另一种数字的梦以明确的制约或是多方面的制约为特征，B. 达特纳提供了这种梦及其解释。“这是我的公寓的主人的梦，他是在市政府上班的警察。‘他正在街上值勤（这是欲望的满足）。一位监察官走了过来。监察官的襟章上标有数字 22 和 62，或是 26。总之，上面有好几个 2。’

“做梦的人一边回忆这个梦一边进行报告，这时，通过将 2、2、6、2 这些数字分割开来，便已经得出了一些推测。即，可以说，将这些数字组合起来的话，各个构成部分都有各自的特殊意义。做梦的人回想起来，在做梦的前一天，他在警察局谈到了自己的在职年限。一位 62 岁退休的监察官成为这次谈话的契机。做梦的人已经工作了 22 年，如果想要得到九成以上的退休金，就必须再工作两年零两个月。这个梦首先让他看到了他长期以来的希望，即，这位监察官。在襟章上标有 2、2、6、2 这一数字的上级官员，其实就是他自己，而他的另一个长期以来的欲望便是在街上值勤，这也得到了满足。同时，他很快就会结束两年零两个月的工作，能够像那位 62 岁的上级官员那样领到全部的退休金、圆满退休了。”

我们可以确定，无论梦的工作所得出的结果是正确的还是错误的，事实上都没有进行过真正的计算。梦不过是以计算这种形式来概括并排列这些数字——这些数字包含在梦念中，能够对无法用其他形式表现出来的材料做出暗示——而已。在这种情况下，梦将数字作为表现自己的隐意的材料加以利用，其方法与对待其他材料——例如，名字之类的、作为语言观念出现的、对话中的句子等——的方法并无二致。

确实，梦的工作并不能创造出全新的语句和对话。通过分析可以知道，无论梦中出现怎样的对话，是否符合逻辑，梦所做的工作便是，从梦念中引用那些实际存在的对话和偶然听到的句子的片段，并将这些材料以非常任意的方式进行处理。梦将这些材料从原本的文脉中抽取出来、加以割裂，而且，有时还会只取用无数片段中的一个而抛弃其他。除此之外，梦还会将这些材料重新组合，甚至还会出现这样的情况，即，有的句子看似是前后连贯的整体，但经过分析却会发现它是由三个或是四个分离的片段构成。为了完成这种崭新的组合，这些语句在梦念中的原意有可能会被舍弃，而代之以全新的意义①。如果

①神经症的表现与梦并无不同。我的一位女病人有幻听的病症，会听到一些歌曲或是歌曲的片段。这当然不是她自己想要听到这些内容，听到这些内容后她也会感到心情烦闷，并且，她完全想不出这些歌曲、片段等与自己的精神生活有任何的联系。尽管如此，她并不是妄想症患者。经过分析发现，她出于某种原因乱用这些歌曲的歌词。例如，“温柔的、温柔的、虔敬的旋律啊（德文即，leise, leise, fromme Weise.）”这一句子在她的潜意识中变为“虔敬的孤儿啊”。也就是说，她曾是一个孤儿（德文中，“Weise〔旋律〕”与“Waise〔孤儿〕”的发音相近。——译者注）。又如，“啊，汝，圣洁的；啊，汝，愉快的（德文即，O du selige, o du fröhiliche.）”，这是一首圣诞颂歌的开头，其后的句子是“圣诞节时”，但这个句子被舍弃了，而改成了一首为新娘所作的歌曲。同样的篡改工作在没有产生幻听的情况下往往也可以进行下去，其基础只是联想而已。一位病人因为想要记起童年时曾学过的一首诗而十分苦恼。诗句是这样的：“夜晚，布森托（Busento）的私语……？”

这位病人之所以感到苦恼的理由是，诗句中的“夜晚，在胸部”一说，使她的幻想得以满足（Busento，意大利文，是意大利的一条河的名字，又或译

我们仔细观察，就能够区别出梦中出现的语句中的两种情况，一种情况是，这些语句比较清晰而且紧凑；另一种情况是，一些作为连接的手段而被使用的语句，也就是说，应该成为补充的语句。这就像阅读一样，我们能够填充那些脱落的文字和音节。因此，梦中的对话和语句具有角砾石一般的结构，就像是由各种不同的材料构成的大块的岩石碎片被一种坚硬的中间物黏合在一起那样。

但是，上述说明仅适用于具有一定感性的性质的对话和语句，它们在梦中作为“对话”或“语句”被记录下来，而做梦的人不认为自己曾听到或被其他人说到的那些对话和语句（即，在梦中并不牵涉到任何听觉或有所变动的音节），不过是在我们清醒的时候出现在思考活动中的思想和观念而已，它们往往原封不动地进入到我们的梦中。在梦中，这些被认为是无关紧要的对话和语句，作为材料，是极其丰富的；其来源很难追溯，但似乎是源自阅读。但是，在梦中出现的对话、语句

为“步森提努斯”；而在德文中，“Busen”意即，胸部、乳房等。——译者注）。

众所周知，模仿他人著作而创作讽刺性作品的人擅用此类技巧。杂志《活页》（德文即，Fliegende Blätter，直译为“飞翔的叶子”）曾为德国古典作家的诗歌配以漫画、插图；其中，对席勒的《凯旋大会》一诗配以插图时，所引用的原诗诗句并不完整。即：

于是，阿特柔斯的儿子
为取悦他俘虏的美人，编织

而原诗中，还有以下的诗句，即：

他那无上快乐的手腕
围绕她迷人的躯体

（此处诗句中的“编织”即“Knits”亦有“结合”、“连接”之意。故意割裂诗句是为曲解其意，而制造笑料。——译者注）

等，只要其表现略微有些显眼，便都可以追溯到做梦的人自己实际说过或是听说过的话。

在我出于其他目的而举出并加以分析的一些梦例中，已经包括了这一类梦中的对话和语句的例子。例如，在前文中举出的“单纯清白的市场的梦”就是如此。在这个梦中，“那种东西再也买不到了”这句话，为做梦的人将自己与肉贩同一化做出了贡献。另一方面，“我不知道这是什么东西，我不想买”这句话，为使这个梦成为“单纯清白”的梦做出了贡献。做了这个梦的少妇在做梦的前一天曾责备过厨师，当时，她说道：“我不知道这是什么东西，你的行为要检点一些！”在这些语句中，听上去无关紧要的前半部分为梦所采用，并且与这个梦所潜隐的幻想天衣无缝地彼此契合。但是，同时，这前半部分还暗示着这些语句的后半部分，这后半部分却有可能使幻想暴露出来。

在此我将举出一个相似的梦例。

“一个很大的院子。其中有尸体被焚烧。他说道：‘我要离开这里，简直看不下去了。’（这并不是很清晰的语句）于是他遇见肉贩的两个儿子。他问道：‘味道好吗？’其中一个答道：‘不，味道一点儿也不好，就像人肉似的。’”

这个梦的起因是单纯清白的。做梦的人在晚饭后，与妻子一起去拜访邻居。他的邻居们都是好人，但绝不是“令人食欲大开”的。一位好客的老妇人正在吃晚饭，并试图强迫（此处的“强迫”在德文中即“nötigen”；在男士中间有另一个常用于开玩笑的、带有一定的性的色彩的合成词可以代替它）他也吃一点。他谢绝了，说自己没有食欲。于是，这位老妇人说道："有什么啊，不过是这点儿东西。你吃得下的。[①]"于是他不得不吃了一些，吃完后，他恭维道："啊，味道真好。"后来，他与妻子单独相处时，他便抱怨起那位老妇人的固执以及饭菜的味道来，他说道："那种东西，我真是受不了。"这句话（在梦中并未以其原貌出现）与那位老妇人的外貌的魅力有所联系，可以解释为，"我真是受不了那种老妇人"。

在此我将举出另一个更具深意的梦例。

我之所以要举出这个梦例，是因为这个梦的核心是由非常清晰的语句所构成的，而对这个梦的具体分析，我将在下一章中就梦中的感情展开讨论时再进行。这是我自己做的一个梦，内容非常清晰。"晚上，我来到布吕克的实验室，有人轻轻敲门，我打开房门，发现是弗雷教授（已故）。他带了四五个陌生人一起走进来，交谈几句后，他便坐在自己的桌前。"然后我做了第二个梦。"七月时，我的朋友Fl[②]悄悄来到了维也纳。我在街上遇见了他，当时他正在与我的另一位朋友P（已故）谈话。于是我们一起去了某处。我们围着一张小桌子面对面坐好。我在那张桌子的窄侧的前面就座。Fl谈到自己的妹妹，他似乎在说：'这就是阈值了。'因为P不太理解这句话的意思，所以Fl

①"我要离开这里"和"不过是这点儿东西"这两句话所使用的动词都是"Weggehen（德文）"；当然，其意义是不同的。——译者注

② Fl，即，威廉·弗利斯。下同。——译者注

问我：‘关于我的事，你对 P 说了多少呢？’于是我感受到一种莫名其妙的情绪，想要告诉 Fl,P（当然什么都不知道，因为他）已经死了。但是，我一边意识到自己的错误，一边还是说了出来，我说道：‘NON VIXIT.’然后我深深地凝视 P，在我的目光下，P 的脸色发白，身形变得模糊起来，眼睛变成了病态的蓝色——最后他消失不见了。因为发生了这样的事情，我不知为何感到特别高兴，并知道了恩斯特·弗雷不过是幽灵、幻觉而已。同时，我还领悟到：‘这种人只是在人们需要他存在时才会存在，也会随着别人的愿望而从这个世界上消失不见。’”

这个出色的梦兼具许多梦的特征——这些特征大都是难以理解的。例如，我自己也承认的一个错误，即，我将“NON VIVIT（即，已经死亡）”误说成了“NON VIXIT（即，未曾活到）”；这是我在梦中对自己的批判，又或是通过做梦与已死的人——即，被认为已死的人——自由交谈，又或是我的推断的荒谬性，又或是这一推断给予我极大的满足感，等等。因为这些难以理解的特征在这个梦中得以集中展现，所以我非常希望能够“不顾一切地”将这个梦在此进行彻底的分析。但是，事实上我并不能将自己在梦中做过的事情在此重现——也就是说，我绝不能为了自己的野心而牺牲那些我所敬爱的人。我自己当然非常清楚这个梦的真正的意义。但是，如果我有丝毫隐瞒，就一定会损害到这个梦的真正的意义。所以，我在此（在下文中也是同样）只能满足于从这个梦中截取部分元素，并对其加以分析。

这个梦的核心在于我以目光杀死P的一幕。当时，P的眼睛带有一种不可思议的、怪异的蓝色，不久后他就消失了。毫无疑问，这一情景一定是对我实际上经历过的某个情景的再现。过去，我在生理学实验室做实验示范员时，清早就要上班。我经常迟到，而布吕克听说了此事。于是，有一次，他准时来到实验室，并等着我。他对我说的话既简短又有力，但令我感到恐惧的并不是他所说的话，而是他那双注视着我的蓝色的眼睛。在这位教授的目光下，我无地自容。这与梦中P的眼睛一般无二。而幸运的是，在梦中我扮演的角色颠倒了过来，我是注视的一方。即使已到老年，布吕克先生的眼睛的颜色仍是那样美丽。另外，凡是曾经见过他发怒时的样子的人，肯定都能想象得出我——那时我还很年轻——当时的心情是怎样的。

一直以来，我都想不出在这个梦中我所说的“NON VIXIT”这一语句的来源为何，后来我想到，这句话在梦中是如此清晰，却又不是我曾听说过或是自己说过的，那么，就一定是我曾看到过的。于是我立刻就知道了这句话的出处。那是雕刻在维也纳的霍夫堡皇宫内的恺撒·约瑟夫皇帝纪念碑的基座上的动人诗句。

Saluti patriae vixit

Non diu sed tatus[1].

---

①碑文的真实字句为：

即，

为祖国的利益而生，

寿虽不永，旰食宵衣。

我从这碑文中寻找到了与自己的梦念中的一系列带有恶意的观念相吻合的语句。其意义即，“怎么能让那家伙插嘴，他根本就不是活人嘛”。同时我又想起，我做这个梦的时间恰好是在弗雷教授的纪念碑——在大学的走廊上——的揭幕仪式的几天之后。当时我还看到了布吕克教授的铜像，并且，肯定也（在潜意识中）不无遗憾地想到，如果我那位头脑明晰、潜心于学问的朋友——即，P——没有英年早逝的话，这里当然也会树立起他的铜像。所以，我便在梦中为P树立起了铜像。另外，我的朋友P的名字与奥地利的皇帝相同，也叫约瑟夫[①]。

根据梦的解析的规则，我认为，我仍然不能说可以用在约瑟夫皇帝纪念碑上看到的“VIXIT（即，未曾活到）”来代替我所需要的“VIVIT（即，已经死亡）”。前者为后者所取代，一定意味着在梦念中存在着某种其他元素，并对此做出了贡献。

Saluti pubicae vixit

Non diu sed totous.

至于为什么将“publicea（即，祖国）”写成了“patriae（即，公众）”，维特尔斯的解释大体上是正确的。

①作为受到多方面制约的一个例子，还可以这样考虑，即，我迟到也是无可厚非的；因为我晚上工作得太晚，一大早还得从恺撒·约瑟夫大街走到瓦林柯大街——这可是条远路。

似乎可以这样认为，在这个梦中出现的情景中，我对于自己的朋友 P 的恶意与善意交汇在了一起，并且，恶意显于表面，而善意则隐而不露，同时，这两种感情均由“VIXIT（即，未曾活到）”这一语句表现出来。因为他在学术上有所贡献，所以我为他树立铜像，同时，因为他怀有恶毒的愿望（关于这一点，在这个梦的结尾有所表现），我便“杀害”了他。在这种情况下，我创作了一种具有独特韵律的语句，但一定在某处存在着这一语句的范例。那么，与这一情况类似的对立——即，对同一人物存在着两种相反的态度，并且这两种态度都有一定的正当性，同时，在并存的基础上又不彼此妨害——的关系，究竟能从什么地方找到呢？那只可能是莎士比亚的《恺撒大帝》中的一段——读者对此也一定有深刻的印象——即，布鲁图[①]的自我辩护的演说：“因为恺撒爱我，我为他哭泣；因为恺撒幸运，我为他欢欣；因为恺撒英勇，我对他尊敬；因为恺撒野心勃勃，我杀了他。”这与我所发现的梦念中的语句有着相同的结构，并且其思想的对立也是一致的。也就是说，在这个梦中，我扮演了布鲁图的角色。我希望自己能够从这个梦的内容中找到一些其他的证据来证明这一令人惊异、出人意料的间接的结合方式，并且果然找到了以下证据。即，在梦中，我的朋友 Fl 是在七月来到维也纳的，而事实却决非如此。据我所知，他从未在七月来过维也纳。但是，七月——德文即，juli——据称是

①布鲁图，即，Brutus，公元前 85—前 42 年。罗马政治家。公元前 44 年刺死恺撒的密谋集团头领。后兵败自杀。——译者注

因尤里乌斯·恺撒而命名的，因此，可以说，这就是我所寻找的、对我扮演布鲁图这一中间思想的暗示[①]。

有趣的是，过去我确实曾有过一次扮演布鲁图的经历。那一次的演出基于席勒的诗歌作品，我在儿童们的面前演出了布鲁图与恺撒之间的一场戏。当时，我 14 岁，扮演恺撒的是我的侄儿，15 岁。他是从英国来到我们家的。——所以，他果然还是一个幽魂。这还因为，从他的身上，我看到了我在童年时期的玩伴的影子。在我满三岁以前，我与这个侄儿在一起生活。我们互相喜爱，但也经常打架。正像我已说过的那样，这种童年时期的关系对我后来与同龄人彼此交往时所采取的态度产生了决定性的影响。从那时起，我的侄儿——他名叫约翰——就以各种形象出现在我的梦中，在我的潜意识中，他的性格一直未曾改变并固定了下来——尽管他的性格在不同时间有着不同的表现。似乎他有时虐待过我，而我在这个暴君的面前也一定做了顽强的抗拒。因为，我的父亲——即，相当于他的祖父——曾训斥过我，说："你为什么打约翰？"而我答道："他打我，我打他。"当时我还不到两岁，而我说的这句话在后来经常为人提起。毫无疑问，这种童年时期的语言的"交换"才是我在梦中将"NON VIVIT"置换为"NON VIXIT"的根本原因。在童年时期即将结束的时候，"打（德文即，schlagen）"这一词汇与"使人蒙羞"、"殴打"、"自慰"的意义是相通的。梦

①可以想见，在尤里乌斯·恺撒大帝与奥地利皇帝恺撒之间还有进一步的联系（"皇帝"）。

的工作在利用这种关联时往往是不遗余力的。我的朋友P在各个方面都比我优秀，因此，可将他看成是我的童年时期的玩伴（即，约翰）的翻版，而我对他的毫无理由的敌意当然可以追溯到我与我的侄儿约翰的复杂的童年关系。

那么，关于这个梦，在下文中我将再次谈到。

七、荒谬的梦——梦中的理智活动

迄今为止，在我们对梦进行分析的过程中，多次遇见梦的内容荒谬无稽的情况。因此，我们已经不能继续拖延对梦的荒谬性的来源及其意义的探讨了。我们应该记得，正是因为这种荒谬性的存在，许多专家才会认为梦不过是弱化了的精神活动的毫无意义的产物而已。

我将举出几个梦例。在这些梦例中，梦的内容的荒谬性不过是表面现象，经过分析便可发现其荒谬性已荡然无存。以下所举梦例都是以已死的父亲为主题的，乍看上去像是巧合。

（一）

一位病人的梦。他的父亲在六年前去世。

“父亲遇到了一场严重的灾难。晚上，火车出轨了，车座撞击挤压，父亲的头部被斜着夹在其中。他看到父亲躺在床上。在左边眉毛的上方有一道垂直的伤口。他对父亲遭遇灾难感到惊奇（在与他讨论这个梦时，他补充道，因为他的父亲早就去世了）。父亲的眼睛非常明亮。”

一般而言，这个梦会有这样的解释。即，这位病人在梦见父亲遭遇灾难时，完全忘记了父亲早已去世，而随着梦继续发展，他已回忆起此事，于是他便在梦中感到惊讶。然而，经过分析可以知道，遵循这种解释是毫无意义的。这位病人请了一位雕刻家制作父亲的胸像，在做这个梦的两天前，他去查看了雕刻的进度。结果，胸像的做工看上去就是他所谓的“遭遇灾难”。这位雕刻家从未见过他的父亲，只是凭照片进行雕刻工作。做梦的前一天，这位颇具孝心的儿子派了家中的老仆人去雕刻家的工作间。这是因为，他觉得胸像的前额部分太狭窄了，便想要知道这位老仆人——他当然对自己的父亲十分熟悉——是否也有相同的印象。在这个梦的形成过程中，还存在另一个有力的材料。他的父亲在社会上或家庭中遇到困难时，总会用双手挤压头部两侧靠近耳朵的部分，就像是头部在向外扩张，而自己则用双手将其挤压回去一样。而且，病人在四岁时曾看到装了弹的手枪走火将父亲的眼睛弄黑的情景（眼睛非常明亮）。——他的父亲生前，在遇到苦恼的事情时，前额便会显出一道深深的皱纹，而皱纹所在的地方与梦中父亲前额受伤的地方是一致的。这道皱纹在梦中被一道伤口所置换，这正是这个梦的第二个诱因。病人曾为自己的小女儿拍过一张照片。底片从他的手指间滑落，捡起来后，他发现底片上有了裂纹。这道裂纹像是垂直的皱纹似的，从小女儿的前额直抵眉毛。他不禁感到十分不安——出于一种迷信。这是因为，在他的母亲去世的前一天，他也把母亲的照片的底片弄破了。

因此，我们知道，这个梦的荒谬性不过是源自语言表现的错误。即，语言表现出错，将父亲的胸像与父亲的照片混淆在了一起。我们往往会这样说："你和你父亲简直一模一样啊。"当然，这个梦的荒谬性的表现并不是无法避免的。如果可以仅就这个梦例的经验而做出判断的话，那么，可以说，荒谬性的这种表现是被允许的，或者说，甚至是被这样策划出来的。

(二)

这是与前一例极其相似的梦例。这个梦是我做的（我的父亲在1896年去世）。

"我的父亲死后在马扎尔人[①]中间扮演了某个政治角色，将他们在政治上统一起来。（与此相对，我目睹了一幅模糊不清的情景，即）就像是在国会里似的，有一大群人。在一张或两张椅子上，站着一个人，其他人围绕着他，人数很多。然后，我想起来，去世前父亲躺在床上，其面貌很像加里波第[②]。而且，我在梦中非常高兴，因为这一期待终于实现了。"

这简直荒诞之极。我做这个梦时，因为议会阻碍（德文即，Obstruktion）议案，匈牙利陷入无政府状态，后来在克罗曼·泽尔的努力下这场危机终于得以度过。这个梦由几个不大的情景构成，而这些细节对于这个梦的解析的工作也有一定的意义。一般而言，梦中出现的各个观念在视觉上的表现，往往

①马扎尔人，即，Magyar，是居于匈牙利的主要民族。——译者注

②加里波第，即，朱塞佩·加里波第，Giuseppe. Garibaldi，1807—1882年。意大利爱国志士，复兴运动战士，意大利建国三杰之一。——译者注

会给人以其画面与原物的大小等同的印象。但是，我的这个梦中出现的画面却是一幅木版画的再现——这幅木版画是一本关于奥地利的历史的书中的插图，其描绘的内容为玛丽娅·特蕾莎[①]参加普雷斯堡[②]的帝国议会，即，著名的“我们誓死效忠国王”——Moriamur pro rege nostro——的情景[③]。就像这幅画中的玛丽娅·特蕾莎一样，我的父亲也被群众簇拥着。但是，父亲站在一张或两张椅子上。也就是说，他是一位法官[④]（他把他们统一起来。——在此建立起中间联系的，是“我们不需要法官”这一德文中的惯用语句）。事实上，周围的人们都认为父亲与加里波第有些相似。父亲死后，体温上升，因此面颊逐渐变红。……而且，我们都情不自禁地这样说道：

Und hinter ihm in wesenlosem Scheine

①玛丽娅·特蕾莎，德文即，Maria Theresia，1717—1780年。奥地利女大公，匈牙利和波希米亚女王。哈布斯堡王朝最杰出的女政治家，在任期间与其子约瑟夫二世皇帝实行“开明君主专制”，奠定了奥地利成为现代国家的基础。——译者注

②普雷斯堡，德文即，Pressburg，亦即布拉迪斯拉发。斯洛伐克共和国首都和经济文化中心，毗邻多瑙河，位于斯洛伐克和奥地利、匈牙利接壤处。——译者注

③有一位作者——我一时想不起他的名字——曾提及一个梦，梦中人潮汹涌，而且人物的姿态都特别细小。据称，这个梦源自做梦的人在前一天看的一张雅克·卡洛（即，Jacques Callot，1592/1593,—1635年，法国铜版画家、雕刻家和工匠，最伟大的铜版画家之一，也是最早专门练习平面造型艺术的画家之一。著名作品有记录三十年战争的铜版组画《战争的悲惨》。——译者注）的铜版画。卡洛的画描绘了无数细小的事物的姿态细节，他创作的一组铜版组画描绘了三十年战争的惨状。

④在德文中，“法官”，即Rchter；而“椅子”即Stuhl。——译者注

Lag was uns alle bändigt, das Gemeine

于是他所去往的地方，在空洞的光芒中，

将我们紧紧束缚的悲惨[①]，等待着他的到来。

我们的这种思念的升华使得我们对这种悲惨有了一定的心理准备。体温在死后上升，与梦中“父亲死后”的字眼相互对应。父亲所患病痛中最使他痛苦的是，在他去世前的数周中，肠道完全梗阻[②]。然而，这一观念确实伴随着一系列应该忌讳的观念。一位与我同龄的朋友在中学时失去了父亲，我当时深为所动并对他寄以同情。但有一次，他却以嘲弄的口吻向我提到他的亲戚——是一位少女——所经历的悲痛的体验。这位少女的父亲在街头暴毙，被运回家中；当他的衣服被脱掉后，人们发现，或许是在他暴毙的瞬间或是死后，他大便失禁了[③]。这位少女为此深感痛苦，由于这一应该忌讳的事件，几乎毁掉了她对父亲的回忆。那么，可以说至此我们已经触及这个梦中被具体化了的欲望了。即，父亲在死后仍然应该在自己的孩子们的面前保持圣洁、伟大的姿态。这样一来，这个梦的荒谬性便消失了。荒谬性的表现不过是将我们早已习以为常的固有的语句——其本身完全合乎语法规则——在梦中忠实地再现出来而

①此处的描述或有指向类似腐败等死后的肉体所出现的现象的意义。——译者注
②“肠梗阻”与“阻碍议案”都可以用“Obstruktion”一词表现。——译者注
③大便失禁，德文即，Stuhlentleerung；而Stuhl有椅子、便意、便器的意思。——译者注

已，因为我们对这些固有的语句早已习以为常，所以我们对构成这些语句的各个元素之间存在的荒谬性便会视而不见。在这个梦例中，我们仍然无法避免产生以下的印象，即，这种不合理的、荒谬的表现，其实正是做梦的人本身所想要的或是有意识地唤起的。

早已死去的人以生者的面目出现并行动，与我们产生交集，这在梦中是很常见的。所以这难免会引起一些不必要的惊奇，并使我们对这种难以理解的事情做出一些奇怪的解释。但事实上这种梦是很容易解释的。这是因为，我们往往会产生这样的幻想，即，如果父亲还活着，那么，他对这件事会怎么说呢？梦只能通过某种特定的——同时，也是现在的——情景来表现这种“如果……那么……”的关系，除此之外别无他途。例如，一位年轻的男士继承了祖父的一大笔遗产，当他受人指责、说他花钱过于大手大脚时，他就会梦见祖父又活过来、并要求他做出解释。我们所想到的对这种梦的抗议，也就是说，我们基于更加准确的知识而做出的抗议——即，在梦中出现的这一人物其实早已死去这一事实——其实是一种慰藉的想法，即，已经死去、不在这个世上的人是不会再经历此事的。或者，意味着一种满足感，即，因为这一人物已经死去，所以他无法再对此事进行干涉了。二者必居其一。

已经死去的亲属在梦中出现，这还可能意味着另一种荒谬性。即，这种荒谬性表现的并不是嘲笑或辱骂，而是表现出极度的否定——即，人们非常希望梦中的事情完全不可能发生——也就是说，表现出一种被压抑的思想。只要我们还记得梦完全不会区分欲望和现实，就能够很容易地发现这一类梦的真正面目。例如，有一位男士，他曾照料重病的父亲，并为父亲的死而深感悲恸。之后不久，他做了以下这个梦。“父亲像生前那样，身体非常健康，并和平常一样，与他交谈。但是，（以下的叙述颇有深意）父亲其实已经死了，只不过是没注意到这一点而已。”如果我们试着在这个梦的部分内容——即，“其实已经死了”——之前，加上“出于做梦的人自身的欲望”这一句，并再试着在“只不过是没注意到这一点而已”改写为“只不过是没注意到（做梦的人自身有这样一种欲望）而已”，那么，这个梦就易于理解了。他在照料父亲时，曾一再想到：要是父亲死了才好。也就是说，他希望死亡能够尽早结束父亲所受的痛苦，这原本是一种慈悲的欲望。父亲死后，他非常悲恸，潜意识中感到了自责，认为正是因为自己抱有这种慈悲的欲望，才缩短了父亲的寿命。他在童年的早期对父亲抱有一种反抗的冲动，而正是由于这种冲动被唤起，所以他才会在梦中将自己的自责表现出来。因为梦的动机与梦念之间的对比过于极端，这个梦也就变得非常荒谬了（参见《精神分析年鉴》，1913年三号，全集版第八卷所载《与精神现象的两个原则相关的定式》）。

梦见自己所深爱的人的死亡，这对于梦的解析的工作而言，确实是一个困难的问题。这些问题往往无法圆满解决。我认为，其理由在于：支配着做梦的人自身与死者之间的关系的，是一种特别强烈的、矛盾的感情。这一类梦的构造往往是这样的，即，一开始死者被当作活人对待，然后突然死去，最后，当梦继续，死者又再度成为活人，从而使我们感到混乱。根据我的推断，这种在生与死之间互换的情况所表现的，也许是做梦的人（对死者）的漠不关心（即，“无论那个人是生是死，对我来说都无所谓”）。当然，这种漠不关心并不是真实的，而仅仅只是做梦的人自身的一种愿望；其目的是帮助做梦的人自身否定那种极其强烈的、自相矛盾的感情状态，从而使这种具有矛盾的感情的梦能够成立。在其他一些与死者发生联系的梦中，梦的方向往往由以下规则决定。即，如果在梦中“死者已经死了”这一记忆并未被唤起，那么，做梦的人便会将自己与死者同一化。也就是说，他会梦见自己的死亡。在梦中突然出现的反省和惊讶——例如，“但是，这个人在很久以前就已经死了啊”之类的语句——即是对这种同一化的抗议。换句话说，这便是做梦的人自身对死亡的拒绝。不过，我仍然抱有这样的印象，即，梦的解析的工作还远远没有彻底揭示出这一类梦的全部秘密。

（三）

我认为，接下来举出的梦例表现了梦的工作是怎样刻意地制造出在梦的材料中并无诱因存在的荒谬性的。我在度假旅行前，与图恩伯爵邂逅，因此做了以下的梦。“我坐进一辆出租马车，吩咐车夫火速送我到火车站。车夫向我抱怨起来，好像我已经把他累坏了似的。然后，我对车夫说道：‘我不能和你一起在铁路上走。’这时，好像这辆马车已经赶了很长一段路，长得只有火车才跑得了。”将这些混乱而无意义的事件加以分析，得出以下结论。即，我在前一天雇了一辆马车赶往多恩巴赫。我让车夫走一条偏僻的街道，但车夫并不知道那条街道，于是，他就按照那种善良无害的人们的做事方式，随意驱车乱走，直到我发觉此事并给他指路为止。我不得不对此讽刺了几句。而与此相关的一系列联想由这个车夫连接到了贵族们（图恩伯爵）身上。与贵族阶级的人相遇是后来发生的事，在此，我想到的是，对于我们这些平民来说，贵族们总是特别想要占据车夫的座位来显示自己。而图恩伯爵无疑正驾驶着奥地利帝国这一驾马车。梦中的下一个语句与我的弟弟有关，我将他与马车的车夫同一化了。那一年，弟弟打算与我一起去意大利旅行，而我拒绝了他（“我不能和你一起在铁路上走”）。我的拒绝是对弟弟的一种报复，因为他总是在抱怨我，说我在这种旅行中经常令他疲惫不堪。因为我想要尽量看到更多的景色，所以就得快速地从一处赶往另一处，而弟弟总是对此大发牢骚，说与我一同旅行真是令人难以忍受。那天傍晚，弟弟将我送到车站。但是，他为了乘坐郊区铁路的火车赶往伯克斯多夫[1]，在距离车站还有一段路的郊区火车站就跳下了马车。我对他说，如果他乘坐主线而不是郊区铁路去伯克斯多夫的话，就可以在一起多相处一段时间了。这件事在梦中改头换面地出现了，即，原本

①伯克斯多夫，德文即，Purkersdorf，地名，维也纳城郊县市镇。距维也纳约八英里。——译者注

路程长得只有火车才跑得了，我却乘坐出租马车出行。这与现实中发生的事情正好颠倒（而且，“乘坐马车赶来一事也是颠倒的”）。我对弟弟说，你完全可以陪我乘坐主线的火车，因为你要赶的那段路程也包括在主线之中。就像这样，将这个梦弄得混乱不堪的原因是：我在梦中以“马车”代替了“郊区铁路”。当然，这也对将车夫与我的弟弟这两个形象合而为一有所帮助。然后，我发现在这个梦中出现了某种毫无意义的事物，看上去几乎根本无法解释。同时，这种事物与我在梦中所说的话（即，“我不能和你一起在铁路上走”）也有矛盾。然而，因为我完全没必要混淆郊区铁路与出租马车这两个概念，所以我必定是刻意地制造出了这样一个谜一般的事件。

那么，我为什么要这么做呢？想要弄清这一问题，我们就必须知道，梦的非理性和荒谬性究竟意味着什么，以及梦的工作是出于何种动机允许并制造出了它们的存在的。具体到这个梦中，这些不同的谜题是这样解决的。即，在这个梦中，我需要一种荒谬的、不符合逻辑的、难以理解的事物，并且，这一事物要与“fahren①”一词有所联系。也就是说，我在梦念中有某种力求有所表现的观念。一天晚上，我在一位聪明好客的女士——在这个梦的另一个情景中，她以“看门人”的形象出现——的家中度过，并听到了两个我解答不出的谜语。因为在场的其他人都知道这些谜语的答案，所以我努力设法猜谜的模样一定显得非常滑稽可笑。这两个谜语的答案与以下两个词汇

①fahren，德文，意即，乘坐、驾车、开车、乘车等。——译者注

的双关语有关，即，“Nachkommon”和“Vor-fahren”[1]。谜语的原文大约是这样的：

主人下令，

车夫遵从。

每个人都拥有，

安睡在坟墓中。（谜底即，祖先）

德文即，

Der Herr befiehlt’s,

Der Kutscher tut’s.

Ein jeder hat’s,

Im Grabe ruht’s.

第二个谜语特别使人困惑，因为它的前半部分与第一个谜语完全相同。

主人下令，

车夫遵从。

并非每个人都拥有，

①这两个词均为德文，“Nachkommon”即“子孙”、“后代”、“随后”等；“Vorfahren”即“祖先”、“驾驶到”、“开到前面”等。——译者注

安睡在摇篮中。（谜底即，子孙）

德文即，

Der Herr befiehlt’s,
Der Kutscher tut’s.
Nicht jeder hat’s,
In der Wiege ruht’s.

现在，当我看到图恩伯爵趾高气昂地来到前面，我忽然感受到了费加罗的心境。即，我觉得，所谓贵族的伟大，只是因为他生在了贵族的家庭中而已（子孙〔随后而来〕）。当我感受到这种心境时，上述两个谜语便成为梦的工作中的中间思想。贵族与车夫能够复合到一起。而且，在我们这个国家，过去有这样一种习俗，即，将车夫称为“兄弟”（德文即，Schwager）。所以，梦的凝缩作用便可以将我的弟弟引入到同一情景中。在这一切的背后的梦念是这样的：“为自己的祖先而骄傲是荒谬的。我宁愿自己‘来到前面’（即，成为祖先）。”正因为有了“（这种事情）是荒谬的”这一论断，梦中才出现了荒谬（非理性的、不合逻辑的）的事情。而这个梦中的模糊的细节所造成的谜题——即，我为什么会觉得已经与车夫一起乘车赶了一段路——也得到了解释。也就是说，我与车夫一起“来到（了）前面”。

因此，当潜意识中出现了“那是荒谬的、毫无意义的”之类的批判时，梦就会被认为是荒谬的。同时，当这种批评与嘲笑成为做梦的人自己的潜意识的思考过程中的某种事物的动机时，梦也会被认为是荒谬的。所以，梦中的荒谬性与不符合逻辑的事物，其实只是一种梦的工作表现矛盾的方法，所采用的手段无非是将梦念与梦的内容之间的材料的关系加以颠倒，又或是利用对身体的运动加以抑制的感觉。尽管如此，梦的荒谬性并不是单纯的"否定"，它似乎是在试图再现梦念的倾向——即，嘲弄或笑话这种荒谬性所要表现的矛盾。仅仅出于这一目的，梦的工作便创造出某种荒谬的、值得嘲弄的事物。在这种情况下，梦的工作事实上仍是在将梦的隐意的一部分转变为显意的形式[①]。

事实上，我们已经接触到了一个梦例，它使我们清楚明白地领悟到具有荒谬性的梦的这种意义。是一个瓦格纳的歌剧演出的梦。乐队指挥在高塔上指挥管弦乐团，一直持续到早晨七

---

①因此，梦的工作可以通过将某种被视为具有荒谬性的思想或观念与另一种荒谬的事物联系起来的方法，创造出与这些思想或观念相关的荒谬性。海涅（即，Heine，1797—1856年，德国著名诗人。尤擅抒情诗。——译者注）在讽刺巴伐利亚国王的蹩脚的诗歌时，也采用了这种方法。他创作了比国王的诗歌更加蹩脚的作品，以起到讽刺原诗的效果。即：

路德维希是一位伟大的诗人。
只要一读他写的诗。就连阿波罗，
也会跪下苦苦哀求：
"停止吧！我要疯了！噢！"
德文即
Herr Ludwig ist ein grosser Poet,
Und singt er, so stürzt Apollo.
Vor ihm auf die kniee und bitter und fleht,
"Halt ein! Ich werde sonst toll, O!"

点四十五分。无须加以分析便可以知道，这个梦想要表达的意义显然是："这是一个凌乱无序、颠来倒去的世界，这是一个疯狂的社会。"这个梦还抱有这样的观点，即，那些应该得到某些东西的人一无所得，而拥有某些东西的人却对这些东西漠不关心。通过这一观点，做梦的人将自己的命运与妹妹的命运做了一番比较。——作为梦的荒谬性的具体实例，我们首先举出了一些与父亲的死亡有关的梦例，这绝不是一种巧合。这些梦例具有相当的典型性，各种用以制造出具有荒谬性的梦的条件都在其中有所表现。父亲特有的权威和权力很早就导致了儿童的批评精神的觉醒。父亲对儿童提出严厉的要求，这导致了以下结果，即，儿童为了使自己轻松、安心，而密切地关注着父亲的一言一行，希望能够找到父亲的弱点。但是，父亲去世后，我们便会深切哀悼。这种对逝者的哀悼的心情会强化梦的稽查作用，便会出现在上述梦例中我们已经发现了的情况，即，将对父亲的批评加以抑制，不使其在意识中出现。

（四）

另一个与已经去世的父亲有关的、荒谬的梦。

"1815年，因为某种病症的发作，我必须在家乡的医院住院。然而，我接到了一封来自家乡的市议会的住院费用的通知书。我觉得这件事很有趣。因为，第一，1815年我还没出生；第二，虽然我的父亲可能与这件事有关，但他已经去世。我走到隔壁的房间，把这件事告诉父亲，他正躺在床上。然后，使我吃惊的是，父亲回忆起来，他在1815年有一次喝醉了酒，被关了起来或是被拘留了。当时他还在为T公司工作。我问他:‘那么，父亲，你确实是喝醉了吗?你是在不久后就结婚了吗?’按说我是在1856年出生的，但我认为那就是在这个事件发生后不久。”

这个梦显然是一个不符合逻辑的梦。根据迄今为止的探讨可以得出结论，即，这个梦的极端表现应解释为，在梦念中存在着特别强烈的、感情激昂的反感。但是，在这个梦中，这种反感是公然出现的，父亲成了被公然嘲讽的对象，这一事实大有深意。乍看上去，这种公开性以及与梦的稽查作用有关的各种假设之间似乎存在着矛盾。但是，在这个梦中，父亲其实只是一块挡箭牌。事实上，这种反感所针对的是另一个人物，这个梦以暗示的方法表现出了他的存在。一般而言，梦在表达对某个人物的反抗时，在其背后隐藏着的通常都是父亲的形象，但这个梦却恰好相反。父亲成了另一个人物的替身。在这种情况下，正因为父亲并不是真正的被针对的对象，潜意识中我对此已有所了解，所以，这个梦才会这样公然地愚弄平时神圣不可侵犯的父亲。只要对这个梦的起因有所了解，便能知道为什么会出现以上这些情况了。事实上，这个梦与一位值得我尊敬的前辈有关，他一再对我提出批评，这个梦便是在我再次听到他的批评后做的。我的一位病人已经接受了五年以上的精神分析治疗，但仍未痊愈，这位前辈因此指责我，说这很奇怪。而且，他的判断在社会上影响很大，几乎被公认为是无可置疑的。在这个梦的“序梦”的部分，尽管也有所隐蔽，但事实上却是很明显地表现出了以下内容，即，这位前辈一度接手了我的父亲未能尽到的一些义务（代缴费用、住院）。而且，在我与这位前辈之间的关系刚刚变得不再友好的那段时间里，我陷入了一种感情上的纠结状态。这与父亲与儿子之间产生误解时由父亲的职责与父亲过去的各种行为而不可避免地引发的感情上的纠结并无二致。这一指责源自对上述病人的治疗，并扩及其他事物，即，“我的治疗方法不够有效”。对于这一指责，我的梦念感到愤怒并加以抗议。难道他知道有哪位医生能比我更快地治好那位病人吗？难道他不知道这种病症一般来说是不治之症、症状会一直持续到病人去世吗？而且，无论如何，这位病人在接受我的治疗期间，生活已经变得轻松了许多。考虑到这一点，与一生的长度相比，四五年的时间又算是什么呢。

在这个梦中，荒谬性给人留下的印象的大部分，均由以下原因所致。即，在梦念的各个部分的语句之间并不存在接续的部分，它们被直接排列在了一起。例如，“我走到隔壁的房间，把这件事告诉父亲”这一句，与前面的语句所涉及的主题毫不相关，并且忠实地再现了过去我向父亲汇报自己自作主张订下的婚约时的情景。所以，这一部分内容使我回忆起了我的老父亲当时所表现出的宽宏大量的公正态度，并试图将这一态度与另一个人物的态度进行对比。可以说，这个梦之所以允许对父亲加以讽刺，正是由于在梦念中他成为其他人的模范的缘故。稽查作用的本领的实质是：对于那些不应宣之于口的事，绝不能说出实情，但如果不是实情，则说来无妨。那么，以下内容，即，父亲所说的，“他在1815年有一次喝醉了酒，被关了起来或是被拘留了”，其实与我已经去世的父亲毫无关系。而父亲所代表的人物不折不扣、正是那一位伟大的梅涅特[①]。我非常尊敬梅涅特，曾决心追随他的脚步。而且，在一段时间之内，他对我也极为赏识，但不久之后他便开始敌视我了。这个梦使我记起他告诉过我的一件事。他说，他年轻时曾染上使用氯仿麻醉自己的习惯，以致不得不去疗养院进行纠正治疗。这个梦还使我想到在梅涅特去世前不久我和他之间发生的另一件事。我和他曾就男性癔症进行过一场猛烈的笔战。他认为根本就不存在男性癔症。当我在他病危期间去探望他时，他对我详细说明了他的病情，并在最后说道：“啊，你要知道，实际上我就是一个男性癔症的典型病例啊。”就是这样，他承认了他一直以来都固执地反对的事，这令我大吃一惊，同时也感到了满足。但是，我之所以会在这个梦的这一情景中以我的父亲代替了梅涅特，并不是因为他们二人之间有任何相似之处。梦念中有一个条件从句，极为简洁却又非常详尽地表现出了其中的原因。将这个条件从句充分展开，即，“是啊，如果我是一位大学教授或是一位宫廷枢密官的儿子，我当然就能更早地出人头地（有效）了”。于是，我便在梦中将自己的父亲变为宫廷

①梅涅特，即，奥多尔·赫尔曼·梅涅特，德文即，Theodor Hermann Meynert，1833—1892年，德裔奥地利籍神经病理学家和解剖学家，主要研究大脑解剖、病理学和组织学等，是大脑细胞结构研究的先驱。1875年，梅涅特成为维也纳大学附设精神病诊所的主任医师。1883年，弗洛伊德进入梅涅特门下。后来，梅涅特因弗洛伊德的催眠实验而与他疏离，并对他的男性癔症理论加以嘲讽。——译者注

枢密官和大学教授了。在这个梦中，最不合理也最没有意义的便是对 1851 年这一日期的处理。我完全无视了 1851 年与 1856 年之间的区别，就像这两个年份之间五年的差距根本就不存在似的。但是，这恰恰正是这个梦的梦念试图努力加以表现的。四到五年，这一时间指的是我得到上述那位前辈的支持的时间，也是我令未婚妻等待结婚的时间——梦念乐于利用这种偶然的巧合——还是我令我最信赖的病人等待完全治愈的时间。梦念在问："五年的时间究竟是什么呢？"而我答道："五年的时间对我来说根本不算什么问题。我完全不在乎。我有足够的时间。那件事你根本就不打算相信，但结果证明那确实就是我说的那样，所以这次也是一样，我也会成功地做到这件事的。"除此之外，将这一日期拆分开来，所得到的 51 这一数字在另一方面，具有相反的意义。因此，它才会在这个梦中出现了好几次。51（岁）对于男性而言是个危险的数字（年龄）。我的同事有好几个都是在 51 岁时猝然去世的。其中，甚至有一位是在终于得到了他期待已久的教授职称后，没过两三天就去世了。

（五）

另一个玩弄数字的梦。

"在一篇论文中，我的一位熟人 M 先生受到了严厉的抨击，论文的作者正是歌德，而我们认为这种抨击并不恰当。当然，在这篇论文的抨击下，M 先生垮台了。他在一次聚餐的餐桌前，对此大加抱怨。但是，他对歌德的尊崇的心情并未因这一件私人的事而受到影响。我觉得整件事在时间关系上似乎有些奇怪，所以打算自己设法弄明白。也就是说，歌德死于1832年。因此歌德对M先生的抨击必然发生在1832年以前。当时M先生应该还很年轻。我觉得，M先生当时很可能是18岁左右。但是，我并不知道现在到底是哪一年，所以整个计算都显得模糊不清了。不过，无论如何，歌德的抨击包含在那篇题为《自然》的著名的论文中。”

我们无须花费太大功夫便可以对这个梦中的不符合逻辑的事物做出解释。M先生是在某次聚餐中与我认识的。他最近请我为他的弟弟进行诊查，因为他的弟弟被确认具有进行性瘫痪的精神障碍的症状。他的弟弟确实患有此类病症。当我看望这位病人时，这位病人突然很莽撞地谈论起他的哥哥在年轻时的荒唐事，使得他的哥哥非常尴尬。我询问了病人的出生年月，并且为了确认他是否存在记忆力减退的症状，还让他做了几道简单的计算题。病人完成了这一测试，并没出什么问题。考虑到以上事实，我发现自己在这个梦中的行为、动作与罹患进行性瘫痪的病人非常相似（“我并不知道现在到底是哪一年”）。而这个梦在另一方面的材料则与最近发生的另一个事件有关。我的一位熟人是一家医学杂志的编辑，在这家杂志上刊登了一篇评论文章，对我的朋友Fl——他居住在柏林——最近的著作大肆抨击，其内容简直是“摧毁性的”。这篇评论文章的作者是一位还很年轻的评论家，他的能力还远远不足以支持他做出批评。我相信自己确有干预此事的权利，便与那位编辑进行了交涉。编辑对此事深表遗憾，但他并不肯答应做出任何补救措施。于是，我便与这家杂志断绝了关系。在我发出的断绝关系的信件中，我强调道："我们之间的私人关系应该不会因为此次事件而受到损害。"这个梦的第三个来源，是我恰好从一位女病人那里听到的、与她的弟弟的病症有关的一件事——她的弟弟陷入狂躁之中，并大喊："自然！自然！"医生们认为，他之所以这样叫喊是因为他阅读了歌德的那篇优美的论文的缘故，同时，还表明了他在研究自然哲学时过于疲劳了，但我却认为应该试着从性的角度进行诊断。因为，当未受过教育的人们谈及"自然"时，往往会带有性的意义。而且，这位病人在不久后切断了自己的阴茎——这一事实也证明了我的想法至少不是错误的。这位病人是在 18 岁时陷入狂躁的。

我的朋友的那一部受到了异常严厉的批评的著作（另一位评论家认为："这本书会令读者想要问问自己，到底是作者疯了，还是我们自己疯了？"）所论述的是，与生命的时间关系有关的问题。他认为，歌德的人生的长度相当于在生物学上具有重要意义的某个数字的若干倍。想到这里，便不难发现，在这个梦中我把自己与我的朋友所处的位置进行了置换（我觉得整件事在时间关系上似乎有些奇怪，所以打算自己设法弄明白）。但是，我的行为、动作就像是罹患进行性瘫痪的病人，而梦也变得充满了荒谬性。这是因为，梦念在这样讽刺地说道："当然[①]，他（即，我的朋友 Fl）是个傻瓜、疯子。而你们（即，评论家们）则是非常懂得事理的天才。啊，会不会有可能，情况

①在德文中，"当然"，即，natürlich；而"自然"为"Natur"。——译者注

是恰好颠倒的？”而且，这种颠倒在梦的内容（显意）中是很常见的。也就是说，歌德在抨击年轻人，这当然是荒谬的，倒不如说与此颠倒的情况——即，现在，有一些年轻人在不断地抨击不朽的歌德——反倒更常见些。另外，我计算歌德去世的时间这一点也是颠倒的，事实上，我是在让那位罹患进行性瘫痪的病人计算他自己的年龄。

我已经与读者们有过约定，要将任何梦都源自利己主义的动机这一事实揭示出来。所以，我就必须说明在这个梦中，我为何会代友受过并取代了他的位置。在清醒时，我无论如何确信自己的判断，对这种情况都于事无补。但是，那位 18 岁的病人的话，以及对这位病人叫喊“自然”的情景所做出的若干不同的解释，却使我站到了绝大多数医生的对立面上，因为我一贯主张精神神经症具有与性相关的病因，这自然暗示着对立的关系。我可以对自己这样说：“你的朋友所受到的批评也能够用在你自己的身上。不，实际上已经有一部分内容被用来批评你了。”所以，我也就可以将梦念中的“他”置换为“我们”，即，“是啊，你们是对的，我们两个是傻瓜”。梦中的歌德的那篇无与伦比的优美的短篇论文，则使我回忆起我的犹豫不决（即，mea res agitur）。这是因为，我曾对自己将来的职业选择感到迷茫，当时，我在某次公开演讲中听到了这篇论文，于是才下定决心从事自然科学的研究。

（六）

关于另一个梦，其中并没有出现我的“自我”，但我必须证明它仍然是利己主义的。在前文中，我曾提及一个短梦。在梦中，M 教授说道："我的儿子，那个近视眼……"当时，我指出这个梦是另一个梦的序梦，在那另一个梦中，我扮演了一个角色。接下来，我将举出这个主梦。这个梦将会告诉我们，荒谬、难以理解的语句是因何而形成的。

"在罗马，因为某个事件，孩子们必须逃走。事实确是如此。在某座古老的双扇大门之前（我在梦中想到，这是锡耶纳[①]的罗马之门），我坐在喷泉的旁边，感到非常悲伤，几乎哭出声来。一位女士——保姆或修女——领来两个男孩，交给父亲。但我并不是那位父亲。这两个男孩中年龄稍大的那个明显是我的大儿子，我没能看清另一个男孩的脸。将孩子们领到这里的这位女士在离开前要求一个男孩与她接吻。这位女士长着一个很显眼的红鼻子。男孩拒绝与她接吻，只是挥手道别，并说道：'Auf Geseres。'然后又对我们两个人（或是对我们其中之一）说道：'Auf Ungeseres。'我觉得这后一个寒暄的短语真是热情洋溢。"

我看了一出戏剧后受到刺激，从而生出许多想法，这个梦便是在这些想法的基础上重新组合而成的。对孩子们——我们无法让他们拥有祖国——的前途的担忧以及为了让孩子们能够拥有迁徙自由权而必须对他们加强教育——由此引申出的辛

①锡耶纳，即，Siena，地名。意大利中西部城市，位于南托斯卡纳地区、佛罗伦萨南部。锡耶纳建于公元前29年，是著名的旅游景点，以独特的意大利菜、艺术、博物馆、中世纪景观和赛马节闻名于世。——译者注

劳，等等问题，在这个梦的梦念中都不难识别出来。

“我们，在巴比伦的水边坐下，啜泣”——锡耶纳和罗马一样，以其数量众多的美丽喷泉而闻名于世。我在这个梦中，必须找到能够代替罗马的那些著名的场所。在锡耶纳的罗马之门附近，我们见到一幢灯火通明的巨大建筑。我们知道那就是“manicomio（意大利文，即，疯人院）”。在做这个梦之前不久，我听说一位医生不得不放弃了自己煞费苦心才得到的某家国立精神病院的职位。

“Auf Geseres”以及和它相反的无意义的“Auf Ungeseres”这两个短语吸引了我们的注意力。从梦中的情景进行推断的话，它们应该是“Auf Wiedersehen①”。

我请教了语言学家，得知“Geseres”是如假包换的希伯来文的词汇，源自动词“goiser”，可译为“命中注定的苦难、灾厄”，在方言中有“哭泣与呻吟”的意义。而“Ungeseres”则是我自己杜撰的一个新词，同时也吸引了我的注意力，但一开始我怎么也想不出它有何意义。但是，在这个梦的结尾部分我所想到的细节——即，与“Geseres”相比，我更加偏爱“Ungeseres”一词，等等——却令我联想到许多事物，由此打开了理解之门。这与鱼子酱的情况颇为类似，没放盐的鱼子酱（德文即，Ungesalzen）要比加了盐的鱼子酱（德文即，gesalzen）更为人所珍爱。对于一般人来说，鱼子酱是难得一见的食物。在这一想法中，隐藏着对我身边的某个人的半开玩笑

①Auf Wiedersehen，德文，即，再见，再会。——译者注

式的讽刺。那个人比我年轻，我希望她能够帮忙照看我的孩子们的前途。与此相对，我家中的另一个人——即，那位能干的保姆——与梦中的保姆（或修女）的形象也是非常吻合的。然而，在放了盐与没放盐（即，gesalzen-ungesalzen）与“Geseres-Ungeseres”这两组词汇之间仍然缺乏一种过渡的观念。而这一过渡观念似乎就是“Gesaüert-Ungesaüert（德文，即，发酵——不发酵）”。以色列的子民在决定逃离埃及时，已来不及在面团中放入酵母使其发酵，为纪念此事，在复活节时他们只吃不发酵的面包，这一习俗一直延续至今。在此，我要插入一些在分析这个梦的这一部分时突然产生的联想。即，我记得，在上一次复活节时，我与柏林的朋友一起在一个陌生的城市——布雷斯劳——的街上散步。一个小女孩向我询问去某条街道的路怎么走。我答道，遗憾的是，我不知道。然后，我又对旁边的朋友说道：“但愿那个小姑娘今后在挑选指引她的人生的对象时，眼光能比现在更好。”之后不久，我看到一块门牌，上面写着“希律医生，门诊时间……”于是我又说道：“希望这位同行不要是儿科医生。[①]”这时，朋友就左右对称在生物学上的意义展开了一番谈论，并以这样一句话开始讲述他的某种观点：“如果我们人类像独眼巨人（德文即，Cyclops）那样，在脸的正中央长着一只眼睛的话……”而这似乎正是在序梦中那位M教授所说的“我的儿子，那个近视眼……”这句话的来源。而且，这

①希律，即，Herodes。大希律王，公元前74—前4年，以残暴而闻名。据说他曾下令将国内两岁及以下的所有婴儿都杀死。——译者注

似乎终于使我发现了“Geseres”一词的来源。当M教授的儿子还是一个中学生（德文即，Schulbank）的时候——他现在已经是一位了不起的、非常活跃的思想家了——也就是说，这是很久之前的事。当时，他患了眼疾，医生告诉他一定要保重。据医生说，如果症状只局限于一只眼睛的话，倒无须担心，但如果传染到另一只眼睛，事情就棘手了。他的眼疾不久后痊愈了，但只是一只眼睛痊愈，然后很快，另一只眼睛也出现了同一种眼疾的症状。他的母亲又惊又怕，特地将医生请到乡间的住所。然而，这一次这位眼科医生的想法却转向了另一边（德文即，auf die andere seite）。他向孩子的母亲斥责道：“你怎么能说这是‘Geseres’（德文，厄运）呢？既然这一边已经痊愈了，那另一边也会痊愈的。”事实也是如此。

接下来，我将讨论以下问题，即，与这个梦中的我和我的家庭有关的各种关系。M教授的夫人出于好意，将M教授的儿子最早用过的书桌（德文即，Schulbank）送给了我的大儿子。而在这个梦中，我让大儿子说出了告别的话。与这一转换相关的一个欲望很容易便能分辨并解释出来。这张书桌的构造能够使儿童避免近视，也能够纠正儿童的坐姿，使其不偏向一个方向。因此，在这个梦中出现了“近视眼（即，Myop）”和“独眼巨人（即，Cyclops）”，以及关于“左右对称”的谈论。对“偏向一个方向”的忧虑具有多种不同的意义。除了身体发育上的左右不对称之外，还有智力发展不均衡的意义。这个梦中的情景的荒谬性与这种忧虑难道不是矛盾的吗？然而，孩子朝向一方说了告别的话之后，又朝向另一方——就像是要恢复平衡似的——说了相反的话。他是按照所谓的“左右对称”行动的。

因此，梦在它表现得最荒谬的时候，其意义往往最深。在任何一个时代，只要人们陷入了不得不说出某事可是一旦说出便会招致危难的境况，便总是想要戴上一顶小丑的帽子。如果我们想要说出但终于未能说出的那些语句所针对的对象听到了那些改头换面后的语句，然后大笑不已，他便会认为那些对自己而言犯忌讳的事物很明显是极为荒谬的。如果他会做出这样的对自己有利的判断，并加以容忍的话，那么，即使他听到了那些改头换面后的语句，也绝不会感到愤怒。梦也是如此。它就像必须做戏、装疯卖傻的王子那样作为、行动。说出晦涩而无意义的双关语以试图蒙混过关、掩盖真相的哈姆雷特这样评价自己道：“当西北风吹起，我不过是个疯人；但当风吹向南方，便可看出苍鹭与鹰的分别。”梦本身也与这些语句完全吻合[①]。

也就是说，我已经解决了梦的荒谬性的问题。即，梦念绝对不是荒谬的，也绝对不会不符合逻辑。我可以断言，至少精神健全的人的梦就是如此。而且，只有当梦的工作试图以固

①这个梦也是为一个普遍、妥当的命题提供了一个很好的例子。这个命题是：“在同一晚做的几个不同的梦，即使在回忆中互不相关，也源自同一梦念。”梦中，我让孩子们逃出罗马城这一情景，是因为我在童年时期发生的一件类似的事件而被歪曲的。我在多年以前，非常羡慕那些能够将自己的孩子送到其他国家居住的亲戚。这就是这个梦的真正意义。

有的方法来表现梦念中的批评、嘲讽、辱骂时，它才会创造出不符合逻辑的梦或是包含着个别不符合逻辑的元素的梦。我认为，一般而言，梦的工作就是通过前文中已经讨论过的三个元素以及今后将要讨论的第四个元素之间的共同合作，而得以完成的。而且，梦的工作无非是在忠实地遵循这四个元素的要求的基础上将梦念翻译出来而已。有人会问，在我们做梦的时候，我们的心灵是调动了其全部的能力进行活动，还是只调动了部分能力呢？我认为，这一问题本身并无太大意义，因为它没有正确捕捉到事实的真相。然而，因为有许多梦都会在梦中对梦的内容做出判断、表示承认，或是对于各个不同的梦的元素感到惊讶并试图进行解释和讨论，所以，我必须举出若干经过精心选择的梦例，以消除从以上各种现象中所推导出来的种种误解。

我的答复如下：在梦中，一切明显表现出遵循理智进行活动的事物，都不应视为梦的工作的理智的思考活动；事实上，这些事物不过是梦念的材料而已。它们作为某种已经完成了的结构，由梦念进入到梦的显意中去。对于这一命题，我可以做出更进一步的阐述。我们在睡醒后、对回忆起的梦所做的判断，以及由这个梦的再现（再构成）而在我们心中所唤起的各种感情，等等，其中的大部分都属于梦的隐意。而且，这些事物也必然都是梦的解析的工作的对象。

（一）

我已经举出过一个对此具有显著意义的梦例。一位女病人一开始并不乐意向我讲述她做的梦，因为“既模糊又混乱”。她梦见某个人，但分辨不出那是她的丈夫还是她的父亲。然后，她又做了第二个梦。在这个梦中，出现了一个垃圾桶。这让她回忆起一件事，即，在她刚结婚后不久，她对一位经常来访的年轻的男性亲戚半开玩笑地说道，现在她想要做的就是弄到一个新的垃圾桶。结果，第二天，那位年轻的男士便给她送来了一个新的垃圾桶，其中放满了铃兰。梦的这一部分所要表现的是一句（德文的）惯用句，即，“那不是我想出来的[①]”。将分析完成后便可发现，梦念的核心问题与这位女病人在年轻时听说的一个故事有关。即，一个少女已经分娩，却不知道谁是孩子的父亲。所以，在这种情况下，这个梦的表现已经涉及清醒时的思想，并将梦念中的一个要素置换为清醒时她对这个梦的整体所做出的批判。

（二）

一个类似的梦例。一位病人做了一个梦，他认为这个梦很有意思。因为，他刚从梦中醒来，就自言自语道：“一定要把这个梦告诉医生。”对此加以分析后，可以发现，其中包含着几个异常明显的暗示。即，他在接受我的治疗期间开始私通，以及他决心将此事对我守口如瓶，等等。[②]

①德文即，Nicht auf meinem eigenen Mist gewachsen。将其直译，意即，“这不是长在我自己的肥料（粪尿）上”或“这不是我的孩子”。德文“Mist”意为“肥料”，在俗语中指垃圾，在维也纳的方言中指垃圾箱（Mistträgerl）。

②在接受精神分析治疗期间所做的梦中，如果出现了类似“一定要把这个告诉医生”的警告或决心，则必定是在表示对于说出此梦的强烈的抗拒。另外，这

（三）

基于我自身经验的第三个梦例。

"我和P一起穿过有许多房屋和花园的地方，前往医院。这时，我觉得自己曾在梦中多次见过这个地方。我不太了解这个地方的道路。P为我指出了一条路。在这条路上转一个弯，便通向一间餐厅（有很大的房间，看不到花园）。于是，我问道：'多尼夫人在哪里？'然后得知她与三个孩子一起住在后面的小屋。我正要朝那边走去，遇见一个模糊的人影，他带着我的两个小女儿。在那里站了一会儿后，我带着女儿们离开。我想要责怪妻子，因为她把女儿们丢在那儿不管了"。

睡醒后，我有一种非常满足的感觉。经过分析，我发现这种满足的原因是：我认为，我对"我以前曾经在梦中见到过这个"这一观念的意义已经有所了解了[①]。但是，就这一点而言，分析其实并没有告诉我任何东西。分析表明的不过是以下的观点，即，满足感属于梦的隐意，而与对这个梦所做出的判断无关。我之所以会感到满足，是因为我的结婚生活为我带来了好几个孩子。P在一段时间之内所走过的人生道路与我并无二致，但没过多久，他的社会地位和物质条件都远远超过了我。但是，他却没有孩子。这个梦的两个起因可以证明这个梦的意义，而无须再做彻底的分析。在做梦的前一天，我在报纸上读

一类的梦往往不久就被忘得干干净净。

①即，《哲学杂志》（法文即，Revue philosophique）最近发行的数期中展开的大规模的讨论所涉及的主题："关于梦的记忆错误。"

到了多娜·A……y（所以在梦中我创造了“多尼”这一名字）夫人的讣告，她死于产褥热。我的妻子告诉我，这位多娜夫人的助产士与曾照料过我们的最小的两个孩子的是同一个人。多娜这一名字引起了我的注意。这是因为在不久之前，我在某本英国小说中读到过这个名字。这个梦的另一个起因可以从做这个梦的日期看出来。这个梦是在我的大儿子——他天生具有诗人气质——的生日的前一天的晚上所做。

（四）

我曾做过一个毫无逻辑的梦，梦见我的父亲死后在马扎尔人中间扮演了一个政治角色，从这个梦中醒来后，我感受到了类似的满足感。我认为，这种满足感源自这个梦的结尾部分——即，“去世前父亲躺在床上，其面貌很像加里波第。而且，我在梦中非常高兴，因为这一期待终于实现了……（梦仍有后续，但我忘记了）”——所伴随的感情的继续。通过分析，我能够填补这个梦中的空隙。其内容指的是我的第二个儿子。我给他取了一个历史上的伟人的名字[①]。我在少年时代，特别是在英国逗留期间，曾被这一人物深深地吸引。在这个孩子出生前一年，我便在心中决定，如果生下男孩，就一定为他取这个名字。后来，他顺利诞生，而我感到非常满足。由此可以很容易地看出，父亲的受压抑的出人头地的欲望是怎样经由思想的

①弗洛伊德的第二个儿子的名字是奥利弗。这个名字来自英国资产阶级革命家、政治家、军事家、宗教领袖奥利弗·克伦威尔（Oliver Cromwell）。——译者注

回路而转移到孩子的身上的。或者说，我们乐于这样相信，我们刚刚阐述的事实才是对现实的人生中的欲望——在此，我们谈到的是那种永无休止地活动着的出人头地的欲望——的抑制得以实现的方式之一。而这个孩子之所以与这个梦有所关联，是因为他曾经给人添过类似的麻烦，即，将大便沾到内衣上。当然，我们必须原谅儿童和垂死的病人会有这种表现。在这方面，还可以参照在前文中提及的“法官（德文即，Stuhlrichter）”的暗示，以及“在自己的孩子们的面前保持圣洁、伟大的姿态”这一欲望。

（五）

有些批评与判断仅仅停留在梦本身之中，并未持续到也不曾被直接置换为清醒时的生活中的表现，接下来，我们将寻找一些这样的梦例。在此，如果能够利用一些以前出于其他意图而列举出的梦例，那么，这项工作就变得简单多了。在歌德抨击M先生的梦中似乎便包含了丰富的判断。“我觉得整件事在时间关系上似乎有些奇怪，所以打算自己设法弄明白”这一部分，似乎就包含了对某种荒谬性——即，“歌德对一位我很熟悉的年轻人进行文字抨击”——的批评。而“我觉得，M先生当时很可能是18岁左右”这一部分只能看成是一种可笑的计算的结果。还有，“我并不知道现在到底是哪一年”这一部分则是梦中的不确定的或使人疑惑的事物的一个例子。

但是，我从这个梦的分析中知道，如果将看似在这个梦中所进行的判断以其语句的原意展开分析，就会做出其他的解释。而且，这些其他的解释对于梦的解析的工作而言是不可或缺的，同时，也起到了消除一切荒谬性的作用。通过“打算自己设法弄明白（时间关系）”这句话，我成了我的朋友的替身——他试图对整个人生的时间关系做出解释。这样一来，这句话就失去了其对前一部分内容的荒谬性进行批判的意义。而“似乎有些奇怪”这一插入的部分，则与下文中的“认为可以相信”有一定的关系。我对那位向我诉说了她的弟弟的病史的女病人说道：“我认为，如果说他喊叫‘自然！自然！’这一情况与歌德有关的话，那似乎有些奇怪。我认为，可以相信，这似乎更有可能具有你也很熟悉的、与性有关的意义。”当然，在这种情况下，确实出现了批评、判断的表现，但这并不是在梦中做出的，而是在现实中所做的批评、判断被梦念回忆起来并加以利用了。梦的内容能够轻易将这种判断据为己有，就像处理梦念中的其他那些片段一样。

18这一数字与梦中的判断彼此关联——当然，这种关联是不符合逻辑且无意义的。与它相关的判断其实是在现实中做出的，而在它身上还遗留着它脱离现实背景时的痕迹。在梦的结尾部分，即，“我并不知道现在到底是哪一年”这句话表现的是我与进行性瘫痪的病人的同一化。其诱因是在我为这位病人进行诊疗的过程中出现的。

对这种看似是在梦中做出的判断（批评）的行为做出解释时，必须留意我们最初提及的梦的解析的规则。即，我们必须将构成梦的各个元素在梦中创做出来的各种关联看成是非本质的表象，并加以废弃，同时，分别寻找每一个梦的元素的来源。因为梦由各种事物聚合而成，所以想要识破梦的真正面目，就必须将其分割，使其还原为原本的元素。另一方面，在梦中存在着某种精神力量，是这种力量创造出了表面上的关联。也就是说，我们还应当注意到对梦的工作所产生的材料进行的“第二次加工”。接下来，我们将就参与到梦的形成中的第四个元素进行探讨，这一元素与精神力量的表现密切相关。

（六）

下面我将在前文提及的梦例中找出另一个与判断、批评的运作相关的例子。在我接到一封来自家乡的市议会的通知书的梦中——那个梦也是荒谬、不符合逻辑的——出现了这样的情景，即，“我问道：‘……你是在不久后就结婚了吗？’按说我是在1856年出生的，但我认为那就是在这个事件发生后不久”。这明显采取了逻辑推理的形式。父亲在那一次发作之后不久——即，1851年——结了婚。而我是家里的老大，生于1856年，这确实符合逻辑。然而，我们知道，这一结论是被欲望的满足所歪曲了的，在梦念中占据支配性地位的是以下内容，即，“四年或五年的时间又算是什么呢，那根本就不是问题”。也就是说，以上推论的各个部分无论是在内容上还是在形式上，都在梦念的支配之下，并且具有其他的意义。我的同行指责我将一位病人的治疗时间拖得太久，而这种“其他的意义”便与这位病人有关。这位病人打算在治疗结束后立即结婚。而在梦中，我与父亲交谈的情景会使人想到审问或考试，还令我想到一位大学的教授。他经常对选修他的课程的学生详加询问。出生年月？1856年。你的父亲是[①]？学生在回答这一问题时也在父亲的名字后面加上拉丁文的词尾。我们这些大学生都觉得，这位身兼宫廷顾问的教授是在试图从学生们的父亲的教名中推断出某些结论，而这些结论是无法仅凭学生的名字就能推断出来的。因此，在这个梦中出现的“推断”、“判断”等，不过是梦念中的“推断”、“判断”的重复而已，它只是一种材料。由此，我们可以发现新的事实。即，如果梦的显意中出现了某种推断、判断，那么，这种推断或判断毫无疑问是源自梦念（即，梦的隐意）中的材料的。这种推断或判断或是源自梦念中的某种回忆材料的一部分，或是作为一种逻辑上的黏合剂以联结一系列的梦念。但无论如何，这种梦中的推断或判断表现的正是梦念中的推断或判断[②]。

让我们对这个梦继续进行分析。教授的询问使我联想到大学生的注册名单（以拉丁文填写），还使我联想到我在大学的听讲的过程。对我来说，攻读医学的五年时间是太短了。我不知不觉地将学业继续了下去，超出了规定的五年的时间。在我的熟人范围里，有些人认为我只是漫不经心地在学校里消磨时间，还有些人怀疑我不能完成学业。于是我很快便决定参加考试，并顺利地毕了业——尽管迟了些。梦念中我对批评我的人

①原文为“Patre”，拉丁文。——译者注。

②这些总结在若干方面对我之前的关于“逻辑关系的表现”的观点进行了修正。我在前文中讨论的是梦的工作的普遍情况，而没有涉及其更加微妙、更加精确的细节部分。

们所持的大胆、反抗的态度在此得到了新的强调，即，“因为我拖延了时间，所以你们大概是不肯相信我的，但我还是会取得成功，用不了多久我就做给你们看①。以前已经有过好几次这样的事了”。

在这个梦的开头部分，包含着无法否认其推断的性质的若干内容。而且，其中的推断完全不是荒谬的，即使将其视为清醒时的推断似乎也无不妥。即，“我接到了一封来自家乡的市议会的住院费用的通知书。我觉得这件事很有趣。因为，第一，1815年我还没出生；第二，虽然我的父亲可能与这件事有关，但他已经去世”。这两个原因不仅其本身是完全正确的，即使在现实中，我果真收到了这样一封通知书，恐怕也会做出这样的推断。由前文的分析可以知道，这个梦源自梦念中的痛苦与嘲讽的感情。并且，如果我们假设稽查作用的各种动机是极其强烈的，那么，我们便会知道，梦的工作有足够的理由按照梦念中已有的模式，对无意义的推断做出驳斥——这种驳斥是毫无破绽的。但是，分析表明，梦的工作中并不包括进行自由创造这一任务，它所能够利用的，只有梦念中的材料而已。这就像一个代数方程式中有数字，以及加、减、幂、根等符号，但抄写这个方程式的人完全不懂这些符号的意义，不但没能照原样抄写出来，反而将符号与数字混淆在一起了。这两个推断还可以追溯到以下的材料。即，在我对各种精神神经症做出心理

①“做给你们看”，即，“使其结束”，德文即，zum Schluss kommen。其中“Schluss”意即“结束”，同时也有“断定”、“推断”、“判断”的意义。——译者注

学上的解释时，提出了一些基础的前提，而这些前提中的大部分却往往会受到人们的怀疑和嘲笑。当我想到这些事，便感到痛苦和不安。例如，我一直主张，出生后第二年乃至第一年的印象，在后来罹患神经症的病人的感情生活中留下了难以磨灭的痕迹，而且，这些印象——虽然在记忆中受到了多方面的歪曲和夸大——也构成了癔症症状的最初的和最深刻的基础。然而，当我向病人们说明这一主张时，病人们却往往会以嘲弄的语气说道，要不要回忆一下自己出生前的印象呢。我还认为，对女性病人而言，在她们最早的性冲动中，父亲扮演了意料之外的角色。可以想见，这一主张也会受到同样的对待。然而，我对此确信不疑，以下便是两个真实的例子，它们为以上主张提供了强有力的证据。在这两个例子中，儿童都在很小的时候便失去了父亲，但后来发生的一些按照常理推断难以做出解释的事情说明，儿童在潜意识中仍然保存着对过去曾在自己周围出现过但后来又消失不见的人们的记忆。我的这两个主张是基于其正确性颇具争议的推断而做出的，对于这一点，我有着充分的了解。如果梦的工作利用这些颇具争议的、推断的材料创造出毫无破绽的推断或判断，那么，这必然被视为欲望满足的一个成果。

（七）

这个梦在前文中并未做出充分的分析，仅只清楚地提到其开头部分所涉及的主题使人感到惊讶。

“老布吕克教授一定是给我出了一道题目。这个题目与我自己的下半身骨盆和双腿的解剖有关。这真是很奇怪。我似乎在解剖室里，面前放着那些东西。但我并没觉得自己的身体被切割并取下了这些部分，也不觉得恐怖。路易丝·N在旁边，和我一起做这个工作。从骨盆中取出了脏器。能看到骨盆的上部，也能看到骨盆的下部，这两部分是结合在一起的。能看到肥厚的肉色的聚合物（看到这个，我在梦中想到了痔疮）。还有某种看上去像是揉搓得皱了的锡箔似的东西[①]。必须很小心地去除这些东西。不久我又再次拿回了自己的双腿，并来到街上，（因为感到疲惫），雇了一辆出租马车。令人惊讶的是，马车走进了某所房屋的大门。大门打开着，没有人阻止，马车沿着一条道路前行，然后到了道路的尽头，最后来到广阔的原野上[②]。然后，我带着一位阿尔卑斯山的向导——他背着我的行李——在变化多端的风景之间徘徊散步。在某段地方，可能是考虑到我已很疲累，他把我背起来。地面泥泞不堪。我们靠着边走。人们都在地面蹲坐。其中有一位年轻的女士。似乎是印第安人或吉普赛人。在此之前，我一个人在滑溜溜的地面上快速前进，并一直感到非常惊讶：虽然正在进行解剖，却还能这样自由自在地走动。终于来到一所小木屋前。小木屋有一扇窗户打开着。向导把我放在那里，并将早已准备好的木板放到了窗台上。这是为了从窗户跨步出来时必须经过的陷坑而设的桥板。

①锡箔，德文即，Stanniol，是对Stannius发表的与鱼类的神经组织有关的论文的暗示。

②这是我居住的公寓的底层的模样。那里放着住在这所公寓里的其他几家的摇篮车。但是，除此之外，还有许多事物与此地有关。

这时我开始担心双腿的事。但是，当我心想是不是要跨过这个陷坑时，代替这件事，我看到了两个躺在板凳上的成年人。板凳紧靠着小木屋的墙壁，而且在两个成年人的旁边还有两个孩子在睡觉。似乎要跨越陷坑所要使用的不是木板，而是这两个孩子。我被惊醒了。”

任何对梦的凝缩作用的千变万化的特点有所了解的人都不难想象出，要对这个梦进行分析，将花费多少笔墨。幸而在此我将要探讨的，只是与“梦中的惊讶”——在这个梦中，以“这真是很奇怪”这一插入的语句来表现——有关的问题而已。这个梦的起因是一位名叫路易丝·N的女士——她在这个梦中也是我的实验的助手——的来访。她对我说：“请借给我一本书。”于是，我将赖德·哈格德的《她》借给了她，并说道：“这是一本奇怪的书，意味深长。”然后我又补充道，“永恒的女性，我们的感情的不朽——”她打断我的话，问道：“噢，我读过这本书。有什么你自己写的东西吗？”——“没有，我自己的不朽的作品还没完成。”——然后她以嘲讽的口吻问道：“那你跟我们说好了的、我们也能读的书呢？你所谓的‘最后的解释’的那本书什么时候才会出版呢？”我注意到这是其他人借她的口来督促我，所以便保持沉默。然后我想到了自己在出版时所必须付出的那些代价，因为那本关于梦的研究的书暴露了我的大量的个人隐私。

你所知道的最高真理，

不可坦白告诉学生。

在这个梦中，交给我的题目——即，将自身作为解剖的材料——指的是在报告自己的梦时所必然会牵涉到的、对自己的分析。布吕克教授的出现亦是如此。在我开展学术研究的最初的时期，我曾搁置了某项发现，是在老布吕克教授的督促下，我才将其公开发表。与路易丝·N的对话作为起因而展开的进一步的观念和思想，所涉及的事物处在过于深邃的位置，因此甚至无法将其全部意识化。赖德·哈格德[①]的《她》在我的内心中唤起了某些材料，而上述观念与思想由于这些材料的缘故，分散到另一条岔路上去了。“这真是很奇怪”这一判断与这本书以及同一作者的另一本书——即，《世界的心脏》——有关。而且，这个梦中的大量元素都源自这两本幻想小说的细节。我被向导背着跋涉而过的泥泞、铺上自备的木板才能跨过的陷坑，等等，都源自《她》；而印第安人、年轻的女士、小木屋等则源自《世界的心脏》。这两本小说的主人公都是女性，所描绘的主题也都是危险的旅程。《她》描绘的是在从未有人涉足的处女地的冒险的旅程。根据我对这个梦所做的笔记，我的双腿的疲累感觉是当时的真实感觉。或许，“疲累的双腿”所表现的便是我疲累的心情以及“我还能坚持走多久呢”这一疑问。《她》中

①赖德·哈格德，即，H.Rider Haggard，1856—1925年，英国小说家，其著名作品有《所罗门王的宝藏》和《她》等。《她》引起了心理学家的高度关注，弗洛伊德、荣格等均是《她》的读者，弗洛伊德称《她》的主人公艾莎为“永恒的女性”。——译者注。

描绘的冒险的结局为，女主人公不仅没有为自己或别人找到永生，反而葬身于神秘的地下火焰之中。这种不安和焦虑无疑就在梦念中活动着。“小木屋”即是指棺材，也就是坟墓。但是，在此，梦的工作却完成了某种无上的杰作，即，通过某种欲望的满足，而表现出了“死亡”这一在所有的思想中最不受人欢迎的概念。过去，我曾有过一次进入墓穴的经历。那是在奥尔维耶托[①]附近的一座被发掘出的伊特鲁利亚人[②]的坟墓。那是一个狭窄的小房间，沿着墙壁有两条石凳。石凳上躺着两具成人的骷髅。这与梦中出现的小木屋的内部的情景完全一致。只是在梦中石材变为了木材而已。这个梦似乎还有这样的意义，即，“如果你一定要置身于墓穴之中，那就置身于伊特鲁利亚人的墓穴中吧”，通过这样的置换，这个梦将最悲哀的期待转变为令人迫不及待的期待。但遗憾的是，即使梦能够将伴随着感情的观念颠倒过来，却未必能够改变其感情本身。因此，我便在梦中勉力将儿童也许能够做到父亲做不到的事这一观念（这是对这本奇异的小说的崭新的暗示，即，对某个人物的认同可以世代相传，长达两千年之久）表现出来后，因为“心理恐惧”而惊醒了。

①奥尔维耶托，即，Orvieto，地名，意大利翁布里亚大区西南部城市，高居于几乎垂直的凝灰岩悬崖之上，城墙完全用同一块石头建造。——译者注

②伊特鲁利亚人，即，Etruscan，是公元前十世纪到公元前一世纪生活在亚平宁半岛中北部的一个民族，在罗马崛起之前，在半岛上建立起兴盛先进的文明，在习俗、文化和建筑等诸多方面对古罗马文明产生了深远的影响，后在罗马共和国时期完全为罗马所同化。——译者注

（八）

在另一个梦中，也出现了对梦中的某个体验感到惊讶的表现。但是，这种惊讶的表现却伴随着某种非常显著的、规模极大的，甚至可说是奇特的、试图做出解释的情况。仅就这一点而言，这个梦也有足够的价值进行分析。同时，这个梦还包含着两个极具魅力的特点，从而吸引我们的注意。从七月十八日的晚上到十九日，我乘坐南部铁路的火车旅行，在睡着时，"我听到有谁喊道：'十分钟后，抵达"Hollthum"。'我立刻联想到'棘皮动物（即，holothurian）'——某个自然博物馆。而且，我认为这个称为'Hollthum'的地方就是勇士们与暴君的占据绝对优势的大军战斗并最终失败的地方。似乎是在施蒂里亚[①]或蒂罗尔[②]的某个地方。我模糊地看到一个小博物馆。在这个博物馆中保存着那些勇士们的骸骨和战利品。我打算下车，但又犹豫不决。在月台上站着拿着水果的妇人们。她们蹲坐在地上，仿佛邀请似的举起篮子。我不知道还有没有时间，所以犹豫不决。但是火车仍然没有发车。突然，我身处另一个车厢。因为座位之间非常狭窄，我的后背直接撞到后面的车厢壁上[③]。我觉得这很奇怪，似乎我是在睡着的状态下换乘了其他的火

①施蒂里亚，即，Styria，德文称施泰尔马克（德文即，Steiermark），地名。奥地利的一个联邦州，位于奥地利的东南部，首府为格拉茨。——译者注

②蒂罗尔，德文即，Tirol，地名。奥地利西部的一个州，是多山地区，被萨尔茨堡州分为两个部分，即北蒂罗尔和东蒂罗尔，北邻德国巴伐利亚州，南面意大利与瑞士。首府为因斯布鲁克。——译者注

③对这一记述，我自己也不理解，但是，我决定遵循记录梦的基本原则，即，以动笔时在脑中浮现的语句进行记录。措辞本身也是梦的表现的一部分。

车。有很多人。其中有一对英国兄妹。可以看到，墙上装有书架，上面摆着书。我看到了《国富论》和《物质与运动》（克拉克·麦克斯韦[①]）这本厚书，由棕色的布面装订。哥哥询问妹妹席勒的某部作品，说道："你不是忘了那个吧？"我觉得好像是我的书，又觉得好像是这对兄妹的书。我想加入到这对兄妹的谈话中去，以确认这件事，或是找到证据。……"我醒来时汗流浃背。因为窗户全都关着。火车正停在马尔堡[②]。

在我记录这个梦时，又想起了梦的另一部分。"我对那对兄妹说起与某本书有关的事，我说道：'这是从……（即，It is from...）'然后又改口道：'这是由……（即，It is by...）'哥哥向妹妹提醒道：'他说得对。'"

这个梦由某个车站的名称开始。一定是这个站名把我从睡眠中唤醒到了半睡半醒的状态。我在梦中以"Hollthurn"代替了马尔堡（德文即，Marburg）。乘务员最初喊叫的是"马尔堡"，或者，在那以后我所听到的事，由梦中出现了席勒这一事实而得以证实。席勒在马尔堡出生——虽然并不是施蒂里亚的那个马尔堡[③]。另外，我虽然身处头等车厢，但这次旅行仍然令

①克拉克·麦克斯韦，即，James Clerk Maxwell，1831—1879年，英国理论物理学家和数学家，经典电动力学的创始人，统计物理学的奠基人之一，被普遍认为是对二十世纪最有影响力的十九世纪物理学家，对基础自然科学的贡献仅次于艾萨克·牛顿和艾尔伯特·爱因斯坦。——译者注

②马尔堡，德文即，Marburg，地名，全称"兰河畔马尔堡（德文即，Marburgan der Lahn）"，德国中西部城市，位于法兰克福和卡塞尔之间，与两城均相距直线距离77公里，1211年建市，交通枢纽。——译者注

③席勒并非出生于马尔堡这一城市，而是生于马尔巴赫（Marbach）。这是中学生都知道的事，我当然也不例外。因此可以知道，这一错误是作为某种故意的

我感到非常不快。火车塞得满满当当，在我的头等车厢内，还坐着一位绅士与一位女士。他们看上去身份高贵，本应以某种方式掩饰因为我的闯入而产生的不快，但他们要么是没有这种教养，要么是认为遵守这种礼节非常愚蠢，我彬彬有礼的问候没得到任何回应。这是一对夫妻，他们面对列车的前进方向、并肩坐在座位上，一见到我进入车厢，那位女士便飞快地将自己的阳伞放到她对面的靠窗的座位上，抢先占据了那里。门立刻关上了。他们互相交谈，谈话中透露出打开窗户会对他们造成困扰的意思。我想，这大概是因为谁能都清楚地看出来我正需要呼吸新鲜空气。晚上非常炎热，在狭窄的包厢里，门窗紧闭，我几乎窒息。根据我的旅行经验，这种盛气凌人的傲慢态度只有那些免费乘车或是买半票乘车的人才做得出。检票员进来后，我出示了用自己的钱买来的很贵的头等车票，而那位女士则以骄傲的、几乎是威吓一般的口吻说道："我丈夫有免费的优待。"这位女士相貌庄重，但神色间却颇有不满，她已快到美人迟暮之年。她的丈夫则一言不发，坐在那里几乎一动不动。我打算睡觉。于是，便在梦中对这一对令人不快的旅伴施加可怕的报复。读者也许无法明白，在这个梦的前半部分的断断续续的残片背后隐藏着怎样的辱骂与诽谤。首先满足了这一欲望后，第二个欲望——即，改换车厢——便在梦中出现。因为在梦中，情景会频繁地发生改变，而这种情景的变换却完全不会

伪造的代替品而乘虚而入的，我在《日常生活的精神病理学》一书中已做出了相关的说明。

损害到这个梦所试图表现的意义，因此，即使我在梦中将自己的旅伴置换为其他人——在我的记忆中能够找到的、我更喜欢的人物——也完全没有任何问题。然而，在这个梦中，仍然存在着这样一种情况，即，对于某种情景的变换加以反对，并要求就变换的理由做出解释。也就是说，我为什么会突然到了另一个车厢中呢？我完全不记得换乘的事。所以，只有一种解释。即，“我是在睡着的状态下换乘了其他的火车”。这是很罕见的事。而神经病理学家则对类似的例子有所了解。他们是在朦胧状态中乘坐火车出行的，也不会以某种形式向别人暴露出其异常的精神状态，但是，他们会在旅行的途中突然清醒过来，并对自己的记忆中的断层迷惑不解。也就是说，我一边做梦，一边在梦中宣布自己是一个梦游症患者。

经过分析还可以得出另一种解释。如果将这种解释归结于梦的工作，那我便会吃惊不已；而对这种解释的尝试其实也并非我的独创，而是源自对一位病人的神经症的症状的再现。前文中我曾提及一位受过良好的教育、在现实生活中心地十分善良的年轻男士。这位男士在父母去世后不久，便认为自己有谋杀的倾向；为抑制这一倾向，不外出杀人，他采取了种种预防措施，并因此苦恼不已。这是一个严重的、处于完全自觉的状态下的强迫性神经症的病例。开始的时候，他对外出感到困扰。他对在街上遇见的每一个人的去向都抱有异乎寻常的关心；如果有谁的背影突然从他的视线中消失，他就会怀疑是自己把那个人杀死了，而感到非常痛苦。在这种强迫观念的背后隐藏着的——除了其他的事物之外——首先便是“该隐[1]幻想”。这是因为:“所有的人都是兄弟。”因为无法解决这一问题，他只得放弃散步，每天将自己关在室内消磨时光。然而，他经常看到报纸上刊登的外界的谋杀案的报道，然后他的良心便因怀疑自己就是凶手而痛苦不堪。于是他在数周内足不出户，通过这一确凿无疑的事实使自己免于焦虑，但有一天，他突然想到也存在这种可能，即，自己很可能在无意识的状态下外出并在无意识的状态下杀了人。从那时起，他便将房屋的前门锁上，并将钥匙交给年老的管家，吩咐她道:“哪怕是我让你交出钥匙，你也绝不能把钥匙给我。”

我所试图做出的解释——即，自己是在无意识的状态下换乘了火车——源自以上所述的情况。这一试图做出的解释是梦念中的材料，它以原封不动的形式进入梦中，明显起到了将我与那位病人同一化的作用。清晰的联想唤起了我对这位病人的记忆。在两三周以前，我曾与这位病人一同乘坐夜间的火车出行。因为他的病症已经痊愈，所以他招待我去乡下——他的亲戚们住在那里。同时，他的亲戚也需要我的治疗。我与他占据了一整间车厢，整晚都开着窗户，睡前两人一直在热切交谈，度过了愉快的时光。我知道他的病症的根源是他在童年时期对父亲的敌意，并且，这与性有关。所以，我将自己与他进行同

①该隐，即，Cain，据《圣经》，该隐的父母是耶和华创造的第一对男女亚当和夏娃的长子，他的弟弟是亚伯。后来，该隐将亚伯带到田间去，在那里把亚伯杀了，并对上帝撒谎，因而一错再错，被上帝逐出人类家庭聚居的地方。——译者注

一化，并试图通过这种同一化向自己暗示，我自己的情况也与他有相似之处。事实上，这个梦的第二个情景，便融入了这种放纵的幻想。即，“我的旅伴，那对中年夫妻，原本打算在晚上性交，但因为我的闯入不得不打消这一计划，因此，他们才对我采取了那样不友好的态度”。这一幻想大概可以追溯到童年时期发生的体验，即，出于对性的好奇心，儿童悄悄躲进父母的卧室，结果被父亲斥责并被赶出卧室。

我想无须再举更多例子了。通过以上梦例，已经足够证明我们在前文中探讨的事实，即，梦中做出的判断的行为，不过是对梦念中早已存在的某种原型的再现而已。一般而言，这种再现并不恰当，在梦中所表现出的前后关系也不协调，然而，就像我在前文中所列举的后面几个梦例那样，偶尔也会出现一些极为巧妙的梦例，几乎会使人认为在梦中出现了独立的思考活动。由此我们可以发现，我们的关心应该转向某种精神活动——这种精神活动虽然看上去并不是总会参与到梦的形成中去，但当它参与其中时，便能够将那些来源不同的各种梦的元素毫无矛盾地融合为一个整体，并使其各自具备某种意义。但是，在这之前，我们首先应当注意到梦中出现的感情表现，并将其与另一种感情表现——即，通过分析所发现的、梦念中的感情表现——加以比较。

八、梦中的感情

斯特里克的精细考察告诉我们，不能对梦中的感情的表达掉以轻心，它与梦的内容不同，不会在清醒后便轻易忘记。斯特里克说道："如果我在梦中对强盗感到恐惧，那么，尽管强盗确实只不过是幻想的产物，但那种恐惧的感觉却是真实的。"在梦中感到的喜悦之情亦是如此。我们的感觉证明，在梦中体验到的感情与清醒时的感情相比，其强度并不逊色，而梦会将这些感情内容——与其表象内容相比，更加强而有力地——纳入到我们的各种真正的精神体验之中。然而，因为我们只有当某种感情与其表象内容之间存在着密切的联系时，才能够对它做出心理学上的评价，所以，在清醒时，我们无法完成上述将感情内容纳入到各种真正的精神体验中的工作。如果感情与表象之间，在性质和强度上并不能彼此契合，那么，我们清醒时做出的判断就难免陷入无所适从的混乱状态。

在梦中，表象内容往往并不伴随着感情活动，而这在清醒时的生活中是不可想象的。所以，斯顿培尔认为："梦中的观念被剥离了其精神价值。"但是，就梦而言，还存在着这样一种相反的现象，即，所表现出的感情的强度远远超出了其来源所能产生的感情的强度。我们在有些梦中会遇见某种危险的、令人厌恶的、令人作呕的情景，但奇怪的是，却完全不会感到恐怖或厌恶；有时情况则完全相反，在另一个梦中，我们有可能因为一件小事而震怒不已，也有可能因为幼稚的事情而兴高采烈。

当我们想到以下事实时，这一谜题便会云消雾散一般消失不见——与梦有关的其他谜题是绝不可能这么容易地解决的。也就是说，我们只需从梦的显意进入梦的隐意即可。这样一来，我们便大可不必再为这个谜题大费周章，因为它已经不存在了。分析表明：“感情本身保持不变，而其表象内容却受到了移置作用、代替作用等的影响。”经过梦的化装而发生了改变的表象内容与原封未动的感情彼此不能契合，自然不足为奇。但是，如果通过分析，能够将原本的内容还原到其原本所在的位置上，其与感情之间的契合同样也是不足为奇的①。

在受到稽查作用的抗拒而发生了变化的精神情结中，感情是不会受到影响的，因此，它能够向我们提供正确的线索以填补遗漏的思想。这种情况在神经症中比在梦中表现得更明显。这是因为，在神经症中的感情（至少在质的方面来说）通常都是真实的。其强度因神经症的注意力的位置的移动而增大。癔症患者会因为自己的症状——即，对无关紧要的琐事感到非常恐惧——而感到惊讶，而强迫性神经症而苦恼的病人也会对自己的症状——即，因为某些琐碎、无意义的小事而强烈

①如果我不是错得太离谱，那么，我所知道的我的一岁八个月的孙子做的第一个梦表明，为了使感情在睡眠中仍保持不变，梦的工作成功地将其材料转变成了欲望的满足。我的孙子在他的父亲赶往前线的前一天的晚上哭个不停，并嚷道：“爸爸，爸爸——宝宝！”这句话的意思当然是“爸爸和宝宝不要分开，要在一起”，而他的啼哭意味着他已经认识到离别在即。这时他已经能够很好地表现“离别”这一概念了。“离开（德文即，fort）”这个词是他最早学会说的词汇之一（他以一种独特的声调和被拉长的“oooh”的叫声表现这个词）。而且，在做这个梦之前几个月，他就已经开始对自己的所有的玩具使用“离开”这一词汇了。这可以追溯到他很早就已经成功地做到了的自我克制——即，“让母亲离开”。

地自责——迷惑不解。这两种情况都是将表象内容——即，无关紧要的琐事或无意义的小事——当作了本质上的事物来考虑，他们在这一点上犯了错。而且，因为他们将这种表象内容当作了思想活动的出发点，所以，尽管他们自己也觉得自己的症状很奇怪，却还是无力做出改变。然而精神分析可以将他们引上正途。精神分析指出，感情本身是真实的——这与他们自身的想法恰好相反——然后，精神分析将会找出这种感情的真正来源，即，因替代品而受到压抑的观念。我们通常认为，感情的释放与表象内容这二者是一个不可分割的整体，但对这一观点的否定，恰恰是上述的精神分析工作的一个前提。事实上，这二者不过是被勉强地联接在一起，通过分析，便可以使其分离崩析。梦的解析的工作告诉我们，事实就是如此。

在以下这个梦例中，尽管存在着某种似乎必然会促成感情的释放的表象内容，但是，其感情并未外露。分析说明了其中的原因。

（一）

"她在沙漠中看到了三头狮子。其中一头在笑。她完全不害怕狮子。但是，后来一定是害怕狮子，所以逃走了。这是因为，她想要爬到一棵树上去。然而，她的表姐——法国人、家庭主妇——已经在那棵树上了"，等等。

通过分析，得出了以下材料。这个梦的一个微弱的诱因来自她的英文作业中的一篇文章中的句子："鬃毛是狮子的饰物。”她的父亲长着络腮胡，就像鬃毛一样。她的英文老师是莱昂斯小姐（Lyons=Lions〔狮子〕）。一位与她相熟的男士送给她一本勒威[①]的民谣集。这就是三头狮子的来历。她为什么会害怕这三头狮子并逃走呢？她读过一个故事，内容是一个煽动其他人起来暴动的黑人被猎犬追赶，爬到树上得以逃脱。然后，她沉浸于骄傲、兴奋的心情中，记忆中浮现了许多断片。其中之一是在滑稽杂志上刊登的捕捉狮子的方法。首先，把沙漠放在筛子上筛，然后，留下来的就是狮子。她还想到了一个非常有趣但并不太得体的故事。有人询问某位官员为什么不去巴结上司，这位官员答道，他已经想要努力去这样做了，但比自己地位稍高一些的同事已经捷足先登了。事实上，这位女士在做这个梦的前一天，接待了前来拜访的丈夫的上司。知道了这件事，整个梦的材料的意义便很清楚了。这位上司对她彬彬有礼，并吻了她的手。她一点也不害怕他。尽管这位上司是一位“大人物[②]”，在她的祖国的首都扮演着“社会名流[③]”的角色。所以，可以将这头狮子与《仲夏夜之梦》中的——作为细工木匠斯纳格的真面目的——狮子进行对比。也就是说，在这个梦中出现的狮子——哪怕是三头狮子——的面前，人们完全没必要感到害怕。

①勒威，即，Lowew，1904—1988年，奥地利出生的美国歌曲作家。另，德文中，Löwe意即“狮子”。——译者注

②德文即，GrossesöTier，直译为，“大动物”。——译者注

③即，social lion，直译为，“社交界的狮子”。——译者注

（二）

作为第二个梦例，我决定引用一位女病人的梦。她梦见自己的姐姐的小儿子夭折了，躺在一口棺材里。在此我要对这个梦加以补充，即，当时，这位女病人并没有感到痛苦和悲哀。在对这个梦的分析中，我们已经知道她为什么没有感到痛苦和悲哀。因为这个梦不过是对她希望与爱人能够再见的欲望的掩饰而已。感情必须与这一欲望相契合，而不是与掩饰这一欲望的伪装相契合。所以，她当然不会感到悲伤。

在某些梦中，感情还有可能与取代了它原本所依附的表象内容的、另一种表象内容彼此结合，并保持不变。而在另一些梦中，情结的分离现象则更进一步，感情似乎已经与其所依附的表象内容完全脱离，并被移置到梦的另一部分，甚至，感情还会在这“另一部分”与梦的各个元素彼此配合，形成新的依附关系。也就是说，这与我们已经知道的、关于梦中做出的判断行为的情况是类似的。如果在梦念中存在着一个符合逻辑的推断，那么，在梦本身中也会包含这一推断。但是，梦中出现的推断有可能会建立在完全不同的材料的基础上，而这种移置作用遵循的往往是对立的原则。

我将通过以下梦例来说明这种最后的可能性。这是我分析得最详尽的一个梦例。

（三）

“海边的城堡。后来，这座城堡不再位于海边，而是坐落在一条通向海洋的狭窄的运河的岸边。P先生是城堡的司令官。我和P先生一起站在一间有三个窗户的、宽敞的房间里。在房间前面，耸立着城塞中常见的垛墙。我身穿类似海军志愿军官的军服，隶属驻防部队。因为正处战争状态，所以担心会有敌舰来袭。P先生想要离开这座城堡。他向我做出指示，告诉我如果出现了我们所担心的事态应采取何种措施。他的患病的妻子与孩子们都在城内。他说，炮击开始后，必须离开这个房间。P先生似乎呼吸困难，想要离开房间。我拉住他，向他询问在必要的场合怎样与他取得联系。对此他说了些什么，然后立刻倒地死去。也许是因为我问了这样的问题，使他更加疲劳的缘故。他的死亡并没有给我留下什么特别的印象。但是，我考虑到以下的问题。例如：他的遗孀今后是否还要留在城内，我是否应该向总司令官报告P先生的死讯并指挥城堡的战斗——我的军衔仅次于P先生——等等。我站在窗前，观察通过的船舶。都是商船。在深蓝色的水面上飞速航行。有几艘船竖着几根烟囱，还有几艘船有凸出的甲板（〔在此并未提及〕与序梦中的车站的建筑物非常相似）。这时，我的哥哥来到我身边，我们一起望着窗外的运河。我们看到一艘船，同时大吃一惊，叫道：'军舰来了！'然而，那不过是一艘我本来就知道的船返航了而已。又来了一艘小船。这艘船被很滑稽地切断了。因此没有中间靠后的船体。甲板上放着模样奇怪的杯子似的东西，或是小箱子似的东西。我们几乎异口同声地叫道：'这是早餐的船。'"

船只的迅速航行、深蓝色的水面、从烟囱喷出来的褐色的烟雾，这些事物彼此配合，构成了一种紧张、阴郁的印象。

这个梦中的地点、场所源自我数次在亚得里亚海[①]旅行（米拉马雷、杜伊诺、威尼斯、阿奎莱亚等地[②]）时的印象。（在做这个梦的数周前）我与哥哥在阿奎莱亚做了一次短暂而愉快的复活节旅行，记忆犹新。同时，我对美国和西班牙的海战以及与这场战争相关的事——住在美国的亲戚的安危——感到忧虑；这种忧虑也出现在这个梦里。在这个梦中，感情活动表现在两个细节上。第一，感情在应该释放时却没有任何表现。即，在梦中，司令官的死亡并未对我造成任何影响。这一点表现得很清楚。第二，即，梦中，当我认为军舰出现时，我感到非常惊讶。在睡眠中，我感受到了这种惊讶的心情。这个梦的结构很完美，各种感情的配置也很巧妙——它回避了一切较为显眼的矛盾。司令官的死当然没有理由一定会使我感到惊讶，而且，我作为城堡的指挥官、发现军舰而感到惊讶也并无不妥。然而，分析的结果却表明，P先生不过是我自己的一个替身而已（在梦中，我代替了P先生）。也就是说，我就是司令官，而猝死的人也是我自己。梦念所关注的问题是，我猝死后整个家庭的未来。在梦念中，这是唯一使我感到痛苦的观念。事实上，在这个梦中，与“看到军舰”紧密相连的恐惧，应当从“看到军舰”这一

①亚得里亚海，是地中海的一部分水域，分开了亚平宁半岛和巴尔干半岛。亚得里亚海西岸属于意大利，东岸分别属于斯洛文尼亚、克罗地亚、波斯尼亚和黑塞哥维那、黑山和阿尔巴里亚。海中有近1200个岛屿。——译者注

②即，Miramaer、Duino、Venice、Aquileia，均为地名、意大利城市。——译者注

情景中剥离出来，并与“家庭的未来”这一观念相结合。分析的结果还表明，军舰这一材料在梦念中的来源反而充满了明快的回忆。那是一年前在威尼斯发生的事。有一天，晴空澄澈，我们夫妻两人在斯拉夫人堤岸[①]的旅馆的房间里凭窗眺望，内湖湖水碧蓝，比平常更加熙攘热闹。英国军舰应于此时抵达并接受盛大的欢迎。突然，我的妻子像个孩子似的欢呼道：“看啊，英国军舰来啦！”在梦中，同样的话语却让我感到惊讶。在此我们可以看到，梦中出现的语言、对话等都源自清醒生活中的体验。很快我还将证实，这个句子中的“英国”这一元素对于梦的工作而言也决非是无意义的。也就是说，我将梦的隐意中的使我感到愉快的事转换为梦的显意中的使我感到惊讶的事。而且，毋庸讳言，这种转换本身就表现出了部分梦的隐意。这个梦例证明，梦的工作可以自由地将感情释放的诱因从它与梦的隐意的各种联系中剥离出来，并将其置于梦的显意的任何地方。

接下来我将尝试详细分析“早餐的船”这一观念。在这个梦例中，它的出现使得原本合乎逻辑的事态一下子变得不符合逻辑且毫无意义。仔细观察这个梦的元素，我便回忆起来，这艘船是黑色的，其最宽的中部被切断了，而这被切断的部分与伊特鲁利亚城的博物馆中吸引了我们的注意力的事物非常相似。那是用黑色陶土制造的带有两个把手的方形器皿，上面放

①斯拉夫人堤岸，意大利文即，Riva degli Schiavoni，地名，是威尼斯的一段堤岸，沿圣马可水道延伸。这段堤岸得名于威尼斯共和国时期来自达尔马提亚的商人，他们在此停靠商船、建立市场摊位。——译者注

着咖啡杯、茶碗或是红茶茶杯之类的东西。与当代的早餐餐桌上摆着的器皿不无相似。据说那是某个伊特鲁利亚女性的化妆用具，放在上面的是盛有胭脂和香粉的小盒。于是我们半开玩笑地谈到，把这个带回家给妻子做礼品是个不坏的主意。所以，在这个梦中出现的船意味着黑色的化妆——即，丧服——也就是说，是对死亡的直接暗示。这艘船在另一方面，还使我想到“Nachen(德文，意即“小船”)”一词；我的一位朋友——他是语言学家——曾告诉过我，这个词源自希腊文。古代，人们将尸体放在这样的小船上，使其归葬海中。在这个梦中出现的船舶的返航即与此有关。

静静地，乘着救赎的小舟，

老人不再返回港口。

德文即，

Still, afu gerettetem Boot,
Treibt in den Hafen der Greis.

那是船舶失事后的返航。而“早餐的船”的中间部分也破损了。但是，“早餐的船”这个名字是由何而来的呢？在前文中提及我在威尼斯见到军舰一事时，未曾加以解释的“英国”这一元素，便用于此处。早餐，德文即，Faühstück，在英文中，即，breakfast。而“breakfast”意味着“breaking fast(意即‘打破绝食的人’)”。这个词汇中的“打破”，即，“brechen”与

“船难（德文即，Schiffbruch）”有关，而“绝食”则与“丧服（黑色的化妆）”有关。

就“早餐的船”而言，只有这个名称是由梦创造出来的。事实上，它本身是真实存在的，并使我想起在最近一次旅行中最愉快的回忆。因为担心在阿奎莱亚吃不到爱吃的东西，我们从戈里齐亚[①]带来一些食物，并在阿奎莱亚买了一瓶上好的伊斯特拉[②]葡萄酒。然后乘坐小型轮船，经由代勒密运河[③]缓缓驶向格拉多[④]。航行在孤寂的内湖，我们夫妻二人是船上唯一的乘客，在甲板上兴高采烈地吃了早餐。我们几乎从未如此愉快地吃过早餐。而这，就是“早餐的船”。在这种极其愉快的生活体验的回忆的背后，却潜藏着梦对于不可知的未来的阴郁设想。

各种感情与表象内容——即，唤起这些感情的表象内容的剥离，是感情在梦的形成中发生的最显著的现象之一。但是，由梦的隐意向梦的显意发展的过程中，这并不是感情所发生的唯一的变化，当然也不是本质上的变化。将梦的隐意中的感情与梦的显意中的感情加以比较，立即可以发现以下事实。即，如果在梦的显意中存在某种感情，那么，在梦的隐意中也一定存在这种感情。但是，反之则不然。一般而言，梦（梦的显

①戈里齐亚，意大利文即，Gorizia，地名。位于意大利东北部阿尔卑斯山脚下，临近斯洛文尼亚边境，是戈里齐亚省的首府。——译者注

②伊斯特拉，即，Istrian，地名。指伊斯特拉半岛，是欧洲亚得里亚海东北岸的一个三角形半岛，西临威尼斯湾，有着达尔马提亚式海岸岛屿星罗棋布的特征。该半岛的代表都市是斯洛文尼亚的科佩尔。——译者注

③代勒密运河，即，Delle Mee。——译者注

④格拉多，意大利文即，Grado，地名。意大利戈里齐亚省的一个市镇，旅游胜地。——译者注

意）在感情上比精神材料——即，经过加工后构成梦的精神材料——贫乏得多。在重新构建梦念（梦的隐意）时，可以轻易发现以下事实。即，一般而言，在梦中最强烈的精神冲动，在与其尖锐对立的另一种冲动彼此冲突的同时，还极力试图“浮出表面”。而我们如果对梦（梦的显意）加以回顾，往往会发现，它是平淡的、并不具有任何感情色彩。梦的工作不仅会将我的思想内容转变成某种平凡无奇的事物，它往往也不会放过我的感情波动。因此，可以说：“梦的工作达成了对感情的抑制。”在此，我将再次举出植物学专著的梦例。这个梦的隐意与我对自由的热情、激烈的向往相呼应，表达了我希望能够随心所欲地行动，并相信自己绝对正确而恣意地安排自己的人生的欲望。但是，由这一梦念所产生的梦却丝毫没有这种迹象。“我写了一本关于某种植物的专著。这本书就放在我的面前。书中配有彩色插图。每一幅插图都配有干枯的植物标本。”在这种描述中所能感受到的平静属于尸横遍野的战场，激斗早已结束，金戈之气消散一空。

但情况也可能完全相反。有时，生动的感情表现也会出现在梦的显意中。然而，我们应该注意到，以下的事实是很难否定的。即，大量的梦本身的表现是平凡无奇的，但当我们置身于其梦念之中，就必定会深受感动。

对于在梦的工作中出现的这种对感情的抑制的情况，很难在理论上做出完美的诠释。这是因为，想要解决这一问题，就必须对感情理论与抑制的机制进行非常详尽的研究。所以，在此我只想提出两个观点。出于其他一些理由，我不得不这样认为，感情的释放是某种离心的、指向身体内部的运动；这与人体的神经——对运动和分泌的活动——的支配过程是相似的。在睡眠状态下，运动神经的冲动对外部世界的传导似乎受到了阻挠，与此类似，可以认为，感情的离心的冲动也由于睡眠中的潜意识的思考而变得困难起来。考虑到这种情况，通过梦念的对立而得以表现出来的感情的冲动其实是很微弱的，所以，在梦（梦的显意）中表现出来的感情的冲动也就说不上有多强。由此可知，“感情的抑制”并不是梦的工作的成果，它只是睡眠状态的结果而已。尽管如此，但我们还不能说这一结论是完全正确的。我们在承认这一结论的同时，还有必要注意到，事实上，所有结构略微复杂一些的梦都是各种精神力量之间纠结冲突、然后彼此妥协的结果。一方面，构成欲望的思想不得不与行使稽查作用的“法庭”所提出的反对意见奋力拼搏；另一方面，我们已经知道，在潜意识的思想自身当中，任何一种思想倾向都与另一种与它矛盾而不相容的思想倾向紧密结合在一起。因为所有这些思想倾向都带有某种感情，所以，感情抑制就是这些互相矛盾的思想倾向彼此冲突的结果，同时，也是稽查作用对这些思想倾向的冲动加以抑制的结果。我认为，这基本上可以说是正确的。因此，就像梦的化装是梦的稽查作用的第一个成果那样，感情抑制是稽查作用的第二个成果。

接下来插入的这个短梦，其内容中的感情波动乍看上去非常平淡，这可以用梦念中的对立加以解释。只是，它或许会使读者心头烦恶。

（四）

“一座小山丘。山丘上有一个看上去像是露天厕所的事物。有一条很长的板凳。在板凳一端有一个很大的排便用的洞。在板凳的后面、另一端，堆满了小堆粪便，其大小和新鲜程度各不相同。板凳后面有一个草堆。我面朝板凳小便。长长的尿流将所有的污物都冲洗干净。粘在上面粪堆很容易就被冲落，掉进粪坑里。但后来我觉得还是有什么东西留在上面。”

为什么我在这个梦中不感到厌恶呢？

这是因为（正如分析所示），这个梦是由一系列最为愉快和满足的思想形成的。在分析过程中，我立刻联想到了被赫拉克勒斯[①]清扫干净的、奥革阿斯[②]的牲口圈。而我就是赫拉克勒斯。山丘与草堆就是奥西湖，我的孩子们正在那里逗留。我发现了神经症患者源自童年时期的病因，从而使得我的孩子们避免了罹患这种病症的风险。板凳（当然，除了那个排便用的洞）则是一位非常感激我的女病人送给我的一件家具。这件礼物让我想到，我的病人们如此尊敬着我。甚至，就连那些粪便的陈列品也有一种令我满意的解释。当然，如果在现实生

①赫拉克勒斯，即，Hercules，又名海格力斯，主神宙斯与阿尔克墨涅之子，希腊神话中最伟大的半神英雄。他的一生充满传奇，曾解救被缚的普罗米修斯，协助伊阿宋取得金羊毛，并完成过十二项英雄伟绩。——译者注

②奥革阿斯，即，Augean，希腊神话中的埃利斯国王，太阳神赫利俄斯之子。他拥有大批牲畜，赫拉克勒斯完成的十二项英雄伟绩之一就是在一天之内清理奥革阿斯的牲口圈。——译者注

活中看到实物，一定会感到厌恶，但在梦中，这却是一段对美丽的意大利的回忆——众所周知，意大利的一些小城镇的厕所与我梦见的也没什么两样。而尿流将所有的污物都冲洗干净的细节，无疑是在暗示“伟大”。例如，格列佛[①]曾用相同的方法扑灭了小人国的大火——虽然他因此被小人国的王后所厌恶。但是，拉伯雷笔下的巨人高康大也跨坐在巴黎圣母院上面，用尿流冲刷巴黎这座城市，以达成对巴黎人的报复。我正是在做这个梦的前一天晚上的睡觉前，看到了加尼叶[②]为拉伯雷的作品所做的插图。因此，与小便有关的细节确实可以作为对我是巨人一事的证明。在巴黎逗留时，我经常去巴黎圣母院的平台；悠闲的午后，我总是喜欢在这座教堂的塔楼上、在怪兽与恶魔扭曲着面庞的浮雕之间攀爬徘徊。而所有的污物都在一条“光线”的照耀下那样迅速地消散无踪，难道这指的不正是那句拉丁文的格言吗？即，“Afflavit et dissipati sunt”，意即，“他们已被吹拂消逝”。我一直想把这个句子作为自己的癔症疗法的某个章节的标题。

那么，这个梦的起因是什么呢？那是一个夏天的炎热的下午。直到傍晚，我都在就癔症与性倒错之间的关联进行演讲，

①格列佛，即，Gulliver，出自英国作家乔纳森·斯威夫特的作品《格列佛游记》。该书共分成四个部分，分别记载外科医师格列佛的四次冒险旅行——小人国、大人国、诸岛国、慧因国，对当时的科学家、辉格党、汉诺威王室进行了激烈的讽刺。——译者注

②加尼叶，查尔斯·加尼叶，即，Charles Garnier，1825—1898 年，法国著名建筑师。他创造了新古典主义、文艺复兴主义和巴洛克风格。其巅峰作品为巴黎歌剧院。——译者注

但我对自己的演讲并不满意。我感到非常疲惫。我感到在自己的艰苦的工作中毫无快乐可言，想要干脆地摆脱所有这些在人类的污秽中戳戳点点、搅拌不休的工作，赶去孩子们的身边，赶去美丽的意大利。在这种心情下，我离开礼堂，来到一间咖啡馆。我坐在庭院中的桌前，想要随便吃点什么。我毫无胃口。但是，一位听众跟着我来到这里，要在我喝咖啡吃卷面包的这段时间中与我同桌而坐。他开始对我大加奉承。说他从我这里学到了很多东西，说他现在能够以全新的眼光来看待世间万物了，说我将充满了谬论和偏见的神经症理论这一“奥革阿斯的牲口圈”打扫得一尘不染……总之，他认为我是个了不起的大人物。我的情绪实在难以回应他的这些赞誉之词。于是，我为了从厌恶的感觉中奋力挣扎出来，提前回了家，并在睡觉前翻阅了拉伯雷的著作，并读了C.F.迈耶[1]的短篇小说:《少年的苦恼》。

这个梦就是由这些材料构成的。迈耶的小说又使我联想到了童年时期的一次体验（参见图恩伯爵的梦的结尾部分）。就构成梦的内容的全部材料这一范围而言，白天的厌恶与疲劳的情绪直接进入到了梦中。然而，到了晚上，与这种情绪相反的、强有力的甚至是夸张的自我强调的情绪开始发挥作用，消除了白天一直持续围绕在我身边的阴郁的情绪。因此，梦的内容就必须以同一种材料表现出两种相反的事物——即，自卑与

①C.F.迈耶，即，康拉德·费迪南德·迈耶，Conrad Ferdinand Meyer，1825—1898年，诗人，生于苏黎世。——译者注

自负。作为妥协的结果，梦的内容就变得暧昧、模糊。而这两种相反的事物彼此抑制，也使得感情的波动变得淡漠和平凡无奇。

如果这种与夸大的幻想对立的——同时，也是尽管受到了一定的压抑但却伴随着快感的——情绪并没有加入到以厌恶作为基调的情绪之中，那么，从梦的欲望满足的理论出发，这个梦就不可能形成。这是因为，使人痛苦的事物一般而言并不会出现在梦中。梦念中的使人痛苦的事物只有在能够成为某种欲望满足的伪装时，才能够进入到梦（梦的显意）中。

对于梦念中的各种感情，梦的工作或是允许它们直接进入梦中，或是将其化为乌有。但除了这两种情况之外，梦的工作还有另一种处理方式。即，梦的工作还有可能将这些感情转变为与它们对立的事物。在前文中我已就两种情况展开过探讨，即，通过分析可以发现，梦中的每个元素或是具有其原意，或是具有与其原意相反的意义。不经过分析，我们就分辨不出各个元素的真面目究竟是什么，只有对其前后关系进行检讨后，才能知道它们在梦中是以其原意出现，还是被扭曲了。似乎社会上的一般大众对此也多少有些察觉，所以，坊间流行的所谓“梦书”大都是按照这种“梦的隐意与梦的显意相反”的原则来解释梦的。这种转变——即，将某个元素的原意转变为相反的意义——之所以可能，是因为在我们的思想中，某种事物的观念是与另一种与它相反的事物的观念紧密结合在一起的缘故。与其他所有移置作用一样，这种转变也为稽查作用的各个目的而服务。但是，它通常也是欲望满足的产物。这是因为，欲望满足的本质就是将某种令人不快的事物置换为令人愉快的事物。因此，与事物的观念一样，梦念中的各种感情也可以转变为其对立面，并出现在梦中。而且，这种感情的转变通常是由梦的稽查作用完成的。感情的抑制与感情的颠倒在现实的社会生活中——这与梦的稽查作用非常相似——也起到了伪装（掩人耳目）的作用。例如，如果我想要骂某个人几句，但又不得不有所顾虑，那么，当我与他交谈时，我所考虑的重点首先是在他的面前掩饰自己的内心的感情，不被他发现，其次才是表现我的想法的措辞。即使我的遣词造句说不上无礼，但如果我的眼神和态度中流露出了仇恨、轻蔑的感情，那么，所达成的效果与公然对他表示鄙视也没什么不同。于是，稽查作用命令我首先要抑制自己的感情。而如果我是个两面三刀的高手，就会以相反的感情来伪装自己，例如，在愤怒的时候微笑，在暗藏杀机的时候却制造出关怀备至的假象。

一个出色的、对梦的稽查作用做出了贡献并在梦中表现出了这种感情的颠倒的实例是，“叔叔的胡须”的梦。在这个梦中，就梦的隐意而言，我说了我的朋友 R 先生的坏话，把他当成一个大傻瓜，但在梦的显意中，我却对他怀有深厚的感情。我们正是通过这个感情颠倒的梦例，才第一次意识到了梦的稽查作用的存在。我们没有必要认为是梦的工作凭空创造出了这种相反的感情。一般而言，这种相反的感情已经在梦念的材料中存在着，而梦的工作是找出它们，并利用防御机制的精神力量强化它们，使其成为梦的形成过程中不可或缺的事物。在“叔叔的胡须”的梦中，“深厚的感情”这一相反的感情似乎源自童年时期的体验（梦的后半部对此已经有所表现）。至于叔侄关系，在我的最早的童年时期的各种体验中具有一定的特殊性，是我全部的友爱与仇恨的来源。

费伦齐曾记录了一个关于感情颠倒的出色的梦例[1]。“晚上，一位中年男士被妻子摇醒。因为他在睡眠中放声大笑，他的妻子被吓坏了。后来，他告诉妻子，自己做了以下这个梦。他说道：‘我正躺在床上，一位我熟悉的绅士进入房间。我去开灯，但没能成功。我又试了好几次，但还是失败了。这时你从床上起身，想要帮我，但你也没能把灯打开。你因为自己穿着睡衣，在那位绅士面前感到不好意思，所以便不再帮我，重新回到床上。而我感到这一切实在非常滑稽，忍不住放声大笑。你问我：“你笑什么？你笑什么？”但我还是一直大笑，终于醒了过来。’第二天，这位男士意气消沉，头痛难忍。他说道：‘肯定是因为笑得太厉害，弄得自己受不了了。’”

“从精神分析的角度出发，可以看出这个梦绝不是什么好笑的梦。进入房间的‘一位熟悉的绅士’在梦念中即是作为‘伟大而未知的事物’的‘死亡’这一观念——这是在做梦的前一天被唤起的。这位中老年男士患有动脉硬化症，在做梦的前一天，他因为某件事而被迫考虑到了自己的死亡。而不知休止的大笑，即是考虑到自己必将死亡时流下的泪水以及啜泣的象

①《国际精神分析学杂志》，第四卷，1916年。

征。他始终也没能点亮的灯，即是他再也不能点亮的生命的灯火。可以说，这一悲哀的思想与最近他进行尝试但最后未能成功的性交有着密切的关系。那时，他的妻子身着睡衣、对他进行帮助，却仍然无济于事。他承认自己已经在走下坡路。而梦的工作将阳痿与死亡的悲哀思想转变为梦中的滑稽景象，痛哭变成了大笑。”

有一类梦可称之为“虚伪的”，并且，它也是对欲望满足理论的严峻考验。女医生希法亭夫人[①]在“维也纳精神分析学协会”援引鲁赛格尔[②]记录的梦例作为讨论材料，使我注意到了这一类梦的存在。

鲁赛格尔在《绝交》这个故事中写道：“平时我很容易就能睡熟，偶尔也会撞见难以入眠的夜晚。因为，我是个学生，是个文人，但在这生涯之外，裁缝的阴影就像难以驱散的亡灵，一直笼罩在我的心头。

“从早至晚，我当然并不是总在考虑过去的事。对于超凡脱俗而且要使这广阔的天地改头换面的人物来说，除此之外尚有不少要务。但是，当我还是一个开朗悠闲的年轻人，那时我几乎从未考虑过入夜后所见的梦境。后来我渐渐习惯了胡思乱想，又或者是在我的内心那些世俗的习气再次抬头后，我才注意到一些问题——为什么只要一做梦，就会重回当初做裁缝的

①希法亭，德文即，Frau Dr. M. Hiferding。——译者注

②鲁赛格尔，即，彼特·鲁赛格尔。又译，洛在格。德文即，Peter Rosegger。1843—1918年。奥地利诗人、小说家。——译者注

那些岁月？自己究竟在师傅那里做了多久没有工钱的学徒？即使是坐在师傅旁边又缝纫、又熨烫，我心中却一清二楚，我原本不是这个世界的人——我做着别的工作，我是个城里人。我每年都有假期，我也去过令人心情舒畅的避暑胜地。然而，我只要做梦，就必定会梦见在师傅那里工作。有时，我异常忧郁。我痛惜被虚掷的时光。我心中痛悔，那么多的时间原可用来做更多的事、有益的事。有时尺寸、版型出了小错，便被师傅狠狠训斥。但每周的薪金他却从来一句也不提。店中环境阴暗，我弯腰弓身努力做活，经常想到干脆休个假、跟这门手艺就此绝交。我试着那么做过，但师傅根本不听我说，我毫无办法，只得坐回他的身边，继续缝起衣服。

“能够从这种无聊的梦中醒来实在是一件值得高兴的事。于是我下定决心，如果今后再做这种令人不快的梦，我就要拼命摆脱，大声喊叫：‘这真是太烦人了，我正躺在床上，就要睡觉！’……然而，第二天晚上，我又坐在了裁缝店的房间里头。

“这个梦保持着出乎意料的规律性，不时上门拜访，不肯离我而去。某一天晚上，我又梦见，我与师傅在农民阿尔贝霍夫——我曾为他帮工——的家中工作。师傅对我的工作益发不满。他恶狠狠地瞪着我，说道：‘你到底在想什么？’我真想立刻站起来，冲他叫嚷‘我和你在一起只是为了让你高兴’，然后就飞奔离开——这样也许最好。然而我没那么做。师傅又雇了一个学徒，并命令我躲开一些，好给新来的人腾出座位。我全都听他的。我坐到角落，仍然继续缝纫。同一天，又雇了另一个雇工。那竟然是个流浪汉，19年前曾在这里工作，有一次，从酒馆回去，在路上跌进了小河。他要落座，板凳上却已没了位置。我望向师傅，脸上带着疑问。师傅说道：‘你不是当裁缝的料，你可以走了，就此一刀两断。’我听了满心惶恐，惊醒过来。

“清晨的微光透过窗户抛光极佳的玻璃，照进我熟悉的房间。我为艺术品所环绕。精美的书架上排列着光辉、不朽的人物的著作——永恒的荷马、伟大的但丁[①]、无与伦比的莎士比亚、荣耀辉煌的歌德——我随时都可取在手中。隔壁传来和母亲在一起笑闹的稚子的声音。我仿佛重新发现了这田园牧歌般甜蜜的，平和而温暖的，富于诗情画意的明媚的生活。尽管如此，我还是因为没能先向师傅提出辞别却被他抢先解雇而懊恼不已。

“然而这是多么不可思议啊，自从那晚我梦见师傅与我‘绝交’以来，我便能够安然入睡，再也没有梦见那遥远的过去的裁缝生涯。现在想来，那些日子其实快乐而明朗，但却在我的人生中投下了长长的阴影。”

诗人鲁赛格尔年轻时做过裁缝，就他所做的这一系列梦而言，很难以欲望满足的理论来解释。可以看出，所有使人愉快的事物都集中在现实生活中，而与此相反，梦中却一直笼罩着

①但丁，但丁·阿里吉耶里，意大利文即，Dante Alighieri，1265—1321年，意大利诗人，现代意大利语的奠基者，欧洲文艺复兴时代的开拓人物之一。被认为是意大利最伟大的诗人，也是西方最杰出的诗人之一。代表作为长诗《神曲》。——译者注

那些他终于挣脱了的、使人不快的过去的生活的阴影。我通过一些类似的梦，得以了解到这一类梦的真正意义。我刚刚取得医生的学位时，曾有很长一段时间在化学实验室工作，但始终无法掌握这门科学所要求的技术。因此，在清醒生活中，我从来不会回忆起这段不愉快的、毫无收获的研究生活。然而，与此相反，我却经常梦见自己在实验室工作、进行分析，以及其他一些体验。这些梦与考试的梦一样，都使人不快，而且总是模糊不清。在分析其中一个梦时，我终于注意到“分析”这一词汇。这个词是理解这些梦的关键。正如大家所见，在那以后，我成了一名“分析家”——虽然所做的是“精神分析”。但无论如何，我的分析工作在社会上广受好评。

于是，我发现：在清醒生活中，我对自己现在所做的这种分析工作感到自豪，并且认为自己已经颇有建树而在心中骄傲不已，但到了晚上，梦就会将那些毫无骄傲可言的、我在分析工作中所品味到的失败送到我的眼前。也就是说，这些梦是对“暴发户”的惩罚的梦——就像那位在后来名声大噪的诗人所做的裁缝的梦一样。但是，在面对暴发户的骄傲与自我批评之间的纠葛时，梦为什么会以自我批评为内容，选择了尖锐的警告而不去选择欲望的满足呢？为什么会出现这种情况呢？正如我在前文中所说，这个问题相当难以解决。或许可以这样认为：最初构成梦的基础的，是野心勃勃的名利心的幻想，但最终成为梦的内容的，却是对这种幻想的矫正，也就是：其被泼冷水后的剩余物。同时，我们还可以想到，在人类的精神生活中存在着某种受虐倾向，而这可以看成是这种颠倒的原因所在。即使人们将这种梦称为“惩罚的梦”，并将其与欲望满足的梦加以区分，我也不会提出反对意见。但是，这并不意味着我迄今为止所提出的种种梦的理论具有某种局限性。我只不过是出于对相反的事物彼此吻合的现象感到惊讶的立场，而在术语上加以承认而已。而从这一类梦中取出一个例子，加以详细分析，就可以发现还有许多其他的现象存在。在我做过的一个类似的梦中，除了我出现在化学实验室之外，还有其他一些内容，即，在梦中，我正处于在医生的生涯中最沉闷、毫无业绩可言的年龄。我梦见，当时，我没有任何地位，甚至看上去将来也难以糊口，但突然出现了好几位女士，而我可以从中选择自己未来的伴侣。在这个梦中，我重返青春，而且，伴随我度过了这一段患难的岁月的妻子也变得年轻了。也就是说，一个令逐渐老去的男人的心灵痛苦不已的欲望，成为潜意识对梦的刺激。在虚荣心与自我批评之间的、在另一个的精神层面上的、激烈的斗争，确实决定了这个梦的内容，但是，只有深埋于心中的、希望重返青春的欲望，才使得这种斗争的内容能够成为一个梦。我们在清醒时经常会对自己这样说道：“现在当然是一切都非常顺遂了。而且，过去真是艰苦。但那些时光也很美好——我也还年轻。”①

在我自己经常做的梦中，有另一类梦可以归类为“虚伪的

①自从精神分析学将人格区分为“自我”和“超我”以来（参见《集团心理学与自我分析》，1921 年，全集第十三卷），不难看出，这一类的“惩罚的梦”即可以解释为超我的欲望满足。

梦”，其内容是与断交多年的朋友们和好。分析总是指出梦中存在着某种契机——即，舍弃对过去的朋友顾虑与最后的温情并把他们视为陌生人或敌人的契机。然而，就梦本身而言，却总是满足于描绘出相反的关系。

对作家描绘出的梦进行分析时，作家本身可能会造成阻碍，而且，往往要假设他在描绘梦的内容的细节时去掉了一些在他看来并不重要的事物。在这种情况下，就能够很快解决作家记录下来的梦了——只要他准确地重现了梦的内容。

奥托·兰克向我指出，《格林童话》[1] 中的《聪明的小裁缝》或《一巴掌打死七个》的故事与暴发户的梦极为相似。故事中的裁缝在成为英雄和国王的女婿后，在一天晚上梦见了自己过去所做的裁缝的工作，他的妻子——即，公主——起了疑心。于是，公主命令武装的守卫当晚偷听丈夫的梦话，以弄清他的出身来历。但裁缝发觉了此事，便对自己的梦做了订正。

这些废弃、减少、颠倒等复杂的过程（正是这种错综复杂的状态使得梦的隐意中的各种感情变成了梦的显意中的各种感情），通过对已经进行了彻底的分析的梦加以重新构建，便会一目了然。接下来我将再举出几个感情变动的梦例。这些梦例与

①《格林童话》，德文即，Grimms Mörchen，是德国格林兄弟出版的一部著名童话集，首版于1812年，全书共收录童话200余则，与《安徒生童话》、《一千零一夜》并列为“世界童话三大宝库”，对其他国家的文化亦产生了影响。《格林童话》中的许多故事流传甚广，如《白雪公主》、《睡美人》、《灰姑娘》、《青蛙王子》等。格林兄弟是指雅各布·路德维希·卡尔·格林（德文即，Jacob Ludwig Karl Grimm,1785—1863年）和威廉·卡尔·格林（wilhelm karl Grimm,1786—1859年）兄弟两人，同为德国著名的童话搜集家、语言文化研究者。——译者注

前文中提及的各种情况是契合的。

（五）

我曾经梦见老布吕克教授给我出了一道非常奇怪的题目、让我解剖自己的骨盆——在做这个梦时，我并没有感到——原本应该感到的——恐怖。然而，这个梦在各种意义上都是欲望的满足。解剖意味着自我分析，而我不得不完成我的自我分析——只要我出版这本研究梦的书。这对我来说是一件很痛苦的事，为此我甚至将已完成的书稿的印刷推迟了一年以上的时间。然而，在我心中始终有一个欲望蠢蠢欲动，我想要克服这种压抑的情绪。因此，我在梦中完全没感到恐怖（德文即，Grauen）。而如果可能的话，我也不想让头发变灰（德文“Grauen”的另一个意思是“头发变灰”）。我的头发已经变得够灰的了。而“头发变灰”这一事实也提醒我不能再将印刷拖延下去了。所以，在这个梦的结尾才会出现了这样的思想，即，必须让孩子们自己经过艰苦跋涉而抵达目的地。

有两个梦例将满足的心情由梦中一直保持到了清醒后的瞬间。在第一个梦例中，这种满足的心情是因为，我认为自己对“我以前曾经在梦中见到过这个”这一观念的意义已经有所了解了，并且，这还与我的第一个孩子的诞生有着密切的关系。第二个梦例中，满足的心情是因为“某些预期的事物”现在已经成了事实，而且，这与我的第二个儿子的出生使我感到的满足的心情是一样的。在这两个梦例中，梦念中具有支配性地位的各种感情毫无改变地直接出现在了梦的内容中，但是，类似的情况其实是非常少见的。如果我们对这两个梦例的分析详加调查，就会发现，为稽查作用所支配的这种满足接受了另一个来源的援助，而这个来源本身是害怕稽查作用的。同时，属于这个来源的感情如果没有被另一种来自被稽查作用所允许的来源的、同一种类的、完全可以通过稽查作用的、满足的感情所掩饰——也就是说，如果没有隐藏到它的背后并悄悄地进入梦中——就一定会与稽查作用发生冲突。遗憾的是，我很难以具体的梦例来证明这一点。但我仍然可以由其他领域举出一例，以解释我的观点。假设出现以下情况，即，我有一个熟人。我恨他。因此，当他遭遇不幸的事，我就会强烈地幸灾乐祸。然而我的道德观念却对我的这种心情不能苟同。所以我很难将希望他遭遇不幸的欲望流露出来。那么，如果在他身上偶然发生了什么不好的事，我就会抑制自己心中的满足感，并在口头上对他表示同情，也就是说，对自己的心情加以强制。毫无疑问，每个人都曾有过类似的经验。然而，如果那个人因为犯了某种错误而受到了惩罚，在这种情况下，对于他遭受惩罚一事，我就可以毫不掩饰地流露出自己的满足感。就这一点而言，我与那些对他并无具体的爱憎感情的人们的意见是完全一致的。但我还观察到，我所感受到的满足感要比其他人强烈得多。我的感情的释放一直被内心的稽查作用所阻碍。但现在情况发生了变化，我的憎恶感不再被阻碍，并且强化了我的满足感。类似的情况在社会生活中其实并不罕见。某些被人反感的人物或是不受欢迎的少数派，如果他们因为犯了某种过错而招致惩罚，结果就是这样。在这种情况下，他们所受到的惩罚往往与他们犯下的错误并不相称，在应受的惩罚之外，还要加上那些以前并没有机会对他们直接表露出来的恶意。也就是说，执行惩罚的人们无疑是不公正的。然而，他们并不会意识到自己的不公正。这是因为，他们长期以来所努力进行的压抑现在终于得以释放，于是他们心中生出了满足感，以致对此毫无察觉。在这种情况下，感情在性质上还是妥当的，但在数量上就不太妥当了。而且，就前者而言，自我批评达成了自己的任务，于是按兵不动。同时，它就忽略了后者——这种情况是很常见的。大门一旦打开，人们就会蜂拥而入，其数量总是出乎预料之外。

唤起感情的诱因（契机）在质量上是正常的但在数量上却是异常的——这就是神经症性格的一个显著的特征。就神经症患者而言，在心理学所能允许的范围之内，即可对这一特征做出这样的解释。这种数量上的过剩源自一直以来受到压抑并保留在潜意识中的感情。而且，它们的来源与现实的诱因（契机）能够建立起联想的关系。同时，这种感情的释放并不提出任何要求，只是按照感情的正当而合理的来源所期望的那样，拓宽其道路而已。我们应当注意到，在施加抑制的稽查作用与被抑制的精神力量之间，未必只存在着唯一一种互相妨碍的关系；它们还有可能互相协作、互相强化，以致产生某种病态的现象。

为了理解梦的感情的表达，我们可以试着应用前文中提及的、关于精神机制的暗示。即使某种满足感在梦中出现，并且我们也能够看出它在梦念中亦有其适当的地位，但仅凭这一证明仍然不能说已彻底做出了解释。一般而言，我们必须找到这种满足感在梦念中的第二个来源。而且，这第二个来源受到了稽查作用的压迫，因此，它并不会表现为满足感，而往往会导致相反的感情的产生；由于第一个来源的存在，满足感得以摆脱抑制的支配，并且可以被来自其他来源的满足感加以强化。这样一来，梦中的各种感情就是由大量的、来自不同来源的事物所合成的事物，而且，如果对梦念中的材料加以留意，就会发现，这些感情还受到了多方面的制约。在梦的工作中，能够产生同一种感情的各个来源为了产生这同一种感情，而彼此协作[①]。

在那个以“NON VIXIT（即，未曾活到）”这句话为中心的、出色的梦例中，通过分析，我们对这些复杂的关系有了略进一步的了解。在这个梦中，各种不同性质的感情表现集中于梦的显意的两个细节上。首先，敌对与痛苦的感情——梦中采用的描述是“我感受到一种莫名其妙的情绪”——与我用两个词汇杀死自己的朋友和对手的细节是彼此吻合的；其次，在梦的结尾部分，我感到非常高兴，因为我领悟到：这世上存在着鬼魂，但它会随着别人的愿望而消失不见——在清醒时，我当然知道这种想法是荒谬的。

①我已经用类似的方法解释了具有某种目的的机智所达成的异常强烈的快感的效果。

之前我并没有提到过这个梦的起因。事实上，其起因、诱因，或契机能够帮助我们从本质上加深对这个梦的理解。我在柏林的朋友 Fl 告诉我，他将要接受手术，关于术后的病情，他在维也纳的亲戚会通知我。我看到了他的手术后的报告，情况不太乐观，我很担心。如果可能的话，我想要亲自去探望他，但当时我恰好患病，全身疼痛而动弹不得，因此未能成行。于是，我就在梦念中挂念我这位好友的生命安危。他唯一的妹妹（我并不认识她）在年轻时只是生了一场小病就去世了（在梦中，情况是这样的："Fl 告诉我，他的妹妹在四十五分钟之内就去世了。"）。我一定是幻想到了以下的情况。首先，他的体质并不比他的妹妹强壮多少；其次，最终我接到了他已病危的消息，这时才匆忙赶往柏林，但为时已晚，如果事情变成这个样子，我恐怕会终生受到良心的呵责[①]。这种对于迟到的自责构成了这个梦的核心内容，然而，这是由我的大学时代的那位尊敬的布吕克教授以他那双蓝色的眼睛凝视着我的情景来表现的。类似这种情况——即，将情景转向其他方向——的原因，我们很快就会知道。梦不能将情景本身以我亲眼所见的原样再现出来。于是，梦为另一个人保留了那双蓝色的眼睛，却令我来扮演"消灭"的角色。这明显出自欲望满足的工作——它进行了某种颠倒作业。对自己的朋友的生命安危的忧虑、对自己

①正是这一基于潜意识的梦念幻想，坚持以更为"霸道"的"NON VIVIT（即，已经死亡）"来代替"NON VIXIT（即，未曾活到）"，其表达的意义是："你来得太晚了，他不再活着了。"而关于梦的显意所需要的情景是"NON VIXIT（即，未曾活到）"一事，之前已经有所阐述。

未能去探望他的自责以及我对此感到的羞愧（在这个梦中的表现为：“我的朋友Fl悄悄来到了维也纳〔来看我〕。”），还有我希望以自己患病为借口做出辩解的意图，等等，这一切彼此交织，聚合成感情的风暴。而且，在我睡着的时候也能清晰地感受到这风暴，它在梦念的领域中激荡不休。

但是，还有另一件事也可以视为梦的起因。那对我产生了完全相反的影响。我收到了我的朋友在手术后病情不很乐观的通知，但在这个通知中还附带了一个要求，即，关于这件事，要对其他人保密。这个要求使我感到很生气。因为这就像是在说我是个信口开河的人一样。当然，我知道我的朋友不可能对我提出这种要求，一定是通知我的人过于笨拙并且神经过敏了。但是，这种委婉的责难仍然使我很不愉快。这是因为，这种责难其实并非毫无道理。众所周知，只有那种“确有其事”的责难才具有刺激性的力量，才会使人感到难堪。在我还很年轻的时候，我有两个朋友——当然，他们都与我的朋友Fl无关——他们也都把我当作是自己的朋友，并对我十分尊重。但是，有一次，其中一个人批评了另一个人，而我却将他批评的内容告诉了另一个人。我至今不能忘记自己当时受到的责难。我自己主动扮演了破坏他们之间的友情的角色。这两个人其中一个是弗雷，另一个则可以被称为约瑟夫——而在这个梦中出现的、既是我的朋友同时也是我的对手的P，也可以被称为约瑟夫。

在这个梦中，对我不能保守秘密的责难很明显表现为以下的元素。即，“悄悄”这一元素，以及Fl对我的责问——“关于我的事，你对P说了多少呢？”这一元素。但是，由于这一记忆的介入，对我的迟到的责难从现在移置到了我在布吕克的实验室工作的那段时间。而且，我在梦中“将其消灭”的情景中，将第二个人物置换为名叫约瑟夫的人物，通过这种方式，我不仅在这一情景中表现出了对“我的迟到”的责难，同时还表现出了另一种一直受到抑制的责难，即，对我不能保守秘密的责难。在此，梦的凝缩作用、移置作用，以及其动机已是一目了然。

我现在由于一定要保守秘密这一要求而产生的愤怒其实并不强烈，但这种愤怒被源自我内心深处的能量强化了，使得我的敌意——即，对现实生活中我所喜爱的人物的敌意——更加高涨。这种强化的能量源自我的童年时期。正如前文所述，我对同龄人的态度——温情脉脉的友情，还有敌意——都可以追溯到我与比我大一岁的侄儿在童年时期的关系。那时，侄儿的地位凌驾在我之上，我不得不从很小的时候就开始学习如何防御来自他的攻击。我们总是在一起生活，互相友爱，（据长辈说）有时也会厮打吵架并且互相告对方的状。事实上，我所有的朋友都是我的侄儿——他是我最初的朋友——的化身，“过去曾在我浑浊的眼前浮现[1]”，也就是说，他们都是我的侄儿的“幽魂”。在我的青年时代，我的侄儿再次来到我的身边，并且，我们当时还互相扮演过恺撒与布鲁图的角色。亲密的朋友

①歌德《浮士德》。

与可憎的仇敌，是我的感情生活中必然会出现的欲望。我一直在重新结识这两种不同类型的朋友。当我年龄还很小的时候，大概就是这样：一个朋友可以同时扮演两种角色，或是，这两种角色——亲密的朋友与可憎的仇敌——会在同一个人物的身上反复出现。类似的情况现在已经不再出现了，但是，在自己的朋友中找到这样一个人物——即，兼具朋友与敌人的属性——以接近自己在童年时期的理想，这种情况却绝不罕见。

那么，在这种既定的关系中，唤起感情的起因为什么能够追溯到童年时期呢？并且，为了达成唤起感情的目的，最近的起因是否起到了童年时期的起因的作用呢？在此，我并不打算就这些问题继续进行探讨。它们是潜意识思维心理学所要处理的问题，应该在神经症的心理学的解释中展开讨论。我们的探讨仅限于对梦的解析这一领域之中，我们现在可以假设，某些童年时期的记忆或是在幻想的基础上形成的童年时期的记忆已经苏醒，其内容为：有两个儿童因为争抢某件物品而打架——在记忆中或是在错误的记忆中可能会浮现出某个特定的物品，但在此我们并不追究这件物品究竟是何物——他们异口同声地提出自己的主张："是我先抢到的。"也就是说，他们都认为自己有权先占有这件物品。于是，他们开始厮打。力量战胜了道理。根据梦中的暗示，我似乎已经知道了自己才是错误的一方（在这个梦中的表现为："我（一边）意识到自己的错误"）。但这时我处于优势，而对方处于弱势。于是，失败者就赶到我的父亲——即，他的祖父——的身边，告我的状。而我用从父亲那里听来的故事里的话为自己辩护，说道："他打我，我打他。"这些记忆——或者说是幻想才更准确——是在分析的过程中突然浮现的。而且，我并不知道它们为什么会突然浮现出来。总之，这些记忆形成了梦念的核心部分，并将存在于梦念中的感情的波动收集起来——就像喷泉将流入自身的水流收集起来那样。梦念从这一核心部分通过以下途径得到发展。即，你本来应该把地方空出来让给我，但你为什么反而想要把我从这个地方赶走呢？我不需要你，我不和你玩，我会找到其他的朋友，和他们玩就好了，等等。然后，使得这些思想在梦的内容中有所表现的途径便被再次打开了。有一次，我就是想要以这种"我要坐在这里，你让开"的方式来责备我的朋友约瑟夫——现在他已经去世。他是在我之后进入布吕克教授的实验室的，但在这所实验室，晋升的速度极其缓慢。因为两位助手都没有离开的迹象，年轻人自然沉不住气。我的朋友约瑟夫自知寿命不长了，经常对我说起他心中的焦躁的情绪。因为他与自己的上司的关系并不算亲密，而且上司又患有重病，所以他希望上司能为他腾出职位的欲望除了含有"那样的话，我就可以晋升了"的意义，还含有某种不道德的意义。当然，在两三年以前，我想要补缺的欲望比约瑟夫还要强烈得多。古往今来，只要存在着阶级与晋升的机会，欲望就会被唤醒——这种欲望是有必要受到压抑的。莎士比亚笔下的哈姆雷特王子在重病的父王的床前，也无法抑制想要将王冠戴到头上的欲望。但是，在这个梦中，出于很容易就能理解的原因，将对这种不道德的欲望的惩罚强加了到他的身上——而不是直接惩罚我[①]。

“因为他蛮横暴躁，所以我杀了他。”因为他等不及别人为他让开位置，所以他自己便离开了。在我出席了大学为某个人建立的纪念碑的揭幕式后，我果然立刻产生了类似的想法。而在这个梦中我所感受到的满足感，其中的一部分也可以解释为：“这是公正的惩罚，你活该如此。”

在我的这位朋友的葬礼上，一位年轻的男士说了一句看来是不合时宜的话。他说道：“读悼词的那个人简直像是在说，要是少了这个人，整个世界就没法存在了。”在这位年轻男士的心中，过分的夸张干扰了对去世的人的悲痛之情，同时，还招致了他作为一个正直的人的反感。但是，梦念与这份悼词是有联系的。“确实，没有什么人是不可替代的。迄今为止，我已目送许多人步入坟墓。而我却还活着。我比他们活得都长。我牢牢地掌握着自己的人生，不从这个世上退场。”忽然之间，我想到，即使我去我的朋友那里探望他，他也很可能已经去世了，而这一想法理所当然地进一步发展为：“这一次，我还是比已经去世的人活得更久，这真令人高兴。去世的人不是我，而是他。就像在那遥远的过去、幻想中的童年时期一样，我仍然牢牢地占据着这个世界上的、属于我自己的座位。”这种源自童年时期的、对“占据着属于自己的座位”的满足感，是这个梦

①我想，读者已经注意到“约瑟夫”这个名字在我的梦中屡次扮演了重要的角色（参见“叔叔的梦”）。“自我”在梦中往往会潜藏于各个不同的、名叫“约瑟夫”的人物的背后。这是因为，约瑟是《圣经》中最著名的释梦者。

中出现的感情的主要内容。我对自己能够活着而感到高兴，并对妻子开玩笑道：“要是我们当中有一个去世了，我就搬到巴黎去住。”这表现出了那种丈夫的天生的利己主义。就我的期待而言，非常明显，在这个笑话中，“我们当中有一个”所指的人并不是我。

对自己的梦做出分析，然后报告给其他人——毫无疑问，这需要高度的自律能力，以战胜自我。因为他必须在所有那些与他生活在一起的、高尚的人们中间，暴露出自己的丑恶面目。因此，我认为，像是幽灵只是在人们需要他存在时才会存在以及它会随着别人的愿望而消失不见这种事，是非常自然的。也就是说，我的朋友约瑟夫就是因此而受到了惩罚。但是，那些幽灵都是我的童年时期的朋友（侄儿）的一系列的化身。而且，我还想到：在这个人物的替身中，我是不可或缺的，我也因此而感到满足。此外，我一定能够找到这位——我即将失去的——朋友的替身，没有什么人是不能代替的。

但是，在这种情况下，梦的稽查作用究竟做了些什么呢？为什么它对这种极其粗俗的、利己主义的想法不做出彻底的抗议呢？为什么它不将附着于这种想法的满足感变换为极度的不愉快的感觉呢？我认为，这是因为，对于同一个人物的另一种想法——而这种想法是完全不应该被责难的——也得到了满足，并且，由这种满足感所产生的感情覆盖了那些来自受压抑的童年时期的感情。在那一次庄严的纪念碑揭幕式上，我另有一番想法，我对自己说道：“我确实已经失去了许多宝贵的朋友——有些人去世了，还有些人则是因为友谊破裂。但值得庆幸的是，在那之后，我找到了代替他们的人。真是令人庆幸！我找到了一个比他们所有人加起来都要出色的朋友。我已经过了结交新朋友的年龄，我绝不会再放手让这位朋友离开，我要好好地保有与他的友谊。”我找到的这个朋友能够成为我失去的许多朋友的替身，而我因此获得的满足感是完全可以进入梦中的。但是，源自童年时期的、带有敌意的满足感，已在其背后悄无声息地隐藏起来。很明显，童年时期的友爱的感情强化了当前合理的友爱的感情。但是，童年时期的憎恶的感情同样会在梦中将自身表现出来。

但是，在除此之外的梦中，还包括对另一种思想——这种思想本应导致满足感——的明确的暗示。

不久以前，我的朋友终于盼到了女儿的诞生。我知道他是那样地为自己早夭的妹妹而感到悲伤。于是，我写信对他说，你一定会将自己对早夭的妹妹的爱倾注到这个新生的婴儿身上吧。我还写道，我相信这个孩子一定能够让你淡忘那无可弥补的损失吧。

因此，这一系列思想又与梦念中的中间思想联系起来，而由这一中间思想展开的数条途径分别通向相反的方向。“没有什么人是不可代替（不可置换）的。看啊，他们不过都是幽灵。我们失去的一切都会再次回来。”然而，连接梦念中自相矛盾的各个元素的、联想的纽带，因为一个偶然的事件，而变得更为紧密了。这个事件即是：我的朋友的小女儿与我童年时期的一个玩伴重名。这个玩伴是我最早的朋友兼对手的妹妹，与我同岁。当我听到“宝琳[①]”这个名字时，感到了某种满足。而且，我想到，为了暗示这一巧合，我在梦中用另一个约瑟夫代替了约瑟夫本人。同时，我还无法压抑以下联想，即，“弗雷”这个名字与我的朋友“Fl”的名字的开头字母是相同的。由此，我联想到我为自己的孩子取名时采用的方法。我一直主张为自己的孩子取名时不应该追求时尚，而应该选用那些对我们来说有重大的纪念意义的人物的名字。孩子们的名字使孩子们成了“幽灵”。总之，对我们来说，生儿育女难道不是通向永恒的唯一道路吗？

关于梦的感情，从其他观点出发，我在此再做几点补充。人们处于睡眠中时，其心灵中包含某种占据支配性地位的感情倾向——即，人们常说的所谓“情绪”。这对梦的性质产生决定性的影响。这种情绪既有可能源自清醒生活中的各种体验和思想，也有可能源自肉体。但无论其来源是什么，情绪似乎都伴随着与它所对应的一系列思想。有时，梦念中的各种观念会制约“原发性”的感情倾向；有时，“继发性”的、以肉体为基础的感情倾向会唤起梦念中的各种观念——但就梦的形成而言，无论是哪一种情况都没有什么区别。梦的形成始终为以下理论所制约，即，梦的形成在任何情况下都能够表现为欲望的满足，而且，梦的形成所需的精神能量能且仅能从欲望中汲取。正在活动的情绪与睡眠中出现的刺激所受待遇是相同的——它

①宝琳，即，Pauline。——译者注

们或是被忽视，或是出于欲望满足的需要而被重新解释。睡眠中的痛苦的情绪通过唤起梦所应该满足的强烈的欲望，而成为梦的原动力。痛苦的情绪所依附的材料一直被加工，直到能够用于表现欲望的满足为止。梦念中，与痛苦的情绪有关的元素越是强烈、越是占据着支配性的地位，被压抑的最强烈的欲望就越会利用机会来进入梦中。这是因为，一般而言必须由欲望自身制造出的不愉快的感情已经存在，并表现出了积极的一面，因此，欲望所要完成的“进入梦中”这一工作的大部分内容已经完成了。通过以上探讨，我们再一次遭遇了焦虑的梦的问题。不久我们即可发现，对于梦的能力而言，焦虑的梦已是极限。

九、润饰作用①

现在终于可以探讨参与到梦的形成中的第四个因素了。

如果继续以前文中提及的方法来研究梦的内容（梦的显意）——也就是说，在梦念（梦的隐意）中追溯梦的内容中的显著的事物的来源，并加以探讨、研究——我们就有可能遇到一些必须以崭新的假设来进行解释的元素。例如，有时，在梦中会出现一些不可思议的感情，以及愤怒、反抗等感情，并且，这些感情是针对梦的一部分内容本身的。这些在梦中出现的判断的行为，其中大部分所针对的并不是梦的内容。我已经举出过一些出色的梦例，证明了它们是梦念中为梦所利用的一

①润饰作用，即，Secondary Revision。——译者注

部分，从梦的材料中原封不动地进入到梦的内容中。但是，其中还有一些判断的行为的来源却不能这样解释。也就是说，它们所判断的对象并不存在于梦的材料中。例如，在梦中经常出现的一种判断——即，“这不过是个梦”——究竟意味着什么呢？这是对梦做出的实际评论，人们在清醒生活中也常这样说。而且，这往往是醒来的前奏。但是，更常见的情况是：在做出这种判断之前，会出现某种痛苦的感情，而这种痛苦的感情在做梦的人确定了这不过是在梦中的状态后，就会消失。当“这不过是个梦”这一思想在梦中出现时，就像是奥芬巴赫①的歌剧中借美丽的海伦②之口在舞台上公然说出的话那样③，有着同样的目的。也就是说，这一思想、这一判断的目的是，降低在梦中所体验的事件的重要性，并继续保持睡眠状态。这一判断在梦中出现了某种痛苦的感情后，立即发生作用，能够令梦持续发展，并起到平息稽查作用的目的——在此，稽查作用原本有足够的理由禁止这种使做梦的人感到痛苦的情景继续发展下去。因为“这不过是个梦”，所以，睡眠得以继续，而与醒来相比，忍受梦中发生的一切要轻松得多。我认为，只有当永不

①奥芬巴赫，雅克·奥芬巴赫，即，Jacques Offenbach，1819—1880年，德裔法国作曲家，轻歌剧的奠基人。作品通俗易懂，颇受公众喜爱。代表作有《地狱中的奥菲欧》《美丽的海伦》《霍夫曼的故事》等。——译者注

②海伦，即，Helen of Troy，希腊神话人物，希腊古典美的化身，宙斯与勒达之女，由于是偷情所生，据说其一生皆受诅咒，颠沛流离于不同的英雄身畔。特洛伊战争即围绕其展开。——译者注

③在奥芬巴赫的《美丽的海伦》的第二幕中，海伦与帕里斯相会，并将相会当作一场梦，两人合唱《是啊，这是一场梦》，然后墨涅拉俄斯闯入。——译者注

休眠的稽查作用发现在已经被自己所允许了的梦中突然发生了意料之外的情况，它才会做出“没关系，这不过是个梦而已”的轻蔑判断。要对梦本身进行抑制已为时太晚。因此，稽查作用才会以恐怖或是在梦中扩散开来的痛苦的感觉来应对这种情况。这就是精神上的稽查作用的“马后炮”的表现。

这一梦例提供了有力的证据，证明了梦中所包含的一切未必都源自梦念之中，某种与我们在清醒时的思考很难区别的精神机能也能够为梦的内容提供材料。然而，现在的问题是，这种情况是否只是例外呢？或者，这种一般而言仅行使稽查作用的精神活动是否总是会参与到梦的形成过程中去呢？

后者是正确的。迄今为止，我们只考虑到行使稽查作用的精神活动具有限制和删除梦的内容的机能，但是，它无疑也具有将一些新事物插入到梦的内容之中和增加梦的内容的机能。这些添加物是不难识别的。做梦的人在报告它们时，往往会感到犹豫不决，并采用类似“就像……一样”的措辞方式。并且，这些添加物自身往往并不具备某种具体的形象，只出现在梦的内容的两个不同部分之间，以连接二者或是创造出二者之间的联系。它们对梦的稽查作用所做的贡献，比纯粹的与梦的材料有关的联想更难以记忆。在我们遗忘一个梦的时候，它们是最先被遗忘的部分。我们经常说：“梦见了许多东西，但大部分都忘了，只记得一些琐碎的断片。”我相信，这正是因为这些起到了黏合剂的作用的部分很快就脱离了记忆的缘故。经过仔细分析，我们可以清楚地知道，因为在梦念中，往往并不存在与这些添加物所对应的材料，所以才会出现以上的情况。但是，经过我的慎重检讨，得出的结论是，这种情况非常罕见。在大多数情况下，这些添加物（添加的思想）终归可以还原为梦念中的材料。而且，这些材料无论是出于自身价值，还是出于多种形式的被制约性，都不会出现在梦中。我们现在所考察的、在梦的形成过程中起到作用的精神机能，似乎只在极端的情况下，才有可能进行新的创造。而且，只要有可能，它就一定会在梦的材料中选取有用的部分，并加以利用。

将梦的工作的这一部分加以区别并揭示出来的，是梦的工作的目的性。这种机能的表现方式与诗人对哲学家的恶意嘲讽非常相似。也就是说，它以错漏和废品来填补梦在构造上的漏洞。梦之所以失去了其荒谬性和支离破碎的表象，而接近某种符合逻辑的体验的模本，就是梦的工作的这一部分所努力的结果。但是，这种努力并不总是能够取得成功。它只是制造出了一个乍看上去并没有责难的余地的、合理的梦而已。这一类梦从某种可能出现的情况出发，对这种情况加以毫无矛盾的变换（事实上，这是很罕见的），并继续发展，最终得出一个看似并不奇怪的结果。这一类梦接受了与清醒时的思想非常相似的精神机能的最彻底的加工。它们看似具有某种意义。但是，这种意义与其实际具有的意义相差甚远。如果对这一类梦进行分析，我们就能够发现，梦的润饰作用以最为随心所欲的方式对材料加以润饰，这些材料之间原本具有的各种关系已经几乎完全不存在了。这些梦可以说在我们清醒后对其加以分析之前，就已经被分析过一次了。在其他一些梦中，这种具有一定倾向的润饰只取得了部分的成功。也就是说，在其成功的部分，梦的内容似乎符合逻辑，然后就表现出荒谬性和无意义的混乱，但是，有可能后来又再次变得合理起来。而在另外一些梦中，润饰作用被彻底拒绝了。在这种情况下，我们就毫无办法，只得面对一大堆无意义的、支离破碎的内容。

在梦的形成过程中，存在着第四种力量（我们很快就会熟悉这种力量）——事实上，在梦的形成过程中存在的四种力量中，这种力量才是我们最熟悉的——我并不打算否认这种力量可以对梦做出新的贡献。确实，这种力量所造成的影响与其他几种力量一样，主要表现在对梦念中已经存在的各种材料加以选择和删除。然而，还存在这样一种情况。即，这种力量在构成梦的所谓冠冕堂皇的门面时，因为在梦念中的材料中已经存在着类似的事物——即，“门面”已经以基本完好的形式存在着了——所以，这种力量本应进行的工作的绝大部分得以省略。我习惯于将我刚刚提到的、梦念中的这种元素称为“幻想”。我想，如果我现在立刻指出，清醒生活中的“白日梦”与这种“幻想”较为类似，或许就可以避免无意义的误会了[①]。精神病学家们现在还没有完全清楚地认识到这一元素在我们的精神生活中所起到的作用。M. 本尼迪克特[②]首先注意到了这一

①“Rêve（法文，梦想）”，petit roman（故事）——day-dream（白日梦），story（故事）。

②M. 本尼迪克特，莫里茨·本尼迪克特，德文即，Moritz Benedikt，1835—1920 年，匈牙利神经病学家，维也纳大学神经病学教授。是电疗和神经病理学等领域的专家，因“本尼迪克特症候群”而闻名于世。——译者注

极富前景的问题。而白日梦的重要意义也并没有躲过诗人们的毫无错失的敏锐眼光。众所周知，阿尔封斯·都德在他的小说《富豪》中就描写了一个小人物的白日梦。对神经症患者的研究使我们惊奇地发现，这些幻想或白日梦表现出了癔症的第一阶段的症状——至少也是其整体的一系列症状中的第一阶段的症状——的特征。癔症与记忆本身并不发生联系，其症状是在以记忆为基础而展开的幻想中逐渐形成的。因为这种有意识的幻想在白天经常出现，所以我们对它有一定的了解。但是，就像这些有意识的幻想一样，还存在着许多无意识的幻想——后者由于其内容和其源自受压抑的材料的缘故，而不得不停留于潜意识中。对这些白天的幻想的性质进行详细调查，就会发现，我们偶然将它们称之为“梦”——也就是说，与我们在夜间的思想的产物同名——是极其正确的。

白日梦与梦一样，都是欲望的满足，在大都基于童年时期的各种体验的印象这一点上，也与梦并无二致。白日梦就其自身创造出的事物而言，由稽查作用的一定程度的缓和而获得了某些实惠——这仍然与梦极其相似。如果我们仔细考察其构造，就能够知道，在其生产活动中起作用的欲望动机以及构建白日梦所需的材料等，是怎样彼此混合、重新排列，然后合成为一个全新的整体的。白日梦与童年时期的记忆之间的关系（白日梦可追溯至此）就像罗马的那些巴洛克式[1]的宫殿与古代

①巴洛克，即，Baroque，源于葡萄牙文的“不规则的、怪异的珍珠”一词，作为形容词，有“俗丽凌乱”之意。巴洛克艺术是指十六世纪后期开始在欧洲流行的一种艺术风格，最早产生于意大利，在罗马兴起，遍及整个艺术领域，

遗迹之间的关系一样。古代遗迹中的石板、圆柱为现代的巴洛克式建筑提供了参考的材料。

在我们将其归类为梦的形成过程中的第四个因素的“润饰作用”中，我们可以再次发现一种活动，它与在白日梦的形成过程中不受其他影响而能够自由地运作的活动是相同的。我们可以毫不犹豫地这样说，即，这第四个因素有意识地将提供给自己的材料塑造成为类似白日梦的事物。但是，如果这种白日梦在梦念的范围内已经存在，那么，梦的工作的这一因素就乐于将这种白日梦据为己有，然后再努力将其表现于梦的内容之中。有一种梦仅仅依靠白日梦——或许，是停留在潜意识中的白天的幻想的重现——即可成立。例如，那个小男孩所做的与特洛伊[①]的英雄们一起乘战车奔驰的梦就是如此。在我的“Autodidasker”的梦的后半部分——即，我与N教授的谈话——也是对这种毫无意义的白日梦的忠实再现。已经存在的幻想往往只构成梦的一部分而已，或者，这种幻想只有一部分会在梦中表现出来。这是因为，梦之所以成立，必须满足许多复杂的条件。因此，尽管一般而言幻想与梦念中的潜在材料中的其他部分一样，会受到同等对待，但是，它在梦中往往被视

包括音乐、建筑、装饰艺术等。巴洛克式建筑在造型方面利用规则的波浪状曲线和反曲线的形式赋予建筑元素以动感的理念，重于内部的装饰，常常穿插曲面与椭圆空间。代表建筑有圣保罗大教堂、无忧宫、凡尔赛宫等。——译者注

①特洛伊，即，Troy，地名，古希腊时代的小亚细亚西北部的城邦，在神话和传奇中首次出现，长期以来被视为虚构的城市，其遗址于1871年被发现，位于土耳其的希沙利克。《荷马史诗》中围绕海伦延续十年之久的特洛伊战争便以此城市为中心。——译者注

为一个整体。在我所做的一些梦中，经常出现与梦的其他部分相比更为突出的部分，并且给我留下不同的印象。这些部分似乎更加流畅而没有杂质，与其他部分相比联系更加紧密，而且显得从容不迫。我知道它们都是与其他一些事物相关联的、进入到梦中的潜意识的幻想，但始终未能成功地将其回忆起来。但是，这种幻想与梦念中的其他所有元素一样，也互相混合，并受到凝缩，以及彼此重叠遮掩。同时，也存在各种截然不同的情况。例如，有时，幻想几乎未做任何改变、原封不动地成为梦的内容，或是至少能够构成梦的所谓“门面”；有时，情况却恰好相反，梦的内容中只表现出这种幻想中的一个元素，并且还是以极为含蓄的暗示的方式。很明显，梦念中的这种幻想的命运，将由这种幻想能够在多大程度上满足稽查作用和凝缩作用的各种强制要求来决定。

为了完成梦的解析的工作，我举出了许多梦例，在选择这些梦例时，我尽量避免了那些潜意识中的幻想占有重要地位的梦。这是因为，一旦将精神要素导入到我们的探讨中，就必须对潜意识思维的心理进行详尽的解说。但是，我所谓的“幻想”往往以其本来面目出现在梦的内容中，而且，它们甚至还会频繁地通过梦的内容来提醒我们注意到它们的存在，所以，就这一方面而言，现在我们已经不能对这种“幻想”置之不理了。在此，我将再举出一个梦例。这个梦似乎由两个不同的、相反的但在各自的细节上却又彼此吻合的幻想构成。其中一个幻想浮现在梦的表面，而另一个是对它的解释①。

做梦的人是一个未婚的年轻男士。这个梦的内容大致如下（这是我唯一没有仔细记录下来的梦）。他在自己常去的一家餐厅中就座。梦中的餐厅与实物一模一样。来了许多人，要把他带走。其中一个人要逮捕他。他对同桌的人说："我以后再付账。我还会回来的。"但是，同桌的人嘲笑道："才不会上你的当呢，谁都这么说。"有一位客人在他身后叫道："又走了一个！"然后他被带到一家狭小的酒吧。有一个抱着小孩的女人。带他来的那些人当中有一个说道："这是米勒②先生。"一位警官或类似的官员一边翻阅一大堆文件或是纸张，一边不断重复道："米勒！米勒！米勒！"最后，这个人向他询问了某件事。他答道："我愿意。"然后他再望向那个女人，发现那个女人长了一大把胡子。

这个梦很容易就能分成两个组成部分。表面的部分是被逮捕的幻想，而这似乎是梦的工作新制造出来的。但是，在其背后，隐藏着——被梦的工作稍加变更的材料——结婚的幻想。二者之间共同的特征就像高尔顿的复合照片那样，非常清晰地

①我在《一个癔症病例的分析片段》（1905年）中对一个许多幻想彼此重叠的、出色梦例进行了分析。在我只分析自己所做的梦的那段时间里，因为我自己所做的梦的基础很少是由白日梦构成，而大多数是由论战和思想的纠结所构成的，所以，我低估了白日梦在梦的形成中所起到的作用。而在其他人的梦中，白日梦和晚上的梦之间往往并无不同——这一点很容易就可证实。对于癔症患者而言，梦经常可以成功地代替癔症的发作。因此，我们可以确信，就这两种精神结构而言，白日梦即是其最初的阶段。

②米勒，德文即，Müller。——译者注

浮现出来。这位年轻的独身男士宣称自己（在外出之后）还会回到这家自己常去的餐厅，而与他同桌的人们因为都有过经验所以并不相信并发出嘲讽，还有，在他身后传来“又走了一个（又有一个人结婚了）”的叫声，等等。对于另一种幻想而言，这些特征都很容易理解。他对政府官员回答“我愿意”，也是如此。而翻阅大量的文件、纸张则对应着结婚仪式的附加物——虽然不很重要但却很明显的另一个特征，即，阅读雪片般飞到的贺电，它们的地址和收信人都是相同的。甚至，因为在这个梦中直接出现了新娘的形象，所以被逮捕的幻想显然是被结婚幻想所击败并被覆盖了。在这个梦的结尾部分，新娘长出胡子的细节，则与后来我从做梦的人那里听到的一件事有关。这位男士在做这个梦的前一天，与一位朋友——这位朋友与他一样，都不想结婚——在街上散步，他提醒他的朋友注意对面走来的一位美丽的黑发女士。但是，他的朋友却这样说道：“是啊，要是这位美丽的女士年老以后，不会像她的父亲那样长出胡子的话……（我也不是不会考虑与她结婚）[①]”当然，在这个梦中也出现了一些明显的梦的化装的痕迹。例如，“我以后再付账”这句话是对新娘的父亲或许会采取的、对嫁妆的态度的暗示。很明显，对各个方面的忧虑都不允许这位男士从结婚幻想中感到愉快。例如，这些忧虑之一就是他担心婚后会失去自由，所以，在梦中就变相地表现为他被逮捕的情景。

在此，我将再次回到前文中提及的观点，即，与使用梦

①有些西方女性在年老后鼻下会生出胡须。——译者注

念中的材料制造出全新的幻想相比，梦的工作更喜欢利用现成的幻想。我认为，这一观点或许能够帮助我们解决一个关于梦的、最为意味深长的谜题。我曾引用过一个梦例。即，莫里在睡眠中被一块小木片击中后颈，然后从一个很长的梦中苏醒过来——这个梦的内容展现了整个法国大革命[①]的时代的故事。这个梦前后连贯，因为它完全符合被惊醒的刺激的说明（做梦的人自身完全没有预见到这种刺激的发生），所以令我们不得不产生以下想法，即，这个内容丰富的梦一定是在木片落到他的脖颈与他因为受到这个刺激而被强制惊醒之间——这是一段极短的时间——形成，并在梦中显现出来的。但是，我们很难相信清醒生活中的思维活动会有如此迅速。因此我们必须考虑到，这种令人瞩目的、加速思维活动的过程，正是梦的工作的特权。

针对这一迅速流行起来的推断，一些新近涌现的学者（勒·洛兰[②]、艾格[③]等）提出了强烈的反对。他们一方面怀疑莫里所提出的报告的正确性，另一方面则试图证明清醒时的思维活动的迅速性与梦中所允许的思维活动的迅速性相比也毫不

①是 1789 年在法国爆发的资产阶级革命，对于法国历史以及整个欧洲都留下了深刻广泛的影响。法国的政治体制在大革命期间发生了史诗性的转变，统治法国多个世纪的封建专制制度在几年内土崩瓦解，过去的封建、贵族和宗教特权不断受到资产阶级、平民和农民的冲击，传统君主制的阶层观念、贵族以及天主教会硬生生地被自由、平等、博爱等新原则推翻。1793 年，法国国王路易十六在巴黎革命广场被推上断头台，成为法国历史上唯一一个被处死的国王。——译者注

②勒·洛兰，法文即，Le Lorrain。——译者注

③艾格，德文即，Egger。——译者注

逊色。

争论围绕一些原则性的问题展开，但我并不认为这些问题很快就能够解决。同时，我不得不说，类似艾格所提出的观点，特别是其针对莫里所做的断头台的梦所做出的主张，是很难令我信服的。而我打算对这个梦做出这样的解释，即，莫里的梦表现了某种幻想，多年来，这一幻想一直以完成的形式保留在他的记忆中，当他受到刺激将要醒来的瞬间，这一幻想被唤醒了，或者说，乐曲开始演奏了。所以，看似很长的一个故事在很短的时间之内就已成形——只要这样考虑，这一难度极大的谜题就迎刃而解了。事实上，这个故事事先已经全部编排好了。如果他在清醒是被木片集中脖颈，或许他就会这样想："这简直像是上了断头台！"但是，这件事是在他的睡眠中发生的，所以，针对这一刺激，梦的工作就像是在想（在此我采用的当然是比喻的手法）："现在是个绝好的机会，我正好可以将那时从书中读到后、早就准备好了的欲望的幻想变为现实了！"然后，梦的工作就会很迅速地将这一刺激用于某种欲望的满足。当然，在梦中出现的，即是那种常见的、能够令青年产生激动人心的兴奋感的故事。也就是说，梦境描写了还未曾失去那些新生的机智与优雅的生活方式的、那个恐怖的时代，展示出了那些国民的精英、贵族男女是怎样从容不迫、视死如归——那令人心痛的最后的时刻，谁——特别是法国人，并且身为文化史的研究者——能不为之心驰神往呢？幻想自己也置身于那个时代，也是那些在淑女的手背上深深一吻、转身从容步上断头台的年轻人中的一员，又是多么诱人的事！或者，也有可能野心才是这一幻想的主要动机。也就是说，幻想自己也是那些强有力的人物中的一员。在当时，仅仅凭着自己睿智的思想和雄辩的口才就能够支配人心痉挛狂乱的巴黎，一意孤行，将成千上万的人置于死地，并这样为欧洲的改革开拓前路，而且生命危在旦夕，头颅不日就会消失在断头台下——就像是吉伦特党人[①]或丹东[②]那样的英雄人物。莫里的记忆中遗留的“被无数群众簇拥着”这一细节表明，在他的幻想中包含着类似的野心。

但是，这个早已完成了的幻想并没有在睡眠中全盘再现的必要，只要“以手指轻轻触摸”，就已足够了。也就是说，我是这样认为的，即，只需弹出几个音色，有谁能像《唐·乔万尼》[③]中那样叫道：“啊，这是莫扎特的《费加罗的婚礼》！”这就会使我在心中猛然想到许多回忆，使记忆重现。然而，源自这些记忆的、不同的具体细节并不会在下一个瞬间分别进入到意识中，而是由一个关键的词汇起到“点火”的作用，然后，

①吉伦特党人，即，吉伦特派，指法国大革命期间推翻波旁王朝继而掌握实权的共和派，主要代表当时信奉自由主义的法国工商业资产阶级。因其中很多人原是吉伦特省人，故称吉伦特派。——译者注

②丹东，乔治·雅克·丹东，即，Georges-Jacques Danton，1759—1794 年，法国政治家，法国大革命领袖，雅各宾派的主要领导人之一。因其温和作风及反对恐怖统治的立场而被送上断头台。——译者注

③《唐·乔万尼》，意大利文即，Don Giovanni，又称《唐·璜》，莫扎特谱曲、洛伦佐·达·彭特作词的二幕意大利语歌剧，1787 年于布拉格城邦剧院首演，问世以来从未停止演出，被认为是一部在各方面都无懈可击的伟大作品。常常被归类为喜剧，但实际上融合了喜剧、悲剧甚至超自然事件的元素。——译者注

记忆整体就会同时得以呈现。潜意识中的思维也应该是相同的。唤醒的刺激使得精神状况兴奋起来，也就是说，通向整个关于断头台的幻想的入口被打开了。但是，这个关于断头台的幻想并没有在睡眠中得以全部展开，而是在做梦的人清醒后的记忆中才展开的，在梦中，只是对其整体略微有所触及而已。然而，我们是否确实记住了梦中的事物，这一点是无法得到确证的。我们认为，在这种情况下，已经完成了幻想通过唤醒的刺激而作为一个整体进入兴奋状态。同时，这种解释也适用于其他的因感受到唤醒的刺激而做的梦。例如，听到地雷的爆炸后，拿破仑做的战争的梦，等等。

我认为，在贾斯汀·托波沃尔斯卡[①]的学位论文——这篇论文是关于梦中所表现出来的时间的长度的——所搜集的梦例中，有一个马卡里奥[②]（1857年）报告的、与剧作家卡西米尔·博佐[③]有关的梦例极具价值。一天晚上，这位剧作家出席了自己的某部作品的首次演出，但他因为过于疲倦，在后台打起瞌睡，当时帷幕才刚刚拉起。他在梦中看完了这部戏剧全部的五幕演出，并清晰地观察到了观众对剧中不同的情景所呈现出的各种情绪。他还梦见，在演出结束后，观众们欢呼着他的名字、鼓掌喝彩，这使他沉浸于喜悦的心情之中。突然，他惊醒过来。令他大吃一惊的是，实际正在上演的戏剧，甚至连第一幕中最初的几句台词都没说完。因此，他最多也不过只睡

①贾斯汀·托波沃尔斯卡，即，Justine Tobowolska。——译者注
②马卡里奥，西班牙文即，Macario。——译者注
③卡西米尔·博佐，法文即，Casimir Bonjour。——译者注

了两分钟而已。就这个梦而言，我可以大胆假设：做梦的人看完整部戏剧的五幕演出甚至观察到观众对不同情节的不同态度，这与其说是在睡眠中全新创造出的细节，倒不如说是一种幻想，即，对已经完成了的某种工作的再现。托波沃尔斯卡与其他一些学者一样，认为梦具有这样一种共同的特征，即，能够使观念在时间上加速，并且，这一类梦与其他的梦是有区别的。其区别在于，这一类梦表现得更加连贯，同时，做梦的人对这一类梦的记忆更偏重于整体而非细节。或许，上述这些特征确实是由既定的梦的工作自身所触发的、幻想的特征，但这些学者们却并未得出这一结论。不过，我也不会断言，这种解释适用于所有被唤醒的梦，或是，观念加速的问题通过以上解释已被彻底解决。

在此，我们不得不考虑到对梦的内容加以润饰的作用与梦的工作的其他因素之间的关系。例如，梦的形成的各个因素——诸如，凝缩作用的倾向、为逃避稽查作用而做出的让步、对梦的各种精神手段的表现力的考虑，等等——首先会以各种材料构成一种暂定的梦的内容，而这暂定的梦的内容很快就会被改造。那么，它们会尽量满足这种“继发性的”各种要求吗？这似乎是不可能的。倒不如说，应该这样假设，即，从一开始，这一因素的各种要求就是梦理应满足的各个条件的其中之一，而这一条件与凝缩作用的条件、抗拒稽查作用所需的条件，以及表现力的条件等完全一样，对梦念中的大量材料同时产生影响——其影响包括诱导与选择。然而，在梦的形成的四个条件中，我们最后提到的“润饰作用”这一条件，其提出的各种要求对梦造成的强制性的影响似乎是最小的。下文中的一些考虑，使我们将试图实现梦的内容的所谓润饰作用的精神机能，与我们清醒时的思维活动的工作，视为同一回事。也就是说，我们清醒时的（前意识的）思维对于任意的知觉材料所采取的态度，与我们现在探讨的机能对于梦的内容所采取的态度是完全相同的。对于清醒时的思维而言，整理这些材料、设定其关系，并且使这些材料符合合理的期待等，都是理所当然的工作。事实上，这何止是理所当然，甚至已经做得过了分。例如，魔术师变的戏法，就利用了我们的这种知觉的惯性而使我们大吃一惊。因为我们总是会将感受到的各种感性的印象合理地综合起来，所以我们有时会犯下不可救药的错误，或是歪曲、损伤眼前的材料的真相。关于这一点，能够提供证据的实例其实极为普遍，在此并无刻意列举的必要。在阅读时，如果遇到使句子的意义变得奇怪的印刷错误，我们的脑中往往会浮现出正确的词汇，并快速掠过而不以为意。据说，法国某份著名报纸的一位编辑曾与人打赌，说他如果在一篇很长的文章中，随意在各处插入“之前”或“之后”，读者也不会察觉到。他赌赢了。多年以前，我也曾在报纸上读到过一个关于错误的联想的滑稽例子。在法国国会会议中，某个无政府主义者将一颗炸弹投入会场，这时，杜佩[①]勇敢地叫道：“会议继续！[②]”从

①杜佩，法文即，Dupuy。——译者注

②法文即，La Séance Continue。——译者注

而使会场恢复了肃静的气氛。会议结束后，旁听席上的人们作为证人接受了对这一突发事件的调查。其中有两个乡下人。一个乡下人说，在演讲结束后确实听到了某种很大的声音，但他以为这是国会的固有风俗——即，每当演讲结束，就要鸣炮一声。而另一个乡下人——他像是已经听过好几次演讲了——也有类似的想法，只是，他还认为，那一声炮响或许是对特别成功的演讲的赞赏。就这一点而言，倒是与第一个乡下人的想法有所区别。

因此，我们的精神机能与正常的思维并无二致，它要求梦的内容必须符合逻辑，并对这符合逻辑的内容加以最初的解释，然而，却会由此导致梦的内容被完全误解。我们在对梦做出分析时，一个重要的原则是，在任何情况下，都不去考虑梦所具有的表面上的连贯性，也不信任其来源，无论梦的内容是清晰的还是混乱的，只是以同样的方法，追溯到梦念的材料中去。

但是，我们在这种情况下，总是想要知道各种各样的梦在本质上的混乱度和清晰度究竟依存于什么。在梦的内容中，润饰作用能够影响到的那一部分即是清晰的，而阻碍其影响的部分即是混乱的。因为梦的混乱的部分一般而言都没有清晰的轮廓，所以，我们可以这样推断，即，润饰作用对梦中的不同元素的——与浮雕类似的——清晰度亦有贡献。

有些梦与正常思维所得出的事物非常相似，如果想要找到能够与这一类梦的最后的形式进行对比的某种事物，那么，最恰当的就是在那份前文中曾提到过的滑稽杂志《活页》中、长期以来一直令读者捧腹不已的、谜一般的语句了。这些语句为了突出对比而使用方言，并尽最大努力具有滑稽、幽默的意义，同时，还要想尽方法显得像是拉丁文的铭文——这一点尤其使读者感到期待。为达到这一目的，这些语句中的词汇被各自拆开，重新排列，组成新的词汇。于是，在语句中就出现了真正的拉丁文，或与拉丁文的缩写类似的事物。另外，有时为了让语句显得像是经历了风吹雨打、被风化得残缺不全而难以阅读，某些孤立排列的字母还会给人以这些无意义的字母背后其实隐藏着某种意义的感觉。想要不上这种恶作剧的当，我们就必须对这些语句中的一切蹊跷都视而不见，只注意其字母本身，并且不管它们的排列顺序是怎样的，而把它们重新排列组合成自己的母语的词汇。

大多数学者都发现了润饰作用，并认为它作为梦的工作的一个因素，具有一定的意义。哈夫洛克·埃利斯对它所完成的工作做出了以下的颇有趣味的评价："事实上，我们可以认为它是这样的，即，睡眠时的意识在对自己这样说道：'看啊，我们的主人来了！清醒时的意识来了！它最看重的可就是理性啊、逻辑啊那一套东西。快，快！我们的主人来了！在它进来独占我们的舞台之前，总之先把一切事物都收拾好、排好顺序！随便怎么样都好——只要整理出来就行！'"

德拉克洛瓦[1]对润饰作用与清醒时的思考的工作方法的一

①德拉克洛瓦，德文即，Delacroix。——译者注

致性提出了明确的主张。他说："解释的这种机能并不是梦所特有的，我们对于清醒时受到的刺激也会做出同样的逻辑整理工作。"

詹姆斯·苏利[①]对此持同样意见，托波沃尔斯卡也是如此。他说："精神对于不连贯的幻觉所做的工作，与它对清醒时受到的各种刺激所做的逻辑整理工作是相同的。精神通过某种幻想的连接，将所有支离破碎的印象相互联结到一起，并填补了它们之间存在的巨大的空隙。"

有些学者认为，这些整理、解释的活动从梦中开始，一直持续到清醒生活中。包兰[②]的观点如下："但是，我常常认为，记忆中存在着某种变了形的——或者说，经过改造的——梦。……存在着一种将想象系统化的倾向，这种倾向很有可能在清醒后才将睡眠中描绘的事物彻底完成。所以，思维的真正速度看上去被加快了——这就是清醒后的想象起到的作用。"

伯纳德–勒华[③]和托波沃尔斯卡认为："与此相反，在梦中，解释与整理的工作不仅需要借助梦的材料，还需要借助清醒生活中的材料，才能够完成。……"

然而，在这之后，梦的形成的这一因素被过高地评价了，甚至出现了人们认为梦完全是由这一因素创造出来的事态。例

①詹姆斯·苏利，即，James Sully。——译者注

②包兰，即，Paulhan。——译者注

③伯纳德–勒华，即，Bernard-Leroy。——译者注

如，戈布洛特[①]以及影响更大的福柯[②]都认为，梦是在做梦的人清醒的瞬间完成的。这两位学者都认为，将睡眠中出现的思想构建成为梦的能力，是清醒时的思维所特有的。

伯纳德－勒华和托波沃尔斯卡对这一观点做出了以下评价："他们认为可以把梦置于清醒的瞬间。并且，将存在于睡眠中的思想中的形象构建成梦的机能，是清醒时的思维所特有的。"

在探讨润饰作用时，我必须指出，赫伯特·西尔伯勒为此做了极其精巧的观察工作。正如前文所述，他试图在极度疲劳困顿的状态下强制自己进行某种精神活动，从而在所谓"现场"捕捉到观念（思想）向具体形象的转变的动作。在实验中，一直在他脑中来回打转的思想消失不见，代之以某种幻视——在大多数情况下，这种幻视即是很明显的、抽象思想的替代物。在实验中浮现的、应该被视为某种与梦中的元素相同的形象，与正在等待被润饰作用所处理的思想有所不同，也就是说，这种形象所表现的是疲劳本身、对这一实验的不快感或认为这一实验毫无意义的情绪。由此我们可以知道，事实上，这种形象所表现的已经不是这一实验的努力的对象了，而代之以希望努力完成实验的人物自身的主观状态与机能。西尔伯勒将这种他频繁体验到的现象称之为"机能的现象"，以与他所期待的"材料的现象"区别开来。

①戈布洛特，即，Coblot。——译者注

②福柯，即，Foucault。——译者注

"一个例子。一天午后，我正躺在沙发上，感到非常困倦，但仍然强打精神试图思考某个哲学问题。于是我将康德[①]与叔本华[②]对时间的观点加以比较。因为我确实很困了，所以没能准确地对二者的见解进行对照（想要加以比较的话，首先就该这么做）。我尝试了好几次，终归是徒劳。于是，我试图尽最大的努力再一次使康德的观点浮现于脑中，又试图以康德的观点来解释叔本华提出的问题。然后我的注意力转向了叔本华。在这之后，当我试图将注意力重新回到康德身上时，我发现康德的观点已经从我的脑中消失了。我试图再一次回想起康德的观点，但没能成功。这时，我闭上了眼睛。突然，我做出的努力——即，在脑中搜寻不知隐藏在什么地方的、与康德有关的文献的努力——作为某种具有清晰的形象的象征，出现在我的眼前。这一象征如下：'我向一位漫不经心的事务员询问某件事情。事务员弯腰趴在写字台上，无论我怎么纠缠，他都做出一副全不知情的模样。然后他半伸直身体，很不愉快地瞪着我，像是在让我滚开。'"（《年鉴》，第一卷 514 页）

以下是在睡眠和清醒之间摇摆不定的其他实例。

---

①康德，伊曼努尔·康德，德文即，Immanuel Kant，1724—1804 年，德国哲学家、天文学家、星云说的创立者之一、德国古典美学的奠基人、对现代欧洲最具影响力的思想家之一、启蒙运动最后一位主要哲学家。主张经验现象通过理性转变成知性。作品有《纯粹理性批判》、《实践理性批判》等。——译者注

②叔本华，亚瑟·叔本华，德文即，Arthur Schopenhauer，1788—1860 年，德国哲学家。认为存在意志为基本现实，这一持久奋斗的意志永不知足，最终只能产生折磨。作品有《作为意志和表象的世界》、《论自然界中的意志》等。——译者注

“例二。——情况：早晨。清醒时。朦胧状态，正在回想刚刚做的梦的内容。想要重新再做一遍这个梦，并且要梦见整个梦。这时，感到自己逐渐接近了清醒的意识，但还是希望能够停留在朦胧状态中。

“梦见的情景：我正单脚跨过一条小溪，但马上又把脚缩回来，不再涉溪而过，并留在岸的这一边（《年鉴》，第三卷，625 页）。

“例六。——情况与例四相同（想要在床上多躺一会，但同时并不打算睡过头）：我想要再浅浅地睡一会。

“梦见的情景：与某个人道别，并约好与他（或她）不久再见。”

西尔伯勒在“入睡”与“清醒”这两种情况下观察到了“机能的现象”——即，“作为其对象的替代品而表现出其状态的现象”。当然，就梦的解析而言，我们只对后者感兴趣。西尔伯勒通过一些适当的实例做出了有力的证明，即，许多梦的显意的结尾部分——即，与清醒状态紧密相连的部分——往往表现出了清醒的意图，或是直接表现出了“清醒”这一行为的象征。“跨过门槛”（门槛象征）、“为了去其他的房间而离开现在的房间”、“出门旅行”、“回家”、“与同行者道别”、“潜入水中”，等等，都表现出了类似的意图。但是，我在此必须补充说明，无论是在我自身所做的梦中，还是在我分析过的其他人的梦中，与类似这种“门槛象征”有关的梦，要比西尔伯勒在报告中指出的少得多。

这种“门槛象征”往往能够对某个梦的结构中的各个元素做出说明——例如，在针对深沉的睡眠与从梦中清醒的倾向之间的动摇时，尤其如此。但是，关于这一事实，迄今还没有发现能够令人完全信服的例证。而更常见的则是，构成梦的内容的一部分的材料从一系列梦念中提取出来，而梦的这一部分内容被用于表现某种状态，即，所谓的“多种形式的被制约性”的情况。

西尔伯勒提出了这种颇有深意的“机能的现象”，作为这一现象的发现者，他自然并无过错，但这一现象本身却被滥用了。也就是说，人们用它来支持那些抽象的、象征的解释梦的方法——即，古代的方法。许多学者过分夸大了“机能的范畴”，他们一旦发现梦念的内容中存在理智活动或是感情活动，就不管不顾地将其归类为“机能的现象”。但事实上，这一材料和其他的所有材料完全一样，可以作为清醒时的记忆中的遗留物而进入梦中。

我们必须承认西尔伯勒所谓的“现象”向清醒时的思维靠拢，并对梦的形成做出了第二个贡献。但是，这第二个贡献与我们已经提出的理论中的“润饰作用”名下所做出的第一个贡献相比，其出现的频度要低得多，重要性也较低。前文中已经证明，白天进行活动的一部分注意力在睡眠中也会对梦有所倾向，它对梦加以局限和批评，具有使梦中断的能力。我们可以承认，这一部分注意力作为稽查官，直到做梦的人从梦中醒来为止，通过这种方法，对梦的形成具有强大的约束力。而西尔伯勒的观察对此做出的补充是，有时，某种自我观察会与这一部分注意力一起发生作用，并对梦的内容做出某种贡献。这种自我观察式的机能——即，内心的知觉、被监视的幻想、良心，等等——在哲学家中间特别明显。关于这种自我观察式的机能与梦的稽查作用之间的或然的关系，将在别处加以探讨[①]。

接下来，我将简单总结一下这些关于梦的工作的讨论。我们设定的问题是这样的。即，就梦的形成而言，我们的精神是将其全部力量毫无保留地贡献出来了，还是仅只动员了一部分力量而已。而我们的研究得出的结论是，从一开始，这种问题设定就是不切合实际的。但是，如果我们必须对以上问题做出解答，那么，我们只得承认这二者都是正确的——虽然表面看来它们彼此排斥互不相容。在梦的形成过程中，存在着两种精神活动。即，梦念（梦的隐意）的形成，以及梦念向梦的内容（梦的显意）的转变。梦念是完全合理的，是我们竭尽精神力量的全力制造出来的。梦念属于还没有成为意识的思想，通过某种变化，从这些思想中可以产生出具有意识的思想。然而，无论这些思想有多么神秘、多么值得探讨，这一类问题都与梦没有任何特殊的关系，没有放在梦的问题的范畴内加以讨论的必要[②]。与此相反，在梦的工作——即，将潜意识中的思

①《精神分析入门》、《精神分析学年鉴》、第六卷，1914年（全集第十卷）。

②以前，我曾为了使读者能够弄清楚梦的显意与梦的隐意之间的区别而大费周章。以遗留在记忆中的未经分析的梦（梦的显意）为依据的争议不绝于耳，而我提倡的对梦进行分析的必要性却无人理会。当然，至少精神分析学的学生们现在已经习惯了对梦的显意进行分析并在其背后找到梦的真正意义的做法。但这一次他们中间有些人又陷入了另一种混乱，并与以前一样异常顽固地固执起

想转变为梦的内容的工作——中，有一部分是梦所特有的，也是梦自身独具的特征。有些固执己见的人认为，在梦的形成过程中，精神活动是很不活跃的，事实上，这种梦特有的工作与清醒时的思维活动之间的差距，甚至比他们所预料得还要大得多。这并不是说，梦的工作比清醒时的思维活动更不严谨、更不合理、更容易遗忘，或更不完整，而是二者在性质上截然不同，因此，不能随意加以比较。梦的工作本身并不进行思考、计算或判断，它只是对事物加以改造而已。只要对梦的工作的产物——即，梦——所必须满足的各个条件加以注意，就能够将梦的工作的全貌毫无遗留地还原出来。这一产物——即，梦——首先必须要逃避稽查作用，因此，梦的工作可以对精神强度加以偏移，甚至能够对一切精神价值都加以转换。思想和观念唯一的工作，或者说，主要的工作是，必须将听觉和视觉的记忆痕迹材料再现出来，并且，由于这种必然性，梦的工作又必须考虑到这些记忆痕迹材料的表现力。而且，梦的工作为适应这种考虑所采取的方法是，进行新的偏移或移置的活动。（大概）在夜间，必须制造出比梦念中原本存在的事物强度更大

来。也就是说，他们想要发现梦的本质，但为了这一目的，却只去追究梦的隐意，而对梦的隐意与梦的工作之间存在的区别不管不顾。归根到底，梦这种事物不过只是在睡眠状态下的、我们的思维的一种特殊形式而已。而创造出这种形式的，即是梦的工作。而且，只有梦的工作才是梦的本质，也只有梦的工作才能对梦这一特殊的事物做出解释。我这样说，是为了纠正梦具有“预测性”的错误看法。梦所做的工作，是为了解决我们在精神生活中所面临的种种问题，这与我们在有意识的清醒时的生活中所做的并没什么两样，只是，梦的工作也有可能在前意识中进行——对这一点我们已经有所了解了。

的事物。而为这一目的服务的，即是凝缩作用——凝缩作用可以随意所欲地作用于梦念中的所有元素。一般而言，无须考虑思想（观念）材料之间的逻辑关系。这些关系最终会间接地表现为梦在形式上的不同特征。与梦念的观念内容相比，梦念中的各种感情较少发生变化。一般而言，这些感情会受到压抑。当它们突破这种压抑而以原封不动的形式被保留下来时，它们会从原本附着的观念上剥离下来，并与同一性质的感情彼此结合。一些学者提出的某些关于梦的形成的整个过程的观点，看似与实际情况颇为符合，但事实上却不过只是梦的工作的、极其片面的一部分而已。也就是说，他们不过是根据一部分清醒时的思维，进行了规模不大的修订加工而已。

第七章

梦的过程的心理

在我从别人那里听来的梦中，有一个特别适合在此作为例子。那是一位女病人告诉我的，而她是在某次关于梦的演讲中听说了这个梦。因此，我并不知道这个梦的出处。但是，这个梦的内容给这位女病人留下了深刻的印象。因为她“后来梦见了”这个梦。也就是说，这个梦中的某些元素在她自己的梦中得以再现。通过这种转移，她对其中某些特定的内容表示了赞同。

这个典型的梦的前提条件如下，即，一位父亲不分昼夜地照料他病重的孩子。孩子死后，他到隔壁的房间休息。但他让房门一直开着，因为这样他就能够从自己躺着的床上看到隔壁被高高的蜡烛环绕着的、停放着遗体的棺材。一位老人看顾着遗体，口中低声祷告，一边坐在棺材的旁边。父亲睡了两三个小时，然后做了以下的梦。“孩子站在自己的床边，拉住他的一只手臂，低声地抱怨道：‘爸爸，难道你不知道我正在烧着吗？’”父亲惊醒过来。他看到隔壁照来明亮的光芒，急忙赶去察看，发现看护的老人已经沉沉入睡，一支燃烧着的蜡烛倒在了棺材上，四周围着的帐子与遗体的一只手臂被烧着了。

这个感人的梦很容易就能够解释清楚，据这位女病人所说，演讲者的解释也是正确的，即，明亮的火光经由一直开着的房门照到了正在隔壁睡觉的父亲的眼前，所以他做出了“因为蜡烛倒了下来，烧着了遗体旁边的什么东西”的推断——他在清醒时应该也会得出同样的结论。并且，他在入睡时心中已经抱有疑虑，担心看护遗体的是个老人，不能够尽职尽责。

我也认为这一解释是正确的，但在此还应该补充几句，即，这个梦一定是由多种形式的被制约性（同时与各种不同的观念、体验等具有一定的关系）所决定的。孩子说的句子即是他生前也曾说过的，而且，一定与父亲心中的某件重要的事情有联系。例如，“我正在烧着”的抱怨与这个孩子是因发烧而死有关，而“父亲，难道你不知道……”这句话，则与我们并不知情的但是具有强烈的感情的另外某个事件有关。

但是，即使我们已经知道梦是具有某种完整的意义并且能够与我们的精神体验相关联的现象，但我们仍然不免对以下事实感到奇怪，即，为什么会在这种需要更加迅速地清醒过来的时候却偏偏做了梦呢？于是，我们发现，在这个梦中其实还是包含着某种欲望的满足。在这个梦中，这个孩子的举动与生前一模一样，他提醒了自己的父亲，并来到父亲身边，拉住他的手臂；这个孩子在梦中所说的话的最初部分与某件事相关，而在这件事发生时，孩子或许就做了类似的动作。正是为了满足这个欲望，父亲才将睡眠延长了一会儿。因为这个梦重现了孩子生前的情景，所以在与清醒时的顾虑互相对比时，它才能够享有优先权。如果父亲立刻就苏醒过来，并立刻就按照自己的判断奔向隔壁安置遗体的房间，那么，他似乎就将孩子的生命缩短了一瞬。

这个短梦的特征之所以会吸引我们的兴趣，其原因不言自明。迄今为止，我们主要探讨的问题是，梦的真正意义是什么，怎样才能发现这种意义以及梦的工作为了隐藏这种意义都采取了哪些方法，等等。而我们的视野的核心，正是与梦的解析有关的课题。而现在，我们遇到了一个梦例，我们可以毫无困难地看出它的真正意义。但是，我们可以发现，这个梦仍然具有梦在本质上的一些特征，这些特征与清醒时的思维活动有着明显的区别，我们有必要对此加以解释。只有在摒弃了一切与梦的解析的工作有关的因素后，我们才能够发现我们的梦的心理学是多么片面。

但是，当我们做出这样的选择并踏上这条崭新的研究途径之前，还应该暂时停下脚步，回顾并检讨一下在迄今为止的研究中是否遗漏了某些重要的事物。这是因为，我们必须体会到这一点，即，迄今为止，我们走过的道路是极为平坦和顺利的。如果我并没有犯下明显的错误，迄今为止，我们走过的所有的道路都是通向光明、理解，以及更加深入的理解的。但是，如果我们要逐步深入到做梦时的精神过程中去，那么，前路就会变得黑暗起来。我们不可能将梦作为一种精神过程而加以解释。这是因为，所谓“解释”是将未知的事物还原为已知的事物，而且，作为解释的基础，还要从梦的心理学的研究出发，对所发现的事物做出解释，但类似的心理学的知识现在根本就不存在。相反，我们将不得不建立起许多全新的假说。例如，对精神的结构与在其中活动的各种力量做出推断的假说，为使其具有一定的价值，而不能与起码的逻辑偏离太远的假说，等等。即使我们做出的推断没有犯下任何错误，也将逻辑上的一切可能性都纳入了考虑之中，但仍然有可能由于我们在建立假说时设定的条件不够周密，而导致完全错误的结论。就人类的精神的构造与其功能而言，无论对梦或者其他的个别的（精神所完成的）工作加以多么详尽的研究，都无法得出任何结论，或者说，至少无法得出最终的结论。倒不如说，为了达成最初的目的，我们必须将已经得到证实、确有必要的一切事物都搜集起来，对一系列的精神的工作全部加以比较和研究，这样一来，我们通过对梦的分析而得出的一些心理学的假说，在能够与从另一角度向同一问题的核心加以探讨的、其他一些研究的成果取得联系之前，就不得不暂时搁置起来了。

一、梦的遗忘

因此，我想首先将注意力转向一个迄今为止我们刻意忽略了的、具有一定争议的命题。这里的争议从本质上动摇了我们对梦的解析所付出的心血，即，“事实上，难道说你们不是对所要解释的梦一无所知吗？更确切地说，你们根本就没有准确的证据来证明你们知道梦的真正内容”。迄今为止，有许多人向我们提出了类似的看法。

我们记住的梦的内容、我们加以分析的梦的内容，首先就是不完整的。这是因为，在保存梦的内容这一方面，我们的记忆力并不擅长。在我们的记忆中缺失的，似乎就是梦的最重要的那些部分。我们一旦将注意力转向自己的梦，往往就会反复叹息，尽管实际上梦见了更多的事（就连这方面的记忆似乎也不够准确），却只记得一点片段。其次，我们的记忆似乎不但支离破碎，而且还不够诚实，甚至会造假。一方面，梦的本来面目是否就像我们记忆中的那样支离破碎、模糊不清，这是非常值得怀疑的；另一方面，我们做的梦是否就像我们后来所叙述的那样，本来就是很连贯的呢？也就是说，当我们后来试图再现梦的内容时，是否任意地以一些新材料填补了那些原本就存在的缝隙或是因为遗忘而出现的缝隙呢？我们是否对梦加以装饰和修正、整理，使其看上去更加完美无缺呢？我们有足够的理由怀疑，我们似乎不可能断定梦的本来面目究竟是什么。甚至于，有一位学者（施皮塔①）曾做出过这样的推断，即，记忆中的梦所具有的逻辑性和条理，都是我们在试图再现梦的内容时添加进去的。因此，我们所要试图确定其价值的对象，恰恰有可能就是由我们自身所提出来的——这就是我们面临的危险。

迄今为止，在我们进行的对梦的分析中都忽视了这些警告。相反，我们将梦中的极为琐碎的、不明显的，以及不正确的内容和那些清晰并且确定的内容，看成是对梦的解析而言同等重要的材料。例如，在“爱玛打针的梦”中，有这样的细节，即，“我立刻叫来了 M 医生”。我们做出假设，即，如

①福柯和坦纳里也有相同的意见。

果这一细节不是来自某种特殊的来源的话，就不会在梦中出现。然后，我们一直追溯到了一位不幸的女病人的事——我曾“立刻”将一位年长的同事叫到了她的病床前。在没有必要对“五十一”和“五十六”这两个数字加以区别的、看似不合逻辑的梦中，多次出现了“五十一”这个数字。我们没有忽视这个数字，而是逐步推断出了这个数字在梦的隐意中的另一条思路。我们沿着这条思路进一步展开联想，终于发现了将这一数字视为寿命的大限的恐怖的感情。这与梦的核心思路——即，夸张的寿命长度——形成了尖锐的对比。在“NON VIXIT（未曾活到）”这个梦中，有一些我起初忽略了的插入的细节，即，“因为 P 不太理解这句话的意思，所以 Fl 问我”，等等。在分析陷入困境时，我特意回到这一细节上来，由此追溯到，通向在梦念中作为重要的转折点的、童年时期的幻想的途径。这是由某些诗句推断出来的。

你很少理解我，

我也很少理解你。

但当我们陷入困境[①]，

我们便会彼此理解。

德文即，

①困境，德文即，kot，原意为“泥土”、“粪便”、“排泄物”等。——译者注

Selten habt ihr mich verstanden,
Selten auch verstandt ich Euch,
Nur wenn wir im kot uns fanden,
So verstanden wir uns gleich.

就梦的解析而言，这些极为琐碎的细节才正是不可或缺的，但往往要等到后来，我们才会发现这一点，因此，所有的分析都能够找到各种实例来证实，梦的解析的工作经常会被延误。我们在对梦进行分析的过程中，对于梦的内容的所有措辞的微妙细节都给予了同等的重视。有时，梦中会遇到特别没有意义并且特别不全面的措辞，无论怎样努力都无法将其正确翻译出来——我们就对这种措辞的缺陷予以最大的重视。总之，其他学者认为是随心所欲、草率匆忙地胡乱编造出来的、即兴的部分，我们却奉若圣典。需要对这一矛盾做出说明。

就这一矛盾做出的说明对我们是有利的。但是，尽管如此，其他那些学者的观点也并非是错误的。根据我们刚刚获得的、与梦的来源有关的理解，所有的矛盾都可以达成统一。当我们试图重现梦的原貌时，确实会对其进行化装。在我们的努力中，往往会发现所谓的润饰作用，这是再一次根据正常思维的稽查而做出的对梦的润饰。但是，这种化装本身也不过是梦念在稽查作用下所必须接受的、润饰作用的一部分而已。学者们对梦的化装所起到的明显效果已有所预料，或是进行了确认。但是，我们对此并不感到吃惊，因为我们已经知道了梦的化装的真正面目是更加难以捉摸的，它比学者们所知道的更加恣意、奔放，早已从隐藏的梦念中就开始选择某种特定的梦，以作为自己所作用的对象。学者们只是犯下了以下的错误，即，他们认为，清醒后试图以语言再现梦的内容时发生的变化是随心所欲的，因此，根本不可能进行进一步的研究，并且，这才是我们对梦的认识发生错误的根本原因。他们低估了精神对梦的制约作用。在我们的精神生活中从来不存在任何随心所欲的、无可无不可的事物。一个极其普遍的现象是，如果某种元素在前一种思绪中变得不安定了、被舍弃了，那么，后一种思绪就会立刻出现，对其加以处理。例如，我打算任意举出一个数字，但这是不可能做到的。我想到的数字虽然有可能看上去与我在这一瞬间的意图没有什么关系，但它必然经过了我的思考，是被我的各种思想所清楚地决定下来的[①]。同样地，清醒时对梦做出的编排、梦所发生的变化，也绝不是任意的。所有的变化都是经过联想、取代其原本内容而表现出来的事物，并且为我们指出了通往其原本内容的途径——或者，其变化本身也有可能是另一种内容的替代物。

在分析病人的梦时，我经常采用以下方法，并总是会取得成功，即，如果某个梦最初听上去非常难以理解，我就会让做梦的人再复述一遍梦的内容。可以说，在复述的报告中，很少会出现第一次叙述时的原话。而复述的报告中措辞发生变化的

①《日常生活的精神病理学》，第一版，1901 年及 1904 年，第十一版，1929 年（全集第四卷）。

部分，也就是梦的化装不够成功的部分。也就是说，这些部分在我眼中，就像是《尼伯龙根之歌》[1]中、在哈根[2]眼中的、缝在齐格弗里德[3]的衣服上的标记那样[4]，可以作为对梦进行分析的起点。做梦的人听到我的要求（请他再复述一遍梦的内容），发现我对梦的解析的工作做出了更多的努力，就产生了抗拒的冲动，于是，他就会急忙对梦的化装较为薄弱的部分予以强化——为了不让我发现他第一次叙述时措辞中的漏洞，而改用若无其事的、更加巧妙的措辞，但其结果却反而引起了我对他修改前的措辞的注意。从做梦的人阻碍梦的解析的工作的努力中，我正好推断出将梦的真正意义层层包裹的"衣服"上的标记所在。

之于我们对梦——即，人们所叙述的梦——做出的判断，学者们特别强调了他们的怀疑，但我认为他们确实没有什么道理。也就是说，他们的怀疑缺乏理性的支持。原本就没有谁能够保证我们的记忆一定是准确的。而且，与那些在客观上似乎

①《尼伯龙根之歌》，德文即，Nibelungenlied，中世纪中古高地德文史诗，写于约1200年，作者为多瑙河地区（今奥地利）一位不知名的诗人，保留在三份十三世纪的主要手稿中，全诗共39歌，9516行，融合了很多故事题材和源自五世纪的口头英雄传说，故事以欺骗、复仇和屠杀为中心。被称为德文的《伊利亚特》。——译者注

②哈根，哈根·冯·特罗涅，德文即，Hagen von Tronje，《尼伯龙根之歌》中人物。——译者注

③齐格弗里德，德文即，Siegfried，《尼伯龙根之歌》中人物，屠龙英雄。——译者注

④齐格弗里德的身体只有一个地方能够受到伤害。哈根施展诡计，说服了克里姆希尔特，让她在齐格弗里德的衣服上缝了一个小十字架。后来，哈根根据这一标记刺杀了齐格弗里德。

并没有问题的事物相比，我们更加信任的，往往是自己的记忆——这种信任是在不知不觉间完成的。对于梦或梦中的个别细节是否能够正确再现出来的怀疑，仍然不过是梦的稽查作用的一环而已。也就是说，这不过是稽查作用对梦念试图进入意识层面的一种抗拒而已。这种抗拒本身并不会因为被移置或被代替而束手待毙。它在那之后，仍会以某种形式——即，附着于被允许出现的材料上的怀疑——持续存在。总之，这种怀疑很容易引起我们的误解。这是因为，这种怀疑非常谨慎，绝不会触及梦中的被强化过的元素，它只与那些微弱的、模糊不清的元素发生关系。但是，我们现在已经知道，在梦念（梦的隐意）与梦（梦的显意）之间，一切精神价值的价值转换（即，再评价）已经结束。所以，梦的化装只有在剥夺精神价值时才有可能发挥作用。它只能以这种方式出现，并且，有时它也会满足于这种现状。如果梦的内容中某些模糊不清的元素被怀疑了，我们就可以根据这一迹象，从这种怀疑中寻找到某些被疏远了的梦念中的、更加直接的遗留物。这就像是在古代或文艺复兴时期，某个共和国发生了一场巨大变革后的情况。过去掌握着支配国家的权力的贵族们现在已被放逐，所有的高位都被新贵们占据。被勉强允许留在城市中的，只是那些被打倒的人物的远亲或是已经败落的、毫无力量的残党，但即使是他们也不能享受充分的公民权利。他们被不信任的目光严密地监视起来。这种不信任在我们的情况中，就相当于怀疑。因此，我们在对梦进行分析时，确定性等完全不是我们所要探讨的对象。

同时，只要存在一丝微弱的可能性——即，只要在梦中出现过的、这样或那样的元素——就被我们视为具有充分的可能，可以加以处理。在追溯某个梦的元素时，如果我们不下定决心摒弃这种怀疑的态度，那么，分析就必定会搁浅。如果我们对某个元素表示怀疑，那么，就会导致以下这种心理上的结果，即，在这个元素背后隐藏着却又不被做梦的人所期待的观念，就不会浮现出来。这种结果原本并不是不言自明的。无论是谁，都可以这样说道："我不能确定这件事或是那件事究竟是否在梦中出现过。但是，关于它们我却能联想到以下的事物。"而我们绝不会认为这是不合理的。但人们却不会这么说。而且，我们发现，这种妨碍分析的怀疑恰恰正是精神抗拒的爪牙和工具。精神分析理所当然会做出带有恶意的猜疑。它的一条固有法则就是，任何妨碍分析工作的事物，都应视为某种抗拒[①]。

如果不对精神的稽查作用的力量加以考虑，就无法对梦的遗忘这一现象做出真正的解释。在夜晚的睡眠中，我们会梦见许多事物，但保留在记忆中的却很少。在相当多的情况下，这也许还具有某种其他的意义。例如，有可能，梦的工作很明显

①这种断然的命题很有可能招致误解。无疑，这一命题针对的只是释梦者，它提出了一种技术上的规则，也是一种警告。我们不应否认，在分析过程中会发生各种各样的突发事故，而这往往并不是出于被分析者的意图。例如，有可能病人并没有下手杀害，但他的父亲却突然去世，也可能突然爆发战争，导致分析不得不中断，等等。但是，上述命题虽然有明显的夸张成分，在它背后却隐藏着某种新的、具有正面意义的事物。也就是说，即使某种构成阻碍的事件是在现实生活中发生的，而且与病人无关，但这种突发事件究竟会造成怎样的阻碍，却往往仅由病人自身而定。同时，抗拒清楚地表现出，它会非常积极地、最大限度地利用这一类机会。

持续工作了一整夜，但记忆中却只有一个很短的梦。但在其他情况下，梦无疑是在清醒后，随着时间的流逝而逐渐被遗忘的。尽管我们会尽全力回忆梦的内容，但往往还是一无所获。但是，我认为，正如人们一般而言总会过高地估计这种遗忘的范围，我们也过高地估计了梦的遗漏对我们的限制，即，对梦的理解上的限制。梦的内容中因为遗忘而失去的全部事物，往往都可以通过分析重新寻找回来。至少在某些例子中，从支离破碎的残存的断片中——尽管这些断片并不是原本的梦的全部内容，但它当然属于梦（梦的显意）本身——就能够再次发现全部的梦念。在分析时，在相当程度上有必要保持注意力与自制力，仅此而已。但是，就梦的遗忘而言，很明显，确实有一种敌对的意图在发挥作用。

在分析中，关于梦的遗忘所具备的、有意识地为抗拒而服务的性质，通过对遗忘的前一个阶段的评价，得到了确凿的证明[①]。在对梦进行分析的过程中，经常会出现这样的情况，即，在此之前被完全遗忘的某个部分，被突然回想起来。同时，这从遗忘的手中再次夺回的部分，往往才是梦的最重要的部分。这是因为，这一部分位于通向梦的解释的最短的途径之上，所以也就遭受了最强大的抗拒。散见于本书的各个梦例中，有一个就是不得不在后来追加补充了梦的一部分内容的例子。这是

①关于遗忘的普遍目的，参见我的《论遗忘的精神机制》（《精神病学及神经症学月刊杂志》,1898 年）。这篇短论文后来收录为《日常生活的精神病理学》（全集第四卷）的第一章。

一个旅行的梦，在梦中我对两个令人不快的旅伴施加了报复。其中一部分内容包含猥亵的情节，所以我将其舍弃，并没有详加分析。我省略的部分如下：

“我对那对兄妹说起与某本书有关的事，我说道：‘这是从……（即，It is from...）’然后又改口道：‘这是由……（即，It is by...）’哥哥向妹妹提醒道：‘他说得对。’”①

梦中的自我订正为许多学者所重视，但我们对此无须太过在意。在此，我将举出几个我记忆中的、出现了语言的谬误的梦例。我 19 岁时初次访问英国，在爱尔兰海滨度过了整整一天的时光。我热衷于捡拾退潮后留在海滩上的海中的生物。当我正在摆弄一只海星时（梦是以 Hollthurn 和 Holothurians〔即，棘皮动物〕这两个词开始的），一位美丽的少女略微有些唐突地走到我的身边，问道：“这是海星吗？还活着吗（即，Is it a star-fish? Is it alive）？”我答道：“是的，‘他’是活的（即，Yes he is alive）。”然后我立刻注意到自己在语法上的错误，并进行了订正。在这个梦中，我以另一个德国人常犯的错误代替了这个错误。也就是说，“Das Buch ist von Schiller（德文，意即，这是席勒写的书）”中的“von（即，的）”在英文中应该译为“by（即，由）”，而不是“from（即，从）”。然而，英文的“from”与德文的形容词“fromm（即，虔诚）”同音，因此，可

①像这样，对外语的应用进行订正的情景，在梦中并不罕见，但这种订正往往是由外国人做出的。莫里在刚开始学习英语时，曾经梦见自己想要对某个人说：“我昨天曾拜访过你。”却说成了“I call for you yesterday”。对方则纠正了他，告诉他应该是“I called on you yesterday”。

以产生规模较大的凝缩作用。同时，因为我们已经知道梦的工作的所有意图以及它是怎样不择手段的情况，所以，对于梦的工作会做出这样的替代，我们并不会感到惊讶。但是，海滨的这一天真无邪的回忆与这个梦的关联究竟意味着什么呢？这一回忆利用一个非常天真的例子，来说明我将指示性别的词汇搞错了，即，在这种情况下，我使用了原本不应该使用指示性别的“He（即，他）”这一词汇。而这就是对这个梦加以解释时的关键之一。另外，想必凡是知道克拉克·麦克斯韦的《物质与运动（即，Matter and Motion）》一书的书名的来历的人，都能够将此处欠缺的部分内容轻松地填补出来（在莫里哀[①]〔法文即，Molière〕的作品《Le Malade Imaginaire〔无病呻吟〕》中，有这样的句子，即，‘La matière est-elle laudable〔即，这材料值得赞赏吗〕？’——肠子的运动〔即，motion of the bowels〕[②]）。

无论如何，我能够以某个确凿无疑的证据来证明，大部分梦的遗忘都是出于抗拒的缘故。曾有一位病人对我说，他做了一个梦，但又把梦的内容全都忘光了，因此这与根本就没做过梦也

①莫里哀，法文即，Molière，1622—1673年，法国剧作家、演员、戏剧活动家、导演，法国芭蕾舞喜剧的创始人，被认为是西方文学中最伟大的几位喜剧作家中的一位，法国近代戏剧之父。其作品描写了十七世纪法国社会的所有阶层，充满幽默和对人类罪恶、虚荣和愚蠢的巧妙嘲讽。作品有《无病呻吟》《伪君子》《悭吝人》等。——译者注

②法文“matière”有“排泄物”的意思。这可以联想到“肠子的运动”，也与“棘皮动物”——此处特指海参有关。应该是因为海参的外观与肠子类似，并且，海参有“排脏逃生”的能力，这似乎也可以使人联想到“肠子的运动”。而“肠子的运动”中的“运动”，与书名“《物质与运动》”也有联系。——译者注

没什么两样。我继续为这位病人进行治疗。然后我遭遇到某种抗拒。于是我设法使他接受对某件事情的解释。我劝说他与不愉快的思想彼此妥协，并鼓励、帮助他。就在这时，他忽然叫道："啊，我现在想起来了，我到底梦见了些什么。"就是在这一天的治疗中，对我们的分析造成阻碍的抗拒，使他忘记了梦的内容。通过克服这一抗拒，我成功地使病人回忆起了他的梦。

与此相同，当病人的分析治疗进展到某种程度时，他就可以将三四天以前，乃至更长时间以前自己做过并且完全忘记了的梦回忆起来①。

精神分析的经验还为我们提供了另一个证据，以证明梦的遗忘与抗拒之间的关系，与许多学者所认为的、清醒状态和睡眠状态之间的互不相容的关系并不十分类似。事实上，倒不如说梦的遗忘是依存于抗拒的。因为做了某个梦而被惊醒（就像我们经常说的那样），然后，我们的思维活动立即发挥全部力量，开始投入到对梦的分析中去——类似的经验不止是在我们这些研究梦的人身上，甚至在接受精神分析治疗的病人们的身上也是很常见的。如果我遇到这种情况，通常直到将这个梦彻底解明之前，是不会停止分析的。然而，在我醒来后，（尽管我清楚地记得自己做了梦、对梦进行了分析、并将其解释清楚了）无论是对梦所做的分析，还是梦的内容，都会被我忘得一干二净。精神活动有时能够成功地将梦保留在记忆中，但更常

①欧内斯特·琼斯记录了一些经常发生并且与此类似的情况，即，在对某个梦进行分析的过程中，病人有时会回忆起同一天晚上做的另一个梦，这个梦的内容一直被他忘记了，甚至，他根本就不记得自己做过这个梦。

见的情况是，不仅是梦，就连对梦做出的解释，也被扯进了遗忘的深渊。但是，这种解释的工作（对梦进行分析的工作），与清醒时的思维活动之间，并不存在某种——就像学者们总是试图以此来解释梦的遗忘那样的——精神上的鸿沟。莫顿·普林斯[①]反对我的梦的遗忘的理论，他认为："梦的遗忘不过是分裂的精神状态（dissociated states）的某种特殊情况而已。而且，弗洛伊德对这种特殊的遗忘做出的说明并不适用于其他类型的遗忘。这一事实充分证明了弗洛伊德对这种分裂状态所做的说明是毫无价值的。"但是，我们不得不注意到，他自身在记录这种分裂状态时，从未试图对这些现象做出能动的解释。如果他有过类似的尝试，就会一定能够发现，压抑（或者说由压抑而产生的抗拒）才是这种分裂的原因，同时，也是遗忘其精神内容的原因。

根据我准备并撰写本书时获得的经验可知，梦与其他的精神活动同样，都难以遗忘，并且，从附着于记忆的强度出发，梦与其他的精神活动也并无二致。我在笔记中记录了大量自己做过的梦，有些梦在当时出于某些理由所做的分析很不全面，又或者，根本就无法进行分析。为了证明自己的观点，我需要一些梦例，于是从笔记中选取了一两年前做过的一些梦，重新进行分析。结果毫无例外，都获得了成功。我甚至想要得出这样的结论，即，与这些梦还是新近的体验的当时相比，相

①莫顿·普林斯，即，Morton Prince，1854—1929年，美国心理学家，1927年创建了哈佛大学心理诊所。作品有《人格分裂》《无意识》等。——译者注

隔很长时间之后再对梦进行分析，反而更容易成功。我认为，可以这样解释，即，这是因为，在当时阻碍我对梦做出解释的许多抗拒，随着时间的流逝，已经被我逐渐克服了。在后来所做的梦的分析的过程中，我将当时总结出的梦念，与现在总结出的、更加丰富的梦念做了对比。然后惊讶地发现，过去的梦念并未发生任何变化，并且包含在现在的梦念之中。于是，我想到我曾以同样的方法取得了同样的成功——长期以来，我一直让病人把他们过去做过的梦都告诉我，就像那是昨晚刚刚做过的梦似的，并对这些梦加以分析，就不再感到惊讶了。在下文关于焦虑的梦的探讨中，我打算再举出两个这种推迟分析的梦例。当我试图初次进行这种尝试时，我有一种不无道理的设想，即，就这一点而言，似乎可以利用同样的方法来处理梦与神经症的症状。也就是说，当我对一位神经症患者——例如，癔症患者——进行精神分析时，我必须对他的已经消失了的早期症状和他前来就医时也就是现在的症状都做出解释。而且，我还发现，前者比迫在眉睫的后者更容易解决。1895 年出版的《癔症研究》[①]一书中，我已经对一位年过 40 岁的女士在 15 岁时初次发作癔症的情况做出了解释[②]。

①《癔症研究》，德文即，Studienüber Hysterie，弗洛伊德与约瑟夫·布洛伊尔合著，1895 年出版，是精神分析理论的奠基和正式起点的标志。提出了两个重要思想：对癔症的症状、病因做了详细的分析和解说，开始提出癔症的创伤理论；把动力因素和经济因素包括在癔症的病因中时，强调了情绪生活、尤其是性欲的作用。——译者注

②童年时期做的梦，有时会在记忆中鲜明地保留数十年之久，这往往对做梦的人的人格发展和神经症的理解具有极其重要的意义。对这一类梦的分析，可以帮助医生避免——由于理论上的混乱而导致的——误诊和不确定性。

在此，我打算略微打乱顺序，提及一些与梦的分析的工作有着密切联系的观点。读者可以在试图分析自己的梦、对我的理论展开探讨时加以参考。认为无须付出任何努力就能够对自己的梦做出分析，是完全错误的。想要感知到内心活动和其他一些平时未加注意的感觉——即使对于这种感知的工作并没有任何精神动机的抗拒，也——必须经过练习。而想要捕捉到所谓的“非自主观念（无意中浮现的想法）”则更加困难。想要做到这一点，就必须自发地遵从本书中提出的各种要求，同时，必须在工作中努力抑制自己，不提任何批评，不抱任何先入为主的成见，不带有任何感情上或理智上的偏见。他不能忘记克洛德·贝尔纳[①]对生理学实验室的实验工作者提出的格言“Travailler comme une bete（法文，即，像野兽一般工作）”。也就是说，他必须像野兽一般，有着强大的忍耐力，并且不计较工作成果的得失。如果能够接受这样的忠告，他就不会认为我们的课题有多么困难了。

梦的分析的工作往往不是一蹴而就的。追溯一系列联想的连锁，然后感到自己已筋疲力尽、对工作再也无能为力——这样的情况绝不罕见。在这样的日子里，梦不会再让你有任何收获。所以这时你应该暂时中止一切工作，第二天再重新开

①克洛德·贝尔纳，即，Claude Bernard，又译，克劳德·伯纳德，1813—1878年，法国生理学家，现代实验生理学的创始人，定义“内环境”的第一人，以双盲实验确保科学观察的客观性的首倡者之一，法国第一个获得国葬殊荣的科学家。作品有《研究实验医学研究入门》《动植物常见生命现象》等。——译者注

始。这样一来，梦的内容中的另一部分或许就会吸引到你的注意力，从而使你发现通向梦念的新层次的入口。我们将这称为“分段式”梦的分析。

最困难的事是使梦的分析工作的初学者接受以下事实，即，即使对一个梦的内容中的所有元素都做出了解释，并且这些解释也都符合逻辑，具有连贯性，但这仍然绝不意味着他的工作已经彻底完成。因为，除此之外，同一个梦还可能有另一种解释——更深层次上的解释。在我们的思维的内部，彼此激烈竞争以力求表现的潜意识的联想，是极其丰富的，试图对梦做出分析，就要深刻理解这一点。事实上，梦的工作就像童话中的小裁缝总是一巴掌打死 7 个苍蝇那样，可以用一种含糊的表现方法同时表达许多事物——其巧妙之处也是很难使人相信的。我想，读者可能会责备我在分析梦的过程中加入了过多的即兴联想，但是，任何对梦的分析工作有过亲身体验的人，都不会这样认为。

尽管如此，我也不能赞同由西尔伯勒首先提出的观点，即，所有的梦——或者，更恰当的说法是，相当数量的、某一类的梦——都需要两种不同的并且具有紧密联系的解释。西尔伯勒认为，这两种解释其中之一可以被称为“精神分析的”解释，它会对梦赋予一种任意的意义——在大多数情况下，是与童年时期有关的、与性有关的意义；而另一种解释则更加重要，即所谓的“神秘的”解释，它与梦的工作所应用的材料有关，是更加严肃的，往往颇具深意的思想。尽管西尔伯勒报告了大量的梦例，并运用他的观点进行了分析，但他这一观点并没能得到证实。我必须对此加以反驳，因为根本就不存在这样的事实。事实上，有许多梦完全不需要进行这样的“更加深刻的解读”，所谓“神秘的”解释更是毫无必要的。我们可以清楚地认识到，西尔伯勒的理论与近年来其他一些理论一样，其目的都是隐藏梦的形成的基本情况，并企图将我们的注意力从根本问题上转移出去。在许多梦例中，我确实证实了西尔伯勒的观点，但是，分析工作向我表明，梦的工作的任务是，将一系列清醒生活中的、高度抽象的、不可能直接表现出来的各种思想（观念）转变为一个梦。梦的工作为了完成这一任务，就要掌握某种与抽象思想之间的关系并不太紧密的——其关系往往被称为“比喻性”的——其他的、较为容易表现出来的思想材料。以这种方法形成的梦，做梦的人就能够直接做出抽象的解释。而被替换的材料的正确解释，就必须通过我们已经知道的那些技术手段才能获得。

我们是否能够对所有的梦都做出解释呢？答案是否定的。我们不能忘记，梦的化装的精神力量对我们是有所抗拒的。但是，人们可以通过其理智上的好奇、自制力、对梦的分析工作的了解，以及经验，等等，克服来自内心的抗拒，因此，问题在于，克服抗拒的综合力量的强度。当然，我们总是能够对梦的分析工作逐步取得一些进展。至少我们已经确信梦是具有某种意义的事物，并且，在大多数情况下，我们已经取得了一定的成果，能够模糊地窥见这种意义。经常会出现这样的情况，即，对某个梦做出的解释，在紧随其后的第二个梦中得以证实，并且，这种解释可以随之推进到更深入的层次。还会出现这样的情况，即，在长达数周乃至数月的时间内，所做的一系列梦有着共同的基础，并且，这些梦彼此间有着关联，可以放在一起加以解释。就连续出现的两个梦而言，以下的情况并不罕见，即，在第二个梦中只是作为轻微的暗示出现的事物，在第一个梦中却有可能处于核心地位，而反之亦然。所以，这两个梦应合并为一个梦，再进行解释。同一晚做的数个不同的梦应看成一个整体，这一点我已经通过实例做了证明。

即使我们对一个梦做出的解释再完美，往往也不得不留下一些未能解决的细节。通过分析，我们可以知道，在这些细节中存在着许多难以解开的、梦念的“绳结”，而且，这种“绳结”对梦的内容并没有做出什么贡献。也就是说，可以将这种“绳结”称为梦的“肚脐”，梦念就是从这一点开始与未知的事物相连接。在分析（解读）中，我们遇到的梦念一般而言都是作为未完结的事物存在，并且在我们的思想世界中向四面八方伸展开去，就像是一张大网铺陈的迷宫一般。在这张大网的错综复杂的交错之处，梦的欲望就像从菌类中生出的菌丝一样，逐渐露出头来。

现在回到梦的遗忘的一些事实上来。迄今为止，我们还没能从这些事实中得出任何重要的结论。清醒生活具有某种确凿无疑的倾向，即，它会忘记夜间所做的梦——有可能是在清醒后立即就忘记，也有可能是在整个白天中逐渐忘记。而且，我们也清楚地知道，导致梦被遗忘的罪魁祸首，是对于梦的精神上的抗拒——这种抗拒与对夜间所做的梦施加的抗拒是相同的。于是，我们不免想到以下的问题。即，面对这种抗拒，最终使梦得以形成的，究竟是什么？让我们来设想一个最为极端的情况，即，清醒生活将梦彻底忘记，就像它从来未曾存在过一样。在这种情况下，考虑到各种精神力量的活动，如果抗拒的力量在夜间也像白天这样占有支配性的地位的话，那么，不得不说，梦这种事物本身就不可能成立了。所以，我们断定，这种抗拒在夜间一定失去了一部分力量。当然，我们知道，这种抗拒并不会在夜间完全沉默。因为我们曾经证明了，就梦的形成而言，抗拒对梦的化装这一现象有所参与。但是，我们必须承认，梦之所以能够形成，是由于抗拒的力量在夜间减弱的缘故。我们也能够充分理解到，正是因为抗拒在我们醒来时立即恢复了全部的力量，所以它才会立刻重新驱逐了在其力量减弱期间被迫允许出现的那些事物。描述的心理学告诉我们，梦的形成的主要条件是，心灵处于睡眠状态。现在，我们还可以为其附加以下解释，即，睡眠状态通过降低内心的稽查作用的力量，使梦得以形成。

我们希望能够将这一结论视为由梦的遗忘的事实得出的唯一结论，并从中推断出在清醒和睡眠状态下其能量之间的关系的状态。但在此我们要暂时停下脚步。我们知道，在梦的心理学中，只要略微深入一步，对梦得以形成的助力就会有新的发现。企图阻碍梦念进入意识的阻碍，或许可以在不削减其自身力量的前提下，消失不见。而抗拒的力量的削弱与抗拒本身的消失，对梦的形成而言，是极其有利的两个因素——我们相信，这两个因素可以同时通过进入睡眠状态而达成。在此，我们将再次暂停，稍后再继续展开探讨。

对于我们分析梦的方法，还有另一种反对意见。接下来，我们将就此展开讨论。我们对梦进行分析的方法是这样的：平时，支配着我们的反省的思维的，是具有某种目标或倾向的观念，而我们将这种观念弃之不用。然后，首先集中精力注意梦中的一个元素，展开联想，并将联想到的“不请自来的观念”（即，不由自主地、自由地浮现出来的观念）全部记录下来。接下来，再对梦的内容的另一个元素加以注意，并重复同样的步骤。无论这些思想延伸到哪个方向，都紧随其后，将所有的细枝末节都记录下来。在这一过程中，我们应当抱有信心和期待，相信无须主动干预，最终自然会抵达产生了梦的梦念。对于这种方法的反对意见如下。即，从梦中的个别的元素出发，并最终抵达某处，难道不是理所当然的吗？无论任何观念，总是会与某种事物发生联系的。而值得奇怪的是，这种毫无目标的、自由散漫的观念的运动最终竟然能够巧妙地与梦念汇合。恐怕这不过是一种自我欺骗而已。从某个元素出发，沿着联想的链条步步前行，直到由于某种原因链条中断为止。然后再处理第二个元素。但是，这样一来，原本联想的无拘无束的性质当然就受到了一定的限制。也就是说，由第一个元素展开的联想而达到的一系列观念仍然留存在我们的脑中。因此，在我们分析第二个元素时所展开的联想，就更容易与由第一个元素展开的联想交汇。与第二个元素和第一个元素分别相关的联想之间，也就出现了某种共同的事物。于是，他们这些精神分析家就会固执地认为自己找到了代表两个梦念之间的连接点的观念。然而，他们一方面允许对于观念的结合而展开任意的、自由的联想，另一方面却将正常思维中由一个观念向另一个观念的转移摒除在外。所以，最终自然不难从一系列的"中间思想"中捏造出他们所谓的"梦念"之类的事物。这种"中间思想"全无保证，因为根本就没人知道它到底是什么东西——他们将其吹嘘为精神的替代物。然而这一切都不过只是个人的臆测而已，都只是巧妙地利用了偶然才制造出的事物而已。无论是谁，只要肯于付出这种劳而无功的代价，他都能够用这种方法为任何一个梦编造出任何他想要的解释——反对意见的内容大致如此。

对于这样的反对、责难的意见，我们可以进行以下的辩护。我们在分析梦的过程中产生的印象，与我们在追溯梦的个别的元素时所产生的其他的梦的元素之间存在着令人感到惊讶的联系。而这种联系与我们在分析梦的过程中所得的巨细无遗的解释，只有通过追溯事先就已存在的精神联系的足迹，才能够获得。同时，我们还可以指出，我们分析梦的方法与治疗癔症症状的方法是相同的，而这也证明了我们的理论。也就是说，在治疗癔症的症状时，我们所采取的方法的正确性可以由症状的出现和消失来证实，这就像是，文本的解释因为插入的图解而得到了证明。但是，我们并没有理由回避以下问题，即，人们是怎样通过追随自由散漫、毫无目标的一系列观念，而最终抵达了事先已经存在的目标的呢？我们确实不能解决这个问题，但是，我们可以使这个问题完全不成立。

就像我们在进行梦的分析的工作时那样，有些人会对此提出反对意见，说我们放弃了深思熟虑，让那些不请自来的观念浮现到脑海之中，难道我们不是在毫无目标的观念中随波逐流吗，等等。当然，这种责难是错误的。我们总是能够清楚地表明，我们能够放弃的，只有那些已知的、具有某种倾向的观念，在我们放弃这种观念的同时，立即就有某种未知的、具有某种倾向的观念——虽然并不是非常贴切，但仍然可以说，这也是某种潜意识的观念——出现，并控制局势，从而决定那些不请自来的观念的走向。无论我们自身对我们的精神生活施加怎样的影响，都不可能创造出这样一种思维，即，并不包含某种倾向的观念的思维。但是，我也并不知道，在怎样的精神错乱的状态下，才能够创造出这种思维[①]。精神病学者在这一点

①“直到最近，我才注意到爱德华·冯·哈特曼对这一重要的心理学的观点所持态度与我相同。“在探讨潜意识对艺术创作所起作用时（《无意识哲学》，第一卷，第二部，第五章），爱德华·冯·哈特曼清楚地阐明了由潜意识中的、具有某种倾向的观念所引导的观念联想法则。但是，他并没有意识到这一法则的适用范围。他要证明的问题是，‘所有感性的观念的组合，都不是纯粹偶然决定的；相反，如果它指向某个既定的目标，那就需要潜意识的帮助’，以及对既定的思想组合的有意识的关心就是某种对潜意识的刺激——这种刺激的目的是，从无数可能的观念中寻找到合适的、附加了某种目标的观念。‘顺应关心的不同目的而进行选择的，就是潜意识。而且，这种情况同样适用于作为感性的观念作用的或是作为艺术的组合作用的抽象思维，以及插科打诨的联想。’因此，在纯粹的联想心理学的意义上，对诱发观念组合的观念和被诱发的观念进行限制是不正确的。也就是说，这样的限制‘只有当人类的生活出现在不仅摆脱了一切具有人类意识的目标的限制，同时也摆脱了一切潜意识的关心、一切情绪的支配和影响的状态下，才具有正确的意义’。

上过早地失去了对精神构造的坚固性的信心。我知道，在癔症、妄想症的范围内，就像在梦的形成或是梦的遗忘的过程中一样，都不可能产生毫无约束的并不具有任何倾向或目标的观念。或许在内源性精神疾病中也不会产生。甚至，根据勒雷[①]的尖锐推断，精神错乱的谵妄也确实具有某种意义，只是因为中间缺漏了某些环节，所以不被我们所理解。我曾有机会观察到类似的情况，并因此产生了同样的想法。不再努力掩饰自我的欲望，不再对异常状态的纠正提供帮助，反而毫无顾虑地恣意删除任何自己不中意的事物，从而导致残余的事物全无脉络、逻辑可言——类似这样的稽查作用，即是出自谵妄之手。

在器质性的脑部障碍中，往往可以发现这样的情况，即，观念按照联想的恣意的连锁、展开自由的活动。对于神经症患者的类似症状，往往会做出如下说明：有一系列联想通过被隐藏的、具有某种倾向的观念，被推向前台。而对这一系列联想

"'但是，这样的状态几乎是不可能出现的。这是因为，我们即使令自己的观念的联想处于某种看似完全由偶然支配的状态或是陷入幻想的、自然的梦境之中，我们仍然恒常具有某种主要的、占据支配性地位的关心、感情和情绪，而它们必然会对观念的联想施加某种影响。'（《无意识哲学》，第十一版，第一卷，246页）在潜意识只参与了一部分的梦中，往往只会出现与短暂的（潜意识的）主要关心所对应的观念（参见上述引文）。即使站在哈特曼的立场上看，在自由的观念的联想中，对感情、情绪的影响加以强调，也是可以站得住脚的。"（N.E.伯赫利勒斯，《医学的精神分析学国际杂志》，第一卷，1913年，605页以下）——杜·普雷尔认为，我们往往会突然想到一个曾经怎么想也想不起来的名字，由这一事实可以推断出，潜意识中根本就不存在某种没有目标的思维，所有思维的结果最终都会进入到意识之中。（《神秘主义哲学》，107页）

①勒雷，法文即，Leuret。——译者注

的稽查作用的结果，就是这种神经症患者的类似症状[①]。如果出现的观念（或形象）是以所谓的“表面的联想”为纽带而连接起来的，也就是说，是通过谐音、双关语、并不存在内在的联系的时间上的巧合等方式，或是我们经常通过开玩笑和文字游戏而使用的、所有的类似联想而连接起来的。那么，可以认为这就是并没有受到具有某种倾向的观念的掣肘、自由展开的联想的、确凿无疑的标记。这种标记、这种特征从梦的内容中的各个元素开始，将我们导向中间思想。从这种中间思想开始，又导向原本的梦念。这在观念的结合中也是常见的。我们在对许多梦的分析过程中不无惊奇地找出了不少类似的实例。在这些梦例中，任何一种联想，以及任何一个文字游戏，都并不松懈或是无力，它们充当了从一个思想到另一个思想的桥梁。这种稳妥的状态并不难以理解。只要一个精神元素与另一个精神元素以某种无趣的、浮于表面的联想关系联结起来，那么，在它们之间就必定同时存在着某种正确而且深刻的联系。并且，这种联系必定屈服于稽查作用。

表面的联想之所以占据优势地位，是因为受到了稽查作用的压力，而不是因为具有某种倾向的观念受到了压制的缘故。在稽查作用封闭了正常的联系的通道时，表面的联想就会取代深层的联系。这就像是山区因为洪水而导致交通中断，平坦的山路已经无法通行，这时，人们就只得依靠只有猎人才会利用

①荣格通过对早发性痴呆症的分析，出色地证明了这一点（《早发性痴呆症对心理学的贡献》，1907 年）。

的崎岖、险峻的小径来勉强维持交通。

在此，我们可以区别出两种情况，但它们实质上是同一种情况。第一种情况是，稽查作用只针对两个观念之间的联系提出异议。但如果这两个观念是相互分开的，就不会遭到反对。这样一来，它们将先后进入意识层面，而且，二者之间的真正联系隐而不显，而代之以一种一般而言我们完全不会想到的、表面上的联系——这种联系通常并不会依附于那些受压抑的、本质上的观念，而是依附于其他的（一系列的）观念。第二种情况是，两种观念的内容原本就会受到稽查作用的抑制，于是，二者都不以本来面目而以改变了的、代替的形式出现。而且，代替原本的两个观念出现的新的两个观念之间的表面的联想，往往能够再现原本的两个观念之间的主要关系。就以上两种情况而言，都在稽查作用的压力下，产生了移置作用——从正常的、意味深长的联想转向荒谬的、浮于表面的联想。

因为我们知道这种移置作用的存在，所以，在对梦进行分析的过程中，就可以毫不犹豫地信任这种表面的联想[①]。

在对神经症的精神分析中，应用得最为广泛的是以下两个

①同样的考虑当然也可以应用在以下的情况中。也就是说，完全符合莫里报告的两个梦例——在梦的内容中出现了表面的联想（上卷，105页。Pélerinage—Pelletier—pelle；Kilometer—Kilogramm—Gilolo—Lobelia—Lopez—Lotto）。在对神经症患者的治疗过程中，我知道了怎样的遗留记忆乐于使用这样的表现方法来表现自己。众所周知，许多人会在青春期对与性有关的问题非常好奇，为解开谜题，而去翻阅百科全书（或是一般的词典）。

（第一个梦例〔法文〕即，朝圣—佩尔蒂埃〔法国化学家〕—铲子；第二个梦例即，公里—公斤—济罗罗岛〔印度尼西亚地名〕—半边莲—洛佩兹〔西班牙常用人名〕—乐途〔一种赌博游戏〕——译者注）

原则。一是在放弃具有某种倾向的观念的同时，对观念的流向的控制就转向了被隐藏的、具有某种倾向的观念。二是表面的联想不过是被压抑的深层联想的移置作用的替代物而已。不仅如此，精神分析还将这两个原则当作了其分析技术的基石。当我要求一个病人彻底打消一切顾虑，将浮现在脑中的所有的观念都向我报告时，我一直深信："病人是不可能忘记'治疗'这一具有倾向性的观念（概念）的。"而且，我认为，可以断定，即使病人报告的内容乍看上去是毫无意义的、任意的，但事实上却总与他的症状有着某种关联。病人还抱有另一个他自身从未有意识地想到过的、具有某种倾向的观念，即，与我这位医生有关的观念。因此，对两个原则重要性加以充分的理解和详细的证明，就与如何表现作为治疗方法的精神分析的技术息息相关。在此，我们又抵达了另一个接触点，并且，将它与对梦进行分析这一主题刻意偏离开来也并无不妥[①]。

所有这些反对意见中，只有一个是正确的，并且，现在看来仍然是妥当的，即，我们没有必要将对梦的分析的工作中所发生的每一个联想，都归结于夜间的梦的工作。众所周知，我们在清醒时做出的解释，事实上是一条由梦的元素（梦的显意）向梦念（梦的隐意）追溯的道路，这与梦的工作的实际道路的方向是相反的。无论如何，这样的道路也不应该是可

①在此叙述的两个原则，在当时似乎非常不被人们所信任。后来，荣格和他的学生们在"诊断学的联想研究"中，对这两个原则在实验上加以证实，并展开了应用。

逆的，倒不如说，我们在白天，是在新的观念的连锁这一基础上，时而在这里，时而在那里，与某些中间思想和梦念相遇——这就像采掘矿井一样。我们可以看到，白天的新鲜的思想材料是怎样插入到一系列的解释之中的，以及在夜间有可能出现的、增强的抗拒，又是怎样强制我们绕上一条全新的、更加遥远的弯路的。但是，我们白天思索出来的、那些旁系的事物的数量和种类等，只要能够将我们导向我们所追寻的梦念即可。除此之外，它们在心理学上并不具有任何重要性。

二、回归作用[①]

在驳斥了向我们提出的各种反对意见之后，或者说，至少在展示了我们的防御武器之后，我们已经不能再继续拖延下去了。我们早已做好准备，对相关的心理学的研究展开探讨。在此，首先，让我们对迄今为止的研究的主要成果加以概括，即，梦是心灵的极其重要的产物，是某种精神活动。梦的原动力从来都是“寻求欲望的满足”。梦即欲望这一观点之所以看上去不够清晰而且具有许多奇怪的特征和荒谬性，都是因为梦在形成的过程中受到了稽查作用的影响。为了逃避这种稽查作用，下列因素在梦的形成中起着一定的作用。一是必须对精神材料加以凝缩；二是要考虑到感觉意象在表现上的可能性；三是虽然并不总是如此，但梦的结构应该具有某种合理的并且符

①回归作用，即，Regression。亦有退化、后退等意义，在心理学上指退回到较早的或较不成熟的感情或行为方式。——译者注

合逻辑的表象。上述的每一个因素都为心理学的假设和推断开辟了道路。我们现在需要研究的是，欲望动机与上述几个条件之间的相互关系，以及这几个条件本身之间的相互关系。梦必须在错综复杂的精神生活中占据一定地位。

在第七章的开始部分，我举出了一个梦例，用来提醒我们想到一些至今仍悬而未决的问题。要解释这个梦——即，孩子烧着了的梦——并不困难，虽然我们做出的解释其实并不充分。我们曾经提出了这样一个问题，即，做梦的人在这种情况下，为什么要继续做梦而不醒来，并且，我们发现了这个梦的一个动机就是，希望看到他的孩子仍然活着这一欲望。在进一步的讨论后，我们发现，还有一个欲望在起作用。所以，我们暂且这样说，即，将睡眠时的思考过程转变成梦的，照例，正是欲望的满足。

如果我们将欲望的满足搁置一边，那么，剩下的就只有区分两种精神意象的一个本质的事物了。梦念很可能具有这样的内容，即："从停放遗体的房间看到了光芒，也许是一支蜡烛倒了下来，烧着了死去的孩子。"于是，梦将这种认识的结果原封不动地加以再现。但是，这必须在各种感觉就像清醒时的某种体验那样，确实捕捉到了类似的情况——并且，这种情况也确实在现实中存在——时，才能表现出来。但是，这正是做梦的过程中的、最一般和最显著的心理学特征。也就是说，某种思想、观念，并且是一般而言表现了某种欲望的思想、观念，在梦中被客体化了，表现为某种情景，或是我们常常会说起的所谓“亲身体验”到的某种情景。

然而，我们应该怎样解释梦的工作的这种独特的属性呢？或者，退一步说，我们应该怎样在精神的各种过程之间的、错综复杂的关系中确定它的位置呢？

如果我们更加仔细地进行观察，就会发现，这个梦所采取的形式具有两个突出的、几乎彼此独立的特征。一个特征是，将某种事件直接表现为现在的情景，并省略了“也许”这个字眼；另一个特征则是，将观念置换为视觉的形象和会话。

通过将梦念中表现出来的期望转变为现在的情景，而导致的梦念的变化，在这个梦中似乎并不特别显著。这是因为，在这个梦中，欲望的满足只能起到特殊的、次要的作用的缘故。在此，让我们举出另一个梦例，其中，梦的欲望并没有从使之入睡的清醒时的观念中脱离开来，即，爱玛打针的梦。这个梦描写的梦念，在语法上采用了所谓的“祈使句”的形式，即，“如果奥托对爱玛的病有责任，那该多好！”梦抑制了这种祈使的语气，而代之以简单、直接的现在时。即，“是的，爱玛的病都是奥托的错。”也就是说，这就是在梦念中实现的第一个改变，甚至完全没有化装。我们对于梦的这第一个特征无须多做纠缠。并且，我们可以通过同样的方式来处理这一特征与有意识的幻想以及——以同样的方式来处理观念内容的——白日梦。在都德笔下，乔耶西[①]的女儿们认为自己的父亲有固定的职业，正在他自己的办公室中工作，但事实上他却是无业游

①乔耶西，法文即，Joyeuse。——译者注

民，徘徊在巴黎街头。他就以现在时做了梦，梦见自己找到了机会，能够让自己衣食无忧。因此，梦与白日梦一样，都以同样的方式和同样的权利使用着现在时。现在时是表现欲望得到满足的时态。

但是，梦与白日梦不同，具有其独有的特征，即，梦的观念内容在完全不“思考”的前提下，反而能够转变为感觉的形象。而且，人们不但相信这种感觉的形象，而且深信自己正在亲身体验着它。但是，我必须立即加以补充，并不是每一个梦都能够从观念转变为感觉的形象。有些梦只包含一些观念，但也并不能因此便对其实质加以否定。我的那个“Autodidasker——N 教授与白天的幻想”的梦就属于这一类，我假设自己在白天想到了其中的内容，但这个梦与我做出的假设相比，更加缺少感觉的元素。在任何有一定的长度的梦中，总含有一些并没有向具有某种感觉的事物进行转变的元素，与我们在清醒时惯于知道、考虑到的事物并没有什么区别。在此，我们还应该知道，这种从观念到具有某种感觉的具体事物的转变并不是只单纯地出现在梦中的现象，也可以在健康的正常人身上或者作为神经症的症状——即，幻觉和幻想——中也会出现。总之，我们现在探讨的关系绝不是独一无二的。但是，毫无疑问，只要梦中出现了这个特征，仍然最值得我们加以注意。因此，我们不能将这一特征从梦的工作中去除掉。但是，要对它达到充分的理解，我们必须进行更加深入的探讨。

作为我们的探讨的出发点，我愿意在关于梦的意象的许多理论中特别强调一位学者的、极有价值的说法。伟大的费希纳[①]在《心理物理学》(第二部,502 页)中，就他对梦提出的若干理论中，提出以下推断。即，“梦的舞台，与清醒时的思维生活的舞台是完全不同的。”这是唯一能够对梦的工作的独有的特征做出说明的假说。

这样一来，我们所能够利用的，就是“精神位置(德文即，psychische lokalit ä t)”的观念(概念)。我们现在所探讨的精神机构(心灵)，也可以作为我们已知的、解剖学的材料来加以利用，但在此，我将对这一事实不做理会，并且，尽力避免以任何类似解剖学的方式来决定精神位置的诱惑。我将始终站在心理学立场，只遵循以下要求，即，将对精神的各种工作有益的工具，当作复式显微镜、照相机之类的仪器来进行思考。于是，精神位置就相当于仪器内部的——即将出现景象的——某个位置。我们知道，就显微镜和望远镜而言，这些即将出现景象的位置并不处于这一类机械的任何具体的、可触摸到的部分。观念所处的位置、区域也是如此。当然，这种类比并不是特别恰当的。这种类比不过是用来帮助我们理解精神的各种工作，对其加以分解，并将其不同的成分归结于仪器的不同的构成部分，并通过这种方法，清楚地表现出精神的工作的错综复杂的性质。就我所知，迄今为止，还没有人尝试过以这样的分解的方法，对精神这一工具的构造加以分析。而我认为这种做

①费希纳，古斯塔夫·西奥多·费希纳，德文即，Gustav Theodor Fechner，1801—1887 年，德国哲学家，实验心理学家，物理学家，心理物理学的创始人，实验心理学的先驱。主要作品为《心理物理学纲要》。——译者注

法是没有害处的。也就是说，在我看来，只要我们不失去冷静的判断力，并且不将单纯的骨架当作其整体的构造，就完全可以做出自由的推断。当我们开始探讨某种未知的事物时，必须有某些辅助的观念，所以，我将提出一个粗略但易懂的假设。

相应地，我们把精神这一装置想象成一个复杂的工具，将其组成部分称之为“机构（Instanzen）”，或更通俗易懂地称之为“系统（Systeme）”。于是，我们可以抱有这样的期待，即，这些系统或许会彼此以一种有秩序的空间关系存在着，就像在一架望远镜中不同的透镜系统彼此先后排列着一样。严格地说，并没有必要将精神的系统实际地按空间顺序加以排列。如果在某种精神过程中，兴奋的波动以某种特定的时间顺序进行传递，并形成一种确定的顺序关系，那么，对我们来说，这就已足够。这种顺序在其他一些过程中，也许会发生某种变化。我们暂且搁置对这种变化的可能性的探讨。接下来，为简便计，我们将这种精神的机构的各个组成部分叫作“φ系统”。

首先引起我们注意的，就是由各个φ系统复合构建而成的“精神”这一机构，具有某种方向性。我们所有的精神活动都源自（内部的或外部的）刺激，而止于神经系统的传导。因此，我们认为，这一机构联结着一个感觉端和一个运动端。在感觉端有一个接受知觉的系统，在运动端则有另一个系统，可以产生运动。一般而言，精神的过程是从感觉端向运动端流动的。精神机构的示意图如下。

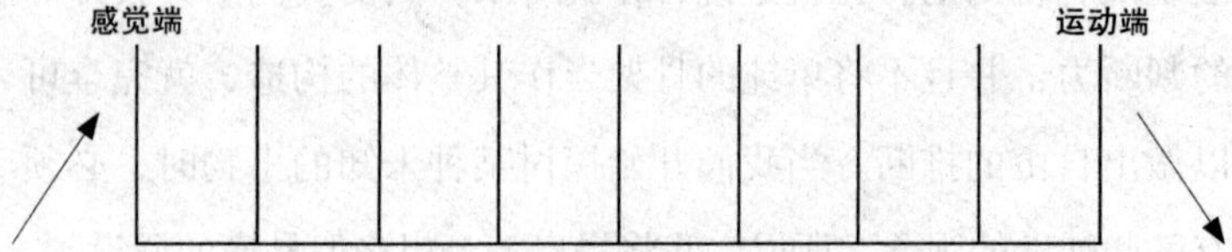

图一

但是，这也不过是对我们早已做出的某种推断的回应而已——我们的推断是，精神机构必定与反射机构具有相同的构造。反射过程也是一切精神活动的典型。

接下来，我们有理由认为，在感觉端将会产生第一次分化。当知觉与精神机构发生密切接触后，会留下某些痕迹，我们可以称之为“记忆痕迹”，而与这种“记忆痕迹”有关的机能，被我们称为“记忆力”。如果我们坚持将精神的各个过程依附于各个系统，那么，记忆痕迹只有当这些系统的各个元素发生持续的变化时才能够存在。然而，我们在其他一些地方已经指出——同一个系统既能够忠实地保持本身的各个元素的变化同时又总是能够接受并适应新的变化——这显然是非常困难的。因此，根据引导了我们的尝试的原则，我们将这两种工作分开，使其分属两个不同的系统。我们可以这样假设，即，处于精神这一机构的最末端的系统，能够接受知觉刺激，但是不保存它。也就是说，这一系统并没有记忆力。而在第一个系统的背后存在着第二个系统。第二个可以将第一个系统的短暂的兴奋置换为持续的痕迹。以下是我们的精神机构的第二张示意图。

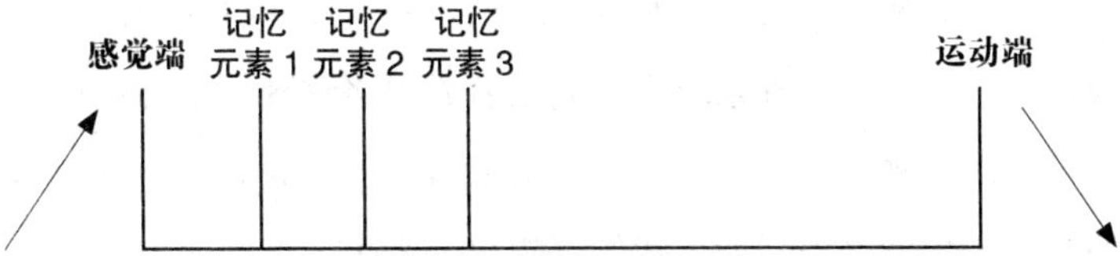

图二

可以知道，在我们的系统（知觉系统）将各种知觉持续地保存下来时，同时还会将这些知觉内容以外的某些事物也一同保存下来。而且，也可以证明，我们的各种知觉在记忆中是彼此联系着的——首先，这是因为过去这些知觉是同时发生的缘故。我们将这一事实称为“联想”。然而，因为知觉系统根本没有任何记忆力，所以，很明显，它就无法保存供联想所用的记忆痕迹。如果系统的各个元素对于某个新的知觉产生影响，那么，其技能就会受到显著的妨碍。所以，我们必须假设联想的基础存在于记忆系统之间。因此，联想这一事实即是，记忆系统的元素中的某个元素开拓前进的途径的结果、抗拒的减弱的结果。并且，兴奋与其向第三个记忆系统传导，倒不如向第二个记忆系统传导——以此为基础，联想才得以成立。

如果进一步详加考虑的话，就会发现，有必要假设这种记忆元素不是一个，而是好几个。在这些记忆元素中，从知觉元素开始传递的同一种兴奋，事实上留下了许多程度不同的、持续的痕迹。无论如何，在这些记忆系统中的第一个系统，自然会包含着关于同时性的联想的痕迹。但是，存在于分离的、远处的记忆系统，想必是以其他的方法与同一种兴奋材料相遇的。为此，例如，类似性和其他一些关系可以通过这种系统表现出来。并且，这种系统当然并没有必要将这种关系的精神意义也表现出来。它的特征是，与记忆材料的不同元素具有密切的关系。也就是说，如果我们要提出一个更为彻底的理论，那么，这一理论就必须与这些元素的兴奋在传递时所遇到的抵抗的程度有关。

在此，我要插入一些具有普遍性质或许也具有某种重要的意义的意见。对于我们的意识而言，并不具有记忆力的知觉系统提供了各种繁复的感觉性质。另一方面却恰恰相反，我们的记忆本身——包括那些在我们心灵上留有最深的印象的记忆——则是属于潜意识的。当然，它们也可以成为有意识的。但是，被记忆下来的事物在潜意识的状态下无疑能发挥其作用。我们称之为“性格”的事物，理所当然地，是在我们有内部、外部所获的印象的记忆痕迹的基础上构成的。而且，对于我们有最深刻的影响的那些印象——即，我们童年时期的那些印象——几乎绝对不会成为有意识的。但是，潜意识中的记忆一旦变成有意识的，就会变得极为微弱——与各种知觉相比，或者完全表现不出其感觉的性质。所以，如果能够证明在φ系统中，记忆与伴随记忆的感觉的性质，对意识具有互相排斥的性质，那么，就能够开拓出一条对洞察神经兴奋的各种前提有益的、大有可为的道路[①]。

①后来，我认识到，意识是代替记忆痕迹而发生的（参见全集第十四卷，《关于神秘的积木的说明》，1952年）。

关于精神机构的感觉端的结构，我们一直还未涉及梦或由梦所能推断出的心理学的解释。但是，梦所提供的证明可以帮助我们对精神机构的另一部分有所认识。如果我们要对梦的形成加以说明，就必须大胆假设存在着两种精神机构，其中一种机构对于另一种机构的活动加以批评，并导致其被排除于意识之外。我们得出的推断是，在与意识的关系上，施加批评的机构与被批评的机构相比，前者与意识的关系更为亲密。前者像是一扇屏风筛子，竖立在被批评性的机构与意识之间。另外，我们还进一步发现，施加批判的机构指挥着我们的清醒生活，并决定着我们随心所欲的、有意识的行动。然而，现在如果根据我们的假设，将这些机构置换为系统，那么，通过上述认识，我们就会推断出，施加批评的系统位于精神机构的运动端。于是，我们将这两个系统引入示意图，并为它们命名，以表示它们与意识的关系。

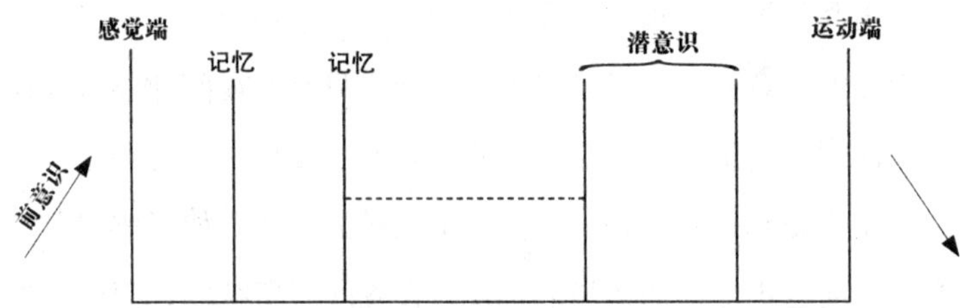

图三

我们将位于运动端的各个系统中的、最后的系统，称之为“前意识”。如果能够满足某种条件——例如，达到了一定的强度，或是达到了某种可以称为“注意”的机能的比例，等等——表明发生于其中的兴奋过程可以毫无迟滞地进入到意识的层面中，那么，我们就可以称其为“前意识”。前意识同时也是支配自主运动的关键。我们将把位于它后面的系统称之为“潜意识”。这是因为，它除了通过前意识之外，就无法抵达意识层面的缘故。并且，在通过前意识时，它的兴奋过程不得不有所改变[①]。

那么，我们应该将梦的形成的动因置于上述的各个系统中的哪一个呢？简单说来，即是潜意识系统。事实上，在进一步的讨论中，我们会发现这并不完全正确，而且，梦的形成的过程不得不将其自身依附于梦念——同时，它也属于前意识系统。但是，当我们在另一方面考虑到梦的欲望时，就会知道，梦的动因是由潜意识提供的。出于这后一个契机，我认为，可以假定潜意识的系统即是梦的形成的出发点。与所有其他的观念的形成一样，梦的兴奋将努力进入前意识，并由潜意识而达到意识。

由我们的经验可知，在清醒时，对梦念而言，这条经由前意识而通向意识的途径是封闭的。梦念只有在夜间才能打开这条通向意识的道路。但是，在此，我们所要探讨的问题是，它们是怎样做到这一点的，并发生了怎样的变化。如果监视着潜意识与前意识之间的边境的抗拒，在夜间有所减弱，而使得梦念能够进入意识，那么，我们所做的梦就应该由各种观念的材料构成的，而不应该带有我们现在所关心的幻觉的性质。

①如果想对上述示意图有进一步的了解，我们就必须考虑到以下假设，即，紧随前意识之后的机构就是我们的意识所必须归属的机构。也就是说，感觉端＝意识。

因此，对潜意识系统和前意识系统之间的稽查作用的削弱，只不过仅能对“Autodidasker”这一类梦的形成做出解释而已，而并不能解释作为我们在本章的开头部分举出的、“被火烧着了的儿童”那一类的梦。

在幻觉式的梦中所发生的过程，我认为只能做出以下的解释，即，“兴奋采取了逆行的途径”。也就是说，兴奋并不向机构的运动端移动，而是向感觉端移动，并且，最后抵达知觉系统。如果我们把精神过程由潜意识向清醒中移动的方向，称之为“前进的”，那么，我们就可以这样认为，“梦具有回归的性质”①。

这种回归作用无疑是梦的过程在心理学上的特征之一。但是，我们必须记住，它并不是梦所独有的事物。可以认为，在刻意的回忆和我们的正常的思维的部分过程中，精神机构中也包含着从某种复杂的观念向其行为所产生的记忆痕迹的材料的回归运动。但是，在清醒时，这种回归运动绝不会超出记忆的意象。它绝不会制造出知觉的意象的幻觉。但是，在梦中为什么不是这样呢？当我们考虑到梦的凝缩作用的工作时，必然会做出以下假设，即，“在梦的工作中，附着于某些观念的强度可以完全从一个观念原封不动地置换到另一个观念”。或许，将知觉系统转向一种倒退的方向——也就是说，从观念开始，一直

①最早暗示了回归这一契机的是阿尔伯图斯·马格努斯。他认为，想象力对最显著的对象加以保存并以其保存的形象来构成梦。这一过程与清醒时的过程正好相反（迪普根，14页）。——霍布斯认为：“总之，我们的梦与我们清醒时的幻想是相反的。在清醒时，我们从某个方向开始的运动，在做梦的时候，就从另一个方向开始。”（《利维坦》，1651年）（哈夫洛克·埃利斯〔112页〕）

退回到完全的、具有某种感觉的现实性中去——就是这种正常的精神过程所发生的改变。

我们在想到这些观点的有效范围时不能发生误解。我们所做的事情不过是为一种令人费解的现象加以命名而已。在梦中，一个观念（概念）退回到最初产生它的感觉的形象，我们就称之为“回归作用”。但是，关于这种命名必然要有其理由。如果这个名称对我们并没有任何帮助，那么，我们为其命名的目的又何在呢？我认为，“回归作用”这一名称对我们是有帮助的，它与我们已知的事实、具有某种方向性的精神机构的示意图有关联的。在此，我们设计出的示意图终于具有了某种意义。这是因为，我们无须进一步推进思索，只要借助这一示意图，就能够清楚地发现梦的形成的另一个特征。如果我们把“做梦”这一现象看成是发生在我们所假设的精神结构的内部的一种“回归作用”，那么，我们立即就能够对建立在我们的经验上的、已知的这一事实做出解释，即，属于梦念的一切逻辑关系在梦的工作中全都消失了，或是变得非常难以表达。按照我们的示意图，这些逻辑上的关系并不包含在第一个记忆系统内，而是包含在远在其后的一些系统之中。它们在回归作用的情况下，并不能够被表现出来，只会遗留下极少的感觉的形象。梦念的结构在回归作用中被分解，还原为其原本的材料。

但是，在白天不可能发挥作用的回归作用是通过怎样的变化变得可能的呢？对于这一点，我们只能做出某些推断，并以此得到满足了。这似乎与依附于各个不同的系统的能量在倾注时发生的变化有关，并且，这些系统因此对兴奋的通行或是允许或是完全不允许。但是，在任何类似精神机构的机构中，对于兴奋的通路而言，同样的效果并不一定是由同样的变化所产生的。我们最先想到的，当然是睡眠状态和睡眠状态在精神机构的感觉端上所唤起的精力倾注的变化。在白天，有一种从系统的感觉端向运动端持续流动的潮流。但到了夜间，这种潮流就会停止，对兴奋的逆流并不施加任何妨碍。我们此时似乎处于某种“与外部世界隔绝”的状态。有些学者认为，与梦有关的心理学的某些特征指的似乎就是这种状态。但是，在解释梦的回归作用时，我们必须考虑到，在病态的清醒状态下发生的、另一种回归作用。对于这种回归作用，前文做出的解释当然是不能通用的。因为在这些情况下，尽管感觉的潮流在毫无阻碍地向前流动，却依然会产生回归现象。

癔症和妄想症的幻觉，以及心智正常的人们的幻视，等等，事实上也可以视为回归作用。也就是说，它们都是转变为意象（形象）的观念和思想。在这种情况下，仅限于与被压抑的记忆或原封不动地保持着潜意识状态的记忆有着密切联系的某种思想和观念，才能够发生这种转变。例如，在我的病人中最年轻的一位癔症患者——他是个 12 岁的男孩——在睡觉时总会因为看到“青面红眼”的幻觉而苦恼。他因此而感到恐惧，并且难以入睡。这一现象的根源是，一个男孩——他的玩伴——的被压抑的记忆，病人自己有时也能意识到这一记忆。四年前，我们的小病人经常与这个男孩在一起玩，这个男孩给他看了一张用来恐吓儿童不得养成不良习惯的图画。其中包括了对自慰的恐吓，而我们的这位小病人正因为自慰而感到自责。当时，他的母亲告诉他，那个坏孩子长着一副绿色的面孔、一对红色的眼睛（即，红眼圈）。这就是上述恐怖的幻觉的来源。并且，这个幻觉恰好又使他记起了母亲说过的另一个预言，母亲说：“这样的孩子都要变成白痴，在学校里什么都学不到，而且会早早死去。”我们的小病人实现了一部分预言。他在学校里的成绩很差，而且，通过我问出的、他的一些自由联想也表明，他对另一部分预言的实现感到极度恐怖。但是，经过我的短期的治疗，他已能够正常入睡，焦虑也消失了，中学毕业时成绩也非常优异。

在此，我要举出另一个幻觉消失的例子。这是一位癔症患者（一位 40 岁的女士）对我讲述的、在她生病之前发生的事。一天早晨，她睁开双眼，就看见她的哥哥站在房中。但是，她的哥哥实际上应该正关在疯人院里。她的小儿子就睡在她的身边。为了不让孩子看到舅舅时受到惊吓、发生抽搐，她用一张床单遮住了小儿子。然后，幻觉就消失不见了。这个幻觉是这位女士的一个变了形的童年时期的记忆。这个记忆虽然确实是有意识的，但是，却与她心中的所有的潜意识的材料密切相关。她的保姆曾经告诉她，说她的母亲（她的母亲去世时，她才刚 18 个月）因为癫痫或是癔症的发作而苦恼，并且，这一病症是由于她的母亲的哥哥（即，我的病人的舅舅）用一张床单罩着头、装鬼吓人而引起的。因此，这一幻觉中包括了记忆中的那些相同元素，即，哥哥的出现、床单、惊吓、惊吓的影响，等等。但是，这些元素以不同的顺序重新排列，彼此间的关系也是全新的，并且，转移到了其他人的身上。这一幻觉的明确的动机或者这一幻觉所代理的思想，即是她对自己的小儿子——她的小儿子与她的哥哥非常相似——的关怀，她生怕小儿子步上哥哥的后尘。

我所举出的这两个例子与睡眠状态不无关系，因此，对于我想要证明的观点而言，或许并不是非常恰当。所以，我打算参照以下的、对一位伴有幻觉的妄想症的分析以及关于神经症心理学的、我的尚未发表的研究的一些成果[①]，以证明在这些情况下，回归性的观念的变化，受到了被压抑的记忆或是在潜意识中保留了其原本模样的记忆以及——在大多数情况下的——童年时期的记忆的影响。也就是说，这些记忆将与这些记忆有关联的、其表现被稽查作用所阻碍的那些观念吸引到了回归作用这一表现形式之中——同时，作为记忆本身，存在于精神之中。在此，我还可以引用以下观点作为癔症研究中的一个结论，即，“如果童年时期的各种情景（无论是记忆，还是幻想的产物）能够成功地意识化，那么，就有可能看起来像是幻觉，只有在进行报告时才会失去这一特征”。即使有些人的记忆并不是正常的视觉型的，但他们的最早的童年时期的记忆也终身保持着感觉的现实性的特征——这是众所周知的事实。

①《关于防御精神神经症的若干见解》（《神经学学报》，1889年，第十号〔全集第一卷〕）。

如果我们现在能够注意到：在梦念中，童年时期的体验和基于童年时期的体验而产生的想象物具有怎样的作用；梦的内容中，它们中的一部分是怎样频繁地反复出现的；梦的欲望本身又是怎样经常地由它们所产生，那么，我们就会认为以下推断对梦而言也是成立的。我们所说的推断，即，观念向视觉形象的转变，很可能也是隐藏于视觉形象中并追求再现的那些记忆，对从意识中切断的观念所起到的牵引作用的结果。根据这一观点，梦可以看成是某种因为被转换为最近的事物而发生了变化的、童年时期的情景的替代物。童年时期的情景本身并不能原封不动地重现，所以，它只有对表现为梦而感到满足。

对于梦的内容而言，童年时期的情景（或其想象物的再现）在某种意义上具有模式化的意义。这一指摘将施尔纳及其支持者们提出的、关于内源性刺激的假说变得无用了。施尔纳认为，当梦中的视觉元素表现得特别鲜明，或是特别丰富时，就会出现一种“视觉刺激”状态，也就是说，在视觉器官中表现出一种内在的兴奋状态。我们没有针对这一假设提出反对意见的必要，只要能够确认这种兴奋状态可以适用于视觉器官的精神知觉系统即可。但是，我们需要进一步指出，这种兴奋状态是由记忆唤起的，并且是一种显著的视觉兴奋的再现。在我自己的梦中，完全找不到这一类受到童年时期的记忆的影响的梦例。但是，在我最近几年来所做的最美丽、最富于现实意义的梦中，我很容易就成功地将幻觉般清晰的梦的内容追溯到最近以及相对距现在较近的过去的、各种印象的感觉性质，我记录的一个梦中，出现了深蓝色的海水、轮船烟囱喷出的褐色的浓烟，还有暗棕色和深红色的建筑物，这都给我留下了深刻的印象。这是我自己做的梦中，如果说有一个梦中的事物必须着眼于视觉刺激来加以解释的话，那么，只能是这个梦了。然而，又是什么使我的视觉器官进入到这种刺激状态中的呢？那是一个近期的印象——是与一系列早期的印象紧密联系着的印象。我在梦中看到的各种各样的颜色，首先是积木玩具的颜色。那是在做这个梦的前一天，孩子们用积木搭建起一个很大的"房子"，想博得我的称赞。大块的积木与我在梦中见到的深红色非常相似，小块的积木则是蓝色和棕色。另外，与这些颜色有联系的，还包括我最近在意大利旅游时留下的、一些与颜色有关的印象，例如，环礁湖和伊松佐河[①]的美丽的蓝色，卡索平原[②]的棕色，等等。梦中的绚丽色彩不过是我的记忆中看到的色彩的重现而已。

在此，我们将已经发现的梦的这一特征，即，将自身的观念内容转换而为感觉的意象的特征做出简单的总结。我们并没有对梦的工作的这一特征做出清晰的解释，也没有将这一特性追溯到任何已知的心理学的法则。但是，我们还是把它挑选出来，用以说明某种未知的意义，并且用"回归的"这一名称来加以强调。我们认为："这种回归作用一旦出现，很可能就

①伊松佐河，意大利文即，Isonzo，亦称索查河，欧洲中部河流，位于斯洛文尼亚西部和意大利东北部，全长 138 公里，流域面积 3,400 平方公里，发源自特里格拉夫峰，流入亚得里亚海。——译者注

②卡索平原，即，Carso。——译者注

是一种试图阻碍观念沿着正常的途径进入意识的、抗拒作用的结果，同时，也是具有鲜明的感觉的记忆对观念产生吸引的结果。[①]”为了使回归作用更容易产生，有时，从各个感觉器官获得的（流向运动端的）白天的前进的潮流会陷入停顿。这是一种辅助因素。在回归作用的其他形式中，由于缺乏类似的辅助因素，就不得不依靠其他动机的更大的强度来构成了。另外，我们不能忘记，梦中和病态的回归作用，其能量的转移的过程一定与正常的心理生活中发生的回归作用有所不同。这是因为，通过这种能量的转移的过程，能够导致知觉系统产生一种完全的、幻觉式的变化。而我们在分析梦的工作时说明的“对表现力的考虑”，则一定与梦念所引起的、视觉的记忆中的各种情景（体验）的、选择性的吸引有关。

另外，我想要说的是，回归作用在神经症的症状形成的理论中也具有非常重要的作用，这并不亚于它在与梦有关的理论中的作用。因此，我们可以区分出三种回归作用：（1）区域性的回归作用，这种类型我们在前文中对系统的示意图中已经做过解释了；（2）时间性的回归作用，在此我们讨论的是对过去的精神结构的回溯；（3）形式的回归作用，这是指利用原始的描写和表现的方法代替常用的描写和表现的方法。但是，所有这三种回归作用归根结底只是一种而已，而且在许多情况下是

①在展开关于压抑的理论时，就应该详细论述一个观念（思想）是怎样陷入其所能影响到的两个因素共同做出的压抑中的。这一观念一方面被（意识的稽查作用）推动，在另一方面则被（潜意识）吸引。就像是朝大金字塔的顶端攀登时那样（参见论文《论压抑》〔全集第十卷〕）。

同时产生的。这是因为，在时间上较老的事物，在形式上就是较为原始，并且，在精神的区域性上也距离感觉端更近。

在我们结束对梦的回归作用的讨论时，不能不提到一个我们曾经数次面对过的命题，当我们的神经症的研究更加深入，它的强度也会变得更强。这一命题，整个说来，即，梦是做梦的人对其早期遭遇到的各种事件的部分的回归，是在他的童年时期占据支配地位的那些本能的冲动，以及童年时期的、行之有效的表现方法的再现。但是，在个人的童年时期的背后，我们可以窥见某种系统性的童年时期，即，人类发展的图像。与此相比，个人的发展事实上不过是人类的童年时期的、简短的、在某些偶然的生活琐事的影响下的重现而已。尼采①曾经说过，在梦中，“遗留着某种原始的人性的断片，我们几乎不能径直地抵达那里”，我似乎确实能够领悟到这句话的妙处。而且，我们似乎可以通过对梦的分析，从而对人类的原始的遗产、人类的精神天赋等有所理解。梦和神经症所保存的、人类精神的最古老的一面，似乎比我们所想象得到的多得多。因此，我认为，在以重新构建人类起源的最早和最昏暗时期的情景为目标的诸门科学当中，精神分析学理所当然可以要求一个更高的位置。

①尼采，弗里德里希·威廉，尼采，德文即，Friedrich Wilhelm Nietzsche，1844—1900年，德国哲学家，诗人，作家。对于宗教、道德、现代文化、哲学，以及科学等领域提出了广泛的批判和讨论，尤其在存在主义与后现代主义上对后世影响极大。作品有，《瞧，这个人！》《上帝之死》《悲剧的诞生》等。——译者注

当然，我们或许对梦的心理学研究的、这一最初的部分完全不能感到满意。但值得安慰的是，我们毕竟是在未知的黑暗中进行建设性的工作。如果我们没有完全迷失方向，那么，即使在其他的途径中展开探索，最终势必也会进入同一地域。那时，我们就会感到较为轻松自如了。

三、欲望满足

孩子烧着了的梦为我们提供了一个非常适当的奇迹，以考虑欲望满足这一理论所面临的各种困难。梦不过是欲望的满足，这一说法确实使我们感到了惊讶。而且，这并不仅是因为与焦虑的梦有所矛盾的缘故。分析最初向我们指出："在梦的背后还隐藏着某种意义和精神价值。"当时，我们并不认为其意义竟会如此简单。按照亚里士多德的正确而简短的定义，所谓梦，是在睡眠中——只要人们确实是在睡觉——持续着的思维。然而，我们的思维能够产生各种不同的精神活动，例如，判断、推断、反驳、期待、意图，等等，那么，为什么到了夜间，我们的思维就一定要把自身的内容仅限于欲望的产生呢？相反地，难道不是有许多梦向我们显示出了其他的各种精神活动——例如，焦虑之类的——也可以以梦的形式出现吗？本章开头所举出的那个具有鲜明的意义的梦例（孩子烧着了的梦）不正是如此吗？因为火光照射在睡着了的父亲的眼睑上，他得出了一种担心的推断，即，可能有一支蜡烛倒了下来，烧着了遗体。他对这一推断赋予一种感觉的情景，并以现在时态表达出来，于是就构成了一个梦。这时，欲望满足在其中又起到了什么作用呢？从清醒时持续下来的思想或是因为新的感觉印象而激起的思想，在此占据了优势地位。就这一点而言，难道还有什么误解的余地吗？

这些说法确实并无错误。因此，我们不得不更深入地考察欲望满足在梦中所起的作用，以及持续进入睡眠中的、各种清醒时的思想的意义。

我们曾着眼于欲望满足，将梦分为两类。我们知道，有些梦会公开地表现为欲望的满足，而另一些梦则会将欲望的满足隐藏起来，并使用一切可能的方法加以化装。后一种情况是受到了梦的稽查作用的影响。我们发现，那些未经化装的、表现欲望的梦主要发生在童年时期。而那些简短的、坦率的、表现欲望的梦似乎（我要特别强调附加了着重号的部分）在成人身上也有所发生。

现在我们要问的是，在梦中所实现的、被满足的欲望究竟源于何处？并且，就这一问题中的“何处”而言，我们能够为其建立怎样的对立关系或是怎样的复杂的关系呢？所谓“对立”，就是指，在有意识的白天的生活，与只有在夜间才能察觉的、停留在潜意识中的、精神活动，这二者之间存在着的对立。我认为，作为某种欲望的来源，有以下三种情况。即，（1）这种欲望能够在白天被唤起。但是，由于外部的原因，它并未能获得满足。于是，一个得到承认但未能获得满足的欲望便被遗留到夜间了。（2）这种欲望可以在白天产生，但又被我们的意识所排斥。于是，被留到夜间的欲望就是未能获得满足、同时也是被压抑的欲望。（3）这种欲望可能与清醒时的生活无关。于是，它就是那些到了夜间才会变得活跃起来的、被压抑的、各种欲望中的一种。在此，如果我们回想起来我们的精神机构的示意图，那么，可以说第一类欲望应定位于前意识系统。第二类欲望是从前意识被赶入潜意识的欲望。而第三类欲望则根本不可能超出潜意识系统。于是，就出现了这样的问题，即，这些来源不同的欲望对梦而言，是否具有同等价值？对梦的形成提供的刺激而言，它们的强度是否相同？

如果我们回顾一下迄今为止所有的梦例，然后再来回答这个问题的话，就会发现，必须再附加关于梦的欲望的第四个来源，即，当晚发生的、积极的欲望冲动（例如，口渴的刺激、性的需要，等等）。这样一来，我们认为，梦的欲望的来源似乎确实对创造出梦的能力并没有任何影响。我想起了我的小女儿做的、将白天中断的游湖这一事件加以延长的梦，以及我记下来的另外一些儿童做的、类似的梦。我把它们都解释为源自前一天的、未被满足但也未受压抑的欲望。某个欲望在白天受到压抑，于是在梦中寻求出路——这一类梦不胜枚举。在此，我打算补充一个这一类梦的最简单的例子。做梦的人是一位多少有些喜欢取笑别人的女士，她的一个比她年轻的朋友刚刚订婚。她在白天不断地被追问，例如，她是否认识那位与她的朋友订婚的男士、她对那位男士的看法如何，等等。她以非常赞许的口吻回答了这些问题，而她命令自己的内心对此保持沉默。这是因为，事实上她想要这样回答：“他是一个平凡的人。[①]”当晚，她梦见有人问她同样的问题，她用这样的商业俗语答道：“至于追加的订货，今后只需讲出号码就行了。”我们从无数次的分析中认识到，一个梦只要化了装，就必定有来自潜意识的欲望，而且，这个欲望在白天是无法察觉到的。因此，乍一看来，似乎所有的欲望对梦的形成而言，都具有同等的价值和同样的力量。

然而事实并非如此。虽然在此我还不能做出解释，但是，我坚决认为，梦的欲望这一事物是要受到更多的制约的。儿童的梦无疑证明了这一点——白天的、未能满足的欲望能够刺激梦的产生。但是，我们不应忘记，这是儿童的欲望，是一种儿童所独有的、欲望的冲动。在成人身上，一个白天未能满足的欲望的强度、是否足以在夜间产生梦，对此我并不能断言。相反地，我认为，我们是通过思想活动不断地制约着自身的冲动的生活的。我们越来越倾向于放弃那些在儿童看来很自然、很强烈的欲望，并认为保留这些欲望是毫无益处的。当然，在这一方面，可能存在个别差异，有些人会比别人更长久地保留着幼儿的性格特征。这与非常鲜明的视觉意象的减弱也存在着个别差异是一致的。但是，一般而言，就成人的梦而言，前一天遗留下来的、未被满足的欲望似乎确实没有足够的力量促使其产生。而另一方面，我也乐于承认，源自意识的欲望冲动对梦的产生做出了一定的贡献。但是，它的作用也仅止于此。如果

①直译为：“他是一个能够以‘打’来计数的、非常普通的人。”——译者注

前意识的欲望没有从别处获得强化，那么，梦是不会成立的。

事实上，所谓“别处”的助力是来自于潜意识的。我的假设是，意识的欲望只有在能够不断唤起同样内容的潜意识的欲望并由这一潜意识的欲望而得到强化的情况下，才能够对梦产生刺激。对神经症的精神分析使我认识到，这些潜意识的欲望往往非常活跃，一有机会就会与意识中的某种活动彼此联结，并将自身的强度更大的能量向强度较弱的一方传递。这些潜意识的欲望无论在任何时候、使用任何方法，都想要将自己表现出来[①]。这样看来，似乎只有意识的欲望在梦中得以实现了。但是，从这种梦的构造中可以发现某种细微的特征，即，可以作为某种线索，以寻找从潜意识中赶来的、强有力的助手的痕迹。这些潜意识的欲望永远在活动着，它们是不朽的；这使我想到传说中的巨人。自古以来，这些被胜利的诸神用巨大、沉重的山岳镇压在地下的巨人仍然不时因为其四肢的抽搐而震撼着大地。但是，我们根据针对神经症的心理学的研究，可以知道，这些被压抑的潜意识的欲望原本都源自童年时期。所以，我要以以下的观点来代替我刚提出的、梦的欲望的来源是无足

①这些潜意识的欲望，具有难以破坏的性质。这与其他所有的、实际存在的潜意识——也就是说，属于（潜意识）系统的精神活动——是一样的。这些活动往往意味着通路已经被彻底打开。而且，这些通路是绝不会被废弃不用的，每当潜意识中的兴奋来临，其兴奋过程都可以畅通无阻。如果对此打个比方的话，这就像是荷马的《奥德赛》中的冥界的亡灵那样，是无论如何也不会毁灭的。也就是说，亡灵通过饮下人血，就能够再度复活。然而，依存于前意识的系统的这些过程，在另一种完全不同的意义上，也是可以被破坏的。神经症的精神治疗就是基于这种区别。

轻重的说法。也就是说，梦中表现出的欲望一定是童年时期的欲望。它在成人身上源自潜意识，而在儿童身上——即，在潜意识与前意识还没有彻底区分开来、稽查作用也尚未形成，或者只是刚开始逐渐区分开来的情况下——它是源自清醒生活中的、未被满足而又未受压抑的欲望。我知道，这一观点的普遍性和有效性是无法证明的，但是，令我感到意外的是，它恰恰经常被证明属实。因此，我们也不能对其加以否定。

因此，我认为，考虑到梦的形成时，从意识的觉醒时刻的生活中遗留下来的、欲望的冲动应该居于次要的地位。我认为，它们的作用与睡眠中的积极的感觉刺激的材料对梦的内容所起到的作用是相同的。现在，我要按照这一思路，转而考虑从白天的生活中继承和遗留下来的但又并不属于欲望的、其他的精神刺激。当我们决定去睡觉时，我们能够将——对清醒时的思想倾注能量的——活动暂时终止。凡是能够巧妙地做到这一点的人，都是随时随地都能够睡着的人（嗜睡者）；拿破仑可算是这方面的典型。但是，我们往往不能成功地做到这一点，或者，往往不能彻底地成功地做到这一点。还未解决的各种问题，折磨人心的各种苦恼，深刻而难忘的各种印象——所有这些，都把思想活动带入到睡眠之中，并且在我们称之为“前意识”的系统中继续进行各种精神活动。如果我们将睡眠中持续的思想活动加以分类，则可以举出以下几组：（1）那些在白天由于某种偶然的阻碍而未能得出结论的思想活动。（2）那些因为我们的智力的松弛而未能妥善处理的、并且未能解决的思想活动。

（3）那些在白天受到拒绝和压抑的思想活动。对于以上三组，还可以加上强有力的第四组，即，（4）那些在白天由于前意识的工作而在我们的潜意识中不得不保持活动的思想活动。而作为第五组，即，（5）那些与在白天未被注意到的、因而也就未被处理的、无关紧要的、琐碎的印象有关的思想活动。

白天的生活的遗留物，特别是那些未解决的事物的群落中，有一些进入到睡眠状态中的一些精神强度（精神能量），对于它们的价值，我们并没有低估的必要。这些兴奋一定会在夜间继续争取表现。同样地，我们也可以做出这样的假设，即，睡眠状态并不能阻止前意识中的兴奋过程的正常的继续以及其最终的意识化。只要我们的思考过程能够通过正常的途径转变为意识，那么，即使是在夜间，也可以肯定我们确实还没有入睡。我并不能准确地说出睡眠状态对前意识系统带来了怎样的变化[①]。但是，毫无疑问，睡眠在心理学上的特征本来就应该从这一系统的能量倾注的变化中去寻找——同时，这一系统也支配着在睡眠时瘫痪了的、运动能力的出发点。与此相反，可以认为，睡眠并不要求潜意识的系统中的任何事物发生变化。因此，对于前意识的夜间的兴奋而言，除了利用潜意识中的欲望的冲动这一条途径之外，并没有任何其他途径。前意识兴奋必须通过潜意识来强化自身，也必须与潜意识的兴奋一起通过迂

①对于与睡眠状态和幻觉成立的各种条件有关的知识的进一步的探讨，我在《对梦的理论的超心理学的补充》（《国际精神分析学杂志》，第四卷，1916—1918年〔全集第十卷〕）一书中做了尝试。

回的途径。但是，前一天的前意识遗留物与梦之间的关系又是怎样呢？毫无疑问，这些遗留物大量地进入梦中，并利用梦的内容，以达到即使在夜间也能深入到意识中的目的。不仅如此，它们有时还会支配梦的内容，并迫使梦的内容继续白天的活动。但是，同时也可以肯定，白天的遗留物除了能够具有欲望的特征之外，同样还可以具有其他特征。在这种情况下，观察它们为了能够进入梦中必须遵守怎样的条件，是非常重要的。并且，这对于欲望的满足的理论具有决定性的意义。

在此，我们将要举出一个前文中曾出现过的梦例，例如，我的朋友奥托看上去有巴塞多氏病的症状的梦。做梦的前一天，我一直为奥托面带病容而感到担心，和与他有关的其他任何事情一样，这种担心对我产生了很大的影响。可以说，这种担心一直追随到我的睡眠之中。也许我很想知道他身上有什么病症。到了夜间，这种担心就像我之前报告的那样，在我的梦中表现出来。但是，这个梦的内容首先是没有意义的，其次，也与欲望的满足无关。于是，我开始研究白天我所感到的担心这一并不适当的表现究竟由何而来。通过分析，我发现，它表现的是我的朋友与L男爵的同一化以及我自身与R教授的同一化。我之所以选择这个特殊的替代物来替换我在白天的思想，只有一种解释，即，对于R教授的同一化，必定满足了我的童年时期的一个持久的欲望——即，“成为伟人”的欲望。因此，我早已在潜意识中做好了这样的准备。如果是在白天，这种针对自己的朋友奥托的丑恶的思想，当然会被排斥。而到了夜间，这一思想就抓住机会，悄悄地在梦中表现出来。但是，我在白天的担心也利用一种替代物在梦的内容中以某种形式表现了出来。白天的思想本身与其说是一种欲望，倒不如说是一种担心。所以，它不得不通过某种途径，设法与当前在潜意识中受到压制的、一个童年时期的欲望取得联系。然后，这一欲望对这种担心加以化装，使其在意识中得以“成立”。这种担心越强，其所能建立的关联也就越深，而在欲望的内容与担心的内容之间，其实并不存在某种必然的联系。事实上，在我们的梦例中，就根本不存在这种联系。

如果在梦念中存在着某种与欲望的满足完全相反的材料——例如，有着确切的根据的担心、痛苦的反思、辛辣的观点，等等——时，梦会有怎样的表现呢？我认为，以对类似问题的研究的形式，来处理上述问题，是极有意义的。其可能产生的结果大约可以归纳为以下两种类型。即，（1）以相反的观念代替所有这些痛苦的观念，并对依附于这些观念的不愉快的感情加以抑制——梦的工作成功地完成了以上要求的情况。在这种情况下，其结果有可能是一个纯粹的、满足的梦，呈现出一种非常清晰的、似乎毫无议论发挥余地的“欲望满足”。（2）痛苦的观念以一种多少有所改变但往往会被认出来的状态，进入到梦的显意中的情况。就是这一类梦使人们对梦的欲望理论产生了怀疑，因而需要我们做进一步的探讨。这种带有痛苦的内容的梦，我们或是觉得毫无所谓，或是感到原封不动的不愉快的感情，（这种不愉快的感情与其观念的内容所带来的感情似乎是一致的），甚至还有可能发展为焦虑，而使人惊醒过来。

在这种情况下，分析能够证明，这些不愉快的梦是欲望的满足。这种满足对做梦的人的自我而言，只能感受到痛苦，并且，其欲望也是在潜意识中受到压抑的。这种欲望利用白天的痛苦的遗留物的持续存在而提供的机会，对这些遗留物加以支持，并通过这种支持，使这些遗留物能够被梦所采用。但是，虽然在第一类梦中，潜意识的欲望与意识的欲望是吻合的，但是，在第二类梦中，潜意识和意识则出现了分裂，即，被压抑的内容和自我之间出现了抵触。这就像在三个愿望的童话故事中，妖精要那对夫妇做出自由选择的情景一样。因为受压抑的欲望在满足后产生的满足感有可能是极为强烈的，所以，它可以使依附于白天的遗留物的痛苦的感情得到中和。在这种情况下，梦的情调是平淡无奇、漠不关心的，尽管梦在一方面获得了欲望的满足，在另一方面其恐惧也获得了满足。或者，睡眠中的自我更加自由地参与到梦的形成中，并对受压抑的欲望的满足表现出了强烈的反抗，从而以焦虑使整个梦结束。因此，从我们的理论不难看出，不愉快的梦和焦虑的梦与那些得到了圆满的满足的梦相比，其欲望满足的程度是并没有什么不同。“惩罚的梦”也是一种痛苦的梦。必须承认，对这种惩罚的梦有所认知，在某种意义上也为梦的理论增添了崭新的事例。惩罚的梦所满足的，仍然是一种潜意识的欲望，也就是说，做梦的人自身有一种受罚的欲望，这是因为，他具有某种遭到压抑的并被禁止的欲望冲动。迄今为止，这些梦仍然符合我的观点所提出的要求，即，梦的形成的原动力一定是属于潜意识的欲望所提供的。但是，通过仔细的心理分析，可以知道，这一类梦与其他表示欲望的梦有一定的区别。在第二类梦中，构成梦的潜意识的欲望，属于被压抑的材料。而在惩罚的梦中，其欲望虽然也是潜意识的，但它并不属于被压抑的材料，而是属于“自我”。因此，惩罚的梦表明了一种可能性，即，在梦的形成中，“自我”所参与的范围要比我们所设想的广泛得多。如果我们把“意识”和“潜意识”的对立改为“自我”和“压抑”的两对立，那么，梦的形成的机制也许就会变得清楚许多。事实上，如果不考虑到神经症的各种症状、过程，是做不到这一点的。在此，我只打算指出，一般而言，惩罚的梦并没有被白天的痛苦的遗留物所束缚着。惩罚的梦反而更容易在相反的情况下发生，即，虽然能够使白天的观念的遗留物得到满足，但那不过是一种被禁止的满足。在这些观念中，能够抵达梦的显意的，只有那些直接的反对观念。这与第一类梦非常相似。因此，惩罚的梦的本质的特征是，属于被压抑的事物的潜意识的欲望对梦的形成并不做出任何贡献，而与潜意识的欲望相反的、属于“自我”的但同时仍然属于一种潜意识（即，前意识）的、惩罚的欲望，为梦的形成做出了贡献[①]。

在此，我将报告一个自己做的梦，以证明上述观点，特别是，对梦的工作是怎样处理痛苦的期待这一前一天的遗留物的。

“开始的部分不太清晰。我对我的妻子说：‘我要告诉你一

①在此应该插入后文中通过精神分析而认识到的“超我”的议论。

个消息，而且，是一件特别的事。’她吃了一惊，表示并不愿意听。我向她说道：‘不是那样的。相反，是能够让你高兴的消息。’于是，我开始告诉她，我们的儿子的军官团寄来了一笔钱（5000 克朗[①]？）……某些值得表彰的事……分配……这时，我和妻子一同走进一间像是贮藏室的小屋，去找什么东西。突然，我看到了我的儿子。他没有穿制服，穿了一件很合身的运动服（像一只海豹？），头上戴着一顶小帽子。他爬到放在一个箱子旁边的笼子上面，似乎是要把什么东西放到箱子上去。我向他打了招呼，但他并不回应。他的脸上或是额头上似乎扎着绷带。他在嘴里修理着什么东西。他将什么东西塞了进去。他的头发有灰色的光泽。我想道：‘他为什么疲惫不堪到如此地步？他已经镶了假牙了吗？’我正想喊他，但没来得及，出声之前就已经醒了过来。我并不觉得焦虑，但心脏急速地跳个不停。我床边的时针正指着两点半。”

这一次，我还是不能提交出完整的分析报告，并只对几个重点加以说明。这个梦的契机是前一天的痛苦的想象。我们有一个多星期没有接到前线的儿子的消息了。不难看出，这个梦的内容表现的是——对他是否负伤或是已经战死的——深刻的担心。在梦的开始部分，显然已经付出了极大的努力试图以相反的观念来代替这一痛苦的思想。我所说的都是一些令人感到非常愉快的消息。寄钱、某些值得表彰的事、分配（这笔钱来自我行医时遇到的一件值得欣喜的事情，在此被用于试图摆脱

①克朗，即，Kronen，奥匈帝国旧金币。——译者注

这个梦的主题），等等。但这些努力并没能成功。我的妻子感到有什么可怕的事情发生，因此不愿听我讲话。梦的化装也很不周全，以致理应被压抑的事物在梦的各个部分都露出了破绽。如果我的儿子已经战死了，那么，他的战友就会把他的遗物送回。我也一定会把这些遗物分配给他的兄弟姐妹和其他人。值得表彰的事通常与军官的“壮烈的牺牲”有关。因此，这个梦从一开始就尝试直接表现出它最初试图否定的事物。这时，欲望满足的倾向以化装的方法达到了这一目的（梦中地点的变更可以理解为西尔伯勒所说的“门槛象征”）。当然，我们确实很难想到这个梦的动机究竟是什么。但是，我的儿子并没有表现“倒下（战死）”而是表现“向上”。事实上，他曾经是一个出色的登山家。他没有穿军服，而是穿着运动服。也就是说，代替我现在所担心的事情而在梦中出现的，是他以前在一次滑雪旅行时摔倒，以致大腿骨折的意外。另一方面，他的穿着看起来像是一头海豹，立即使我联想到我们的滑稽可爱的小外孙。灰色的头发使我联想到小外孙的父亲，即，我们的女婿——他曾在战争中受过重伤。这又意味着什么？但是，我决定不再进一步分析下去。地点使人想到食品储藏室，而他试图从中取出些什么的箱子（这在梦中表现为“似乎是要把什么东西放到箱子上去”）。这无疑暗示着我在不到三岁时发生的一个意外事件。当时，也是在食品储藏室中，我爬上一个脚凳，去拿放在箱子上或是桌上的某种好吃的东西，但脚凳翻倒了，我的下颚撞到了脚凳的尖角上，我的牙齿差一点儿就全部磕掉了。在此，可以发现某种带有告诫的想法，即，“这是你应有之报”。并且，这似乎也是针对勇敢的军人——即，我的儿子——的一种带有敌意的冲动。经过深入的分析，可以发现一种隐藏着的冲动，即，由于我的儿子遭到可怕的意外而感到满足。这是老年人对年轻人的嫉妒——事实上，老年人原以为这种嫉妒之心早已彻底消除了。毫无疑问，（如果这种不幸的事情真的发生了）为了缓和这种嫉妒的情绪，就必须找到这种被压抑的欲望的满足。

现在，我可以明确地描述出潜意识的欲望对梦而言究竟意味着什么。确实，许多梦的刺激主要或完全源自白天的生活的遗留物。例如，我有一个欲望，即，希望自己有朝一日能够成为教授——如果在做梦的前一天，我并没有为我的朋友的健康状况担心的话，那么，这个欲望就不会让我做那个梦。但是，我认为，我之所以做了那个梦，并不只是出于担心的缘故。梦所需要的原动力必须由欲望提供。事实上，我的担心必须抓住一个欲望，才能成为梦的原动力。可以这样比喻，即，对梦而言，白天的思想（观念）完全可以扮演一个企业家的角色。但是，企业家虽然有所谓的创业计划和将计划转变为现实的冲动，不过，没有资本的话，就会一事无成。他需要一个资本家为他付出费用。对梦而言，为它付出精神费用的资本家则必定是源自潜意识的一个欲望——无论白天的思想是怎样的。

有时，这个资本家同时也是一位企业家。甚至可以说，就梦而言，这种情况是更常见的。通过白天的活动，某个潜意识的欲望受到刺激。然后，这个欲望创造出梦。在此，我以在经济关系中所有可能发生的情况为例，指出在梦的过程中也可以看到类似的情况。有时，企业家自身也会拿出资金作为资本金的一部分；有时，好几个企业家可以依赖于同一个资本家；有时，几个资本家也可以共同支付给企业家必要的资金。所以，有时，好几个梦的欲望也可以同时担负起创造一个梦的工作，而其他一些类似的情况也会出现。但是，这些类似或是变相的情况本身并不会引起我们的兴趣。以上这些关于梦的欲望的探讨或许还有一些不够完备之处，我们将留待以后再行补充。

上述比喻中的核心内容——即，通过适当的分配可以（为企业家）自由使用的（资金）额度——对于阐述梦的结构而言，能够巧妙地发挥出更大的作用。在大多数梦中都可以找到一个感觉特别鲜明的核心。在大多数情况下，这一核心是欲望满足的直接表现。这是因为，如果我们将梦的工作中的移置作用取消，就会发现，梦的隐意（梦念）中的各个元素的感觉的强度已经被梦的显意（梦的内容）中的各个元素的感觉的强度所取代了。我们可以发现，存在于欲望满足的邻近区域的各个元素，往往与这种欲望的满足毫无关系。与此相反，它们往往源自对欲望进行抗拒的痛苦的观念。但是，这些元素与核心元素之间往往人为地建立了某种联系，因而获得了足够的强度，能够在梦中出现。于是，欲望满足的表现力就被散布到具有联系的一定范围中，在这一范围内的所有的元素——甚至包括那些原本完全没有任何方法来表现自身的元素——就都能够有所表现了。在那些具有好几个欲望的梦中，各个不同的欲望满足的区域很容易就能够划分清楚。同样地，在梦中，这些区域之间的间隙往往可以理解为边界地带。

对梦而言，白天的遗留物的意义在上述讨论中已经有所限制，但是，我认为仍然值得对它们略微加以注意。如果我们对以下事实——即，对所有的梦而言，都能够清晰地发现一个最近的白天的印象（往往是最无关紧要的印象）与它的内容有所联系——不再感到惊奇，那么，我们就已经知道，无论如何，这些白天的印象都是梦的形成的必要成分。对于梦的构成，这种附加事物为什么具有这样的必然性，我们至今仍然无法做出解释。我们只有确信潜意识的欲望所起的作用，并且到神经症心理学中寻求解释，才能够正确理解其中的道理。神经症心理学告诉我们，潜意识的观念自身是不能直接进入前意识的。它只有与一个已经属于前意识的、并无实际意义的观念建立起联系，然后将其自身的精神强度转移到后者身上，并隐藏在后者的背后——只有在这种情况下，它才能发挥其本身的作用。这就是所谓的“移情”。这一事实为神经症患者的精神生活的许多明显的特征提供了解释。移情可以令这种——通过以上的方法获得了不应有的精神强度的——前意识的观念，一直保持其本来面目。或者，它还可以强制前意识的观念本身，通过被移情的观念的内容，而发生改变。我总是倾向于以我们的日常生活中的事物来打比方，例如，一个受压抑的观念的处境，就像一个身处奥地利的美国牙科医生。也就是说，这位美国牙科医生只有在一位持有正规执照的奥地利医生的名下挂牌，才能够免于法律追究，正常开业。然而，那些业务繁忙的医生往往都不太乐意与这位牙科医生做这样的交易。与此类似，在人们的精神生活中，能够隐藏某种被压抑的观念的，往往并不是那些在前意识中非常活跃的、前意识或潜意识中的观念。潜意识乐于与其建立联系的前意识的印象和观念，有以下两种。一是因为无关紧要而不受任何注意的前意识的印象和观念；二是曾经受到过注意但这种注意本身受到了责难，因而不再受到注意的前意识的印象和观念。一条众所周知的、与联想有关的理论的法则，已经清楚地为经验所证实，即，在某一方面已经构成了密切联系的某个观念，对于其他所有的新的联系，都采取抗拒的态度。我曾试图在这一法则的基础上，建立与癔症性麻痹有关的理论。

通过对神经症进行分析，我们已经证明，受压抑的观念中有一种欲望实行了移情作用。如果我们假设，这种欲望同样也会在梦中出现，那么，就可以一举解决与梦有关的两个谜题。这两个谜题分别是：对梦的所有的分析都清楚地表明，梦总是利用了某种最近的印象；这种最近的元素往往是最无关紧要、最琐碎的事物。在此，我还要加以补充说明，即，这些最近的、无关紧要的元素之所以能够作为梦念中的最古老的元素的替代物，而这样频繁地进入到梦的内容中，只是因为它们几乎完全没有惧怕稽查作用和抗拒的必要——我们在其他地方已经发现了类似的事实。但是，能够逃避稽查作用，只是说明了这些元素的平凡的属性而已，而总会有最近的元素出现这一事实，则向我们指出了移情作用的需要。因为各种无关紧要的印象往往很难建立起联想关系，同时，还因为各种最近的印象还没来得及与其他事物形成联想关系，所以，这两组印象就巧妙地满足了上述被压抑的事物的欲望。

如果——包含着各种毫无意义的印象的——白天的遗留物参与了到梦的形成中，那么，它们不仅从潜意识中借来了某种事物——即，被压抑的欲望能够自由利用的原动力。而且，它们还对潜意识提供了某种不可或缺的事物——即，必然附着于移情作用的某种事物。我们是这样考虑的。在此，如果想要略微深入了解精神的各个过程，那么，我们就必须更加清楚地捕捉到潜意识和前意识之间的、各种兴奋的运作。这是我们研究精神神经症时所必须解决的一个课题，但是，梦对此却没有帮助。

对于白天的遗留物，我还要补充一句。事实上，睡眠的真正的干扰者正是这些白天的遗留物。反而是梦在试图保护睡眠。在后文中我们将再次就此展开探讨。

迄今为止，我们一直在研究梦的欲望。我们将欲望的来源追溯到潜意识的领域，并分析了欲望与白天的遗留物之间的关系。有时，这些白天的遗留物本身就是欲望；有时，它们也可以是其他种类的精神冲动；有时，它们还有可能只是某种纯粹的、最近的印象。这样一来，我们就为一系列条件留出了余地——在此，所谓条件是指，人们在清醒时的一切思维活动对梦的形成都具有一定的意义，而为了实现这种意义，必须有一系列的条件予以配合。就我们展开的一系列的思想而言，甚至也能够对以下的极端情况做出解释，即，梦紧随着白天的活动，巧妙地解决了一些在清醒时难以解决的问题。只是，我们还缺乏这样的梦例，即，通过分析，能够追溯到童年时期的或是被压抑的欲望的来源的梦例。同时，也是为了吸引以上这些欲望而充分强化了前意识的活动的努力的梦例。但是，我们仍然没能向以下问题的答案靠近哪怕一步——问题即，为什么潜意识在睡眠中提供的只是欲望满足的原动力？它为什么不能提供任何其他事物呢？要解答以上问题，就必须对欲望的精神性质做出说明。而我认为，想要做到这一点，可以将前文中已经提到过的、精神机构（心灵）的示意图作为重要的线索。

人类的精神机构无疑是经历了漫长的发展，才进化到现在这样的完善程度。让我们试着追溯一下精神的工作的能力在最初的阶段是怎样的。根据应该在另一个方向上才能得到证实的假设，似乎人类的精神在最初一直持续努力，试图尽最大可能将自身置于完全不会受到刺激的状态。因此，其最初的结构遵循的，是一种反射装置的设计——即，从外部抵达精神的、感觉上的兴奋，都能够立即沿着一条具有运动性的通路而被释放出去。但是，人类生活的必然性对这种简单的技能造成了干扰。也正是由于这种必然性，人类的精神才逐渐变得复杂起来。最初，生活的必然性首先使精神不得不去面对强烈的肉体的需要。由于内在的需要而产生的兴奋，会在运动力中寻求释放的出口。我们可以将这种“运动力”命名为“内在变化”或“情绪运动的表现”。一个饥饿的婴儿或许会大声啼哭或无助地挣扎吧。但是，情况并不因此而改变。这是因为，内在的需要所产生的兴奋并不会适应瞬间的、压迫性的力量，它所适应的，是继续不断地发挥作用的力量。只有在某种方式下——对这个饥饿的婴儿来说，就是得到其他人对他的帮助——获得一种“满足的体验”，使内在的刺激得以消解，才有可能出现转机。这种满足的体验在其本质上的一个构成元素，就是某种知觉的出现（在婴儿的例子中，即是指喂奶）。自此以后，这种知觉的记忆影像，就与需要所产生的兴奋所产生的记忆的痕迹以联想的形式彼此结合，并保留下来。一旦这种需要再次出现，在以上所述的、彼此结合的关系的帮助下，就会立即产生一种精神上的兴奋。这种精神上的兴奋会重现知觉的记忆影像，再度唤起知觉本身，因此，最终会重现最初的满足的情景。我们就把这种兴奋称为欲望。知觉的再现就是欲望的满足。而且，需要所产生的兴奋对知觉的完全再现，就是实现欲望满足的最简捷的途径。我们完全可以假设，存在着一种精神的原始状态，这种状态确实经历了以上所述的途径，同时，在这种状态中存在的欲望创造出了一种幻觉，并以此作为终止。因此，这种最初的精神活动的目标是知觉的同一性，即，在与需要的满足彼此结合的前提下，将某些知觉反复再现。

痛苦、残酷的生活经验必然会将这种原始的思维活动改变成为一种更加合理的、继发性的思维活动。沿着精神机构内部的回归作用的捷径而建立起来的这种知觉同一性，在另一方面，并不会造成与外部的同一知觉的再现彼此结合的结果。也就是说，并没有获得满足，但需要却一直持续。在幻觉性精神病和饥饿时的幻想中，为了将某种内在的知觉的再现改变成为与外部的知觉的再现具有同等价值的事物，必须如同身临其境一般，一直不断地维持着其内在的知觉的再现（就幻觉性精神病和饥饿时的幻想而言，它们将其自身的精神活动非常彻底地指向欲望的对象）。因此，为了更加有效地利用精神的力量，必须在回归作用完成之前将其停止，使回归作用的进程不超出记忆的影像，并且，必须从记忆的影像出发，找到经由外部世界进入的、引导我们建立起所期待的知觉同一性的、其他一些途径[①]。这种对回归作用的抑制以及由此而产生的兴奋的转向，控制着自由、任意的运动力，这就是第二系统的任务。也就是说，对以前的记忆中的各种目的所施加的运动力的利用，第一次与其工作彼此结合在一起。但是，所有复杂的思维活动——即，从记忆的影像出发、直到建立起与外部世界相关的知觉同一性的整个过程——其实都不过是出于经验的需要而对到达欲望满足的一条远路的表现而已[②]。诚然，所谓思维，归根到底不过是幻觉性的欲望的替代物。而且，所谓梦是欲望的满足，与其说这是因为只有欲望才能够令我们的精神机构去埋头工作，还不如说这简直是理所当然的。如果这样考虑的话，那些通过回归作用的捷径而使自身的各种欲望得到满足的梦，不过是早先为我们保存下来的、精神机构的“原发性”的、因为毫无效果而被摒弃了的工作方法的一个样本而已。过去，在人类的精神还年轻幼稚

①换句话说，即，“‘对现实的检验’是理所当然必须施行的”。

②勒·洛兰公正地对梦的欲望满足表示赞扬。他说：“不会使人感到极度疲倦，也就是说，不会诉诸漫长而无休止的斗争、挣扎，而耗尽我们所追求的快乐。”

并且无能低效的时代，一度支配着我们的清醒时的生活的事物，现在已经被抛弃到夜间的生活中来，并以受到束缚的姿态表现出来。如果举一个例子，这就像是我们在儿童的房间中再次找到了弓与箭——这是被今天已经进化了的人类所摒弃的、原始的武器。所谓“做梦”，是现在已被克服了的、童年时期的精神活动的断片。精神病的症状有以下表现，即，一般而言，在清醒时受到压抑的精神机构试图再度取得主导权，以致无法满足外部世界中的各种需要[①]。

潜意识的欲望冲动显然试图使自身在清醒时也能够进行活动。而我们知道，移情作用与精神病都试图通过前意识系统，以支配意识和运动力。梦在强制我们认识到介于前意识和潜意识之间的稽查作用时，还令我们认识到，稽查作用是我们的精神健康的守护者和监护人，必须对其保持尊重。但是，我们是否可以认为这一守护者和监护人是粗心大意的呢？因为，它在夜间缩小了自身的活动范围，使得潜意识中受到压抑的各种冲动得到表现，以致幻觉性的回归作用再次变得可能。我并不这么认为。这是因为，当这个严厉的守护者休息时——当然，我们已经证明它并不会陷入深沉的睡眠——它也会关闭通向运动力的门户。无论从受到正常的压抑的潜意识中出现怎样的冲动，也无论这种冲动在舞台上怎样地神气活现，只需对其放任不管即可。它们完全是无害的。这是因为，它们并不能令运

①在其他地方（《与精神意象的两个原则有关的定理》，全集，第八卷），我进一步展开了这一构想，并确立了快乐原则和现实原则这两个原则。

动器官发生活动（只有这种运动器官才能够为外部世界带来改变）。睡眠状态保障了必须严加防守的要塞的安全。但是，如果力量的移置作用之所以发生，并不是由于严厉的稽查作用的力量在夜间减弱的缘故，而是由于稽查作用的病态的衰弱或潜意识的兴奋被病态地强化了，那么，这时只要前意识还保有其能量，并且打开了运动力的门户——情况就不是无害的了。在这种情况下，守护者就被打倒了，并且，潜意识的兴奋也使前意识屈服在自身的面前——其结果是：通过这种前意识而获得了支配我们的言语和行动的权力，或者，强制性地催生了幻觉性的回归作用，并借助于知觉对精神能量的分配而产生的吸引力，开始使用那些并不是为了自身而设计出的、精神的"工具"。这种精神状态就是精神病的状态。

现在，我们可以进一步，将嵌在潜意识和前意识这两个系统之间的、心理学上的示意图描绘得更加详细了。但是，我们有足够的理由，必须再稍微探讨一下构成梦的、唯一的精神原动力，即，欲望。我们已经接受了梦总是欲望的满足这一观点。其理由是：梦，是潜意识系统的产物，而潜意识的工作的唯一的目标就是欲望的满足，并且，潜意识所唯一能够支配的力量就是欲望的冲动。然而，如果我们现在坚持认为我们有一定的权利从对梦进行分析的立场出发，广泛地展开具有深远意义的、心理学上的探讨，那么，我们就有责任证明，我们得出的这些观点能够将梦置于包括其他一些精神结构在内的、一系列关系之中。如果潜意识系统——或者说，对我们的探讨而言，与其相类似的事物——确实存在的话，梦当然不可能是其唯一的表现形式。确实，所有的梦都有可能是某种欲望的满足，但是，除了梦之外，一定还存在着其他一些变态的欲望满足的形式。事实上，所有关于精神神经症的症状的理论都能够在以下命题中寻找到自身的结论，这一命题即，“这些症状都可以视为潜意识的欲望的满足”①。根据我们的解释，梦也不过是精神病学家眼中的、具有重大意义的一系列事物中的一个成员而已。对这一系列事物的理解，也就意味着对精神病学上的课题的、纯心理学方面的解决②。在这一系列欲望满足的其他成员——例如，癔症的症状——中，还具备一个我在梦中没能发现的、本质上的特征。在前文中的探讨中，我时常提及一些研究，其中包括以下观点，即，在癔症症状的形成过程中，必定有两股潮流在我们的精神生活中汇合在一起。症状不仅只是已经实现了的、潜意识的欲望的表现。它的表现还包括前意识的某种欲望——这一欲望通过同一个症状而被满足了。也就是说，这样一来，同一个症状至少有两个决定性的因素，分别来自包含着冲突的两个不同的系统。这种“多种形式的被制约性”——与梦所面临的情况完全相同——并不会受到任何限制。据我所知，所有并不是来自潜意识的、决定性的因素，一般而言，总是对潜意识的欲望表示反对的观念——例如，自罚——

①更加准确的说法是，症状的一部分与潜意识的欲望满足彼此呼应，而另一部分则与对反抗欲望满足的事物彼此呼应。

②休林斯·杰克逊说过：“如果能够理解梦的本质，你们就能够理解一切与精神错乱有关的知识。”

的活动。因此，我可以做出以下的、具有普遍性的推断，即，癔症的症状只有在——来自两个不同的精神系统的、两个对立的欲望的满足彼此汇合，成为某种单一的表现——时，才会发生（关于这一点，可以参见我在《癔症性的幻想与双性性欲的关系》〔1908年，全集第七卷〕一文中对癔症的各种症状的起源所做出的、最近的、总结性的探讨）。因为只有将所涉及的复杂情况做出详尽无遗的说明，才有最大的说服力，所以，在此并没有举例说明的必要。所以，我打算暂且搁置以上的观点，并举出以下的实例——这并不是为了论证我的观点，而是为了使我的观点表现得更加清晰。我的一位女病人患有癔症性呕吐，后来发现，这一方面与以下的欲望满足有关，即，她从青春期开始就抱有一个潜意识的幻想，希望能够不断怀孕，并生出一大群孩子，甚至，她想要与尽可能多的男人生出尽可能多的孩子（这是“生出一大群孩子”的扩大化的形式）。对于这个肆无忌惮的欲望，产生了强有力的、反抗的冲动。因为呕吐可以使这位女病人失去健康和美丽的容貌，从而失去对男性的吸引力，所以，这一症状同时也与惩罚性的思想的活动所对应。因为这一症状能够为两方面所承认，所以就可以成为现实。古代帕提亚帝国[①]的皇后对罗马的执政官克拉苏[②]的处置方式，就

①帕提亚帝国，公元前247—224年，又名阿萨息斯王朝或安息帝国，是古波斯地区古典时期的奴隶制王国。开国君主为阿尔萨息，后为波斯萨珊王朝取代。坐落于地中海的罗马帝国与中国汉朝之间的贸易路线丝绸之路上，是当时的商贸中心，与汉朝、罗马、贵霜并列为当时的亚欧四大强国之一。——译者注

②克拉苏，马库斯·李锡尼·克拉苏，即，Marcus Licinius Crassus，约公元前115—前53年，古罗马军事家，政治家。在罗马由共和国转变为帝国的过程

是一种同样的欲望满足的方法。皇后认为，克拉苏是出于对黄金的欲望而出兵的，所以，她下令将熔化了的黄金灌入他的尸体的喉咙，并且说道：“现在，你总算如愿以偿了。”迄今为止，就梦而言，我们所知道的只是，它所表现的是潜意识的欲望满足。占据支配地位的前意识系统似乎是在强制欲望的满足进行了若干次化装后，才对其做出许可。一般而言，反对梦的欲望的观念的活动——即，在梦中、将梦的欲望作为敌人一般、将其表现出来的观念的活动——事实上是不可能被证实的。只有在对梦加以分析时，我们偶尔才能发现一些类似反动的形成物的事物。例如，在我做的“叔叔的梦”中，我对我的朋友 R 的亲近的感情就属于这种情况。但是，我们也能够从其他地方发现这种在此并未能发现的、前意识中的附加物。占据支配地位的系统在睡眠的欲望面前开始退缩，而这一欲望通过对精神机构的内部的、使自身成为可能的、能量的分配的变换，而得以满足，最终，使这一欲望持续地贯穿于整个睡眠过程之中。但是，梦却通过各种化装的方法，将来自潜意识的欲望表现出来①。

这种属于前意识的、对睡眠的、确定无疑的欲望，通常对于梦的形成具有促进作用。让我们考虑一下那位父亲所做的——来自隔壁的光芒使他做出“尸体可能被烧着了”的推断

中扮演了重要角色。与恺撒、庞培一起，组成了前三头同盟，主导了罗马的政治制度。聚敛了巨大的财富，被认为是世界历史中最富裕的人之一。在对帕提亚帝国的战争中被俘。在传说中，帕提亚人是用熔化的黄金灌进他的喉咙、将他杀死的。——译者注

①我的这一观点借用了现代催眠术研究之父、安布鲁瓦兹－奥古斯特·李厄保的睡眠理论（《催眠术及其他》，巴黎，1889 年）。

的——梦。作为被光芒惊醒的替代物，有一种精神力量使这位父亲在梦中做出了以上的推断。我们认为，这种精神力量来自希望能够尽可能地多看一会儿在梦中出现的孩子的身影——哪怕一瞬也好——这一欲望。而源自受压抑的其他一些欲望之所以能够逃脱了我们的注意，也许是因为我们不能够对这个梦做出分析的缘故。但是，我们可以假设，产生这个梦的第二个原动力，是父亲对睡眠的需要。因为做了梦，他的睡眠也得到了一段时间的延长——就像他的儿子的生命在梦中得到了一段时间的延长一样。在此，所谓动机即是："让梦继续下去吧。否则，我就必须醒来了。"和这个梦一样，在其他所有的梦中，睡眠的欲望都对潜意识的欲望加以支持。我们曾探讨了几个很明显属于"方便的梦"的实例。事实上，所有的梦可以被称为是"方便的梦"。令人惊醒的梦具有以下特征，即，它对外部的感觉刺激加以改变，使它们能够对继续睡眠的欲望做出妥协，并使其进入梦中，通过这种方法，对——能够使人们想起外部世界的存在的——外部刺激加以封印。同时，在这一类梦中，希望继续睡眠的欲望所做的工作，是很容易就能认出来的。但是，同样的睡眠的欲望在所有其他的梦中也发挥着同样的作用，它作为仅仅来自内部的、令人惊醒的作用，使人们产生动摇。当梦的内容变得过于恣意、放肆时，前意识往往就会对意识说道："不要紧，别管它，继续睡吧！毕竟只是一个梦而已！"尽管这些言语只是比喻，并没有真正出现在外部世界，但是，在我们的精神中占据支配地位的活动所采取的态度，却与这些言语的表现并没有任何区别。我不得不做出以下的结论，即，在我们的整个睡眠状态中，正如我们清楚地知道自己正在睡眠一样，我们也清楚地知道自己正在做梦。同时，我们不应该对以下的反对意见多加注意。所谓的反对意见即：我们的意识绝不可能知道自己正处于睡眠之中，而且，也只有在某些特定的情况下——即，稽查作用受到了突然袭击的时候——我们才有可能知道自己正在做梦。

与此相反，也有些人能够在整个夜间都非常清楚地意识到自己正在睡觉并且正在做梦，因此，他们似乎具有某种有意识的能力，可以对梦做出指导。例如，如果一个具有这种能力的人对某个梦的内容有所不满，那么，他就可以令这个梦中断，而且，他并不会醒觉，反而会开始继续做另一个梦——这个梦的内容与前一个就有所不同了。这与一个流行戏剧的剧作家按照观众的要求、为自己的剧作加上一个愉快的结局的情况非常相似。或者，在另一种情况下，如果他在梦中处于某种伴随着性的兴奋的状态，那么，他就会一边继续睡眠，一边想道："我不想再继续做这个梦了，否则就会因为遗精而消耗精力。我还不如将这些精力储存起来，留待现实中再行发泄呢！"

赫维·德·圣丹尼斯侯爵[①]宣称，他已经获得了控制自己的梦的能力，能够随心所欲地加速自己的梦的进程，也能够随心所欲地选择梦的方向。他所做到的，似乎就是令睡眠的欲望

①赫维·德·圣丹尼斯侯爵，法文即，Marquis d'Hervey de Saint-Denys，又译，德理文侯爵。1823—1892 年，法国汉学家，欧洲最早对中国诗歌感兴趣的汉学家之一。——译者注

为另一个欲望——即，观察并享受自己梦的欲望——做出让步。睡眠与这种欲望做出了妥协——这与作为醒觉的条件而做出保留的精神状态（例如，对自己所照料的婴儿的尿床毫不在意的乳母的睡眠）是一致的。众所周知，人们对自己的梦的兴趣越大，清醒后能够回忆起的梦的内容就越多。

费伦齐在探讨关于做梦的人自身指挥梦的情况时，曾就其他一些观察的结果指出："梦从各个不同的角度、对时时刻刻左右着我们的精神生活的观念加以改变，当欲望的满足有可能陷入失败的危机时，就会努力删除这一内容，并尝试做出一种新的解决方式，以构成欲望的满足，直到它制造出一种能够使精神生活中的两个动因彼此妥协并获得满足的欲望的满足为止。"

四、由梦中惊醒——梦的机能——焦虑的梦

我们既然已经知道前意识在夜间会专注于睡眠的欲望，也就可以对梦的过程有进一步的了解。但是，在此，我首先打算将我们迄今为止对与梦的过程有关的、已知的事实做一番总结。也就是说，迄今为止，我们对以下几种情况的各种可能性，已经尽可能地展开了探讨。这几种情况分别是：（1）那些清醒时的思考工作所未曾整理好的事物，作为白天的遗留物，其中多少附有一部分能量的情况。（2）通过白天的、清醒时的工作，潜意识中的一个欲望已经在持续运作的情况。（3）以上两种情况综合在一起的情况。潜意识的欲望在白天或是在睡眠状态中，开辟出了一条通向白天的遗留物的途径，将自身的能量

向白天的遗留物进行转移。于是，就产生了一个被转移到最近的材料中的欲望，或是一个受压抑的、最近的欲望，因为受到了潜意识的能量的强化而重现其势头。这一欲望沿着思维过程所必经的、通过前意识的道路前进（欲望的一部分原本就属于前意识），并进入到意识之中。但是，这一欲望会与仍在发生作用的稽查作用相遇，并在稽查作用的压力下屈服。于是，欲望就会甘愿进行化装，为自己附加一些已经通过移情作用而产生的、最近的事物。这时，欲望已经走上了向强迫观念或妄想等以及诸如此类的事物转变的道路——也就是说，走上了向被移情作用所强化了的以及因为稽查作用而对自身的表现做了化装的观念转变的道路。但是，现在，前意识的睡眠状态并不允许它发生这种转变。这也许是因为前意识能够以减少自身的兴奋的方法来进行防御的缘故。这样一来，梦的过程就开始走上了“回归作用”这一途径——当然，这一途径本身是由于睡眠状态的特殊性而出现的。另外，梦的过程沿着回归作用的途径前进时，还要受到记忆群的吸引力的影响。这些记忆群中的一部分，其自身仅作为视觉的能量而存在，并不会被翻译成那些后继的系统所使用的文字符号。梦的过程在其回归作用的途径上，可以具备某种表现的可能性。关于凝缩作用，我将在后文中再行探讨。现在，梦的过程已经完成了其辗转的、迂回曲折的路程的第二部分。第一部分从潜意识的情景或幻想有意地向前意识伸出援手，而第二部分则试图从稽查作用的疆界重新返回到知觉。但是，如果梦的过程已经转变成为知觉的内容，那么，它就绕开了稽查作用和睡眠状态在前意识中所设置的障碍物。也就是说，梦的过程成功地将注意力吸引到了自己身上，并且被意识承认了。对我们而言，意识就是把握精神的性质的感觉器官。而意识在清醒时的生活中可以通过以下两个来源产生兴奋。首先，是源自作为一个整体的精神的周边部分——即，知觉系统——的兴奋；其次，则是——作为在能量的分配和转移中的、唯一的精神性质——由精神的内部产生的愉快或不愉快的兴奋。一般而言，在整个φ系统中的所有的意象中，当然也是在所有前意识的意象中，是不存在所谓“精神性质”这种事物的。只要它们并不对意识提供可感知到的愉快或不愉快的兴奋，就不可能成为意识的对象。所以，我们不得不下定决心，承认以下的假设。即，这些愉快和不愉快的释放、对能量的倾注的进程起到了自动调节的作用。然而，很快我们就发现，为了使这种微妙的调节工作能够进一步展开，必须使观念的进程尽可能地、不受到不愉快的特征的影响。为了达到这一目的，前意识系统就有必要具备某种能够吸引意识的、独特的性质，并且，这种独特的性质似乎可以通过将前意识中的意象、与具备一定的语言符号的性质的记忆系统彼此结合的方法来获得。这种记忆系统具备各种不同的性质，而这些性质使得原本只是纯粹的、对于知觉而言的感觉器官——即，意识——成了对于我们的一部分思维过程而言的感觉器官。因此，可以说，现在存在两个感觉的层面。一个指向知觉，另一个则指向前意识的思维过程。

我们必须假设，睡眠状态使得——指向前意识的——意识的感觉面，与指向知觉系统的感觉面相比，更加难以产生兴奋。因为前意识需要睡眠，所以，它对于夜间的思维过程不再感兴趣——这无疑具有相当重要的意义。另外，在这种情况下，它也不能够对思维再提供任何材料。但是，只要梦成了知觉，它就可以利用新获得的各种性质使意识兴奋起来。而这种感觉的兴奋就会执行其原本就应该执行的一些任务，即，它将利用前意识中的某种有效的、能够对外倾注的能量的一部分，形成注意力，并对产生兴奋的原因加以注意。因此，我们必须承认，梦在任何时候都具有一种唤醒作用。也就是说，梦会使前意识中的、一部分静止的力量活动起来。梦在这种力量的作用下，受到了我们——出于连贯性和易于理解的考虑，而——命名的、润饰作用的影响。也就是说，梦从润饰作用受到的影响，与其他任何知觉内容所受到的润饰作用的影响都是一致的。在其材料所允许的范围内，梦也受到同一种期待的观念的影响。这是梦的过程的第三部分，只要它存在一定的方向性，那么，它就会再次具有前进的倾向。

为了避免误解，我应该针对这些梦的过程在时间上的一些特征做出简单的说明。戈布洛[①]无疑受到了与莫里的断头台的梦有关的谜题启发，他提出了一个意味深长的观点，即，他试图证明我们做梦的时间根本不会超出从睡眠到觉醒之间的那一段、短暂的过渡时间。也就是说，觉醒的过程确实需要一定的

①戈布洛，法文即，Goblot。——译者注

时间，而梦就是在这一时间段之内发生的。戈布洛认为，尽管许多人有这样的意见，即，梦的结尾部分的影像极具冲击力，而我们会因此从梦中惊醒，但是，事实上，梦的结尾部分的影像之所以极具冲击力，只是因为我们已经临近觉醒的时刻的缘故。他说道："梦是刚刚开始的觉醒。"

杜加斯[①]已经指出，要将戈布洛的观点普遍化，就必须对许多事实装作视而不见。当然也存在不使人惊醒的梦。例如，许多梦见自己正在做梦的梦，就属于这一类。根据我们对梦的工作的了解，我们确实很难同意梦是为了使人惊醒而仅仅在必要的短暂的时间之内进行工作的观点。相反，梦的工作的第一部分似乎很可能在白天的清醒时、在潜意识的支配下就已经开始了。至于梦的第二部分——稽查作用所做的改变，潜意识的情景产生的吸引力，对知觉的接近，等等——也许都是在夜间进行的。在这一范围内，有时我们并不能清楚地说出自己梦见了什么，却感到自己整晚都在做梦——而这一点也是确定无疑的。

但是，我认为，直到梦的过程进行到意识化这一步为止，它并不一定必须严格地遵守我所描述的这种时间顺序。这种时间顺序即，首先出现的是被移情的梦的欲望；其次是稽查作用造成的化装；再次是被称为回归作用的方向上的转换，等等。我只是在描述时尝试采用了这种顺序而已，在现实中，应该是同时对这样的或那样的途径进行尝试而兴奋的方向性也摇摆不

①杜加斯，即，Dugas。——译者注

定——直到最后，兴奋才会以最合理的方式聚积起来，构成一个群落，而保留下来。我根据自身的一些经验推断，梦的工作要达成以上的结果，往往需要 24 小时以上的时间。如果确实如此的话，那么，梦的构造表现得如此巧夺天工，也就不会令人感到惊讶了。我认为，甚至可以说，对梦作为知觉上的一个事件，其“是否会被人所理解”的顾虑，其实在梦吸引了意识来注意自身之前，就已经开始活动了。无论如何，当梦的过程发展到将意识吸引到自身一边之后，就开始加快速度了。这是因为，就这一点而言，梦与任何其他被感知到的事物一样，都受到同样的对待的缘故。这与烟火非常相似，都需要好几个小时的准备，但一旦点着引信，就会在一瞬间爆发。

梦的过程要么通过梦的工作——全然不顾睡眠的时间和深度——吸引意识对自身加以注意，从而获得足够的强度来唤醒前意识，要么因为其强度还不足，在即将醒觉之前，一直保持着“待机”的状态，以等待注意力变得足够活泼并进入到梦的过程之中。这二者必居其一。大多数梦在工作时所保有的精神强度都比较低。这是因为，它们大都保持“待机”状态，以等待醒觉。但是，这也可以为以下情况做出解释，即，我们从沉睡中突然惊醒时，通常都会觉得自己梦见了什么。在这种情况下，与我们自然醒觉时一样，最初映入我们的眼帘的事物，就是梦的工作创建出来的知觉内容，然后我们才会看到外部世界提供给我们的知觉内容。

但是，人们的最大的理论兴趣往往指向那些将我们从睡眠中惊醒的梦。我们在顾及在最寻常的情况下存在的一般合理性的前提下，可以提出这样的问题，即，在梦中——也就是说，在潜意识的欲望中——为什么会存在着一种力量，可以阻碍睡眠的也就是阻碍前意识的欲望的满足呢？这似乎与能量关系有关，但我们并不能准确地捕捉到这种关系的真相。如果我们能够做到这一点，大概就会发现：考虑到潜意识在夜间像在白天一样都被严加控制住了这一事实，使梦自行其是以及对其给予或多或少的注意，都意味着一种能量的节约。经验证明，即使夜间的睡眠被中断了好几次，做梦和睡眠仍然可以并行不悖。一个人可以在突然惊醒后又立即沉沉入睡，这与人们在睡眠中挥手赶走苍蝇的行为并无二致。这是一种“特定的”醒觉。当人们重新入睡时，对睡眠的妨碍就已经得到了妥善的处理。包括那个奶妈的睡眠在内的、一系列众所周知的实例向我们证明，睡眠欲望的满足，与指向某一特定的方向上的、一定的注意力的消费，这二者完全可以彼此完美协调。

但是，在此我们也有必要对一种反对意见加以注意——这种反对意见基于对潜意识的过程的深刻了解。我们认为，潜意识的欲望总是活跃的。尽管如此，其强度并不会在清醒时为我们所察觉到。但是，如果睡眠状态一直持续下去，潜意识的欲望已经形成了梦，并且，潜意识的欲望通过这个梦表现出了足够的强度证明自身能够唤醒前意识，那么，这种力量为什么在梦被觉察之后又消失了呢？为什么梦不像那些无论怎样驱赶都会再次飞回来的苍蝇那样反复地出现呢？我们有什么理由认为

“梦会消除对睡眠的干扰”呢？

毫无疑问，潜意识的欲望总是活跃的。潜意识的欲望就是某种可以通过的途径——只要有一定程度的兴奋利用它们即可。潜意识的各种过程是不会被破坏的，事实上，这是潜意识的过程的一个杰出的特征。在潜意识中，任何事物都不会被终结，也不会被消灭或是被遗忘。在研究神经症，特别是癔症时，潜意识的这一特征特别明显。导致症状发作的潜意识的观念的途径，只要兴奋累积到足够的数量，立即就会变得可以再次通过。30 年前曾经受过的一次侮辱，只要其通向潜意识的情绪的源泉的途径变得通畅，那么，30 年前的体验就会像新近的感受那样，再次发挥其作用。只要一被回忆起来，这种被侮辱的情绪就会以凶猛的势头再度重现，在症状的发作中，这就会表现为某种运动性的释放，并以这种兴奋而获得满足。而这正是精神治疗所要干预的部分。精神治疗的任务就是对潜意识的过程进行处理，最终使其消灭或是忘记。也就是说，我们视为理所当然的变化——即，（我们往往认为是时间对精神的记忆的遗留物会带来的影响，其结果就是记忆的减退）记忆的减退和现在已经逝去的各种印象为我们带来的感动的弱化——事实上是非常困难的，是润饰作用付出了辛勤的努力的结果。完成这种工作的是前意识，而精神治疗只能将潜意识置于前意识的支配之下，除此之外别无其他途径可循。

因此，任何潜意识的兴奋过程都有两个出口，即，一是整个兴奋过程完全不被触动，一是受到前意识的影响。就前者而言，潜意识的兴奋过程会在某处制造出一个突破口，并将自身的兴奋释放为某种行动，而后者则受到前意识的影响，其兴奋并不会释放出来，而是被前意识所束缚住。梦的过程就属于后者。因为能量的倾注是被意识的兴奋所引导的，所以，对于被感知到的梦，从前意识一方所赋予的能量的倾注就会约束梦的潜意识的兴奋，并使这种潜意识的兴奋变得无害。也就是说，如果做梦的人突然惊醒，确实就可以趁机赶走干扰他睡眠的苍蝇。现在，我们可以做出以下推断，即，在整个睡眠的过程中，与其对潜意识加以约束，倒不如放任潜意识的欲望，使它自由地回溯回归作用的途径，并形成梦，然后，只需令前意识做出很少的工作，将这个梦加以约束即可——事实上，这既合理，又经济。我们所期待的是，尽管梦原本并不是一个具有合理性的目标的过程，但是，它仍然能够获得某种机能，即，各种精神力量的交互作用中的某种机能。对于这种机能，我们有清晰的了解。梦接受了以下任务，即，将潜意识中一直被放任的、自由自在的兴奋再次置于前意识的控制之下。这时，梦会将潜意识的兴奋加以释放，它就像一个潜意识的安全阀门，只需花费很少的力量——即，使人惊醒的活力——就能够确保前意识的睡眠。这样一来，梦就与同一系列的、其他的精神结构一样，作为一种妥协，在两个系统所能够协调的范围之内，通过满足这两个系统的各种欲望，来同时为这两个系统做出贡献。我们曾经提及罗伯特的“排泄理论”。尽管我们就梦的过程的前提和相关的评价而言，与他抱有不同的观点，但是，就梦的机能的规定这最重要的一方面而言，我们却必须对这位学者表示赞同①。

两个欲望可以在某一范围内彼此协调，这一限定的说法还包含着另一层意思，即，这是对梦的机能也存在失败的可能性的暗示。梦的过程首先可以作为对潜意识的欲望的满足，而被允许存在。但是，如果这一欲望的满足过于强烈地刺激了前意识，以致前意识无法保持安静，梦就破坏了这种互相妥协的关系，从而再也无法完成其理应完成的另一半任务。在这种情况下，梦就会立即被打断，并被彻底的清醒状态所取代。这时，在正常情况下作为睡眠的守卫者的梦就不得不扮演了睡眠的妨碍者的角色，然而，尽管如此，这也并非是梦的本意，我们

①是否可以认为这是梦的唯一的机能呢？我认为确实如此。A.梅德曾试图承认梦还有其他的、“继发性”的机能。他从一些正确的观察——即，许多梦事实上确实解决了某些纠葛，因此梦对于清醒时的活动有着训练的意义——出发，进行研究。但是，他将梦视为与动物和儿童的游戏类似的事物，并认为这种游戏是各种先天的本能的练习运动，是对未来的严肃的活动的准备。于是，他指出，“做梦”具有某种“游戏机能（法文即，fonction ludique）”。比梅德稍早，阿尔弗雷德·阿德勒也曾强调过梦具有“事先参考”的机能（在1905年，我提出了对一个梦例的分析。分析指出，一个应该被解释为计划的梦，直到计划被执行为止，在每个晚上都会重复出现）。

不过，只要我们稍加思考，就能够明白，梦的这种“继发性”的机能在梦的分析这一范畴内很难得到承认。事先有所考虑、订立计划、提出尝试解决问题的方案，等等，根据这些措施的不同，在后来的清醒生活中得以现实化的事物也就不同。这些事物以及与其类似的许多事物都是精神的潜意识和前意识的活动的产物，而精神的潜意识和前意识的活动也会作为“白天的遗留物”而在睡眠状态中一直持续下去，然后，与潜意识的欲望彼此合作，最终构成梦。因此，所谓梦的“事先参考”的机能，事实上与前意识的清醒时的思维的机能是一致的——这种机能的产物可以通过对梦以及其他现象的分析而推断出来。迄今为止，在很长一段时间之内，我们已经习惯于将梦与梦的显意混为一谈，但现在我们还必须注意到，不能将梦和梦的隐意混为一谈。

不应因此否认梦的有益的目的性。这与有机体的情况也是类似的——就有机体而言，原本具有有益的目的性的某种设备，一旦其成立的条件发生了变化，这一设备往往就不再具备其有益的目的性，而变成某种妨碍，类似的例子屡见不鲜。而且，在这种情况下，这种妨碍至少还可以为另一个新的目的做出贡献，即，它可以引起对所发生的变化的注意，并调动有机体的调节机制与这种变化进行对抗。当然，我想要在此探讨的，就是焦虑的梦。另外，为了避免人们认为我在逃避这——与梦的欲望满足理论相抵触的——证据，我决定试着以暗示的方法对焦虑的梦做出解释。

在我们看来，产生焦虑的精神过程也能够满足一个欲望，而这并不存在任何矛盾。我们可以对此做出以下解释，即，虽然前意识系统对这一欲望加以拒绝和压抑，但欲望本身则属于其他的系统——即，潜意识系统[①]。而前意识对潜意识的支配，

①"还有一种更为深刻的因素同样容易为一般人所忽视，即，所谓的欲望满足确实可以带来快感，但是，这时就出现了一个问题——这种快感究竟是带给谁呢？当然，是带给原本就有这种欲望的人自身的。但是，我们知道，就做梦的人自身而言，他对于自己的各种欲望所持的态度是很特别的。他会责难这些欲望，为它们设置稽查作用作为阻碍。总而言之，他并不喜欢这些欲望。因此，这些欲望的满足不可能为其带来快感。也就是说，这与实际的情况恰好相反。经验告诉我们，这种相反的情况采用了焦虑这一形式表现出来——对此，我将在后文中再做说明。因此，就对自己的梦的欲望的关系而言，似乎可以将做梦的人自身区分成由某种显著的共同性而结合在一起的两个人物。就此我不打算再做详细的解释，但我可以为读者介绍一个非常著名的童话故事，读者可以从中发现类似的关系。有一位慈祥的神仙与一对贫穷的夫妻约定，将实现他们提出的三个愿望。两人非常高兴，并慎重地讨论应该实现怎样的愿望。妻子闻到了从邻居家中传来的烤腊肠的香味，就说想要两根腊肠。于是，她的面前立刻出现了腊肠。这就是第一个欲望的满足。然后丈夫大怒，责骂妻子道，这两

即使是在精神处于完全健康的状态下，也绝不可能彻底。我们的精神的正常程度，就依存于这种支配力的强度。神经症的各种症状表明，这两个系统是彼此冲突、纠结的，而这些症状本身则是使冲突和纠结暂时告一段落的妥协的产物。一方面，它们成了潜意识释放兴奋的出口——也就是说，为潜意识提供了突破口；另一方面，它们又赋予了前意识系统一种能够在一定程度上支配潜意识系统的事物。例如，考虑到癔症性恐惧症或广场恐惧症的意义，这一点其实是极具有启发性的。假设有一位神经症患者独自出门、在街道上行走，我们可以正当地称之为“症状”。那么，我们可以试着强迫他进行这种——他自身认为不可能做到的——行为，以此来消除这一症状，但其结果却是引发焦虑的发作。这与以下事实是相似的，即，在街道上的焦虑的发作往往正是产生广场恐惧症的诱因。这样一来，我们就会知道，症状的形成其实是为了避免焦虑的发作。也就是说，对于焦虑而言，恐惧症所起到的作用，与国境上的前沿要塞所起到的防御作用是一致的。

如果不去探讨在这些过程中各种感情起到了怎样的作用，那么，我们的讨论就不能继续下去了。但是，现在我们还不能完全做到这一点。所以，在此，我们暂且提出以下命题，即，

根腊肠应该挂在你的鼻子上。这个愿望也被满足了，腊肠被挂到了妻子的鼻子上。这也就是第二个欲望的满足。读者当然知道这则童话故事的结尾。因为这两人到底是夫妻，所以第三个愿望自然是将腊肠从妻子的鼻子上取下来。我们可以将这则童话故事应用到其他的关系上。而现在，在此我只想通过它来说明以下的可能性，即，当两人的意见并不一致时，其中一个人的欲望的满足能够令另一个人深感不快。”（参见《精神分析入门》，第十四章，全集第十一卷）

对潜意识的压制是必要的——这是因为，如果潜意识的观念活动可以自行其是，那么，就会产生一种原本来就会使人感到愉快的感情（而且，这种感情在经过了压抑的过程后，就会带有令人不快的性质）。压抑作用的目的就是要防止这种令人不快的感情的释放，并且，它能够成功地做到这一点。因为压抑能够从观念内容中产生令人不快的感情，所以他对潜意识的观念内容也有所涉及。以上这些讨论的基础，是某种与感情发展的性质有关的、特定的假设。对感情的发展而言，起到支配作用的神经系统的关键，在于潜意识中的各种观念；可以将感情视为某种具有运动性的活动或是某种分泌作用的活动。在前意识的支配下，这些观念就受到了所谓的“绞杀”，感情的冲动的释放也就被阻止了。因此，如果来自前意识的能量的倾注一旦被停止，这时所产生的危险就在于能够唤起以下的感情，即，只能作为单纯的、令人不快的感觉和焦虑而被人所感受到的潜意识的兴奋（这种潜意识的兴奋已经受到了压抑）。

如果任由梦的过程自由发展，这种危险就有可能成为现实。而这种危险的爆发条件是如下：第一，压抑已经产生，并且完成；第二，被压抑的欲望的冲动的力量有可能不断增大到足够的强度。因此，这些决定性的条件与梦的形成的心理学架构毫无关系。如果我们的论题与“通过睡眠中的潜意识的解放这一契机而产生焦虑”这一观点无关的话，那么，也就没有必要讨论焦虑的梦了，而且，也可以避免一切与焦虑的梦有关的、模糊不清的问题了。

我已经一再宣称，焦虑的梦的理论属于神经症心理学的范畴。既然我们已经指出了它与梦的过程的接触点，也就是说，我们已经无须再继续深入探讨这一论题了。但是，我们还有一件要做的事。因为我曾经指出，神经症的焦虑有其性的来源，所以，我不得不分析一些焦虑的梦，以证明焦虑的梦的梦念中确实存在着与性有关的材料。

我有充分的理由不再采用神经症患者提供给我的众多梦例，而只举出年轻人所做的一些焦虑的梦。

就我自身而言，数十年来一直没有做过真正的焦虑的梦。但是，我记得在七八岁时，曾做过一个这样的梦。在30年后，我才试着做了分析。这是一个非常生动的梦。我梦见，“母亲异常沉着、冷静，她的脸上的表情就像是在入睡一般。两个（或是三个）长着鸟嘴的人把她抬进室内、放到床上”。我在哭喊中惊醒，把父母也都吵醒了。这种穿着奇特的衣服、身材特别高大的、长着鸟嘴的人物的形象来自菲利普松圣经[①]上的插图。我想，那一定是古代埃及的坟墓的石板上以浮雕形式雕刻着的、生有鹰头的神祇。但是，除此之外，我能够回忆起来的，就只剩下那个看门人的、没有教养的男孩了。在屋前的草坪上，我们这些孩子曾经常在一起游戏。我记得，他名叫菲利普。我想，我就是从他口中第一次听到了意味着“性交”的某个俗语——有教养的成人是不会使用那个字眼的，他们使用的

①菲利普松圣经，即，Philippson’s Bible，希伯来文和德文的旧约版本。在第四章《申命记》中有许多木刻埃及神祇的插图，其中有些插图上的神祇生有鸟喙。

是一个拉丁文的词汇，“交媾”，在这个梦中，通过采用鹰头这一形象，清楚地表现了那个俗语。关于那个俗语的、在性方面的意义，我一定是通过我的老于世故的小学老师的相貌而察觉到的。在这个梦中出现的、我的母亲的表情则来自我的祖父的表情。祖父在去世之前那几天，陷入昏睡状态，并且打鼾——当时，我看到了这一幕。所以，对这个梦中的润饰作用稍加分析，即可发现，它一定是对“母亲去世”的暗示。坟墓的浮雕也与这一点相吻合。这种焦虑令我惊醒，直到将父母吵醒之前，一直没能平息。我记得，当时，我一看到母亲的面孔，就突然平静下来了，这简直就像是我需要一种令我安心的保证，即，“果然妈妈还活着啊”。但是，对梦的这种“继发性”的解释，已经在得以发展的焦虑的影响下形成了。我并不是因为梦见母亲去世而产生了焦虑，而是因为我已经处于焦虑的影响下，所以才会在前意识的加工中，对这个梦做出了这样的解释。但是，这种焦虑的感觉，可以通过压抑，在梦的视觉性的内容中清晰地表现出来，同时，也理所当然地可以被还原为某种与性有关的、模糊不清的欲望。

一位罹患严重的神经症已经一年有余的、27 岁的男士报告了他在 11 到 13 岁之间经常做的一个梦。这个梦伴有强烈的焦虑。他梦见，“一个手持斧头的男人在追逐他。他想要逃开，但好像瘫痪了似的，在原地动弹不得”。这是一个很常见的焦虑的梦的例子。毫无疑问，也具有性的意义。在分析过程中，做梦的人首先想到的是从他的叔叔那里听来的一个故事——听到这个故事的时间是在做这个梦之后。叔叔说，他有一天晚上在街上被一个形迹可疑的人袭击了。于是，做梦的人以此为契机，联想到另一件事，即，他在做这个梦的那一段日子里，似乎曾听说过与此非常相似的一个事件。关于斧头，他还回忆起来，大约也是在那时，有一次，他用斧头劈柴，却砍伤了自己的手。然后，他突然联想到他与他的弟弟之间的关系。他经常虐待他的弟弟，把他打倒在地。特别是，有一次，他用靴子把弟弟的头踢得流了血。当时，他的母亲说道："太可怕了，你总有一天会把自己的弟弟杀掉的。"他似乎一直对这样一些与暴力、虐待有关的事情念念不忘，但是，他突然又回忆起了在他9岁时发生的另一件事。有一次，他的父母很晚才回到家中。当时，他假装已经睡着，他的父母就和他躺到了同一张床上。不久，他听到了喘息声还有其他一些令他感到非常奇怪的声音。他还能推断出父母在床上的姿势。然后，他刚才提及的各种观念表明，他为父母之间的这种关系与自己和弟弟之间的关系找出了共同点。他认为，父母之间发生的事情可以用暴力、虐待等概念来概括。他还认为，母亲的床上经常留有血痕，也恰恰证明了自己的这一想法。

我想说，成人之间的性交行为对于——目击了这一行为的——儿童而言，是值得惊奇并且会使其感到焦虑的，日常生活的经验也证明了这一点。对于这种焦虑，我做出了以下的解释，即，问题在于一种性的兴奋。这种性兴奋是儿童所不能理解的，而父母与这种兴奋有关的事实则会被儿童所抗拒，因此，才会转变为焦虑。我已经指出，儿童在年纪更小的阶段，指向父母中与自己的性别不同的一方的性兴奋还没有受到压抑，会在外部自由表现出来。

对于在儿童身上经常发作的、伴有夜间的幻觉的焦虑（即，夜惊，Pavor nocturnus），我毫不犹豫地认为，也适用于同样的解释。这种发作同样是一个因为对此并不理解而遭到抗拒的、性兴奋的问题。研究结果证明，这种必须归于儿童的性兴奋的发作具有一种周期性，这是因为，各种偶然的兴奋的印象，以及各种自动的、逐渐出现的发育过程，都能够导致性冲动的增强。

要对这种观点做出彻底的证明，我还缺乏必要的观察材料[①]。而与此相反，不论是从躯体方面还是从精神方面，儿科医生对这一系列的现象似乎缺乏一种可供参考的观点。在此，我将举出一个有趣的梦例，以证明由于受到了医学神话的蒙蔽，世人在理解类似的情况之前，稍一不慎就会产生误解。这个梦例引自德巴克尔[②]（1881年，66页）的一篇论夜惊的论文。

一个身体虚弱的、13岁的男孩，患有神经过敏，逐渐开始陷入朦胧的白日梦状态，睡眠也变得不安定，几乎每星期都会出现一次被伴随着幻觉的、强烈的焦虑的发作而惊醒的情况。他对这些梦保持着极为清晰、鲜明的记忆。例如，他做过这样的梦。他梦见，恶魔对他大叫道：“啊！捉到你了！你逃不掉

①这种材料在精神分析学的文献中非常丰富。

②德巴克尔，即，Debacker。——译者注

了！”然后，他闻到了一股沥青和硫黄的气味，大火烧焦了他的皮肤。然后，他从梦中惊醒，但是，起初他完全叫不出声。后来，他逐渐能够叫出声来，就会很清晰地说出以下这些呓语。即，“不，不，不要捉我！我什么都没有做！”或是“放开我，我不，我再也不这样做了！”还有两三次，他这样叫道：“阿尔贝特[1]从来没有做过那样的事！”后来，他拒绝脱掉衣服，这是因为“要是不穿衣服的话，就有火来烧”。当这个与恶魔有关的噩梦已经严重威胁到他的健康后，他被送到了农村。在农村度过了18个月后，他恢复了健康。后来，在他15岁时，他坦白承认道：“当时我没能狠下心来坦白，但是，实际上我的那里一直有类似针刺的感觉，并伴随着强烈的兴奋。所以我的精神特别紧张，甚至有好几次想要从卧室的窗户跳出去。”[2]

事实上，很容易就能够得出以下推断。（1）这个男孩在儿童时期曾经有过自慰的体验，似乎他曾对此加以否认。而且，曾有人威胁他，说对这种自慰的行为要施加严厉的惩罚（参见他的坦白，即，“我再也不这样做了！”以及他的否认，即，“阿尔贝特从来没有做过那样的事！”）。（2）在青春期的压力下，随着他的生殖器感到刺痒而以手抚弄，自慰的诱惑再次出现；（3）在他的内心，出现了一种压抑的斗争，这种斗争压抑了他的性冲动，并将其转化为焦虑；这种焦虑则采用了当初他被威胁的惩罚的内容。

①阿尔贝特，即，Albert。——译者注

②我在文中加了着重号。其意义应该是不言自明的。

现在，让我们看一下报告了这一梦例的原作者自己的结论。这一梦例说明了以下事实。(1) 对于身体虚弱的男性而言，青春期的影响会导致极度的虚弱状态，在这种情况下，有时会引发严重的脑贫血。(2) 这种脑贫血会导致性格发生变化，并导致被恶魔附身的幻觉，以及夜间的甚至包括白天在内的、严重的焦虑状态。(3) 被恶魔附身的幻觉和少年的自责可以追溯到他在童年时期所受的宗教教育的影响。(4) 在长期的农村生活中，由于身体锻炼和精力的恢复，青春期一旦过去，所有症状就都消失了。(5) 我们或许可以将疾病因素对这个少年的——大脑的病态状况的原因的——影响归结于遗传，以及他的父亲过去曾感染的梅毒。

其最后结论是："我们认为，可以将这一病例归入由于身体衰弱而导致的无热性精神错乱。这是因为，我们可以观察到，病人的特殊状态源自大脑的局部贫血。"

五、原初过程和继发过程——压抑

为了更加深入地探讨梦的过程的心理学，我引入了一个超出了我自身的叙述能力的、非常困难的课题。将在极其复杂的一个整体中同时发生的事件，以前后顺序加以描述，并且，对于每一部分都必须在不涉及其前提条件的情况下加以叙述——这一任务我根本无法完成。我在讲解梦的心理学时，对我自身的观点的发展史丝毫也没有涉及，而现在我得到了报应。对我而言，我提出的各种与梦有关的观点，都是我对神经症的心理学的研究的准备工作。但是，在此，我并不打算令这些研究彼此交汇、互相参考，然而，事实上我往往又不得不这样做。不过，我采取了相反的方向，即，希望能够从与梦有关的研究中寻找到对神经症的心理学有益的观点。我清楚地知道，这样做将会给读者带来不少困难，但是，我只得如此。

由于我对这种事态并不满意，所以，我打算采用其他观点。这一观点似乎可以令我的辛劳看上去更有价值。我发现了一个命题。正如我在第一章的序论中描述的那样，围绕这一命题，学者之间有着相当大的、尖锐的分歧和矛盾。而我迄今为止已经处理了与梦有关的许多问题，使得这些分歧和矛盾中的绝大多数已经不复存在。我发现，我们所必须断然反对的，只有两种观点，即，“梦是毫无意义的现象”以及“梦是躯体的现象”。除此之外，对于所有其他那些互相矛盾的观点，我们都能够在极其复杂的各种关联中寻找到它们所应有的位置，并且，可以证明它们都或多或少地阐明了部分的真理。

“梦是我们清醒时的生活中的刺激和兴趣的继续”这一观点，已经通过被隐藏起来的梦念——即，梦的隐意——的发现而得以完全证实。所谓梦念，关注的只是我们认为重要的以及能够引起我们的强烈的兴趣的事情。梦从来不关心那些无关紧要的琐事。但是，我们同时也提出了与以上观点完全相反的观点。也就是说，梦所收集的，只是白天遗留下来的无关紧要的琐事的碎屑而已，同时，它并不会收集那些我们在白天所非常关心和感兴趣的事物——除非这些事物在某种程度上脱离了清醒时的思维活动。我们发现，同样的情况也与梦的内容相吻合——在此，所谓梦的内容是指，通过对梦念加以化装，而表现出来的另一种已经发生了改变的事物。我们已经讨论过，因为各种与联想机制有关的理由，梦的过程可以更加容易地将——清醒时的思维活动还未曾涉及的、最近的或是无关紧要的——观念性材料据为己有，而且，为了避免稽查作用，它还能够将精神的强度从那些非常重要的、会遭到稽查作用反对的事物移情，使其转移到那些毫无意义的事物上。

梦具有高超的记忆能力，并且能够利用童年时期的材料。这两种观点已经成为我们的与梦有关的理论的基础。我们的与梦有关的理论，将源自童年时期的欲望视为梦的形成的、不可或缺的原动力。在睡眠中，源自外部世界的感官刺激的意义，已经为实验所证实，并无怀疑的余地，但是，我们认为，这些材料和梦的欲望之间的关系，与它们和白天的活动所遗留下来的观念的碎屑之间的关系并无区别。我们并没有反对以下观点的必要，即，梦是按照错觉的方式来对客观的感官刺激做出判断的，但是，我们为这一判断附加了一个动机——许多学者在未曾决定这一动机为何之前，就放弃了更深入的研究。在做出判断的过程中，被感知的客体并不会妨碍睡眠，并且，它还能够被欲望的满足所利用。特朗布尔·拉德[①]证明，我们并不把睡眠中的各个感觉器官的主观的兴奋状态视为一种梦的特殊的

①特朗布尔·拉德，乔治·特朗布尔·拉德，即，George Trumbull Ladd，1842—1921年，美国哲学家，心理学家。最早将实验心理学的研究介绍到美国，并创办了耶鲁大学心理学实验室。其关注的主要领域是生理心理学。作品有《生理心理学大纲》，是美国首批发行的心理学教科书之一。——译者注

来源，但是，这一状态却可以通过在梦的背后活动着的、各种记忆在回归作用下的再现来说明。内部的器质性的刺激一般被认为是在梦的分析中较为重要的部分。但是，在我们的理论中，尽管它们确实占有一席之地，却并不是最重要的因素。我们认为，这些刺激——例如，跌落、飘浮和被禁制，等等——只要对于梦的工作而言是必要的，可以用来表现梦念，那么，它们随时都有可能出现，其准备早已完成。

梦的过程是迅速的、转瞬即逝的，如果将它视为意识对事先形成的梦的内容的知觉，我们认为是正确的。我们发现，梦的过程的开头的各个阶段，似乎进行得非常缓慢而且起伏不定。对于“将堪称过于丰富的、大量的材料凝缩在非常短暂的瞬间之内”这一梦的谜题，我们认为，这是因为梦毫无顾虑地使用了精神生活中业已形成的事物（结构）的缘故——这一观点对以上谜题的解决多少做出了一定的贡献。我们曾解释过，梦受到了记忆的歪曲，但是，我们并不认为这妨碍了我们对梦的分析。这是因为，这不过是——从梦的形成的最初阶段就开始工作的——化装作用在最后表露出的部分而已。人类的心灵在夜间是否会入睡，或者，它是否能够像清醒时那样发挥出自身的全部能力——以上问题看似不可调和，但我们认为，这两者无论是或否，都有一定的道理。同时，我们又不能对其表示全面的赞同。我们从梦念中发现了高度复杂的、理智的工作——这种工作几乎动用了人类的精神机构所持有的、全部的手段。但是，无可争辩的是，这些梦念都源自白天发生的事件。于是，我们必须假设精神生活确实会陷入睡眠状态。所以，甚至连一部分“睡眠说”也具有一定的价值。但是，我们并不认为睡眠状态的特征在于精神的联结的解体，而是认为在白天占据支配地位的精神系统的精力主要集中于睡眠的欲望之上。在我们看来，对外部世界的背离仍然具有一定的意义。尽管它并不是唯一的契机，但它仍然对梦的表现有所帮助，使其能够进行回归作用。毫无疑问，我们应该放弃对观念的自由、任意的潮流加以控制的念头。但是，精神生活并不会因此而变得漫无目的。这是因为，我们已经知道，在任意的、具有某种倾向的观念被放弃之后，从未有意识地想到的、具有某种倾向的观念就取而代之，占据了支配性的地位。我们不仅承认梦中存在着一些联系并不紧密的、联想的联结，而且还进一步地承认，这些联系并不紧密的、联想的连接所控制的范围，比我们所预想的范围要大得多。但是，我们还发现，这些联结其实不过是其他一些正确的、意味深长的联想的联结的、迫于无奈的替代物而已。当然，我们也可以认为梦是荒谬、无稽的。但是，许多梦例告诉我们，事实上，梦的荒谬性是源自其自身的、深刻的智慧。

我们不能认为，对梦而言，其被承认的各种机能之间存在矛盾。有人认为，梦就像是一个换气阀，将笼罩在精神中的空气向外排出——另外，借用罗伯特的说法的话，即，一切有害的事物都在梦中表现出来，并因此变得无害了。这种观点不仅与我们提出的“梦可以满足双重欲望”的观点相吻合，而且，对我们而言，其意义比罗伯特自身所考虑到的还要深刻。有人认为，精神可以自由地发挥自身的各种能力，并使其一直持续下去。将这一观点换成我们所习惯的说法，即，“前意识的活动可以使梦自行其是”。再如，“使精神活动在梦中回溯到胚胎之中”以及哈夫洛克·埃利斯提出的“一个充满漠然的情绪与残缺的思想的古老世界”这一说法，也与我们以下的观点不谋而合（对我们的观点而言，这些观点可称为先行者），即，白天受到压抑的、原始的工作方式参与了到梦的形成之中。我们完全赞同苏利的观点。他认为：“梦再度唤醒了我们的古老的、顺序发展的人格，再度唤醒了我们的古老的、‘看待世界的方法’、再度唤醒了在遥远的过去支配着我们的冲动和条件反射。”而德拉热[1]和我们的观点也是相同的，他认为，“被压抑的事物”就是“做梦的原动力”。

施尔纳将某些功能归结于“梦的幻想”，并提出了各种相关的解释，对此我们全盘接受。但是，我们不得不在梦的问题的内部为他的观点指定其所占位置。问题在于，并不是梦创造出幻想，而是潜意识的幻想的活动梦念的形成做出了极大的贡献。我们必须感谢施尔纳指出了梦念的来源，但是，他归结于梦的工作的一切事物，事实上都应该视为白天的潜意识的活动的产物。正是这种活动对梦加以刺激，与此相同，它也对神经症的症状加以刺激。我们必须将梦的工作看成是某种全部不同的、要受到许多制约的事物，将其与这种活动彻底区分开来。

①德拉热，即，Delage。——译者注

最后，我们并不打算否定梦和精神的各种潮流之间的关系，相反，是在一个更牢固的、无可动摇的、全新的基础上将其重建起来。

也就是说，由于我们的梦的理论具有全新的特色和高度的统一性，所以，我们构建的理论的大厦能够将那些来自许多学者的、繁复多样的、彼此间存在着天壤之别的观点兼收并蓄，并对其中许多观点赋予新的意义，只有极少数观点是我们所不取的。然而，我们的理论仍然不够完善。即使将我们在探索心理学的黑暗王国时遭遇的许多模糊不清的问题暂且搁置，也仍然有一个新的矛盾令我们百思不得其解。一方面，我们假设梦念完全来自正常的心理活动；另一方面，我们却在许多梦念中发现了一系列来自梦念并涉及梦的内容的、异常的思想过程。而且，这些异常的思想过程在我们对梦进行分析的过程中会反复重现。我们所描述的、与“梦的工作”有关的一切事物似乎远远偏离了我们所认知的、正确的思想过程，以致一部分学者提出的辛辣的论断——即，所谓“做梦”不过是一种低级的精神功能——在我们看来也有一定的道理。

也许只有更进一步的研究才能帮助我们解决这一困难。接下来，我将举出导致梦的形成的各种情况中的一种，加以分析。

我们已经知道，梦源自我们的清醒时的生活，并代理了许多完全符合逻辑的思想。但是，我们并不能怀疑这些思想是否源自我们的正常的精神生活。我们认为，自身的思想过程是有价值的，而且，正是出于这一原因，这些思想过程才是高度复杂的成就，而这些成就的全部特征，都可以在梦念中再度出现。但是，我们并不能假设，这种思维活动是在睡眠中完成的（如果我们这样假设，就一定会使迄今为止我们所建立的、关于精神的睡眠状态的观点发生严重的混淆）。相反，这些思想无疑是在白天发生的。它们的进程从一开始就没有被我们的意识察觉到，并一直持续存在，最后，在我们刚刚入睡时得以完成。由此，我最多只能得出以下结论，即，它证明了最复杂的思维活动也可能在不借助意识的前提下完成。我们在对癔症患者或具有强迫观念的病人进行精神分析时总会发现类似的事实。这些梦念本身似乎确实无法进入意识。它们之所以在整个白天都没有被意识到，应该是有原因的。“意识化（被意识到）”与某种特定的精神机能或注意力的倾向是有关联的。这种注意力似乎只在具有特定数量时才能发挥作用，而且，这种特定的数量也有可能由于其他目标而从当前的思维活动偏离到别处。在另一种情况下，这种思维活动也不能进入意识。我们知道，通过意识的反省，我们可以遵循一条特定的途径消费自身的注意力。如果我们在这一途径中遭遇了某种令我们不能接受的观念，这一途径就中断了，而我们也会停止对“注意”这一行为提供能量。被启动而又被中止了的思维活动，即使不再将注意力引向自身（只要这种思维活动没有在某个特定的点上达到相当高的强度，就不会再被注意到），似乎也会一直持续下去。因此，某些并不正确的或是对于思维活动无法起到积极作用的判断，最初或许会被有意识地排除在外，但这一思想过程却仍会持续下去，直到进入睡眠时为止，并且，它始终不会被意识察觉。

在此，扼要总结如下：我们将把这种思维活动称为“前意识”，并认为它是完全符合逻辑的。而且，这种思维活动完全有可能被忽视，同样，也完全有可能被中断或是受到压抑。现在，我们再将我们是通过怎样的方法具体推断出其观念过程的，进行清楚的叙述。我们认为，从某个具有某种倾向的观念中，某种特定数量的兴奋（这种兴奋被我们称之为“倾注的能量（即，cathectic energy）”）就会沿着——被这一具有某种倾向的观念所选择出的——联想的途径开始移动。而“被忽略”的思维活动并没有接受这种能量的倾注。另外，这种倾注的能量会从“受压抑”的思维活动或“被抛弃”的思维活动中再次撤离。所以，这两种思维活动就必须依赖其自身的兴奋了。在某些条件下，为了某种目的而接受了能量倾注的思维活动，能够将意识的注意力吸引到自身。在这种情况下，通过意识的媒介，它就会处于一种“能量过剩”的满足状态。接下来，我们必须对这些与意识的性质和机能有关的假设做出说明。

就像这样，在前意识中的、受到了刺激的思维活动，既有可能自行消失，也有可能一直持续存在。对于前者，我们是这样认为的，即，它的能量向与其有关的、所有联想朝向的方向释放，将整个思想的网络置于某种兴奋状态之下。这种兴奋状态会持续一段时间，但是，不久后，一直追求释放的兴奋就会转变而为静止不动的能量倾注的状态，然后逐渐消散。如果伴随发生的是第一种情况，那么，这一过程对于梦的形成而言，就没有任何意义。但是，在我们的前意识中，仍然盘踞着某种其他的、具有某种倾向的观念，这种观念源自潜意识以及那些总是活跃着的欲望。这些具有某种倾向的观念，可以将自身所属的思想群落中的某种兴奋据为己有，并在这一思想群落与潜意识的欲望之间建立一种联系，将属于潜意识的欲望的能量“转移”到这一思想群落之中。从这时开始，被忽视或被压抑的思维活动就能够维持自身的存在了——虽然，它所接受的强化还不足以使它进入到意识之中。我们可以这样说，迄今为止属于前意识的思维活动，现在已经被引入到潜意识之中了。

在导致梦的形成的各种情况中，或许还有以下这种情况：前意识的思维活动从一开始就与潜意识的欲望结合在一起。但是，占据支配地位的、具有某种倾向的能量倾注却对其表示抗拒。或者，一个潜意识的欲望出于其他理由（例如，身体上的理由）而变得活跃起来，尽管并没有受到积极的支持，却开始寻求移情，即，转移到并未从前意识中接受能量倾注的、精神的遗留物上去。以上三种情况最后会被某一现象所综合，这种现象即是：某种思维活动在潜意识中得以成立。而且，虽然这种思维活动并没有得到前意识的能量的倾注，但却从潜意识中获得了能量的倾注。

从此以后，思想系列就会发生一系列变化。我们很难将这些变化视为正常的精神现象。而且，令我们感到惊讶不已的是，这些变化还会创造出一种精神病理学上的结构。接下来，我会将这些变化逐一列举出来。

（1）个别观念所具有的强度能够原封不动地全部释放出来，从一个观念转移到另一个观念，其结果是，某些观念被赋予了相当大的强度。如果这一过程反复进行，那么，整个思想系列的强度最后就有可能集中于一个单独的观念元素。这就是我们已经掌握了的、梦的工作中的“凝缩作用”。我们之所以会对梦的内容感到不可思议，就是出于凝缩作用的缘故。这是因为，在我们的正常的精神生活和能够接触到意识的精神生活中，并不存在与凝缩作用类似的事物。我们确实具有某些观念，它们作为整个思想联锁的结点或是最终的成果，具有高度的精神意义，但是，对于内部的知觉而言，它们的价值却绝不可能通过某种显著的特征而表现出来。因此，在内部知觉中表现出来的事物无论采取任何方法都不可能变得更加强烈。另一方面，在凝缩作用的过程中，一切精神的相互联系都会置换为观念内容的强度。这种情况就像是我在某本书中，为加强对于内容的理解，而为某些具有相当意义的文字加上着重号，或是将其以粗体字印刷出来。如果是在演讲中，我就会将这些字句以更高的声音说出，并且语气也会相对缓慢而且有力。第一个比喻使我立即想到了梦的工作所提供的一个例子（即，“爱玛打针的梦”中的“三甲胺”）。艺术史家们使我们注意到这样的事实，即，人类历史上最古老的雕塑会通过人物的大小来表现其地位的高低。国王往往比他的家臣或战败的敌人大上两到三倍。而罗马时代的雕塑则利用了更巧妙的方法来达到同样的目的，即，皇帝的雕塑位于中央，高高站立，并且被雕刻得尤其精致，而敌人则被置于皇帝的脚下——但是，在这一时代，已经不再刻意地将皇帝雕为巨人并将敌人雕为侏儒了。现在，在我们所处的社会中，下级会对上级鞠躬，这未尝不是这种古代的描写原理的投影。

梦的凝缩作用所进行的方向，一方面是由梦念的、理性的、前意识的关系决定的；另一方面，则是由潜意识中的、视觉记忆的吸引力决定的。凝缩作用的结果就是产生某种强度，而这种强度足以开辟出一条途径进入知觉系统。

（2）进一步说，由于精神的强度能够自由转移，所以，出于凝缩作用的要求，形成了所谓的“妥协的产物”，即，“中间观念”（参见我所举的许多这一类的例子），这也是在正常的观念过程中从未出现过的事物。所以，问题在于，特定的“正确的”观念元素的选择和保留。与此相反，当我们试图以言语来表达前意识的思想时，往往就会出现复合结构和妥协的结构。这就是所谓的“口误”。

（3）那些将各自的强度互相转移的观念，彼此之间的关系也非常松懈，而将他们连接在一起的联想，是我们的思维所不屑一顾的，只有在开玩笑的时候才会加以利用。特别是同音异义的联想和双关语的联想，是其他的各种联想关系具有同等价值的事物。

（4）还有一些彼此矛盾的思想，但它们之间并不互相排斥，反而并行不悖。它们往往互相靠近并创造出某种凝缩作用的产物——就像它们之间根本没有矛盾似的。或者，它们会达成一种妥协——这种妥协是我们的思维绝不允许的，但是，我们的行为却往往会接受。

这就是在梦的工作的过程中的、一些最显著的异常过程，这种过程是附加在事先已经形成的、具有合理性的梦念上的。我们承认，这样的过程的主要特征中最重要的一点，是将倾注的能量变得灵活起来，使其能够对外释放。至于接受了这些能量的倾注的、各种精神元素的内容和其原本的意义，则无关紧要。但是，我们也可以这样假设，即，凝缩作用和妥协的形成，只是为了对回归作用做出贡献而已。也就是说，问题在于，将观念和思想转变为形象。但是，例如，“autodidasker——与N教授的对话”的梦，对于某些缺乏对形象的回归的梦的分析——或者说得更加清楚一些，即，综合——和其他的梦一样，表现出了相同的移置作用和凝作用的过程。

因此，我们不得不承认以下观点的正确性，即，梦的形成涉及两种在本质上完全不同的精神过程。第一种过程产生的是与正常的思维具有同等价值的、完全符合逻辑的梦念，而另一种过程则以不可思议的、完全不符合逻辑的方法对这些梦念加以处理。我们已经在第六章中指出，这第二种精神过程就是梦的工作本身。那么，这种精神过程的来源究竟是什么呢?

如果我们没有深入研究过神经症特别是癔症的心理学，那么，就无法得出这一问题的答案。但是，我们已经从神经症的心理学的研究中学到了以下知识，即，导致癔症的各种症状的形成的，就是这种完全不符合逻辑的心理过程——以及我们还未曾列举过的某些过程。我们在癔症中也曾发现过一系列的、完全合理的思想，这些思想与我们的有意识的思想具有同等价值。但是，关于这些思想的存在，我们几乎是一无所知的，只有后来试着对其进行重建，才能有所了解。如果这些思想在某些方面引起了我们的注意，那么，我们就可以对现有的症状进行分析，然后才会发现，这些正常的思想事实上已经接受了异常的处理，并且因为凝缩作用和妥协的结构，它们沿着表面上存在的各种联想，一边隐藏矛盾，一边进入到症状之中——有时，它们是沿着回归作用的途径，进入到症状之中的。因为梦的工作的各种特征与能够归结于神经症的症状的精神活动是完全一致的，所以，我们认为，可以将我们研究癔症时所得出的结论直接应用于梦。

我们从癔症的理论中借来了以下命题，即，对某种正常的思想系列所做出的异常的精神加工，只有处于以下情况时，才会出现——这种情况即是，某种源自童年时期的事物的并处于压抑状态下的、潜意识的欲望，出于移情的目的，而被使用的情况。根据这一论点，我们基于以下假设，建立了梦的理论。也就是说，我们认为，作为原动力的梦的欲望，总是源自潜意识。就像我们自身所承认的那样，这一假设并未被证明普遍有效，但是，也并没有被否定。但是，为了说明所谓“压抑”（我们已经多次使用过“压抑”这一字眼）的意义，我们必须更加深入地探讨一下我们的心理学架构。

我们已经试着详细地描绘了关于原始的精神机构的设想的示意图。这种原始的精神机构的工作，是通过尽量避免兴奋的积累以及尽最大可能地保持自身的并不兴奋的状态，来进行调节的。因此，它是遵循着反射机构的图纸而构建起来的。运动力，即，首先能够实现身体内部的变化的途径，就是这种精神可以自由使用的、释放兴奋的途径。之后，我们还探讨了某种“满足体验”在精神上的结果，为了能够再次重复这种满足的体验，我们提出了第二个假设。在此需要解释的是，这第二个假设也可以参与到我们的理论中，而且，我们所提到的满足体验，指的是我们感到愉快——这是通过兴奋的减弱造成的。而兴奋的积累则会——通过某种被我们忽视的方法——使我们感到痛苦。在精神机构中，从痛苦出发、力图获得愉快的感受这一潮流，就被我们称为“欲望”。我们说过，只有欲望才能够使精神机构动作起来，而且，其中的兴奋的过程是由愉快和痛苦的知觉自动调节的。人类最初的欲望一定是对满足的记忆的一种幻觉式的能量倾注。但是，如果这种幻觉不能一直持续到能量消耗殆尽的地步，那么，就能够证明它并没有——对需要的停止，以及因此而招致的、与满足结合在一起的愉快——做出贡献。

所以，我们有必要提出第二种活动——即，第二系统的活动。这种活动不允许记忆的能量倾注进入到知觉之中并在那里束缚精神的各种力量；相反，它将来自需要的刺激的兴奋，导向一条迂回的途径。这一迂回的途径最终通过自主的运动力，对外部世界做出改变，也就是说，它能够将再现满足的对象的、真正的知觉。我们已经在某种程度上将精神机构的示意图描绘出来了。我们分别命名了“潜意识”与“前意识”这两个系统，它们是组装到充分完成了的精神这一机构中的某种萌芽。

为了能够通过运动力而按照我们所需要的方式改造外部世界，就必须在各个记忆系统内累积大量的经验，并且根据各种具有某种倾向的观念的表象，而使这些记忆材料中能够产生的各种关系固定下来。现在，我们可以将我们的假设向前推进一步了。第二系统的——具有探索性质的、能量的倾注不断交替的——活动一方面必须能够自由地支配所有的记忆材料；另一方面，如果它的活动为各个不同的思想途径输送了大量的能量并且这些能量被不必要地浪费掉了，那么，其结果就是减少了改造外部世界所需的能量。所以，为了对其合理的目的性表示尊重，我做出这样的设想，即，第二系统成功地使大部分倾注的能量保持着一种未使用的状态，只将其中的一小部分能量用于移置作用。我对这一过程的机制完全不了解。凡是打算认真地采纳并应用这一观点的人，都必须去寻找一种在物理学上的类比物，并为神经兴奋的运动过程的研究开辟出清晰的道路。我只是打算坚持以下观点，即，第一个φ系统的活动的目的在于，兴奋在数量上的自由释放；第二个系统则借助于自身的能量的倾注，对这种释放加以阻碍，并且，它一边提高自身的能量水平，一边使其转变为静止的能量。所以，我做出了这样的假设，即，在第二系统的支配下的、兴奋的释放过程，与在第一系统的支配下的、兴奋的释放过程，分别与各种完全不同的、机械的事物互相连接。当第二系统完成了自身的探索性的思维活动，就会解除它对各种兴奋的阻碍和抑制，使其向运动力的方向释放。

如果我们着眼于第二系统对兴奋的释放所施加的阻碍以及根据痛苦的原则而产生的各种调节、控制的关系，那么，不免会联想到一系列意味深长的观点。与满足的体验进行对比的，是外在的恐惧的体验。让我们假设，某种知觉刺激，作为唤起痛苦的来源，而对原始的精神机构发挥作用。于是，就会产生多种长时间的、不协调的运动表现，而且，这些运动表现中的一种会使这一精神机构摆脱知觉——也就是说，摆脱痛苦。如果知觉再次出现，那么，这种运动也会立即重新发生并反复，直到知觉再次消失为止（例如逃避的运动就是如此）。但是，在这种情况下，对于痛苦的来源的知觉而言，并不会出现以下倾向，即，以幻觉的方式（或是其他方式）对其进行能量的倾注的倾向。相反地，在精神的原始的机构中会产生另一种倾向，即，立即（将其以某种方式唤起时）再次舍弃这种痛苦的、记忆中的情景的倾向。这是因为，否则的话，这种兴奋就会进入知觉，并溢出，然后唤起（确切地说，是“开始唤起”）痛苦。对记忆的反叛——对以前逃离知觉的行为的再现，因为以下的原因而变得容易起来，即，记忆与知觉不同，知觉可以使意识变得兴奋并因此具有能够进行新的能量倾注的工作的性质，但是，记忆却做不到这一点。那曾经一度是我们感痛苦的任何记忆的精神过程所引起的这种轻易而有规律的回避，对过去的、令人感到痛苦的事物的记忆中的、精神过程所施加的反叛，是一直轻易进行和恒常进行着的，而且，它为我们提供了精神压抑的范例和最初的原型。众所周知，对于痛苦的回避，即，这种反叛和逃避——也就是说，鸵鸟的战术——是非常常见的，即使在成人的正常的精神生活中也鲜明地保留了下来。

也就是说，根据这种痛苦的原则，第一φ系统原本并不能将任何令人痛苦的事物引入到思想的背景之中。它除了“欲望”之外，无法做出任何行动。如果情况保持不变，那么，能够自由驱使在经验中沉淀下来的各种记忆的第二系统的思想活动，就一定会受到阻碍。于是，在此出现了两种可能性。第一种可能性是，第二系统的活动使自身完全独立于痛苦的原则，开始自行其是，同时，完全不顾及记忆中的痛苦；另一种可能性则是，找到某种方法，能够对痛苦记忆倾注能量，使其避开痛苦的感觉的产生。我们能够排除第一种可能性。这是因为，痛苦的原则也能够对第二系统的兴奋的过程做出调节。这样一来，我们就不得不去依赖第二种可能性了。也就是说，我们不得不去依赖对某种记忆进行能量的倾注的第二种可能性了，而这与被记忆所阻碍的——因为痛苦的感觉得以发展而导致的，能够与运动的神经支配进行比较的——痛苦的释放，是非常相似的。所以，我们是从两个出发点——即，对痛苦的原则的顾虑，以及神经分布的最小消耗的原则——出发，接近了以下假设，即，根据第二系统的能量的倾注，同时也意味着对兴奋的释放的阻碍。但是，我们有必要牢记以下观点，即，只有当某一观念成功地压抑（阻碍）了自身带来的痛苦的发展时，第二系统才能对它施加能量的倾注——这是压抑理论的关键。而能够免于受到这种压抑的观念，对于第二系统而言，是再也无法接近的，根据痛苦的原则，它很快就会被抛弃。然而，对于痛苦的阻碍并不需要贯彻到底。对于痛苦的出现，应该采取睁一只眼闭一只眼的态度。这是因为，它为第二系统展示了以下情况，即，对于记忆的性质和思考所追求的目标而言，记忆本身其实并无太大用处。

我要将第一系统单独承认的精神过程称为“原初的过程”，并将在第二系统的抑制下产生的过程称为“继发的过程”。我还能进一步指出另一理由，以说明第二系统出于怎样的目的而不得不对原初的过程进行修正。原初的过程通过积累兴奋的总量，而试图释放兴奋并以此建立一种“知觉同一性”。然而，继发的过程却已经放弃了这一意图，而代之以另一种意图——它试图建立一种“思想同一性”。一切思维都不过是一种——由作为具有某种倾向的观念的、满足的记忆，向同一记忆进行能量的倾注的——循环的途径而已，而这种能量的倾注，是在运动的经验的途径中所必须获得的。思维必须考虑到自身与各种观念之间的联结的通路，同时，它还必须不被那些观念自身的强度引入歧途。但是，非常明显，各种观念、中间结构以及妥协的结构等的凝缩作用，对这种同一性的目标的达成有所阻碍。而且，以及中间的和妥协的结构，必定也妨碍着达到其所针对的同一性；这是因为，凝缩作用会使一个观念代替另一个观念，所以，也会偏离由前一个观念向前延伸而形成的途径。所以，这一类过程在继发性思维中是要慎重避免的。我们不难看出，一般而言，痛苦的原则会为思想过程提供一些最为重要的线索，但是，现在它却为思想过程追求“思想同一性”的道路设置了障碍。因此，思维必须要将自身从痛苦的原则的专横的统治中逐步解放出来，并将思想活动中的感情的发展降低到最低程度——也就是说，仅仅作为一个信号而起作用的程度。只有借助于这种意识所实现的、全新的、过剩的能量的倾注，才能够达到这样的高度精细化的成就。但是，我们知道，这种工作的精细化，即使是在正常人的精神生活中，也很少能够完成得尽善尽美，而我们的思维却总是由于痛苦的原则的干预而发生错误。

然而，我们并不能将——其本身作为继发性思想活动的成果的思想（观念），变得屈从于原初的精神过程——这一情况，视为精神机构的机能的缺陷。我们可以根据这一观点，对产生梦和癔症的症状的工作加以描述。这种不够完美的情况，是因为我们人类的发展史中包含的两个因素彼此交汇而产生的。其中之一，是完全归属于我们的精神的事物，对两个系统之间的关系具有决定性的影响；另一个因素的活动力却并不固定，可以将具有器质性的来源的原动力导入到精神生活之中。这两个因素都起源于人类的童年时期，是我们的精神和躯体的有机体自幼儿期以来所体验到的、所有变化的沉淀物。

我们将精神机构中的某种精神过程命名为“原初的过程”，而我在命名时所考虑的，不仅包括相对的重要性和效率，还试图通过这一命名同时表明其时间上的关系。就我们所知，仅只具有原初的过程的精神机构根本就不存在，而且，就这一意义而言，这样的精神机构不过是一种理论上的虚构而已。但是，与继发的过程是在人类生活的历史上逐渐发展而来的相对，原初的过程确实是首先出现在人类的精神机构中的。而且，继发的过程可以抑制和掩盖原初的过程，而且，到了壮年时期，它甚至能够完全居于支配地位。正是因为继发的过程的这种姗姗来迟的登场，由潜意识的欲望的冲动构成的、我们的生命在本质上的核心，才会将自身的作用限制于为源自潜意识的欲望的冲动指出最合理的道路这一点，并且，对于前意识而言，这是难以把握和难以阻碍的。这些潜意识的欲望对精神的各种努力施加了强制的压力，而这些精神的努力则不得不屈服于这种压力。但是，精神仍然能够做出努力，使这种压力发生偏转，或是使它指向更高的目标。另外，因为前意识的能量的倾注在这种情况下被延迟了，所以对于我们而言，大部分记忆材料都变得难以接近了。

在源自童年时期的、既难以摧毁也难以阻碍的、这些欲望的冲动中，也包含着对于满足于继发性思维的、一些具有某种倾向的观念而言——具有矛盾的关系的——欲望的冲动。这种欲望的满足并不会唤起愉快的感情，它所唤起的，是痛苦的感情。正是这种感情的转变，才构成了我们所说的“压抑”的本质。压抑的问题在于，这种转变是通过怎样的途径和怎样的原动力才能够产生呢？在此，对于这一问题我们只稍作接触即可。也就是说，我们只需了解到，这种感情的转变确实出现于发展过程之中（我们只需试着想到在儿童的生活中最早出现的、强烈的厌恶的感情即可），以及这种感情的转变与继发的系统的活动之间有一定的关联。能够从潜意识的欲望中唤起感情的释放的各种记忆，是永远无法接近前意识的。所以，它也无法阻止这些感情的释放。正是因为这种感情的发展，现在才无法从——接受了这些观念自身的欲望的力量的“移情”的——前意识的思想接近这些观念。或者，倒不如说是痛苦的原则开始运作，使得前意识远离了这些移情的思想，而这些移情的思想就被抛弃了、被“压抑”了。这样一来，原本从一开始就被前意识所阻碍的、童年时期的记忆的材料，就成了压抑的前提条件。

在最顺利的情况下，只要从前意识中的移情的思想中去除能量的倾注，痛苦的感觉的发展就会停止。这证明，痛苦的原则的干预确实具有某种有益的目的。但是，当被压抑的潜意识的欲望接受了某种器质性的强化，并且将其传导给自身的移情的思想，其结果导致，即使这些移情思想失去了来自前意识的能量的倾注，潜意识的欲望也能够通过尝试以这种兴奋的释放，而将移情的思想置于某种状态之下，那么，情况就变得不同了。在这种情况下，前意识就会强化自身对被压抑的各种思想的对立（即，一种反方向的能量倾注），通过这一方法，打响了防御性的战争，而其结果是，作为潜意识的欲望的工具的、移情的思想，通过由症状产生的某种妥协的形式，而冲出重围。自从这一时刻起，被压抑的思想被潜意识的欲望大大倾注了能量，同时，又被前意识放弃了能量的倾注，而那些被压抑的思想就不得不屈从于原初的精神过程。它们的目的是，寻求运动的释放，而如果途径畅通无阻，那么，它们就会去寻求欲望所需要的、知觉同一性的、幻觉式的活泼化。我们从经验中发现，我们在前文中描述的那些非理性的过程，只能源自某种被压抑的思想。现在，我们可以对这种关联展开进一步的探讨了。这些非理性的过程就是精神机构中的、原初的过程。如果观念被前意识取消了能量的倾注、被其放任、将其流放，并且能够从毫无限制的潜意识中取得能量，那么，在这种情况下，就会出现非理性的过程。其他一些观察也支持这样的观点，即，这些被描述为非理性的过程，事实上，并不是正常过程的歪曲——也就是说，思考的错误——而是从某种压抑下解放出来的、精神机构的活动方式。因此，我们发现，从前意识的兴奋向运动力的转移，也受同样的过程所支配，而与前意识的观念在语言上的结合，一般而言，也很容易——与应该归结为同一种转移的事物——产生混淆。最后，当这些原初的过程受到了抑制时，以下事实可以证明活动的增加是必要的。也就是说，如果我们允许思维的这些过程进入意识，那么，我们就会发现一种滑稽的效果，并通过笑声而释放出过剩的能量。

精神神经症的理论断然主张：在幼儿期的发展的各个阶段，受到了压抑（感情的变化），并且，在后来的发展的各个阶段中，无论是因为本质上的、与性有关的素质，还是因为所受到的性生活上的各种不利的影响，都会具有某种再现的能力，从而成为所有的精神神经症的症状的形成的原动力——而这种原动力，只是源自童年时期的与性有关的欲望的冲动。只有导入这些与性有关的力量，我们才能弥补压抑理论中仍然明显存在的缺陷。至于这些性的以及幼稚的事物，是否对梦的理论也提出了同样的要求，在此我暂且将其搁置，保持梦的理论的未完成的状态。这是因为，我已经通过"梦的欲望必定源自潜意识"这一假设，向能够进行验证的事物的范畴之外踏出了一步的缘故①。我也并不打算继续深究在梦的形成与癔症的症状

①与其他各处的情况相同，在此，我也在这一论题的探讨中留下了一些空隙，这是我刻意所为。这是因为，要将这些空隙填补干净，一方面需要付出极大的努力，在另一方面，则必须引用一些与梦毫无关系的材料。例如，我从来不曾试图清楚地说明"受抑制（德文即，unterdrückt）"和"受压抑（德文即，verdrängt）"这两个词汇之间的区别，但是，很明显，就对潜意识的附属性的强调而言，"压抑"要比"抑制"的强度更高。另外，我也没有提及，当梦念放弃了在通向意识的道路上继续前进而下定决心选择了回归作用的途径时，为什么梦念仍然会心甘情愿地接受由于稽查作用而产生的歪曲。当然，还有许多未曾探讨就匆匆结束的命题。而对我而言最重要的，是关于梦的工作的详细分析所引导出的各种问题，这些问题唤醒了某种印象，而对在分析的过程中所遭遇的其他一些问题提供了暗示。我往往很难决定我的探讨究竟应该在何处中断。——我之所以避免了对明显包含着与性有关的内容的梦的分析，并且，也未曾对与梦有关的性的观念生活的作用展开更加详尽的探讨，事实上是出于一些与读者所预料到的理由有些差异的特殊原因。将性生活视为一种与临床医生和学者好关系的、猥亵的事的看法，无论是出于精神病理学的观点，还是出于我个人的观点，都是绝对难以接受的。而且，以弗所的阿尔特米多鲁斯的著作《详梦》的译者，在翻译时，将原书中记述的与性有关的梦的一章彻底删去，不愿让读者读到，我认为译者的这种道德上的义愤是非常可笑的。对我而言，其决定性的原因是，在分析与性有关的梦时，将会深入到性别倒错等未解决的问题中去，以致难以收拾。所以，我决定将这些材料留待将来再作讨论。

的形成之间，精神的各种力量的活动中存在怎样的差异。这是因为我们对于互相对比的两个因素中的一方，还缺乏充分的正确了解。但是，我认为还有另外一点也很重要。我必须承认，正是因为这一点，我才会在此展开关于两个精神系统、它们的活动方式，以及压抑等的探讨。问题并不在于我是否对现在我们所探讨的、心理学上的各种关系已经形成了相对正确的意见，也不在于我是否对这个非常复杂的问题采取了歪曲的、充满偏颇的捕捉方法。无论我们对于精神的稽查作用以及对表现异常的梦的内容所做的加工做出了怎样的解释、这一解释发生了多少变化，这些过程都在梦的形成中发挥了作用。它们在本质上与我们观察到的癔症的症状的形成的过程是非常相似的，这一点是不可否认的事实。然而，梦并不是病态的现象。梦并不是以精神的平衡的异常为前提的。梦也不会令工作的能力变得弱化。有人认为，从我自身的梦和我的病人的梦出发，是不可能推断出健康的人所做的梦的意义的，而我认为这种反对意见甚至不值一驳。所以，如果我们试图从这些现象中推断出这些现象的原动力，那么，我们就会认识到以下事实，即，神经症所利用的精神机制，并不是对人类的精神生活造成干扰的病态的妨害所初次创造出来的，它一直存在于精神机构的正常结构中。精神的两个系统、从一个系统向另一个系统转移时所遭遇的稽查作用、一种活动对另一种活动的抑制和隐蔽、二者与意识之间的各种关系，等等——当这些关系被正确地解释清楚时，代之而出现的任何事物——所有这一切事物都属于我们的精神机构的正常结构的一部分。而且，梦向我们指出了一条通向了解它的结构的途径。如果我们对于确定已经建立起来的认识，只要在最小限度上有所增加，就能够满足的话，那么，我们可以说，梦已经向我们证明了:“受到抑制的材料在正常人的心灵中也同样存在着，而且能够使其精神的机能持续存在。”梦本身就是这种受到抑制的材料中的一种。从理论上说，梦在所有的情况下都是如此；而出于明确的经验，可以说，至少在大多数的梦中都可以观察到，梦的工作的最显著的特征也是这样的。在清醒生活中，精神中的被抑制的事物——即，由于各种矛盾的抵消、其表现受到了妨碍、在内部的知觉中被切断的事物——到了夜幕降临，在妥协的结构的支配下，就能够发现侵入到意识之中的方案和途径。

若无法震撼上苍神灵，
亦将搅动地狱。

西班牙文即，

Flectere si nequeo Superos,
Acheronta movebo.

梦的解释是通向理解人类的精神生活中的潜意识活动的坦途大道。

通过对梦的分析，可以使我们对这一极其奇异而神秘的精神机构获得进一步的理解。当然，这不过只是迈出一小步而已，但却是一个开端。我们可以由此从其他的——可以被称为“病态”的事物开始，进一步深入这一机构的内部。这是因为疾病——至少是那些被正确称为“机能性”的疾病——并不以导致这一机构的解体或这一机构的内部的新的分裂为前提。疾病可以通过动力学的方式做出解释，即，在力的相互作用中，有些成分增强了，有些成分削弱了，以致许多作用在机能正常的情况下被隐藏起来了。我希望能够通过其他机会证明，这一精神机构是怎样由两种动因复合而成的——在正常情况下，仅由一种动因是无法构成如此精密的结构的①。

六、潜意识与意识——现实

如果进行更加详尽的探讨，我们就会发现，在前文的几个章节中的、关于心理学的讨论会使我们做出以下假设，即，靠近精神机构的运动端的，并不是两个系统，而是兴奋的两种过程，或两种释放方式。这或许是无关紧要的。因为，只要我们认为，能够用某种更加接近未知的现实的事实作为代替，我们就必须做出准备，以便可以随时舍弃迄今为止所知的辅助观

①梦并不是我们在心理学中发现的、精神病理学的基础的唯一现象。我在《精神病学·神经病学月刊杂志》中发表的一系列尚未完结的论文（《关于遗忘的精神机制》，1898年；《关于被隐藏的记忆》，1899年）中，已经试图对许多日常生活中的精神现象进行解释，以作为同一种认识的有力证据。这些论文与遗忘、口误、笨拙的动作等一些问题有关，现在均收录于《日常生活的精神病理学》（1904年，第十一版于1929年。全集第四卷）一书中。

点。所以，让我们试着来修正一些有可能会被人误解的观点，对其赋予更加正确的形式。我们曾经把这两个系统轻率地视为精神机构中的两个场所，例如，“压抑（德文即，verdr ngen）”和“强行进入（即，durchdringen）”这两个概念，在表述时就带有上述错误的痕迹。我们可以说，一个潜意识的思想在力求进入前意识后，才能强行进入到意识之中。我们并不是说在一个新的场所形成了第二个思想。这就像一个复本能够与原本并存一样，而强行进入意识这个概念，也不能与有位置变化的概念混淆。其次，我们可以说，一个前意识思想受到压抑或被排除然后，被潜意识取代了。这些情景都源自互相争夺地盘的观念，其措辞很容易变成以下的情况，即，“事实上，在精神中的某个场所中，一种配置的状态发生了改变，被另一个场所的新的配置状态所取代了”。我们可以用看似更加符合实际的情况来代替这种措辞。也就是说，“某个特殊的精神结构具有某种能量的倾注，时而增加，时而减少，其结果是，精神结构可以受到某种特殊动因的控制，或者，从它的控制下逃脱”。在此，我们仍然是将场所的表现方法置换为动力学的表现方法。对我们而言，所谓灵活性并不是指精神的结构本身，而是指它的神经分布[①]。

尽管如此，我仍然认为继续将两个系统加以形象化，并做出比喻，是非常方便和合理的。当然，我们可以尽量避免滥用这种表现方法，并不将观念、思想和精神结构视为位于神经

①这一观点在我们认识到与语言表达的残余之间有所联系的事物具有前意识的观念的本质特征后，就有所变化，即，变得更加严密了（《潜意识》，1915年，全集第十卷）。

系统的某些器质性元素中，而认为是在它们之间，通过抗拒和促进，提供了相应的关联。我们内部的知觉的所有的对象都是虚像的，这就像光线穿过望远镜时产生的影像一样。但是，我们认为，假设系统的存在——这些系统本身并不是任何精神实体，而且，绝不会为我们的精神的知觉觉察到——也是合理的。它们就像望远镜的投射影像的透镜。如果我们继续进行这种类比，我们可以将两个系统之间的稽查作用比作一道光线经过一种新的介质而产生的折射。

迄今为止，我们探讨的只是自己的心理学。现在已经到了考察支配现代心理学的某些理论观点的时候了，并且，还要讨论它们与我们的假设之间的关系。按照利普斯所断言的，与其说潜意识的问题是心理学内部的问题，倒不如说它是一个心理学自身的问题[1]。只要心理学在讨论这个问题时，仅在语言上做出以下说明，即，“精神的事物正是意识的事物”，“所谓潜意识的精神过程很明显是自相矛盾的”，那么，医生对于变态心理状态的观察就一定无法对心理学做出任何贡献。只有当医生和哲学家都认识到“潜意识的精神过程”这个词语是“对一个确凿的事实的适当而合理的表达”时，他们才能够并肩前行，彼此提携。医生只是耸耸肩膀，拒绝相信“意识是精神不可或缺的特征”——如果他对哲学家抱有相当的尊敬，那么，他一定会认为，哲学家们是绝对不会研究同样的对象、对同一门学问进

①《心理学中的潜意识的概念》，1897 年，在慕尼黑召开的第三次国际心理学会上的讲演。

行探讨的。因为对一个神经症患者的心理生活的观察，哪怕只有稍许理解，或者对一个梦只是稍加分析，他就一定会相信，那些无疑可以称之为精神过程的、极其复杂而且合理的思想过程，完全可以在没有引起意识注意的情况下发生。医生确实只有在那能够进行交流或观察的潜意识对意识产生某种影响之后，才能认识到这些潜意识的过程。但是这种意识的影响可以表现出一种与潜意识的过程大不相同的精神性质，以致内部的知觉分辨不出它就是潜意识的过程的一种精神产物。后者不仅本身没有变成意识，甚至，它的出现和操作都不会被意识察觉到。

我们绝不能过高地估计意识的特性，只有这样才能够对精神的本源形成正确的看法。利普斯认为，必须设想潜意识是精神生活的普遍基础。潜意识是一个大的范围，其中包括着较小的意识。任何有意识的事物都具有一个潜意识的初级阶段，潜意识可以停留在那个阶段，但是，必须认为它具备精神过程的全部价值。潜意识是真正的精神现实，我们对于它的内在实质，与对外部世界的现实的理解是一样的。通过意识资料去表现潜意识与我们通过感官去和外部世界的联系，同样是不完全的。

现在，由于潜意识的精神生活的确立，意识生活和梦的生活之间的那种古老的对立已经逐渐消失。那些早期的学者所深切关注的许多关于梦的问题也就失去了它们的重要意义。因此，在梦中成功表现出来的、那些使人感到惊奇的活动，已经不再被认为是梦的产物，而被认为是源自在白天同样活动着的潜意识了。如果像施尔纳所说，梦似乎是在制造身体的象征性的表现，那么，我们现在就应该知道，这些表现都是某些潜意识的想象的产物（也许是由性冲动而来的），它们不仅在梦中有所表现，而且在癔症恐惧症和其他一些症状中也有所表现。如果梦继续开展白天活动并使之完成，甚至产生一些新的、有价值的观念，那么，我们所要做的就是剥去梦的伪装。这种伪装是梦的工作的产物，也是源自精神的某些隐秘力量。（参见意大利的音乐家塔蒂尼的《魔鬼的颤音》[①]）。其智慧成就来自白天产生类似结果的同一种精神力量。对于智慧和艺术的产品，我们可能倾向于过高地估计了它们的意识的性质。根据最富有创造性的人，例如歌德，亥姆霍兹[②]等的叙述，他们创作中的最重要的原始部分大都来自灵感，这些灵感以几乎现成的形式出现于脑海之中。而在其他一些情况下，如果需要聚精会神地发挥理智的作用，则意识参与活动也是非常常见的。但是，如果意识只是参加一部分活动，而把其他活动隐藏起来，使我们无法发现，那它就滥用了其本身的特权。

我们如果将梦的历史性的意义当作一个独立的题目加以讨论，就有些得不偿失了。一个梦也许能够促成某个领袖进行冒

①塔蒂尼，朱塞佩·塔蒂尼，意大利文即，Giuseppe Tartini，1692—1770 年，意大利小提琴家，作曲家，音乐理论家，教师。其最为人所熟悉的作品是《魔鬼的颤音》（意大利文即，Il trillo del diavolo），这是一部 G 小调小提琴奏鸣曲，以其演奏技巧的难度而闻名。据传说，魔鬼在其梦中出现，于床脚拉小提琴，因而启发了这首奏鸣曲的创作。——译者注

②亥姆霍兹，赫尔曼·冯·亥姆霍兹，德文即，Hermann von Helmholtz，1821—1894 年，德国物理学家，生理学家。他阐明了能量守恒的远离，亥姆霍兹自由能即以其命名。作品有《力量的保存》等。——译者注

险，结果改变了历史进程。但是，只有当梦被视为一种神秘的力量，并与精神的其他为我们所熟知的力量大不相同时，才会产生这个新问题。只要我们将梦视为——在白天的抗拒的压迫下的——各种冲动在夜间为潜伏的兴奋所强化的一种表现，就不会再有提出类似的问题了。不过，古代对梦的极大的尊崇确实是基于正确的心理洞察力，是出于对人类的心灵中无法控制的、不可摧毁的力量的崇拜，是对于产生梦的欲望和我们所发现的、在潜意识中起作用的、“恶魔般的”力量的崇拜。

但是，我之所以提及“我们的”潜意识，也并不是没有用意的。这是因为，我所描述的潜意识与哲学家所主张的潜意识有所不同，甚至与利普斯所说的潜意识也有一定的区别。他们只是单纯地用这个词来表示意识的对立面，而他们争得面红耳赤的论点不过是说，除了意识之外，还存在着一些潜意识的精神过程。利普斯则进一步主张，精神的全部内容都存在于潜意识中，而且，其中一部分也是有意识地存在着的。但是，我们搜集与梦和癔症的症状形成有关的各种现象，并不是为了证实这一论点。只要对正常的清醒时的生活本身加以观察，就可以证明这一点。通过对精神病理结构和其主要现象——即，梦——的分析，我们发现了一个新的事实。也就是说，潜意识——即，精神现象——原来是两个独立的系统的机能，而且，它们在正常生活中和病态生活中并无二致。因此，存在着两种潜意识。心理学家还没有将它们区分开来。从心理学的观点看来，这二者都是潜意识，然而，从我们的观点看来，我们将其中之一称为潜意识，它并不能进入意识，而另一种我们称为“前意识”。这是因为，它的兴奋——确实遵循着某些规定，或许在不顾及潜意识而仅仅通过新的稽查作用之后——是能够进入意识的。这种兴奋为了进入到意识之中，必须通过一系列的、不变的或有层次的动因（我们可以通过稽查作用看出这些动因导致的变化）。这一事实使我们做出一种空间的类比。我们已经描述了这两个系统之间的关系，以及它们与意识的关系。我们认为，前意识的系统就像介于潜意识系统和意识系统之间的一面屏风。前意识系统不仅阻隔着潜意识和意识之间的通路，而且控制着运动力，它支配着能量倾注的释放，其中一部分就是我们所熟悉的“注意”[①]。

我们还必须避免“超意识（即，superconscious）”和“下意识（即 ,subconscious）”之间的区别，这是因为，这种区别似乎恰好可以用于强调精神和意识的等同性。

那么，曾经统辖一切事物而又掩盖其他一切事物的意识，在我们的图解中还具有怎样的作用呢？也就是说，事实上，它仅只是感知精神的性质的一种感觉器官而已。按照我们的示意图的基本概念看来，我们只能将意识的知觉视为一种特殊系统的固有功能，因此，Cs 这一缩写是合适的。从它的机械的性质看来，我们认为，这一系统与知觉系统 Pcpt 相似，这是因为，

①关于这一点，参见我的论文《与精神分析中的潜意识概念有关的一些观点》（心理研究学会议事杂志 26 卷中，以英文发表）。在这一论文中，我将具有多种意义的“潜意识”这一词汇区分出了叙述的、动力学的、体系的数种意义。

它易于感受到各种性质引起的兴奋，但是，却无法保留各种变化的痕迹——这就是说，它不具有记忆的机能。精神机构以其知觉系统的感觉器官指向外部世界，而对意识的感官系统而言，其本身就是外部世界。它在目的论上的合理性就属于这种情况。在此，我们必须服从动因的层次的原则，这一原则似乎控制了精神机构的结构。兴奋的材料从两个方向流入意识的感觉器官。其中之一指向知觉系统，它的由各种性质所决定的兴奋在变为意识的感觉前，似乎要接受新的修正。而另一方向，则指向精神机构本身的内部，它们在经过某些修正后，即可进入到意识之中，而它们的定量过程是以快乐和痛苦在本质上的不同程度而被感觉到的。

有些哲学家认识到，一些符合逻辑的和高度复杂的思想过程即使没有意识的合作也可发生作用，于是，他们觉得陷入了困境，难以确定意识的功能。他们认为，意识似乎不过只是已经完成的精神过程的一幅多余的反映画面而已。相反，我们却通过将意识系统和知觉系统进行对比，从而摆脱了这种尴尬局面。我们知道，由我们感觉器官唤起的知觉结果，是将注意的能量的倾注引导到正在传导感觉的兴奋的道路上去：知觉系统在本质上的兴奋，作为一种调节器而活动，将精神机构内的不同的运动力予以释放。我们也可以认为，意识系统的感觉器官具有相同的功能。当意识的感觉器官感知到新的性质时，它可以产生一种新的作用，引导能量倾注的运动力，并以一种权益方式加以分配。它利用愉快和痛苦的知觉，影响着机构内部的能量的倾注的进程，否则，潜意识的结构就会利用量的移置而发生作用。起初，可能是痛苦的原则自动调节能量倾注的移置作用，但更有可能的是，意识可以对这些性质进行继发性的和更细微的分辨性调节。这种调节甚至可以和原初的调节相反，而且为了使精神机构的功能趋于完善，可以使继发性的调节违背其原本的计划，甚至倾注能量并检查那些能够释放痛苦的联想。我们从神经症的心理学中认识到，由不同感觉性质的兴奋所引起的种种调节过程，在精神机构的功能活动中起到了重大作用。痛苦的原则自动占据了支配地位，并且对机能活动的效率的限制，都被感觉器官的调节的过程所打断，这些调节过程本身也是自动发生的。我们发现，压抑——在开始时虽然有用，但是，到了后来，它对抑制和精神控制有所阻碍——对于记忆比知觉更容易产生更大的影响。这是因为，记忆不能从精神的感官兴奋中获得更多的额外的能量倾注。确实，一方面一个必须加以防范的思想，由于受到压抑而不能变为有意识的，但是，另一方面，有时这种思想之所以受到压抑，只是因为其他一些原因，与意识的知觉远离了。这就是我们在医疗方面解除压抑的一些有效程序。

由于意识的感觉器官的调节性的影响，在可变动的数量上形成了过度的能量的倾注值，以下事实可以表现出它原本的目的。这种过度的能量倾注创造出了某种全新的数量的系列，创造出了一种新的调节过程，从而构成人凌驾于其他动物之上的优越性。思想的过程本身并不具有任何性质，只是伴有愉快和痛苦的兴奋而已，而且，从可能干扰思维的角度来看，它们还受到了一定的限制。就人类而言，为了使思想的过程获得某种性质，快乐与痛苦的兴奋就必须与言语的记忆联系起来。人类的这种性质的剩余足够吸引意识注意，因而就能够赋予思想的过程以一种源自意识的、全新的、灵活的能量的倾注了。

只有借助于对癔症的思想过程的分析，才能了解整个意识问题的多重性。我们由此得到的印象是，从前意识到意识的能量倾注的过渡，也存在着一种类似潜意识和前意识之间的稽查作用。这种稽查作用只在超出了一定量的限制时才强行动作。所以，在低强度的思想结构中并不会产生。在精神神经症的现象的范围内，我们可以找到各种不同的可能性的实例，以表明思想是怎样撤离意识的，或者，在某种限制下，思想又怎样强行进入意识。接下来，我将举出两个类似的实例来结束这些心理学方面的探讨。

去年，我被邀请去会诊一位少女，她看上去既聪明又天真。但是，她的衣着却很奇怪。一般而言，女人对衣着的每一个细节考虑得都很周到，而她的穿着的一双长袜子有一只被蹭下来许多，罩衫上的纽扣也有两个没有扣上。她说她感到自己的一条腿非常疼痛。我并没有说要察看具体情况，她就露出了小腿。但是，她所说的主要内容，却是她仿佛感觉到有什么东西“进入身体”，而且“时出时入”不停顿地“摇动着”；有时使得她的小腹变得“僵硬”。我的一位参加会诊的同事会意地看着我，他也已经领会了这些叙述的真正意义。但是，令我们两人感到异常惊异的是，她的母亲竟然完全联想不到这意味着什么——但是这位母亲一定经常体验到她的女儿所叙述的感觉。这位少女对自己叙述的事情的意义一定毫无所知。这是因为，如果她略有了解，就肯定不会这样叙述了。在这个例子中，稽查作用可能受到了蒙蔽，使得在正常情况下在前意识中的幻想，在天真无邪的病症的痛苦的伪装下，出现在意识之中。

另一个例子。我曾为一个14岁的男孩进行精神分析治疗。他罹患抽搐、癔症性呕吐、头痛等症状。在开始治疗时，我告诉他，他如果闭上双眼，就会看到一些图像或产生一些观念，他要将这些事物告诉我。他答道，他看到了一些图像。他在到我这里进行治疗之前的最后的印象，在他的记忆中以视觉形象再现出来。当时，他正与他的叔叔玩跳棋，棋盘似乎就摆在他的眼前。他想着几种不同的走法，有利的和不利的，以及另外几种大胆的走法。然后，他看到棋盘上放着一把匕首——这把匕首本来是他的父亲的。但是，在他的幻想中，它被摆到了棋盘上。然后，棋盘上又出现了一把镰刀，然后，出现了另一把长柄的大镰刀。接下来出现的图像是，一位老农夫在他的远方的故乡，用大镰刀割草。几天后，我发现了这一系列图像的意义。这个男孩正因为不幸的家庭处境而困扰。他的父亲非常严厉，容易发脾气，他和男孩母亲的婚姻并不幸福。他的教育方法以威胁为主。他的父亲与他的温柔、病弱的母亲终于离了婚，并与一个年轻的女人再婚了。父亲再婚后不久，这个14岁的男孩就发病了。他对他父亲的被压抑的愤怒，在他可理解的暗喻的范围内构成了这一系列图像。这些图像的材料来自对一个神话的回忆。镰刀是宙斯[①]用以阉割他父亲的工具，大镰刀和老农夫的形象代表克罗诺斯[②]，这个凶猛的老人吞食了他的孩子们，宙斯便对他施行了报复。父亲的再婚给了他一个机会，可以让他去报复以前因为玩弄自己的生殖器而从父亲那里听到的谴责和威胁（参见玩跳棋、被禁止的走法、可用来杀人的匕首）。在这个例子中，长期以来被压抑的各种记忆以及这些记忆的潜意识的产物通过一系列毫无意义的图像，通过迂回的途径，悄悄进入到意识之中。

因此，我们可以认为，研究梦的理论价值在于它对心理学的知识的贡献，而且，这增加了对精神神经症的问题的了解。由于即使在我们现有的知识框架下，对精神神经症的治疗也有一定的效果，那么，通过对精神机构的结构和功能的彻底了解，又能够取得怎样重大的意义！但是，我知道，有人提出了反对意见。他们认为作为一种方法，对于了解心灵，对于揭示一个人的藏而不露的特性，梦的研究并没有实际价值。梦中所显露的潜意识的冲动也不能体现心理生活中的现实的各种力量

①宙斯，即，Zeus，古希腊神话中统领宇宙的至高无上的天神，主神，第三任神王。罗马神话称朱庇特，木星的名字的起源，克洛诺斯和瑞亚的最小的儿子。掌握风雨等各种天象，以霹雳、闪电作为向人类表示自己意志的手段。——译者注

②克罗诺斯，即 Cronus，天空之神乌拉诺斯和大地之神盖亚的儿子，第一代泰坦十二神的领袖，泰坦中最年轻的神，时间的创造力和破坏力的结合体。推翻了父亲乌拉诺斯的残暴统治，并领导了希腊神话中的黄金时代，后被自己的儿子宙斯推翻。——译者注

的意义。现在，这些受到压抑的欲望创造了梦，那么，会不会在将来某一天也能够创造出其他事物呢？我们难道可以轻视这些欲望在伦理上的意义吗？

我认为，我并没有资格回答以上问题，我对于梦的这方面问题还没有进行进一步的探讨。但是，我一向认为，罗马皇帝因为他的一个属下梦见刺杀皇帝就把他处死，这是错误的。他首先应该设法弄清楚梦的意义何在。有可能它的意义与所表现出的并不一致，也有可能这甚至是一个意外，而具有其他的内容的梦的实际意义却有可能是弑君。我们应该记住柏拉图[①]这句格言："善人满足于梦见恶人的真实所为。"所以，我认为梦中的罪恶应该获得赦免，至于潜意识的欲望是否会变成现实，我无从断言。当然，一切过度的和中间的思想都不应该被认为是现实。如果我们看到的是潜意识的最基本最真实的形态，那么，我们一定会毫不怀疑地认为，精神的现实是存在的一种特殊形式，并不能与物质的现实混为一谈。因此，人们不情愿为自己梦中的不道德的行为而承担责任。当精神机构的功能作用的方式以及意识和潜意识之间的关系被正确理解之后，我们就会发现，梦和想象生活中大部分不能接受的不道德的内容趋于消失。汉斯·萨克斯这样说道："梦所告诉我们的、有关当前（现实）情况中的某些关系或事物，我们也能够从自己的意识中

①柏拉图，即，Platon，约公元前427—前347年，古希腊哲学家，思想家，苏格拉底的学生，亚里士多德的老师，这三人被广泛认为是西方哲学的奠基者。——译者注

寻找出来。而且，如果我们发现，在分析的放大镜下面的，不过是一条小小的纤毛虫，也不应为此感到惊讶。”

在大多数情况下，根据一个人的行动和有意识的语言，就已经可以对他的性格做出分析。其中，行动可以成为最重要的观察材料。这是因为，大多数强行进入到意识之中的冲动，在转变为行动之前，就已被精神生活中的各种力量抵消了。事实上，这些冲动在前进中之所以往往不会遇到精神上的阻碍，正是因为前意识能够确定它们将在另一阶段受到阻碍的缘故。无论如何，我们如果对于我们的美德赖以生存的、被践踏的土壤有所了解，总会有所获益。因为，人类的性格确实非常复杂，在各种原动力的驱动下方向莫测，现在，我们已经很难适应古代的道德哲学要我们相信的那种二者择一的简单方式了。

那么，梦是否具有预知未来的能力呢？当然，这是不可能的。相反，可以说，梦为我们提供了过去的知识。这是因为，无论从何种角度出发，梦都是源自过去的事物。然而，古代人总是相信梦可以预示未来，这也包含了一定的真理在内。作为欲望的满足的梦，在某种意义上，总是将我们引导向未来。但是，做梦的人把它想象成现在的这种未来，已经通过他的不可摧毁的欲望，而塑造出了过去的标本。